スバラシクよく解けると評判の

合格! 数学II・B 実力UP!問題集

改訂7 revision

馬場敬之（けいし）

マセマ出版社

◆ はじめに ◆

これまで，マセマの**「合格！数学」シリーズ**で学習された読者の皆様から**「さらに腕試しをして，実力を確実なものにする問題集が欲しい。」**との声が，多数マセマに寄せられて参りました。この読者の皆様の強いご要望にお応えするために，**『合格！数学 II・B 実力 UP! 問題集 改訂 7』**を発刊することになりました。

これはマセマの参考書**『合格！数学 II・B』**に対応した問題集で，練習量を大幅に増やせるのはもちろんのこと，参考書では扱えなかったテーマでも受験で頻出のものは積極的に取り入れていますから，**解ける問題のレベルと範囲がさらに広がります。**

大学全入時代を向かえているにも関わらず，数学 **II・B** の**大学受験問題はむしろ難化傾向**を示しています。この難しい受験問題を解きこなすには，相当の問題練習が必要です。そのためにも，この問題集で十分に練習しておく必要があるのです。

ただし，短期間に実践的な実力をつけるには，むやみに数多くの雑問を解けば良いというわけではありません。必要・十分な量の**選りすぐりの良問を反復練習する**ことにより，様々な受験問題の解法パターンを身につけることが出来，受験でも合格点を取れるようになるのです。この問題集では，星の数ほどある受験問題の中から **153** 題（小問集合も含めると，実質的には約 **233** 題）の良問をこれ以上ない位スバラシク親切に，しかもストーリー性を持たせて解答・解説しています。ですから非常に学習しやすく，また**短期間で大きく実力をアップさせ，合格レベルに持っていく**ことができるのです。
この問題集と**「合格！数学」シリーズ**を併せてマスターすれば，難関大を除くほとんどの国公立大，有名私立大を合格圏に持ち込むことができます！

ちなみに，雑問とは玉石混交の一般の受験問題であり，良問とは問題の意図が明快で，反復練習することにより確実に実力を身につけることができる問題のことです。

この問題集は，**“8 つの演習の章”**から構成されていて，それぞれの章はさらに**「公式＆解法パターン」**と**「問題＆解答・解説編」**に分かれています。

まず，各章の頭にある「公式＆解法パターン」で基本事項や公式，および基本的な考え方を確認しましょう。それから「問題＆解答・解説編」で実際に問題を解いてみましょう。「問題＆解答・解説編」では各問題に難易度とチェック欄がついています。難易度は，★の数で次のように分類しています。

★：易，　★★：やや易，　★★★：標準

慣れていない方は初めから解答・解説を見てもかまいません。そして，ある程度自信が付いたら，今度は解答・解説の部分は隠して**自力で問題に挑戦して下さい**。チェック欄は **3** つ用意していますから，自力で解けたら“○”と所要時間を入れていくと，ご自身の成長過程が分かって良いと思います。**3** つのチェック欄にすべて“○”を入れられるように頑張りましょう！

本当に数学の実力を伸ばすためには，**「良問を繰り返し解く」**ことに限ります。**マセマの総力を結集した問題集です**。

これまで，マセマの参考書・問題集で，沢山の先輩の方々が夢を実現させてきました。今度は皆さんが，この『**合格！数学 II・B 実力 UP! 問題集 改訂 7**』で夢を実現させる番です！

そんな頑張る皆さんを，マセマはいつも応援しています！！

マセマ代表　馬場 敬之（けいし）

この改訂 **7** では，補充問題として，三角関数と不等式の証明の応用問題とその解答・解説を新たに加えました。

◆目　次◆

演習
exercise

1 方程式・式と証明

テーマ

▶ 二項定理，整式の除法
($(a+b)^n$ の一般項 ${}_n\mathrm{C}_r a^{n-r} b^r$)

▶ 複素数の計算
($a+bi=c+di \iff a=c$ かつ $b=d$)

▶ 解と係数の関係
$\left(\alpha+\beta=-\dfrac{b}{a},\ \alpha\beta=\dfrac{c}{a}\right.$ など$\Big)$

▶ 高次方程式
($f(a)=0 \iff f(x)=(x-a)\cdot Q(x)$)

▶ 不等式の証明
($a+b \geqq 2\sqrt{ab}$ など)

演習1 方程式・式と証明●公式＆解法パターン

1. 二項定理，整式の除法

(1) 3 次式の乗法公式

$(a \pm b)^3 = a^3 \pm 3a^2b + 3ab^2 \pm b^3$，$(a \pm b)(a^2 \mp ab + b^2) = a^3 \pm b^3$ など

(2) 二項定理

$(a+b)^n$ の一般項は ${}_n\mathrm{C}_r a^{n-r}b^r$ （または，${}_n\mathrm{C}_r a^r b^{n-r}$）

(3) 整式の除法

整式 $A(x)$ を整式 $B(x)$ で割って，商 $Q(x)$，余り $R(x)$ のとき，

$A(x) = B(x) \times Q(x) + \underline{R(x)}$　とおける。

（この次数は，$B(x)$ の次数より必ず低い。）

2. 複素数

(1) 複素数の定義

$a + bi$　（a，b: 実数，虚数単位 $i = \sqrt{-1}$）

(ⅰ) $b = 0$ のとき実数 a，(ⅱ) $b \neq 0$ のとき虚数 $a + bi$ となる。

(2) 複素数の公式

複素数 $\alpha = a + bi$，$\beta = c + di$ について，

(ⅰ) 共役複素数 $\overline{\alpha} = a - bi$

(ⅱ) 絶対値 $|\alpha| = \sqrt{a^2 + b^2}$，$|\alpha|^2 = \alpha\overline{\alpha}$

(ⅲ) $\overline{\alpha} \pm \overline{\beta} = \overline{\alpha \pm \beta}$，$|\alpha\beta| = |\alpha||\beta|$

(ⅳ) $\alpha = \beta$，すなわち $a + bi = c + di$ ならば，$a = c$ かつ $b = d$ （複素数の相等）

（$\alpha = 0$，すなわち $a + bi = 0$ ならば，$a = 0$ かつ $b = 0$）

3. 解と係数の関係

(1) 2 次方程式の解と係数の関係

2 次方程式 $ax^2 + bx + c = 0$ $(a \neq 0)$ の解が α，β のとき，

(ⅰ) $\alpha + \beta = -\dfrac{b}{a}$，(ⅱ) $\alpha\beta = \dfrac{c}{a}$ が成り立つ。

［逆に $\alpha + \beta = p$，$\alpha\beta = q$ のとき α と β を解にもつ，x^2 の係数が 1 の 2 次方程式は，$x^2 - px + q = 0$ である。
（さらに，α と β が実数のとき，判別式 $D = p^2 - 4q \geqq 0$ となる。）］

(2) 3次方程式の解と係数の関係

3次方程式 $ax^3+bx^2+cx+d=0\ (a\neq 0)$ の解が α, β, γ のとき，

(i) $\alpha+\beta+\gamma=-\dfrac{b}{a}$, (ii) $\alpha\beta+\beta\gamma+\gamma\alpha=\dfrac{c}{a}$, (iii) $\alpha\beta\gamma=-\dfrac{d}{a}$ が成り立つ。

4. 高次方程式の解法

(1) 剰余の定理と因数定理

(i) 剰余の定理：整式 $f(x)$ について，

$f(a)=r \iff f(x)$ を $x-a$ で割った余りは r

(ii) 因数定理：整式 $f(x)$ について，

$f(a)=0 \iff f(x)$ は $x-a$ で割り切れる。$(f(x)=(x-a)\cdot Q(x))$

(2) 高次方程式の因数定理による解法

3次，4次，…の高次方程式 $f(x)=0$ は，$x=a$ を代入して $f(a)=0$ をみたす定数 a を求めて，$(x-a)\cdot Q(x)=0$ の形に左辺を因数分解して解く。

(ex) $x^3+3x^2+3x+2=0$ について，

$f(x)=x^3+3x^2+3x+2$ とおくと，

$f(-2)=-8+12-6+2=0$ となるので，右の組立て除法を用いると，

与方程式は $(x+2)(x^2+x+1)=0$

となる。$\therefore x=-2,\ \dfrac{-1\pm\sqrt{3}i}{2}$

組立て除法

	1	3	3	2
−2)		−2	−2	−2
	1	1	1	(0)

これから商が
$1\cdot x^2+1\cdot x+1$ である
ことがわかる。

5. 不等式の証明に使う4つの公式

(1) $A^2\geqq 0$ や $A^2+B^2\geqq 0$ など。(ただし，A, B は実数)

(2) 相加・相乗平均の不等式

(i) $A\geqq 0$, $B\geqq 0$ のとき，$A+B\geqq 2\sqrt{AB}$

(等号成立条件：$A=B$)

(ii) $A\geqq 0$, $B\geqq 0$, $C\geqq 0$ のとき，$A+B+C\geqq 3\sqrt[3]{ABC}$

(等号成立条件：$A=B=C$)

(3) $|a|\geqq a$　(ただし，a は実数)

(4) $a>b\geqq 0$ のとき，$a>b \iff a^2>b^2$

実力アップ問題 1　難易度 ★★★　CHECK 1　CHECK 2　CHECK 3

次の式を実数係数の範囲で，因数分解せよ。

(1) $x(x+1)(x+2)-y(y+1)(y+2)+xy(x-y)$　(秋田大・医)

(2) $x^3(y-z)+y^3(z-x)+z^3(x-y)$

(3) $x^3+y^3+6xy-8$

(4) x^4+4　(札幌大)

(5) $a^4+b^4+c^4-2a^2b^2-2b^2c^2-2c^2a^2$　(横浜市立大・医)

ヒント！ 3 次以上の式の様々な因数分解の問題だ。(1) はまず，$(x-y)$ をくくり出せばいい。(2) は，まず x の 3 次式としてまとめて，$(y-z)$ をくくり出せばうまくいく。(3) は $a^3+b^3+c^3-3abc$ の因数分解公式が利用できるパターンだね。(4) はシンプルすぎて，逆にとまどったかもしれないけれど，A^2-B^2 の形にもち込んで因数分解すればいいんだね。(5) は $a^2=X$，$a^4=X^2$ とでもおいて，X の 2 次式と考えれば，話が見えてくる。すべて，受験レベルの因数分解の問題だよ。頑張ろう！

(1) 与式 $=x^3+3x^2+2x-(y^3+3y^2+2y)+xy(x-y)$

$=(x^3-y^3)+3(x^2-y^2)+2(x-y)+xy(x-y)$

$x^3-y^3=(x-y)(x^2+xy+y^2)$，$x^2-y^2=(x-y)(x+y)$

$=(x-y)(x^2+xy+y^2)+3(x-y)\cdot(x+y)+2(x-y)+xy(x-y)$

$=(x-y)(x^2+xy+y^2+3x+3y+2+xy)$ ← $(x-y)$ がくくり出せた！

x の 2 次式としてまとめた

$=(x-y)\{x^2+(2y+3)x+y^2+3y+2\}$

$y^2+3y+2=(y+1)(y+2)$

$=(x-y)\{x^2+(2y+3)x+(y+1)(y+2)\}$

$\begin{matrix}1 & \diagdown\!\!\!\!\diagup & y+1\\ 1 & & y+2\end{matrix}$

$=(x-y)(x+y+1)(x+y+2)$ …(答)

(2) まず，与式を x でまとめると，

与式 $=(y-z)x^3-(y^3-z^3)x+y^3z-yz^3$

$y^3-z^3=(y-z)(y^2+yz+z^2)$，$y^3z-yz^3=yz(y^2-z^2)$

$=(y-z)x^3-(y-z)(y^2+yz+z^2)x+yz(y-z)(y+z)$

$=(y-z)\{x^3-x(y^2+yz+z^2)+yz(y+z)\}$ …①

$(y-z)$ をくくり出した。　{ } 内を②とおく

ここで，{ } 内は x の 3 次式，y と z の 2 次式なので，y でまとめると，

{ } $=(z-x)y^2+(z^2-zx)y-x(z^2-x^2)$

$z^2-zx=z(z-x)$，$z^2-x^2=(z-x)(z+x)$

$=(z-x)\{y^2+zy-x(z+x)\}$ ← $(z-x)$ をくくり出した。

$\begin{matrix}1 & \diagdown\!\!\!\!\diagup & -x\\ 1 & & z+x\end{matrix}$

$=(z-x)(y-x)(y+z+x)$ ……②

②を①に代入して，

与式 $=(y-z)\underline{(z-x)(y-x)(y+z+x)}$ ＝②

$=-(x-y)(y-z)(z-x)(x+y+z)$

……(答)

基本事項

3次式の因数分解公式：

$a^3+b^3+c^3-3abc$

$=(a+b+c)(a^2+b^2+c^2-ab-bc-ca)$

(3) 与式に $a^3+b^3+c^3-3abc$ の因数分解公式を当てはめると，

与式 $=\underline{x^3+y^3+(-2)^3-3\cdot x\cdot y(-2)}$

（$a^3+b^3+c^3-3abc$）

$=\underline{(x+y-2)}\times$

$\underline{\{x^2+y^2+(-2)^2-xy-y\cdot(-2)-(-2)\cdot x\}}$

（$(a+b+c)(a^2+b^2+c^2-ab-bc-ca)$）

$=(x+y-2)(x^2+y^2-xy+2x+2y+4)$

……(答)

(4) 与式 $=(x^2)^2+2^2$ に，$2\cdot x^2\cdot 2$ をたして，引くと，

与式 $=\underline{(x^2)^2+2x^2\cdot 2+2^2}-4x^2$

（$(x^2+2)^2$）

（$a^2+2ab+b^2=(a+b)^2$）

$=(x^2+2)^2-(2x)^2$

（これで，A^2-B^2 の形が完成！）

$=(x^2+2+2x)(x^2+2-2x)$

$=(x^2+2x+2)(x^2-2x+2)$ …(答)

(5) 与式を a の4次式としてまとめると，

与式 $=a^4-2(b^2+c^2)a^2+b^4-2b^2c^2+c^4$ …③

（a^4 ＝ X^2，a^2 ＝ X）

ここで，$a^2=X$ $(a^4=X^2)$ とおくと，

③は X の2次式となるので，

与式 $=X^2-2(b^2+c^2)X+\underline{b^4-2b^2c^2+c^4}$

（$(b^2-c^2)^2$

$=\{(b+c)(b-c)\}^2$

$=(b+c)^2(b-c)^2$）

よって，

与式 $=X^2-2(b^2+c^2)X+(b+c)^2(b-c)^2$

1	$-(b+c)^2$
1	$-(b-c)^2$

$=\{X-(b+c)^2\}\{X-(b-c)^2\}$

（X ＝ a^2）

ここで，$X=a^2$ とおくと，

与式 $=\{\underline{a^2-(b+c)^2}\}\{\underline{a^2-(b-c)^2}\}$

（$(a+b+c)\{a-(b+c)\}$）（$(a+b-c)\{a-(b-c)\}$）

$=(a+b+c)(a-b-c)\times$

$(a+b-c)(a-b+c)$

$=(a+b+c)(a+b-c)\times$

$(a-b+c)(a-b-c)$

……(答)

実力アップ問題 2

難易度 ★★　CHECK 1　CHECK 2　CHECK 3

次の問いに答えよ。

(1) $(x^2+x+1)(x+2)^5$ を展開したときの x^4 の係数を求めよ。　（東京農大）

(2) $\left(x^2+\dfrac{2}{x}+1\right)^6$ を展開したときの定数項を求めよ。　（小樽商大）

ヒント！ (1) $(x+2)^5$ を展開したとき，これと (x^2+x+1) をかけて x^4 になるものは 3 項存在する。(2) $(a+b+c)^n$ の一般項も公式として覚えておくとよい。

基本事項

二項定理

$(a+b)^n$ を展開したとき，

一般項 ${}_nC_r a^r b^{n-r}$ ［または ${}_nC_r a^{n-r} b^r$］

$(r=0, 1, 2, \cdots, n)$

(1) $(x+2)^5$ を展開したときの一般項は，二項定理より，

${}_5C_r x^r \cdot 2^{5-r}$　$(r=0, 1, 2, \cdots, 5)$

このうち，(x^2+x+1) をかけることにより x^4 の項となるものは，次の 3 通りである。

(i) x^2 をかけて，x^4 になるもの

${}_5C_2 x^2 \cdot 2^{5-2} = \boxed{{}_5C_2 \cdot 2^3}\, x^2$

(ii) x をかけて，x^4 になるもの

${}_5C_3 x^3 \cdot 2^{5-3} = \boxed{{}_5C_3 \cdot 2^2}\, x^3$

(iii) 1 をかけて，x^4 になるもの

${}_5C_4 x^4 \cdot 2^{5-4} = \boxed{{}_5C_4 \cdot 2}\, x^4$

以上 (i)(ii)(iii) より，$(x^2+x+1)(x+2)^5$ を展開したときの x^4 の係数は，

${}_5C_2 \times 2^3 + {}_5C_3 \times 2^2 + {}_5C_4 \times 2$

$= \dfrac{5!}{2!\,3!} \times 8 + \dfrac{5!}{3!\,2!} \times 4 + 5 \times 2$

$= 10 \times 8 + 10 \times 4 + 5 \times 2$

$= 130$ ……………………（答）

基本事項

二項定理の応用（多項定理）

$(a+b+c)^n$ を展開したとき，

一般項 $\dfrac{n!}{p!\,q!\,r!} a^p \cdot b^q \cdot c^r$ となる。

（ただし，p, q, r は $p+q+r=n$ をみたす 0 以上の整数）

（証明）$\{a+(b+c)\}^n$ の一般項は，

${}_nC_p a^p (b+c)^{n-p}$ 　（この一般項 ${}_{n-p}C_q b^q c^{n-p-q}$）より，

${}_nC_p a^p {}_{n-p}C_q b^q \cdot c^{n-p-q}$

$= \dfrac{n!}{p!(n-p)!} \cdot \dfrac{(n-p)!}{q!(\boxed{n-p-q})!} a^p \cdot b^q \cdot c^{\boxed{n-p-q}}$　（$n-p-q = r$）

$= \dfrac{n!}{p!\,q!\,r!} a^p \cdot b^q \cdot c^r$　$(p+q+r=n)$

(2) $(x^2+2x^{-1}+1)^6$ の一般項は，

$\dfrac{6!}{p!\,q!\,r!}(x^2)^p \cdot (2 \cdot x^{-1})^q \cdot 1^r$

$= \dfrac{6! \cdot 2^q}{p!\,q!\,r!} x^{\boxed{2p-q}}$　$(p+q+r=6)$　（$2p-q = 0$：定数項は，x^0 の項）

p, q, r は 0 以上の整数より，

$2\boxed{p}-q=0$（$p = 0, 1, 2$）かつ $p+q+r=6$ をみたすものは，

$(p, q, r) = (0, 0, 6), (1, 2, 3), (2, 4, 0)$

∴求める定数項は，

$\boxed{\dfrac{6! \times 2^0}{0!\,0!\,6!}} + \boxed{\dfrac{6! \times 2^2}{1!\,2!\,3!}} + \boxed{\dfrac{6! \times 2^4}{2!\,4!\,0!}} = 481$

（それぞれ 1，240，240）

……（答）

実力アップ問題 3　難易度 ★★★　CHECK 1　CHECK 2　CHECK 3

n, m, k は整数とする。

(1) $(1+x+x^2+x^3)^3$ を展開したとき，x^3 の係数を求めよ。

(2) $n \geqq 1$, $0 \leqq k \leqq m$ とする。$(1+x+x^2+\cdots+x^m)^n$ を展開したとき，x^k の係数を求めよ。　　(お茶の水女子大＊)

ヒント！ 二項定理の応用で，多項式の展開の問題。重複組合せの数 ${}_n\mathrm{H}_r = {}_{n+r-1}\mathrm{C}_r$ の考え方をうまく使って解くことが，ポイントになる。

(1) $(1+x+x^2+x^3)^3$ を展開して x^3 の項が出来るのは，次の 3 つの多項式

$$\underbrace{(1+x+x^2+x^3)}_{x^i\ (i=0,1,2,3)}\cdot\underbrace{(1+x+x^2+x^3)}_{x^j\ (j=0,1,2,3)}\cdot\underbrace{(1+x+x^2+x^3)}_{x^l\ (l=0,1,2,3)}$$

から，それぞれ x^i, x^j, x^l が選ばれて，かけ合わされたもの x^{i+j+l} が x^3 となる，すなわち

$i+j+l=3$ ……①

となるときである。

（ただし，$i=0,1,2,3$, $j=0,1,2,3$, $l=0,1,2,3$）

参考

①で，

・$i=1$, $j=1$, $l=1$ のとき，i, j, l

・$i=2$, $j=0$, $l=1$ のとき，i, i, l

・$i=0$, $j=3$, $l=0$ のとき，j, j, j

などと表すと，①をみたす i, j, l の組合せの数，すなわち x^3 の個数(係数)は，3 つの異なるもの i, j, l から重複を許して 3 個選び出す場合の数に等しい。

①をみたす，i, j, l の組合せの数が x^3 の係数に等しい。

∴ x^3 の係数は，

$${}_3\mathrm{H}_3 = {}_{3+3-1}\mathrm{C}_3 = {}_5\mathrm{C}_3 = 10 \quad\text{……(答)}$$

（公式 ${}_n\mathrm{H}_r = {}_{n+r-1}\mathrm{C}_r$）

(2) $(1+x+x^2+\cdots+x^m)^n$ を展開して，x^k の項が出来るのは，次の n 個の多項式

$$\underbrace{(1+x+\cdots+x^m)}_{x^{l_1}}\cdot\underbrace{(1+x+\cdots+x^m)}_{x^{l_2}}\cdots\cdots\underbrace{(1+x+\cdots+x^m)}_{x^{l_n}}$$

からそれぞれ x^{l_1}, x^{l_2}, …, x^{l_n} が選ばれて，かけ合わされたもの $x^{l_1+l_2+\cdots+l_n}$ が x^k となる，すなわち

$l_1+l_2+\cdots+l_n=k$ ……②

となるときである。

$(0 \leqq l_1,\ l_2,\ \cdots,\ l_n \leqq m)$

②をみたす l_1, l_2, …, l_n の組合せの数が x^k の係数に等しい。

これは，(1) と同様に，n 個の異なるもの $(l_1,\ l_2,\ \cdots,\ l_n)$ から重複を許して，k 個を選び出す場合の数に等しい。

∴ x^k の係数は，

$${}_n\mathrm{H}_k = {}_{n+k-1}\mathrm{C}_k = \frac{(n+k-1)!}{k!(n-1)!} \quad\text{……………(答)}$$

実力アップ問題 4	難易度 ★★★	CHECK 1	CHECK 2	CHECK 3

p を素数とするとき，次のことを証明せよ。

(1) $1 \leqq k \leqq p$ を満たす自然数 k について，

$p \cdot {}_{p-1}C_{k-1} = k \cdot {}_pC_k$ ……(＊) が成り立つ。

(2) $1 \leqq k \leqq p-1$ を満たす自然数 k について，${}_pC_k$ は p の倍数である。

(3) $2^p - 2$ は p の倍数である。

ヒント！ (1) の (＊) は，組合せの数 ${}_nC_r$ の大統領と委員の応用公式だね。左辺から右辺を導けばいい。(2) は (＊) の公式から導ける。(3) は二項展開が鍵だ。

(1) $1 \leqq k \leqq p$ (p：素数) のとき，

(＊) の左辺 $= p \cdot {}_{p-1}C_{k-1}$

$$= \frac{\boxed{p \cdot (p-1)!}}{(k-1)!(p-k)!} \quad (p \cdot (p-1)! = p!)$$

(分子・分母に k をかけた)

$$= \frac{k \cdot p!}{\boxed{k \cdot (k-1)!}(p-k)!} \quad (k \cdot (k-1)! = k!)$$

$$= k \cdot \frac{p!}{k!(p-k)!}$$

$= k \cdot {}_pC_k =$ (＊) の右辺

∴ (＊) は成り立つ。……………(終)

(2) $1 \leqq k \leqq p-1$ で，p は素数より，

(素数：1と自分自身以外に約数をもたない。)

p と k は互いに素である。ここで，

$p \cdot \boxed{{}_{p-1}C_{k-1}} = k \cdot {}_pC_k$ ……(＊) より，

(${}_{p-1}C_{k-1}$：整数，$p \cdot {}_{p-1}C_{k-1}$：p の倍数)

$k \cdot {}_pC_k$ は p の倍数である。

また，k は p と互いに素より，p の倍数ではない。

よって，${}_pC_k$ が p の倍数である。

………(終)

(3) $2^p - 2$ を変形して，

$$2^p - 2 = (1+1)^p - 2$$

$$= {}_pC_0 1^p + {}_pC_1 1^{p-1} 1 + {}_pC_2 1^{p-2} 1^2 + \cdots + {}_pC_{p-1} 1 \cdot 1^{p-1} + {}_pC_p 1^p - 2$$

二項定理
$(a+b)^n = {}_nC_0 a^n + {}_nC_1 a^{n-1} b + \cdots + {}_nC_n b^n$

$$= \cancel{{}_pC_0} + {}_pC_1 + {}_pC_2 + \cdots + {}_pC_{p-1} + \cancel{{}_pC_p} - \cancel{2}$$

(${}_pC_0 = 1$，${}_pC_p = 1$)

$$= {}_pC_1 + {}_pC_2 + \cdots + {}_pC_{p-1}$$

(みんな p の倍数)

ここで，(2) の結果より，

${}_pC_k$ $(k = 1, 2, \cdots, p-1)$ は p の倍数より，

$2^p - 2 = {}_pC_1 + {}_pC_2 + \cdots + {}_pC_{p-1}$ は，

p の倍数である。………………(終)

実力アップ問題5　難易度 ★★★　CHECK 1　CHECK 2　CHECK 3

nを2以上の整数として，x^nを$(x-1)^2$で割ったときの余りを求めよ。

(関西大)

ヒント！ 題意より，$x^n=(x-1)^2\cdot Q(x)+ax+b$ とおける。これは恒等式より，この両辺に $x=1$ を代入すれば a と b の関係式 $a+b=1$ が1つ求まるが，この式を基に，さらにもう1つの a と b の関係式(方程式)を導かないといけないんだね。

x^n (n: 2以上の整数)を $(x-1)^2$ で割ったときの商を $Q(x)$，余りを $ax+b$ とおくと，

$$x^n=\underbrace{(x-1)^2}_{2次式}\cdot\underbrace{Q(x)}_{商}+\underbrace{ax+b}_{余り(1次式)}\quad\cdots\cdots①$$

①は恒等式より，①の両辺に $x=1$ を代入して，

$$1^n=\underbrace{(1-1)^2}_{0}\cdot Q(1)+a\cdot1+b$$

$1=a+b$

$\therefore\ b=1-a$ ……②となる。

未知数は a, b 2つあるので，当然方程式も2つ必要になるんだね。

②を①に代入して，

$x^n=(x-1)^2\cdot Q(x)+ax+1-a$

よって，これを変形して，

$$x^n-1=(x-1)^2\cdot Q(x)+a(x-1)\quad\cdots\cdots③$$

この形にすると，左右両辺共に $x-1$ で割り切れる整式になった。

ここで，x^n-1 は次のように変形できる。

$$x^n-1=(x-1)(x^{n-1}+x^{n-2}+\cdots+x+1)\quad\cdots\cdots④$$

参考

$s=1+x+x^2+\cdots+x^{n-2}+x^{n-1}$ …㋐

とおくと，㋐の両辺に x をかけて，

$x\cdot s=x+x^2+\cdots+x^{n-2}+x^{n-1}+x^n$ …㋑

㋐−㋑より，

$(1-x)s=1-x^n \qquad (x-1)s=x^n-1$

$\therefore\ x^n-1=(x-1)(x^{n-1}+x^{n-2}+\cdots+x+1)$

④を③に代入して，

$(x-1)(x^{n-1}+x^{n-2}+\cdots+x+1)$

$=(x-1)\{(x-1)Q(x)+a\}$

ここで，$x\neq1$ として，両辺を $x-1$ で割ると，

$$\underbrace{x^{n-1}+x^{n-2}+\cdots+x+1}_{n項}=(x-1)Q(x)+a\quad\cdots\cdots⑤$$

⑤は x の恒等式より，⑤の両辺に $x=1$ を代入して，

$$\underbrace{1^{n-1}+1^{n-2}+\cdots+1+1}_{n\cdot1=n}=\underbrace{(1-1)}_{0}\cdot Q(1)+a$$

$\therefore\ a=n$ ……⑥

⑥を②に代入して，$b=1-n$ ……⑦

以上⑥，⑦より，x^n $(n\geqq2)$ を $(x-1)^2$ で割った余りは，

$nx+1-n$ ……………………………(答)

微分法による解法はP102を参照

実力アップ問題 6

難易度 ★★★　CHECK 1　CHECK 2　CHECK 3

$f(0)=1$ で，$f(x^2)$ が $f(x)$ で割り切れるような 2 次式 $f(x)$ をすべて求めよ。（防衛大）

ヒント！ 2 次式 $f(x)=ax^2+bx+c$ とおくと，条件 $f(0)=1$ より，$f(0)=c=1$ となる。後は，$f(x^2)$ を $f(x)$ で割ったときの商の表し方に注意しよう。

求める 2 次式 $f(x)$ を

$f(x)=ax^2+bx+c$ ……① $(a\neq 0)$

とおく。

条件 $f(0)=1$ より，（これは，因数定理とは関係ない！）

①に $x=0$ を代入して，

$f(0)=c=1$ $\therefore c=1$

よって，①は，

$f(x)=ax^2+bx+1$ ……②

ここで，

$f(x^2)=a(x^2)^2+bx^2+1=ax^4+bx^2+1$ は $f(x)$ で割り切れるので，その商を $Q(x)$ とおくと，（余りは 0）

$\underbrace{ax^4+bx^2+1}_{f(x^2)\,(4\text{ 次式})}=\underbrace{(ax^2+bx+1)}_{f(x)\,(2\text{ 次式})}\cdot\underbrace{Q(x)}_{\text{商}\,(2\text{ 次式})}$ ……③

よって，商 $Q(x)$ は x の 2 次式より，

$Q(x)=x^2+px+1$ ……④とおける。

参考

$Q(x)=qx^2+px+r$ $(q\neq 0)$ とおくと，③より，

$ax^4+bx^2+1=(ax^2+bx+1)(qx^2+px+r)$

$=\underbrace{aqx^4}_{\text{最高次の項}}+\cdots\cdots\cdots+\underbrace{r}_{\text{定数項}}$

これは恒等式より，最高次 (4 次) の項と定数項を比較して，

$a=aq,\quad 1=r$

よって，$q=1$，$r=1$ がわかるので，$Q(x)$ は予め④のようにおける。

④を③に代入して，

$ax^4+bx^2+1=(ax^2+bx+1)(x^2+px+1)$

$=ax^4+apx^3+ax^2+bx^3+bpx^2+bx+x^2+px+1$

$=ax^4+(\underbrace{ap+b}_{0})x^3+(\underbrace{a+bp+1}_{b})x^2+(\underbrace{b+p}_{0})x+1$

これは恒等式より，両辺の係数を比較して，

$\begin{cases} ap+b=0 & \cdots\cdots⑤ \\ a+bp+1=b & \cdots\cdots⑥ \\ b+p=0 & \cdots\cdots⑦ \end{cases}$ $(a\neq 0)$

（これから p を消去して a と b の値を求める！）

⑦より，$p=-b$ ……⑦′

⑦′を⑤に代入して，

$-ab+b=0$，$b(1-a)=0$

$\therefore$ (i) $a=1$，または (ii) $b=0$

(i) $a=1$ のとき，

これと⑦′を⑥に代入して，

$1-b^2+1=b$，$b^2+b-2=0$

$(b+2)(b-1)=0$ $\therefore b=-2,\ 1$

(ii) $b=0$ のとき，

これを⑥に代入して，

$a+1=0$ $\therefore a=-1$

以上 (i)(ii) より，求める 2 次式 $f(x)=ax^2+bx+1$ は，

$\begin{cases} f(x)=x^2-2x+1, & \text{または} \\ f(x)=x^2+x+1, & \text{または} \\ f(x)=-x^2+1 \end{cases}$ ……(答)

実力アップ問題 7　難易度 ★★★　CHECK 1　CHECK 2　CHECK 3

x の整式 $f(x)$, $g(x)$ について，次の 2 つの恒等式が成り立つ。

$(x+2)\cdot f(x^2)=x^2\{f(x)+7\}-3x-6$ ……①

$g(x)=f(2x)(x^2+3)-4x+9$ ……………………②

(1) $f(0)$ の値と，$f(x)$ の次数を求めよ。

(2) $f(x)$ と $g(x)$ を求めよ。 （慶応大＊）

ヒント！ (1) は，恒等式より，$x=0$ を代入しても成り立つ。$f(x)$ を x の n 次式とすると，$f(x^2)$ は $2n$ 次式になる。(2) は，$f(x)$ が求まれば，$g(x)$ はスグに求まるね。

(1) ①はxの恒等式なので，x に任意の実数を代入しても成り立つ。よって，①の両辺に$x=0$ を代入すると，

> $x^2+2x=x^2+2x$ のように，両辺が x のまったく同じ式であることを表している。

$(0+2)\cdot f(0)=\cancel{0\cdot\{f(0)+7\}}\ \cancel{-3\cdot 0}-6$

$2f(0)=-6$　∴ $f(0)=-3$ ……(答)

ここで，$f(x)$ を x の n 次式とおくと，$f(x^2)$ は x の $2n$ 次式になる。

> $f(x)=ax^n+bx^{n-1}+\cdots+c\ (a\neq 0)$
> のとき，
> $f(x^2)=a(x^2)^n+b(x^2)^{n-1}+\cdots+c$
> $=ax^{2n}+bx^{2n-2}+\cdots+c$
> となるからね。

よって，①の両辺の次数は，

$\underbrace{(x+2)}_{1\text{次式}}\cdot\underbrace{f(x^2)}_{2n\text{次式}}=\underbrace{x^2}_{2\text{次式}}\{\underbrace{f(x)}_{n\text{次式}}+7\}\underbrace{-3x-6}_{1\text{次式}}$

左辺：$2n+1$ 次式，右辺：$n+2$ 次式

より，$2n+1=n+2$ となる。

これを解いて，$n=1$ より，

整式$f(x)$ の次数は1である。 ……(答)

(2) $f(x)$ は，$f(0)=-3$の1 次式より，

$f(x)=ax-3$ ……③ $(a\neq 0)$

となる。③を①に代入すると，

$(x+2)\underbrace{(ax^2-3)}_{f(x^2)}=x^2\underbrace{(ax-3}_{f(x)}+7)-3x-6$

$ax^3+\underline{\underline{2a}}x^2-3x-6$

$=ax^3+\underline{\underline{4}}x^2-3x-6$ ……④

④は恒等式より，各係数を比較して，

$\underline{\underline{2a=4}}$　∴ $a=2$ ……⑤

⑤を③に代入して，

$f(x)=2x-3$ ……⑥ ………………(答)

⑥より，$f(2x)=2\cdot 2x-3=4x-3$ …⑥′

⑥′を②に代入して，

$g(x)=\underbrace{(4x-3)}_{f(2x)}(x^2+3)-4x+9$

$=4x^3-3x^2+12x\cancel{-9}-4x\cancel{+9}$

∴ $g(x)=4x^3-3x^2+8x$ ………(答)

実力アップ問題 8　　難易度 ★★　　CHECK 1　CHECK 2　CHECK 3

次の問いに答えよ。

(1) 実数 x, y が等式 $(1+2i)x^2+(2+yi)x-3(1+i)=0$ （i は虚数単位）をみたすとき，x, y の値を求めよ。　（摂南大）

(2) 虚部が正の複素数 z で $iz^2+2iz+\frac{1}{2}+i=0$ をみたすものを $z=a+bi$（a, b は実数, $b>0$）で表すとき，a と b の値を求めよ。　（横浜市立大）

ヒント！ 複素数の相等の問題。(1)(2) 共に，実質的に 2 つの方程式が出来るので，未知数が 2 つでも求められるね。

基本事項

複素数の相等

$a+bi=c+di$ のとき，

$a=c$ かつ $b=d$ となる。

$(a, b, c, d$：実数, $i=\sqrt{-1})$

（特に，$a+bi=0$ のとき，$0+0i$ とみる。$a=0$ かつ $b=0$ となる。）

(1) $(1+2i)x^2+(2+yi)x-3(1+i)=0$

これを変形して，

$(x^2+2x-3)+(2x^2+xy-3)i=0$　←実部と虚部にまとめる

$(x+3)(x-1)+(2x^2+xy-3)i=0$

よって，

$\begin{cases}(x+3)(x-1)=0 \cdots ① \\ \text{かつ} \\ 2x^2+xy-3=0 \cdots\cdots ②\end{cases}$　←複素数の相等 $a+bi=0$ ならば，$a=0$ かつ $b=0$

①より，$x=1$，または -3

(i) $x=1$ のとき，②より，

$2+y-3=0$　$\therefore y=1$

(ii) $x=-3$ のとき，②より，

$18-3y-3=0,\ 3y=15$　$\therefore y=5$

以上 (i)(ii) より，

$(x, y)=(1, 1),\ (-3, 5)$ ………(答)

(2) $2iz^2+4iz+1+2i=0$ ………③

③をみたす z を，$z=a+bi$ …④

$(a, b$：実数, $b>0)$ とおく。

④を③に代入してまとめると，

$2i(a+bi)^2+4i(a+bi)+1+2i=0$

$2i(a^2+2abi+b^2\underset{(-1)}{i^2})+4ai+4b\underset{(-1)}{i^2}+1+2i=0$

$-4ab-4b+1+(2a^2-2b^2+4a+2)i=0$

$1-4b(a+1)+2\{(a+1)^2-b^2\}i=0$　←実部と虚部にまとめる。

よって，

$\begin{cases}1-4b(a+1)=0 \cdots ⑤ \\ \text{かつ} \\ (a+1)^2-b^2=0 \cdots ⑥\end{cases}$　←複素数の相等 $a+bi=0$ ならば，$a=0$ かつ $b=0$

⑤より，$\underset{\oplus}{4b}(a+1)=\underset{\oplus}{1}$ ………⑤′

$4b>0,\ 1>0$ より，$a+1>0$　（$\underset{\oplus}{b} \neq \underset{\oplus}{-(a+1)}$）

よって，⑥より，

$b^2=(a+1)^2$,　$b=a+1$ ……⑦

⑦を⑤′に代入して，$4b^2=1$　$\therefore b=\frac{1}{2}$　←$b>0$

⑦より，$a=b-1=-\frac{1}{2}$

$\therefore a=-\frac{1}{2},\ b=\frac{1}{2}$ ……………(答)

実力アップ問題 9　難易度 ★★★　CHECK 1　CHECK 2　CHECK 3

α, β, γ はいずれも $\mathbf{0}$ でない複素数として，次の問いに答えよ。ただし，複素数 z に対して，$\overline{z}$ は z の共役複素数，$|z|$ は z の絶対値を表す。

(1) $\gamma+\overline{\gamma}=2|\gamma|$ が成り立つならば，γ は正の実数であることを示せ。

(2) $|\alpha+\beta|=|\alpha|+|\beta|$ が成り立つならば，$\dfrac{\alpha}{\beta}$ は正の実数であることを示せ。

(鹿児島大＊)

ヒント！ 複素数を使った論証問題。(1) $\gamma=x+yi$ とおいて，$x>0$, $y=0$ を示す。(2) 与式の両辺をまず $|\beta|$ で割ることから始めよう。

基本事項

共役複素数と絶対値

複素数 $\alpha=a+bi$ (a, b:実数, $i=\sqrt{-1}$) について，

(i) 共役複素数 $\overline{\alpha}=a-bi$

(ii) 絶対値 $|\alpha|=\sqrt{a^2+b^2}$

(iii) $|\alpha|^2=\alpha\cdot\overline{\alpha}$

(1) 「$\gamma+\overline{\gamma}=2|\gamma|$ ($\gamma\neq 0$)…① ならば，γ は正の実数である。」…(＊1) を示す。

$\gamma=x+yi$ (x, y：実数) とおくと，①は

$\underbrace{x+yi}_{\gamma}+\underbrace{x-yi}_{\overline{\gamma}}=\underbrace{2\sqrt{x^2+y^2}}_{|\gamma|}$

$2x=2\sqrt{x^2+y^2}$, $x=\sqrt{x^2+y^2}$ ……②

$\gamma=x+yi\neq 0$ より，x と y が共に 0 になることはない。よって，②より，

$x=\sqrt{x^2+y^2}>0$

②の両辺を2乗して，

$x^2=x^2+y^2$, $y^2=0$ $\therefore y=0$

以上より，$\gamma=x$ (>0) となって，γ は正の実数である。

∴ (＊1) は成り立つ。……………(終)

(2) 「$|\alpha+\beta|=|\alpha|+|\beta|$ …③ ならば，$\dfrac{\alpha}{\beta}$ は正の実数である。」…(＊2) を示す。

$\beta\neq 0$ より，$|\beta|>0$　よって，③の両辺を $|\beta|$ で割って，

$\dfrac{|\alpha+\beta|}{|\beta|}=\dfrac{|\alpha|+|\beta|}{|\beta|}$

（$\dfrac{|\alpha+\beta|}{|\beta|}=\left|\dfrac{\alpha+\beta}{\beta}\right|=\left|\dfrac{\alpha}{\beta}+1\right|$，$\dfrac{|\alpha|}{|\beta|}+1=\left|\dfrac{\alpha}{\beta}\right|+1$）

$\left|\dfrac{\alpha}{\beta}+1\right|=\left|\dfrac{\alpha}{\beta}\right|+1$

ここで，$\dfrac{\alpha}{\beta}=z$ とおくと，

$|z+1|=|z|+1$

この両辺を2乗して，

$|z+1|^2=(|z|+1)^2$

（$|z+1|^2=(z+1)\overline{(z+1)}=(z+1)(\overline{z}+\overline{1})=(z+1)(\overline{z}+1)$，$\overline{1}=\overline{1+0i}=1-0i=1$）

$(z+1)(\overline{z}+1)=(|z|+1)^2$

$\underbrace{z\cdot\overline{z}}_{|z|^2}+z+\overline{z}+1=|z|^2+2|z|+1$

$z+\overline{z}=2|z|$ ($z\neq 0$)　（$\alpha\neq 0$ より，$z=\dfrac{\alpha}{\beta}\neq 0$）

これは①と同型の等式より，(＊1) からこれをみたす z，すなわち $\dfrac{\alpha}{\beta}$ は正の実数である。

∴ (＊2) は成り立つ。……………(終)

実力アップ問題 10　難易度 ★★　CHECK 1　CHECK 2　CHECK 3

次の問いに答えよ。

(1) $x = \dfrac{-1+\sqrt{3}i}{2}$ のとき，$x^{3000}+x^{2000}+x^{1000}+1$ の値を求めよ。（防衛大）

(2) $\omega = \dfrac{-1+\sqrt{3}i}{2}$ のとき，(ⅰ) $(10+\omega)\left(10+\dfrac{1}{\omega}\right)$ と (ⅱ) $(1+\omega)^{1000}$ の値を求めよ。

（名城大＊）

ヒント！ (1)，(2) 共に ω（オメガ）計算の問題だ。$x^2+x+1=0$ の 1 つの虚数解が ω で，公式 (ⅰ) $\omega^2+\omega+1=0$ と (ⅱ) $\omega^3=1$ をうまく用いて解けばいいんだね。

基本事項

ω（オメガ）計算

$x^2+x+1=0$ の 1 つの虚数解を ω とおく。

$\left(\omega = \dfrac{-1+\sqrt{3}i}{2}\ \text{または}\ \dfrac{-1-\sqrt{3}i}{2}\right)$

ω は次の 2 式をみたす。

$$\begin{cases}(\text{i})\ \omega^2+\omega+1=0 \\ (\text{ii})\ \omega^3=1\end{cases}$$

(1) $x = \dfrac{-1+\sqrt{3}i}{2}$ ……①

x は ω より，(ⅰ) $x^2+x+1=0$，(ⅱ) $x^3=1$ をみたす。しかし，答案では，これを次のように示した方がよい。

①を変形して，

$2x+1=\sqrt{3}i$

両辺を 2 乗して，

$(2x+1)^2=(\sqrt{3}i)^2$

$4x^2+4x+1=3\cdot \boxed{i^2}$ (-1)

$4x^2+4x+1=-3$

$4x^2+4x+4=0$

両辺を 4 で割って，

$x^2+x+1=0$ ……②

②より，$x^2=-x-1$ ……③

③の両辺に x をかけて，

$x^3=x\cdot(-x-1)=-x^2-x$

$\quad =-(-x-1)-x=1$ （∵③）

∴ $x^3=1$ ……④

以上より，

与式 $=x^{3000}+x^{2000}+x^{1000}+1$ 　（$3000=3\times1000$，$2000=3\times666+2$，$1000=3\times333+1$）

$=(\boxed{x^3})^{1000}+(\boxed{x^3})^{666}\times x^2+(\boxed{x^3})^{333}\times x+1$ 　（$x^3=1$）

$=1^{1000}+1^{666}\cdot x^2+1^{333}\cdot x+1$ （∵④）

$=1+\underline{x^2+x+1}$ 　（0（②より））

$=1$ （∵②） ……………………………（答）

(2) $\omega = \dfrac{-1+\sqrt{3}i}{2}$ は，2 次方程式 $x^2+x+1=0$ の虚数解の 1 つなので，

$$\begin{cases} \omega^2+\omega+1=0 & \cdots ⑤ \\ \omega^3=1 & \cdots\cdots ⑥ \end{cases}$$ をみたす。

(∵⑤より，$\omega^2=-\omega-1$
この両辺に ω をかけて
$\omega^3=-\omega^2-\omega=-(-\omega-1)-\omega$
［ω^2 は $(-\omega-1)$（⑤より）］
$=\omega+1-\omega=1$)

よって，

(ⅰ) $(10+\omega)\left(10+\dfrac{1}{\omega}\right)$

$=100+\dfrac{10}{\omega}+10\omega+1$

$=101+10\left(\omega+\dfrac{1}{\omega}\right)$

$=101+10\dfrac{\omega^2+1}{\omega}$ ［ω^2+1 は $-\omega$（⑤より）］

$=101+10\dfrac{-\omega}{\omega}$ （⑤より）［$\dfrac{-\omega}{\omega}=-1$］

$=101-10=91$ …………(答)

(ⅱ) $(1+\omega)^{1000}=(-\omega^2)^{1000}$ （⑤より）［$1+\omega$ は $-\omega^2$（⑤より）］

$=\omega^{2000}=(\omega^3)^{666}\cdot\omega^2$ ［ω^3 は 1（⑥より）］

$=1^{666}\cdot\omega^2=\omega^2$ （⑥より）［ω^2 は $-\omega-1$（⑤より）］

$=-\omega-1$ （⑤より）

$=-\dfrac{-1+\sqrt{3}i}{2}-1$

$=-\dfrac{1+\sqrt{3}i}{2}$ …………………(答)

実力アップ問題 11　難易度 ★★　CHECK 1　CHECK 2　CHECK 3

次の問いに答えよ。

(1) 方程式 $x^2+3x+1=0$ の 2 つの解を α, β とするとき，

$(\alpha^2+5\alpha+1)(\beta^2-4\beta+1)$ の値を求めよ。　（慶応大）

(2) $x^2+2x+3=0$ の 2 つの解を α, β とする。$\alpha^5+\beta^5$ の値を求めよ。

（早稲田大）

ヒント！ 解と係数の関係の問題だね。(1) 2解を α, β とおくと，$\alpha\beta=1$ となる。(2) まず，$\alpha^2+\beta^2$ と $\alpha^3+\beta^3$ の値を求める。

基本事項

2 次方程式の解と係数の関係

2 次方程式：$ax^2+bx+c=0$ $(a \neq 0)$

の 2 解を α, β とおくと，

$\alpha+\beta=-\dfrac{b}{a}$, $\alpha\beta=\dfrac{c}{a}$

(1) $\underset{a}{\boxed{1}}\cdot x^2+\underset{b}{\boxed{3}}\cdot x+\underset{c}{\boxed{1}}=0$ ……①

の 2 つの解がα, β より，これを①に代入して，

$$\begin{cases}\alpha^2+3\alpha+1=0\\ \beta^2+3\beta+1=0\end{cases}$$ ……②

解と係数の関係より，

$\alpha\beta=1$ ……③ ← $\alpha\beta=\dfrac{c}{a}$

以上より，与式の値を求める。

与式 $=(\alpha^2+5\alpha+1)(\beta^2-4\beta+1)$

$=(\boxed{\alpha^2+3\alpha+1}+2\alpha)(\boxed{\beta^2+3\beta+1}-7\beta)$

（$\boxed{\alpha^2+3\alpha+1}$ = 0（②より），$\boxed{\beta^2+3\beta+1}$ = 0（②より））

$=2\alpha\times(-7\beta)$　（∵②）

$=-14\boxed{\alpha\beta}$　（$\boxed{\alpha\beta}$ = 1（③より））

$=-14$　（∵③）………………(答)

(2) $\underset{a}{\boxed{1}}\cdot x^2+\underset{b}{\boxed{2}}x+\underset{c}{\boxed{3}}=0$ の 2 つの解を α, β とおくと，解と係数の関係より，

$$\begin{cases}\alpha+\beta=-2\\ \alpha\beta=3\end{cases}$$ ……④ ← $\alpha+\beta=-\dfrac{b}{a}$, $\alpha\beta=\dfrac{c}{a}$

（基本対称式）

参考

$(\alpha^2+\beta^2)(\alpha^3+\beta^3)=\alpha^5+\beta^5+\alpha^2\beta^3+\alpha^3\beta^2$

よって，

$\alpha^5+\beta^5=(\alpha^2+\beta^2)(\alpha^3+\beta^3)-(\boxed{\alpha\beta})^2(\boxed{\alpha+\beta})$　（$\boxed{\alpha\beta}$ = 3，$\boxed{\alpha+\beta}$ = −2）

として，計算する。

・$\alpha^2+\beta^2=(\boxed{\alpha+\beta})^2-2\boxed{\alpha\beta}=-2$ ……⑤　（対称式；$\boxed{\alpha+\beta}$ = −2，$\boxed{\alpha\beta}$ = 3）

・$\alpha^3+\beta^3=(\boxed{\alpha+\beta})^3-3\boxed{\alpha\beta}(\boxed{\alpha+\beta})$　（対称式；−2，3，−2）

$=-8+18=10$ ……⑥

（∵④）

⑤，⑥より，

$\alpha^5+\beta^5=(\boxed{\alpha^2+\beta^2})(\boxed{\alpha^3+\beta^3})-(\boxed{\alpha\beta})^2(\boxed{\alpha+\beta})$　（対称式；−2，10，3，−2）

$=-2\times10-3^2\times(-2)$

$=-20+18=-2$ ……………(答)

実力アップ問題 12 　難易度 ★★ 　CHECK 1 　CHECK 2 　CHECK 3

x の 2 次方程式 $x^2-2(n-1)x+3n^2-3n-9=0$ が実数解をもつとき，解の 2 乗の和の最大値と最小値を求めよ。ただし，n は整数とする。　(法政大)

ヒント！ 2 つの実数解を α, β とおき，$P=\alpha^2+\beta^2$ とおくと，P は n の 2 次関数になる。ただし，n は整数であることに注意しよう。

$\underset{a}{1}\cdot x^2\underset{b=2b'}{-2(n-1)}x+\underset{c}{3n^2-3n-9}=0$ ……①

①の 2 実数解を α, β とおく。①の判別式を D とおくと，①は実数解をもつので，

$$\frac{D}{4}=(n-1)^2-1\cdot(3n^2-3n-9)\geqq 0$$

$-2n^2+n+10\geqq 0$

$2n^2-n-10\leqq 0$ 　（両辺に -1 をかけた！）

$$\begin{matrix}2 & & -5\\ 1 & & 2\end{matrix}$$

$(2n-5)(n+2)\leqq 0$ 　$\therefore -2\leqq n\leqq \frac{5}{2}$

よって，$n=-2,\ -1,\ 0,\ 1,\ 2$

次に，解と係数の関係より，

$$\begin{cases}\alpha+\beta=2(n-1)\\ \alpha\beta=3n^2-3n-9\end{cases} \cdots ②$$

（$\alpha+\beta=-\frac{b}{a}$，$\alpha\beta=\frac{c}{a}$）（基本対称式）

ここで，$P=\alpha^2+\beta^2$ とおくと，（対称式）

$$P=(\underset{2(n-1)}{\alpha+\beta})^2-2\underset{3n^2-3n-9}{\alpha\beta}$$

$=4(n-1)^2-2(3n^2-3n-9)$

$=-2n^2-2n+22$

$(n=-2,\ -1,\ 0,\ 1,\ 2)$

ここで $P=f(n)$ とおき，整数変数 n を実数変数 x に置き換えると，

$P=f(x)=-2x^2-2x+22$

$=-2\left(x^2+1\cdot x+\frac{1}{4}\right)+22+\frac{1}{2}$ 　（2 で割って 2 乗）

$=-2\left(x+\frac{1}{2}\right)^2+\frac{45}{2}$

（頂点 $\left(-\frac{1}{2},\ \frac{45}{2}\right)$ の上に凸の放物線）

右図に曲線 $P=f(x)$ を破線で示す。

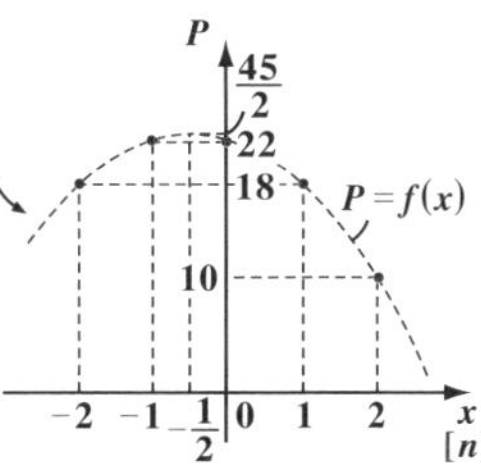

参考

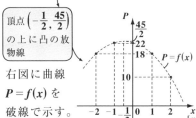

実数変数 x は，整数変数 n を便宜上置き換えたものなので，元の整数変数 n $(=-2,\ -1,\ 0,\ 1,\ 2)$ でみると，$P=f(x)$ の曲線上の 5 点の P 座標が実際に P のとり得る値になる。それをグラフ上 "•" で示した。

このグラフより，

(i) $n=-1,\ 0$ のとき，

最大値 $P=\alpha^2+\beta^2=22$ ………(答)

(ii) $n=2$ のとき，

最小値 $P=\alpha^2+\beta^2=10$ ………(答)

実力アップ問題 13　難易度 ★★　CHECK 1　CHECK 2　CHECK 3

x, y についての連立方程式 $x+y=a+5$, $x^2+y^2=a^2+2a+9$ が実数解をもつとき，

(1) a のみたす範囲を求めよ。

(2) $|x^3-y^3|$ を a で表せ。　　(福岡大)

ヒント！ (1) 解と係数の関係から，2次方程式の実数条件にもち込めるね。

基本事項

解と係数の関係と実数条件

$\begin{cases} \alpha+\beta=p \\ \alpha\cdot\beta=q \end{cases}$ のとき，

α と β を解にもつ t の2次方程式は，

$t^2-p\cdot t+q=0$ …㋐

（$t^2-(\alpha+\beta)t+\alpha\beta=0$, $(t-\alpha)(t-\beta)=0$ $\therefore t=\alpha, \beta$ を解にもつ。）

ここでα, β が実数のとき，㋐は実数解をもつので，

判別式 $D=\boxed{(-p)^2-4q\geqq 0}$ となる。（実数条件）

(1) $\begin{cases} x+y=a+5 & \cdots\cdots① \\ x^2+y^2=a^2+2a+9 & \cdots\cdots② \end{cases}$

（$x^2+y^2=(x+y)^2-2xy=(a+5)^2-2xy$ （①より））

②より，

$(x+y)^2-2xy=a^2+2a+9$

$2xy=(a+5)^2-(a^2+2a+9)$ （$\because$ ①）

$=8a+16$

$xy=4a+8=4(a+2)$ ……③

①, ③より，x と y を解にもつ t の2次方程式で，t^2 の係数が1のものは，

$t^2-(a+5)t+4(a+2)=0$ ……④

（$t^2-(x+y)t+xy=0$）

x, y は実数より，④は実数解をもつ。

$\therefore$ 判別式 $D=\boxed{(a+5)^2-16(a+2)\geqq 0}$（実数条件）

$a^2-6a-7\geqq 0$

$(a+1)(a-7)\geqq 0$

$\therefore a\leqq -1, \ 7\leqq a$ ………………(答)

(2) $|x^3-y^3|=|(x-y)(x^2+xy+y^2)|$

（$x^2+xy+y^2=\left(x+\frac{y}{2}\right)^2+\frac{3}{4}y^2\geqq 0$　0以上）

$=\underset{㋐}{|x-y|}\cdot\underset{㋑}{(x^2+xy+y^2)}$ ……⑤

ここで，

㋐ $|x-y|^2=(x-y)^2$

$=(x+y)^2-4xy$ （$x+y=a+5$, $xy=4(a+2)$）

$=(a+5)^2-16(a+2)$

$=a^2-6a-7$ （$\geqq 0$）

$\therefore |x-y|=\sqrt{a^2-6a-7}$

㋑ $x^2+xy+y^2=(x+y)^2-xy$ （$x+y=a+5$, $xy=4(a+2)$）

$=(a+5)^2-4(a+2)$

$=a^2+6a+17$

以上㋐，㋑を⑤に代入して，

$|x^3-y^3|=\sqrt{a^2-6a-7}\cdot(a^2+6a+17)$

……(答)

実力アップ問題 14　難易度 ★★★　CHECK 1　CHECK 2　CHECK 3

実数 x, y は, $x^3-14+y^2i+51i=y^2-x+(x-y^3)i$ …①, $x+y>-2$ …②
(i : 虚数単位) をみたす。
(1) ①より, x^3+y^3 の値を求めよ。
(2) ①, ②をみたす整数 x, y の値の組をすべて求めよ。　(関西大＊)

ヒント! (1) は $a+bi=0$ (a, b : 実数) のとき, $a=0$ かつ $b=0$ (複素数の相等) を利用して, x と y の 2 つの方程式から x^3+y^3 の値を求める。(2) は, (1) の結果を用いて, 整数 x, y の値の組を求めよう。

(1) ①を変形して,

まず, $a+bi=0$ の形にする。

$(x^3+x-y^2-14)+(-x+y^3+y^2+51)i=0$

より,

$$\begin{cases} x^3+x-y^2-14=0 & \cdots\cdots③, \text{かつ} \\ -x+y^3+y^2+51=0 & \cdots④ \text{となる。} \end{cases}$$

複素数の相等 : a, b が実数のとき, $a+bi=0$ ならば, $a=0$ かつ $b=0$

③＋④より,

$x^3+y^3+\underline{37}=0$

素数 : 1 と自分自身以外に約数をもたない, 1 とは異なる自然数のこと。

$\therefore\ x^3+y^3=-37$ ……⑤ ………(答)

(2) x, y が共に整数のとき, ⑤を変形して,

$\underbrace{(x+y)}_{-}\underbrace{(x^2-xy+y^2)}_{\left(x-\frac{1}{2}y\right)^2+\frac{3}{4}y^2\geq 0}=\underbrace{-37}_{-}$ ……⑥

ここで,

$x^2-xy+y^2=\left(x^2-y\cdot x+\dfrac{y^2}{4}\right)+y^2-\dfrac{y^2}{4}$

2 で割って 2 乗

$=\underbrace{\left(x-\dfrac{y}{2}\right)^2}_{0\text{以上}}+\underbrace{\dfrac{3}{4}y^2}_{0\text{以上}}\geq 0$ より, ⑥から,

$x+y<0$　さらに②より,

$-2<x+y<0$

ここで, x, y は整数より, これをみたす整数 $x+y$ は,

$x+y=-1$ ……⑦となる。

基本対称式 ← もう 1 つの基本対称式 xy の値も求める。

⑦を⑥に代入して,

$-1\cdot(x^2-xy+y^2)=-37$

$\underbrace{(x+y)^2}_{-1(⑦より)}-3xy=37$

$1-3xy=37$, $3xy=-36$

$\therefore\ xy=-12$ ……⑧

⑦, ⑧より, x, y を解にもつ t の 2 次方程式は,

$t^2-\underbrace{(-1)}_{(x+y)}\cdot t\underbrace{-12}_{xy}=0$　$(t+4)(t-3)=0$

$\therefore\ t=3$, -4 より,

$(x, y)=(3, -4)$ または $(-4, 3)$

このうち, ③, ④を共にみたす (x, y) の値の組は,

$(x, y)=(3, -4)$ ……………………(答)

実力アップ問題 15　難易度 ★★　CHECK 1　CHECK 2　CHECK 3

3 次方程式 $x^3-4x^2+ax+b=0$ が虚数解 $1-\sqrt{2}i$ をもつとき，実数 a，b の値を求めよ。また，この方程式の実数解を求めよ。

（駒澤大）

ヒント！ $x=1-\sqrt{2}i$ は 3 次方程式の解なので，これを方程式に代入して，$p+qi=0$ の形にして，複素数の相等を利用すればいい。この問題については，さらに別解を 2 つ紹介しよう。

$x^3-4x^2+ax+b=0$ …①とおく。

$x=1-\sqrt{2}i$ は①の解なので，これを①に代入すると，

$$(1-\sqrt{2}i)^3-4(1-\sqrt{2}i)^2+a(1-\sqrt{2}i)+b=0$$

$(1-\sqrt{2}i)^2 = 1-2\sqrt{2}i+2i^2=-1-2\sqrt{2}i$

$(1-\sqrt{2}i)^3 = 1-3\sqrt{2}i+3(\sqrt{2}i)^2-(\sqrt{2}i)^3 = 1-3\sqrt{2}i-6+2\sqrt{2}i=-5-\sqrt{2}i$

$$-5-\sqrt{2}i+4+8\sqrt{2}i+a-\sqrt{2}ai+b=0$$

$$(a+b-1)+\sqrt{2}(7-a)i=0$$

（$a+b-1$：実部，$\sqrt{2}(7-a)$：虚部）

$\therefore\ a+b-1=0$ かつ $\sqrt{2}(7-a)=0$

> 複素数の相等：p，q が実数のとき，
> $p+qi=0$ ならば，$p=0$ かつ $q=0$
> （p：実部，q：虚部）

よって，$a=7$，$b=-6$ ……②　…(答)

基本事項

因数定理

整式 $f(x)$ について，

$f(a)=0 \Longleftrightarrow$ $f(x)$ は $x-a$ で割り切れる。

②を①に代入して，

$x^3-4x^2+7x-6=0$ ……①′

ここで，$f(x)=x^3-4x^2+7x-6$ とおくと，

$f(2)=2^3-4\cdot2^2+7\cdot2-6=0$ より，

因数定理から $f(x)$ は $x-2$ で割り切れる。

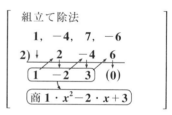

組立て除法

	1,	−4,	7,	−6
2)	↓	2	−4	6
	1	−2	3	(0)

商 $1\cdot x^2-2\cdot x+3$

よって，①の 3 次方程式は，

$(x-2)(x^2-2x+3)=0$ ……①′ となる。

よって，①の方程式の実数解は

$x=2$ である。 ……………………(答)

> $x^2-2x+3=0$ の解は，
> $x=1\pm\sqrt{1-3}=1\pm\sqrt{2}i$ と虚数解になる。

別解1

基本事項

実数係数 a_n, a_{n-1}, …, a_1, a_0 の n 次方程式
$a_nx^n+a_{n-1}x^{n-1}+\cdots+a_1x+a_0=0$
が，虚数解 $\alpha=p+qi$（p, q：実数）をもつとき，その共役複素数 $\overline{\alpha}=p-qi$ も解になる。

$x^3-4x^2+ax+b=0$ …①（a, b：実数）は実数係数の3次方程式で，虚数解 $\alpha=1-\sqrt{2}i$ を解にもつので，その共役複素数 $\overline{\alpha}=1+\sqrt{2}i$ も①の解となる。
ここで，α と $\overline{\alpha}$ を解にもつ x の2次方程式は，

$(x-\alpha)(x-\overline{\alpha})=0$

$x^2-(\alpha+\overline{\alpha})x+\overline{\alpha}\alpha=0$

$\alpha+\overline{\alpha}=1-\sqrt{2}i+1+\sqrt{2}i$，$\overline{\alpha}\alpha=(1-\sqrt{2}i)(1+\sqrt{2}i)=1-2i^2=3$

$x^2-2x+3=0$ ……③

①の左辺を③の左辺で割ると，

$$
\begin{array}{r}
x-2 \quad (\text{商}) \\
x^2-2x+3 \,\big)\, x^3-4x^2+ax+b \\
x^3-2x^2+3x \\
\hline
-2x^2+(a-3)x+b \\
-2x^2+\qquad 4x-6 \\
\hline
(a-7)x+b+6 \quad (\text{余り})
\end{array}
$$

x^3-4x^2+ax+b
$=(x^2-2x+3)(x-2)+(a-7)x+b+6$ …④
（$x-2$：商，$(a-7)x+b+6$：余り，$a-7=0$，$b+6=0$）

①の左辺は③の左辺で割り切れるので，④の余りは0となる。

$\therefore a=7$, $b=-6$ ……………………（答）

よって，①は，
$(x^2-2x+3)(x-2)=0$ となるので，
この実数解は，$x=2$ ………………（答）

別解2

基本事項

3次方程式 $ax^3+bx^2+cx+d=0$ $(a\neq0)$ の解を α, β, γ とおくと，解と係数の関係より，

$$
\begin{cases}
\cdot\ \alpha+\beta+\gamma=-\dfrac{b}{a} \\
\cdot\ \alpha\beta+\beta\gamma+\gamma\alpha=\dfrac{c}{a} \\
\cdot\ \alpha\beta\gamma=-\dfrac{d}{a}
\end{cases}
$$
となる。

実数係数の3次方程式
$1\cdot x^3-4\cdot x^2+ax+b=0$ …①が虚数解 $\alpha=1-\sqrt{2}i$ をもつので，共役複素数 $\overline{\alpha}=1+\sqrt{2}i$ も解となる。さらに，この実数解を γ とおくと，解と係数の関係より，

$$
\begin{cases}
\alpha+\overline{\alpha}+\gamma=4 \quad \cdots\cdots\cdots\cdots ⑤ \\
\alpha\overline{\alpha}+\overline{\alpha}\gamma+\gamma\alpha=a \quad \cdots\cdots ⑥ \\
\alpha\overline{\alpha}\gamma=-b \quad \cdots\cdots\cdots\cdots\cdots ⑦
\end{cases}
$$
（$\alpha+\overline{\alpha}=2$，$\alpha\overline{\alpha}=3$，$\overline{\alpha}\gamma+\gamma\alpha=(\alpha+\overline{\alpha})\gamma=2\gamma$）

となる。⑤より，$2+\gamma=4$

∴実数解 $\gamma=2$ ……………………………（答）

⑥より，
$3+2\gamma=a$ 　$\therefore a=7$
（$\gamma=2$）

⑦より，
$3\gamma=-b$ 　$\therefore b=-6$
（$\gamma=2$）

以上より，
$a=7$, $b=-6$ ……………………（答）

実力アップ問題 16

難易度 ★★　CHECK 1　CHECK 2　CHECK 3

定数 a, b は，$a+b=8$ を満たすとする。x の整式 x^3+ax^2+bx-9 が，整数を係数とする x の 1 次式の積に因数分解できるとき，a, b の値を求めよ。　(鹿児島大)

ヒント！ $f(x)=x^3+ax^2+(8-a)x-9$ とおくと，$f(1)=0$ より，因数定理から $f(x)$ はまず $x-1$ で割り切れることがわかる。後は組立て除法を使う。

$a+b=8$ より，

$b=8-a$ ……①

与えられた整式を $f(x)$ とおくと，

$f(x)=x^3+ax^2+bx-9$ ……②

①を②に代入して，

$f(x)=x^3+ax^2+(8-a)x-9$ ……③

ここで，③に $x=1$ を代入して，

$f(1)=1+a+8-a-9=0$ より，因数定理から $f(x)$ は $x-1$ で割り切れる。

基本事項

因数定理

整式 $f(x)$ について

$f(a)=0 \iff f(x)$ は $x-a$ で割り切れる。

参考

組立て除法

	1	a	$8-a$	-9
1)	↓	1	$a+1$	9
	1	$a+1$	9	(0)

よって③は，

$f(x)=(x-1)\{x^2+(a+1)x+9\}$ ……④

(整数係数の 1 次式)

ここで，$f(x)$ が整数係数の x の 1 次式の積で表されるから，④より，

$x^2+(a+1)x+9$ ……⑤

が，整数係数の x の 1 次式の積で表される。

⑤の x^2 の係数が 1，定数項が 9 から，⑤は次の 4 つのいずれかの形に因数分解される。

(i) $(x+1)(x+9)$　(ii) $(x-1)(x-9)$

(iii) $(x+3)(x+3)$　(iv) $(x-3)(x-3)$

(i) $(x+1)(x+9)=x^2+\underset{a+1}{10}x+9$ のとき，

これと⑤を比較して，

$a+1=10$　$\therefore a=9$

①より，$b=8-9=-1$

同様に，

(ii) $(x-1)(x-9)=x^2\underset{a+1}{-10}x+9$ のとき，

$a+1=-10$　$\therefore a=-11$

①より，$b=8-(-11)=19$

(iii) $(x+3)(x+3)=x^2+\underset{a+1}{6}x+9$ のとき，

$a+1=6$　$\therefore a=5$

①より，$b=8-5=3$

(iv) $(x-3)(x-3)=x^2\underset{a+1}{-6}x+9$ のとき，

$a+1=-6$　$\therefore a=-7$

①より，$b=8-(-7)=15$

以上(i)(ii)(iii)(iv)より，求める a, b の値の組は，

$(a, b)=(9, -1), (-11, 19),$

$(5, 3), (-7, 15)$ ………(答)

実力アップ問題 17　難易度 ★★　CHECK 1　CHECK 2　CHECK 3

3 次式 $P(x)=ax^3+bx^2+cx+d$ において $P(x)+P(-x)=0$ は x についての恒等式であるとする。さらに，$P(x)$ は $x+1$ で割り切れ，$x-2$ で割った余りは 6 であるとする。

(1) a, b, c, d の値を定めよ。

(2) s, t が $s+t>0$ を満たすとき，不等式 $2P(s+t) \leqq P(2s)+P(2t)$ が成り立つことを証明せよ。　(室蘭工大)

ヒント！ (1) $P(-x)=-P(x)$ より，$P(x)$ は奇関数なので，$b=d=0$ はすぐわかる。後は因数定理と剰余の定理から，a と c の値を決める。(2) では，右辺−左辺≧0 を示せばいいね。

(1) $P(x)+P(-x)$

$=ax^3+bx^2+cx+d$

$+a(-x)^3+b(-x)^2+c(-x)+d$

$=2(bx^2+d)=0$

これは恒等式より，すべての x について成り立つ。よって，$b=d=0$

$\therefore P(x)=ax^3+cx$

次に，$P(x)$ は $x+1$ で割り切れるので，

$P(-1)=a(-1)^3+c(-1)=0$ ←因数定理

$-a-c=0 \quad \therefore a+c=0 \quad \cdots\cdots①$

また，$P(x)$ を $x-2$ で割った余りが 6 より，

$P(2)=a\cdot 2^3+c\cdot 2=6$ ←剰余の定理

$8a+2c=6 \quad \therefore 4a+c=3 \quad \cdots\cdots②$

②−①より，$3a=3 \quad \therefore a=1$

①より，$1+c=0 \quad \therefore c=-1$

以上より，求める a, b, c, d の値は，

$a=1,\ b=0,\ c=-1,\ d=0$ ………(答)

(2) (1) の結果より，

$P(x)=x^3-x$

「$s+t>0$ のとき，

$2P(s+t) \leqq P(2s)+P(2t)$」……(＊)

が成り立つことを示す。

(＊)の右辺 −(＊)の左辺

$=P(2s)+P(2t)-2P(s+t)$

$=(2s)^3-2s+(2t)^3-2t$

$\quad -2\{(s+t)^3-(s+t)\}$

（$(s+t)^3 = s^3+3s^2t+3st^2+t^3$）

$=8s^3-2s+8t^3-2t$

$\quad -2(s^3+3s^2t+3st^2+t^3-s-t)$

$=6s^3+6t^3-6s^2t-6st^2$

$=6\{s^2(s-t)-t^2(s-t)\}$

$=6(s-t)(s^2-t^2)$

（$s^2-t^2=(s-t)(s+t)$）

$=6(s-t)^2(s+t)$

ここで，$s+t>0$ (条件より)，

$(s-t)^2 \geqq 0$

以上より，

(＊)の右辺 −(＊)の左辺 $\geqq 0$

よって，

「$s+t>0$ のとき，

$2P(s+t) \leqq P(2s)+P(2t)$」……(＊)

は成り立つ。…………………………(終)

実力アップ問題 18

難易度 ★★★　CHECK 1　CHECK 2　CHECK 3

a, b, c を 3 次方程式 $4x^3-6x^2+1=0$ の 3 つの解とする。
$f_n=a^{-n}+b^{-n}+c^{-n}$ $(n\geqq 1)$ とおく。
(1) f_1, f_2, f_3 を求めよ。
(2) f_n, f_{n+1}, f_{n+3} の間には，$f_{n+3}=$ ア $f_{n+1}+$ イ f_n $(n\geqq 1)$ の関係がある。これを用いて，f_4 を求めよ。　(慶応大)

ヒント！ 3 次方程式の解と係数の関係の問題。$a^{-1}=\alpha$，$b^{-1}=\beta$，$c^{-1}=\gamma$ とおき，α, β, γ を解にもつ x の 3 次方程式をまず導こう。

基本事項

3 次方程式の解と係数の関係

3次方程式 $ax^3+bx^2+cx+d=0$ $(a\neq 0)$ の 3 つの解を α, β, γ とおくと，

$\alpha+\beta+\gamma=-\frac{b}{a}$, $\alpha\beta+\beta\gamma+\gamma\alpha=\frac{c}{a}$,

$\alpha\beta\gamma=-\frac{d}{a}$

(1) $4x^3-6x^2+0\cdot x+1=0$ ……①

①の 3 つの解が a, b, c より，解と係数の関係を用いて，

$a+b+c=\frac{3}{2}$ $\left(-\frac{-6}{4}\right)$　$ab+bc+ca=0$ $\left(\frac{0}{4}\right)$

$abc=-\frac{1}{4}$

ここで，$a^{-1}=\alpha, b^{-1}=\beta, c^{-1}=\gamma$ とおくと，

$f_n=(a^{-1})^n+(b^{-1})^n+(c^{-1})^n$
$=\alpha^n+\beta^n+\gamma^n$ …② $(n=1, 2, \cdots)$

ここで，

・$\alpha+\beta+\gamma=\frac{1}{a}+\frac{1}{b}+\frac{1}{c}$

$=\frac{ab+bc+ca}{abc}=0$ （$ab+bc+ca$ は 0）

・$\alpha\beta+\beta\gamma+\gamma\alpha=\frac{1}{ab}+\frac{1}{bc}+\frac{1}{ca}$

$=\frac{a+b+c}{abc}=\frac{\frac{3}{2}}{-\frac{1}{4}}=-\frac{3\times 4}{2\times 1}=-6$

・$\alpha\beta\gamma=\frac{1}{abc}=\frac{1}{-\frac{1}{4}}=-4$

以上より，

$$\begin{cases}\alpha+\beta+\gamma=0 & \cdots\cdots③\\ \alpha\beta+\beta\gamma+\gamma\alpha=-6 & \cdots\cdots④\\ \alpha\beta\gamma=-4 & \cdots\cdots⑤\end{cases}$$

α, β, γ を解にもつ，x^3 の係数が 1 の 3 次方程式は，③, ④, ⑤より，

$x^3-0\cdot x^2+(-6)x-(-4)=0$

$x^3-(\alpha+\beta+\gamma)x^2+(\alpha\beta+\beta\gamma+\gamma\alpha)x-\alpha\beta\gamma=0$

$x^3-6x+4=0$ ……⑥

参考

⑥は①の解の逆数を解にもつ方程式なので，①の x に $\frac{1}{x}$ を代入して，

$4\left(\frac{1}{x}\right)^3-6\cdot\left(\frac{1}{x}\right)^2+1=0$

この両辺に x^3 をかけて，

$4-6x+x^3=0$ としても，⑥が求まる。

$f_n=\alpha^n+\beta^n+\gamma^n$ …② $(n=1,2,\cdots)$ より，

・$f_1=\alpha+\beta+\gamma=0$　(∵③) ……(答)

・$f_2=\alpha^2+\beta^2+\gamma^2$ ←対称式

$=(\underbrace{\boxed{\alpha+\beta+\gamma}}_{0\ (③\text{より})})^2-2(\underbrace{\boxed{\alpha\beta+\beta\gamma+\gamma\alpha}}_{-6\ (④\text{より})})$

$=0^2-2\times(-6)=12$ ………(答)

・$f_3=\alpha^3+\beta^3+\gamma^3$

$=\alpha^3+\beta^3+(\underbrace{-\alpha-\beta}_{\gamma\ (③\text{より})})^3$

$=\alpha^3+\beta^3-(\alpha+\beta)^3$

$=\cancel{\alpha^3}+\cancel{\beta^3}-(\cancel{\alpha^3}+3\alpha^2\beta+3\alpha\beta^2+\cancel{\beta^3})$

$=-3\alpha\beta(\underbrace{\alpha+\beta}_{-\gamma\ (③\text{より})})$

$=-3\alpha\beta\cdot(-\gamma)$

$=3\underbrace{\boxed{\alpha\beta\gamma}}_{-4\ (⑤\text{より})}=3\times(-4)=-12$ …(答)

(2) 次に，α, β, γ は方程式⑥の解より，これらを⑥に代入して，

$$\begin{cases}\alpha^3-6\alpha+4=0 & \cdots\cdots⑦\\ \beta^3-6\beta+4=0 & \cdots\cdots⑧\\ \gamma^3-6\gamma+4=0 & \cdots\cdots⑨\end{cases}$$

⑦の両辺に α^n，⑧の両辺に β^n，⑨の両辺に γ^n をそれぞれかけて，

$$\begin{cases}\alpha^{n+3}-6\alpha^{n+1}+4\alpha^n=0 & \cdots\cdots⑦'\\ \beta^{n+3}-6\beta^{n+1}+4\beta^n=0 & \cdots\cdots⑧'\\ \gamma^{n+3}-6\gamma^{n+1}+4\gamma^n=0 & \cdots\cdots⑨'\end{cases}$$

⑦$'$＋⑧$'$＋⑨$'$ より，

$$\overset{f_{n+3}}{\boxed{\alpha^{n+3}+\beta^{n+3}+\gamma^{n+3}}}-6(\overset{f_{n+1}}{\boxed{\alpha^{n+1}+\beta^{n+1}+\gamma^{n+1}}})+4(\overset{f_n}{\boxed{\alpha^n+\beta^n+\gamma^n}})=0$$

$\therefore\ f_{n+3}-6f_{n+1}+4f_n=0$ より，

$f_{n+3}=6f_{n+1}-4f_n$ …⑩…(ア，イ)(答)

$(n=1,2,3,\cdots)$

$n=1$ のとき⑩は，

$f_4=6\underset{12}{\boxed{f_2}}-4\underset{0}{\boxed{f_1}}$

$=6\times12-\cancel{4\times0}=72$ …………(答)

実力アップ問題 19　難易度 ★★★　CHECK 1　CHECK 2　CHECK 3

実数 x, y は, $x^2+y^2-2x+\frac{16}{25}=0$ …①をみたすものとし, $t=\frac{y}{x}$ …②とおく。

(1) t の取り得る値の範囲を求めよ。

(2) $1+t+\frac{3}{1+t}$ の最小値と, そのときの t の値を求めよ。

(3) $z=\frac{x^2+xy}{4x^2+2xy+y^2}$ を t で表し, z の最大値とそのときの t の値を求めよ。また, このとき x の値は 2 つあり, それを α, β とおくとき, $\alpha+\beta$ の値を求めよ。　(近畿大＊)

ヒント！ (1) ②より, $y=tx$ として, これを①に代入して x の 2 次方程式の実数条件から t の範囲を求めればいい。(2) は相加・相乗平均の不等式の問題だ。(3) は (2) の結果を利用できる。頑張ろう！

(1) $x^2+y^2-2x+\frac{16}{25}=0$ ……①

$(x,\ y:\text{実数})$

$t=\frac{y}{x}$ ……② $(x\neq 0)$ より,

$x=0$ のとき, ①は $y^2+\frac{16}{25}\neq 0$ となって, 矛盾するから, $x\neq 0$ だ。

$y=tx$ ……②′

②′を①に代入して, x の 2 次方程式の形に変形すると,

$x^2+t^2\cdot x^2-2x+\frac{16}{25}=0$

$\underbrace{(t^2+1)}_{a}x^2\underbrace{-2}_{2b'}\cdot x+\underbrace{\frac{16}{25}}_{c}=0$ ……③

となる。

ここで, x は実数より, ③の x の 2 次方程式は実数解をもつ。

よって, ③の判別式を D とおくと,

$\frac{D}{4}=\boxed{(-1)^2-(t^2+1)\frac{16}{25}\geqq 0}$

$\frac{16}{25}(t^2+1)-1\leqq 0$

$t^2+1-\frac{25}{16}\leqq 0$　　$t^2-\frac{9}{16}\leqq 0$

$\left(t+\frac{3}{4}\right)\left(t-\frac{3}{4}\right)\leqq 0$

∴求める t の取り得る値の範囲は,

$\underbrace{-\frac{3}{4}}_{-0.75}\leqq t\leqq\underbrace{\frac{3}{4}}_{0.75}$ ……④ ……………(答)

基本事項

相加・相乗平均の不等式

$a \geqq 0$，$b \geqq 0$ のとき，

$a+b \geqq 2\sqrt{ab}$ が成り立つ。

（等号成立条件：$a=b$）

(2) ④より，$t \geqq -\dfrac{3}{4}$ から，$1+t>0$

よって，相加・相乗平均の不等式を用いると，

$$1+t+\frac{3}{1+t} \geqq 2\sqrt{\cancel{(1+t)}\,\frac{3}{\cancel{1+t}}} = \underbrace{2\sqrt{3}}_{\text{最小値}}$$

等号成立条件は，

$$1+t=\frac{3}{1+t} \qquad (\underbrace{1+t}_{\oplus})^2=3$$

$1+t=\sqrt{3}$　$(\because\ 1+t>0)$

$\therefore\ t=\sqrt{3}-1$（これは④をみたす）

以上より，$t=\sqrt{3}-1$ のとき，

$1+t+\dfrac{3}{1+t}$ は最小値 $2\sqrt{3}$ をとる。

……(答)

(3) $z=\dfrac{x^2+xy}{4x^2+2xy+y^2}$ の右辺の分子・分母を $x^2(\neq 0)$ で割って，

$$z=\frac{1+\overbrace{\frac{y}{x}}^{t}}{4+2\underbrace{\frac{y}{x}}_{t}+\underbrace{\left(\frac{y}{x}\right)^2}_{t\text{（②より）}}}$$

これに②を代入して，

$$z=\frac{1+t}{4+2t+t^2}=\frac{1+t}{(1+t)^2+3} \quad \cdots\text{(答)}$$

ここで，$1+t>0$ より，さらにこの右辺の分子・分母を $1+t$ で割って，

$$z=\frac{1}{\underbrace{1+t+\frac{3}{1+t}}_{\text{最小値 }2\sqrt{3}\ (t=\sqrt{3}-1\text{ のとき})}}$$

この分母が最小値 $2\sqrt{3}$ をとるとき，z は最大となる。よって，$t=\sqrt{3}-1$ のとき，

最大値 $z=\dfrac{1}{2\sqrt{3}}=\dfrac{\sqrt{3}}{6}$ ……………(答)

（(2)の結果より）

$t=\sqrt{3}-1$ のとき，これを③に代入すると，

$$\{\underbrace{(\sqrt{3}-1)^2+1}_{3-2\sqrt{3}+1+1=5-2\sqrt{3}}\}x^2-2x+\frac{16}{25}=0$$

$$(\underbrace{5-2\sqrt{3}}_{a})x^2\underbrace{-2}_{b}x+\underbrace{\frac{16}{25}}_{c}=0 \quad \cdots\cdots③'$$

よって，この③′の解を α,β とおくと，解と係数の関係より，

$$\alpha+\beta=\frac{2}{5-2\sqrt{3}} \quad \leftarrow \text{解と係数の関係 } \alpha+\beta=-\frac{b}{a}$$

$$=\frac{2(5+2\sqrt{3})}{(5-2\sqrt{3})(5+2\sqrt{3})}$$

$$=\frac{10+4\sqrt{3}}{13} \quad \cdots\cdots\cdots\cdots\text{(答)}$$

実力アップ問題 20　難易度 ★★★　CHECK 1　CHECK 2　CHECK 3

(1) $a \geqq 1$, $b \geqq 1$ のとき，次の不等式が成り立つことを示せ。

$$\left(a^2-\frac{1}{a^2}\right)+\left(b^2-\frac{1}{b^2}\right) \geqq 2\left(ab-\frac{1}{ab}\right) \quad \cdots\cdots(*)$$

(2) $a \geqq 1$, $b \geqq 1$, $c \geqq 1$ のとき，次の不等式が成り立つことを示せ。

$$\left(a^3-\frac{1}{a^3}\right)+\left(b^3-\frac{1}{b^3}\right)+\left(c^3-\frac{1}{c^3}\right) \geqq 3\left(abc-\frac{1}{abc}\right) \quad \cdots(**)$$

(早稲田大・教育)

ヒント！ (1) は，(左辺) − (右辺) ≧ 0 を示せばいい。(2) は当然 (1) の結果を利用することになる。因数分解公式をうまく使おう！

(1) $a \geqq 1$, $b \geqq 1$ のとき，$(*)$ が成り立つことを示す。

(左辺) − (右辺)

$$= a^2-\frac{1}{a^2}+b^2-\frac{1}{b^2}-2ab+\frac{2}{ab}$$

$$= (a^2-2ab+b^2)-\left(\frac{1}{a^2}-2\cdot\frac{1}{a}\cdot\frac{1}{b}+\frac{1}{b^2}\right)$$

$$= (a-b)^2-\left(\frac{1}{a}-\frac{1}{b}\right)^2$$

$$= (a-b)^2-\left(\frac{b-a}{ab}\right)^2$$

$$= (a-b)^2-\frac{(a-b)^2}{a^2b^2}$$

$$= \frac{a^2b^2(a-b)^2-(a-b)^2}{a^2b^2}$$

$$= \frac{(a^2b^2-1)(a-b)^2}{a^2b^2} \geqq 0$$

$\left(\begin{array}{l} \because (a-b)^2 \geqq 0 \quad また， \\ a \geqq 1,\ b \geqq 1 より， \\ a^2b^2-1 \geqq 0 かつ a^2b^2 \geqq 1 \end{array}\right)$

以上より，$a \geqq 1$, $b \geqq 1$ のとき，

$$\left(a^2-\frac{1}{a^2}\right)+\left(b^2-\frac{1}{b^2}\right) \geqq 2\left(ab-\frac{1}{ab}\right) \quad \cdots(*)$$

は成り立つ。 ……………………(終)

(等号成立条件：$a=b$)

(2) $a \geqq 1$, $b \geqq 1$, $c \geqq 1$ のとき，$(**)$ が成り立つことを示す。

(左辺) − (右辺)

$$= a^3-\frac{1}{a^3}+b^3-\frac{1}{b^3}+c^3-\frac{1}{c^3}-3abc+\frac{3}{abc}$$

$$= (a^3+b^3+c^3-3abc)-\left(\frac{1}{a^3}+\frac{1}{b^3}+\frac{1}{c^3}-3\cdot\frac{1}{a}\cdot\frac{1}{b}\cdot\frac{1}{c}\right)$$

$$= (a+b+c)(a^2+b^2+c^2-ab-bc-ca) - \left(\frac{1}{a}+\frac{1}{b}+\frac{1}{c}\right)\left(\frac{1}{a^2}+\frac{1}{b^2}+\frac{1}{c^2}-\frac{1}{ab}-\frac{1}{bc}-\frac{1}{ca}\right)$$

基本事項

因数分解公式

$$x^3+y^3+z^3-3xyz$$
$$=(x+y+z)(x^2+y^2+z^2-xy-yz-zx)$$

ここで,

(ⅰ) $(a+b+c)$ と $\left(\frac{1}{a}+\frac{1}{b}+\frac{1}{c}\right)$ との大小関係,

(ⅱ) $(a^2+b^2+c^2-ab-bc-ca)$ と $\left(\frac{1}{a^2}+\frac{1}{b^2}+\frac{1}{c^2}-\frac{1}{ab}-\frac{1}{bc}-\frac{1}{ca}\right)$ との大小関係に,分解して調べる。

(ⅰ) について調べる。

$a \geqq 1$, $b \geqq 1$, $c \geqq 1$ より,

$$a+b+c \geqq 1+1+1 \geqq \frac{1}{a}+\frac{1}{b}+\frac{1}{c} \ (>0)$$

$$\therefore \underbrace{a+b+c}_{\text{大}} \geqq \underbrace{\frac{1}{a}+\frac{1}{b}+\frac{1}{c}}_{\text{小}} \ (>0) \cdots ①$$

となる。

次,(ⅱ) について調べる。

$a \geqq 1$, $b \geqq 1$, $c \geqq 1$ より,

(＊) は成り立つので,

$$\left(a^2-\frac{1}{a^2}\right)+\left(b^2-\frac{1}{b^2}\right) \geqq 2\left(ab-\frac{1}{ab}\right) \quad \cdots\cdots(＊)$$

同様に,

$$\left(b^2-\frac{1}{b^2}\right)+\left(c^2-\frac{1}{c^2}\right) \geqq 2\left(bc-\frac{1}{bc}\right) \quad \cdots\cdots(＊)'$$

$$\left(c^2-\frac{1}{c^2}\right)+\left(a^2-\frac{1}{a^2}\right) \geqq 2\left(ca-\frac{1}{ca}\right) \quad \cdots\cdots(＊)''$$

(＊), (＊)′, (＊)″ の各辺をたして,2で割っても大小関係は変化しないので,

$$\left(a^2-\frac{1}{a^2}\right)+\left(b^2-\frac{1}{b^2}\right)+\left(c^2-\frac{1}{c^2}\right)$$
$$\geqq \left(ab-\frac{1}{ab}\right)+\left(bc-\frac{1}{bc}\right)+\left(ca-\frac{1}{ca}\right)$$

よって,

$$\underbrace{a^2+b^2+c^2-ab-bc-ca}_{\text{大}}$$
$$\geqq \underbrace{\frac{1}{a^2}+\frac{1}{b^2}+\frac{1}{c^2}-\frac{1}{ab}-\frac{1}{bc}-\frac{1}{ca}}_{\text{小}} \quad \cdots ②$$

> 実数 x, y, z について,
>
> $x^2+y^2+z^2-xy-yz-zx$
>
> $=\frac{1}{2}(2x^2+2y^2+2z^2-2xy-2yz-2zx)$
>
> $=\frac{1}{2}\{(x^2-2xy+y^2)+(y^2-2yz+z^2)+(z^2-2zx+x^2)\}$
>
> $=\frac{1}{2}\{\underbrace{(x-y)^2}_{0\text{以上}}+\underbrace{(y-z)^2}_{0\text{以上}}+\underbrace{(z-x)^2}_{0\text{以上}}\} \geqq 0$
>
> ここで, $x=\frac{1}{a}$, $y=\frac{1}{b}$, $z=\frac{1}{c}$ とおけば,
>
> ②の右辺 $\geqq 0$ がわかるんだね。

以上 (ⅰ), (ⅱ) の①, ②より, (＊＊) についても,

(左辺) − (右辺)

$$=\underbrace{(a+b+c)}_{\text{大}}\underbrace{(a^2+b^2+c^2-ab-bc-ca)}_{\text{大}}$$
$$-\underbrace{\left(\frac{1}{a}+\frac{1}{b}+\frac{1}{c}\right)}_{\text{小}}\underbrace{\left(\frac{1}{a^2}+\frac{1}{b^2}+\frac{1}{c^2}-\frac{1}{ab}-\frac{1}{bc}-\frac{1}{ca}\right)}_{\text{小}}$$

$\geqq 0$ となるので, (＊＊) は成り立つ。

……(終)

(等号成立条件 : $a=b=c$)

実力アップ問題 21　難易度 ★★★　CHECK 1　CHECK 2　CHECK 3

(1) 実数 x, y に対して，次の不等式が成り立つことを示せ。

$$(1+x)(1+y) \leqq \left(1+\frac{x+y}{2}\right)^2 \quad \cdots\cdots(*)$$

(2) a, b, c, d を -1 以上の数とするとき，次の不等式が成り立つことを示せ。

$$(1+a)(1+b)(1+c)(1+d) \leqq \left(1+\frac{a+b+c+d}{4}\right)^4 \quad \cdots\cdots(**)$$

（大阪市立大＊）

ヒント！ (1) は，(右辺)−(左辺) $\geqq 0$ を示せばいい。そして，これが (2) の導入になる。

(1) 実数 x, y について，$(*)$ が成り立つことを示す。

(右辺)−(左辺)

$$=\left(1+\frac{x+y}{2}\right)^2-(1+x)(1+y)$$

$$=1+x+y+\frac{(x+y)^2}{4}-1-x-y-xy$$

$$=\frac{x^2-2xy+y^2}{4}=\frac{(x-y)^2}{4}\geqq 0$$

∴ $(*)$ は成り立つ。 …………(終)

（等号成立条件 : $x=y$）

(2) -1 以上の数 a, b, c, d について $(**)$ が成り立つことを示す。

$(*)$ より，

$$\begin{cases} (1+a)(1+b) \leqq \left(1+\dfrac{a+b}{2}\right)^2 \cdots\cdots ① \\ (1+c)(1+d) \leqq \left(1+\dfrac{c+d}{2}\right)^2 \cdots\cdots ② \end{cases}$$

（$(1+a)$, $(1+b)$, $(1+c)$, $(1+d)$ は 0 以上）

①，②の辺々をそれぞれかけ合わせると，

$$(1+a)(1+b)(1+c)(1+d) \leqq \left\{\left(1+\frac{a+b}{2}\right)\left(1+\frac{c+d}{2}\right)\right\}^2 \cdots ③$$

ここで，さらに $(*)$ を用いると，

$$\left(1+\frac{a+b}{2}\right)\left(1+\frac{c+d}{2}\right) \leqq \left(1+\frac{\frac{a+b}{2}+\frac{c+d}{2}}{2}\right)^2$$

よって，

$$\left(1+\frac{a+b}{2}\right)\left(1+\frac{c+d}{2}\right) \leqq \left(1+\frac{a+b+c+d}{4}\right)^2 \quad \cdots\cdots ④$$

ここで，a, b, c, d はいずれも -1 以上の数より，$1+\frac{a+b}{2}\geqq 0$, $1+\frac{c+d}{2}\geqq 0$

よって，④の両辺を 2 乗しても大小関係に変化はない。ゆえに，③，④より，

$$(1+a)(1+b)(1+c)(1+d) \leqq \left\{\left(1+\frac{a+b}{2}\right)\left(1+\frac{c+d}{2}\right)\right\}^2 \leqq \left(1+\frac{a+b+c+d}{4}\right)^4 \text{ となる。}$$

∴ $(**)$ は成り立つ。 ……………(終)

（等号成立条件 : $a=b=c=d$）

演習
exercise

2 図形と方程式

テーマ

▶ 直線の方程式

$$\left(h = \frac{|ax_1 + by_1 + c|}{\sqrt{a^2 + b^2}} \right)$$

▶ 円の方程式

$$\left((x-a)^2 + (y-b)^2 = r^2 \right)$$

▶ 軌跡，領域と最大・最小

▶ 直線の通過領域

演習2 図形と方程式 ●公式&解法パターン

1．2点間の距離・分点公式

(1) 2点 $\mathbf{A}(x_1,\ y_1)$，$\mathbf{B}(x_2,\ y_2)$ 間の距離

$$\mathrm{AB}=\sqrt{(x_1-x_2)^2+(y_1-y_2)^2}$$

(2) 内分点・外分点の公式：2点 $\mathbf{A}(x_1,\ y_1)$，$\mathbf{B}(x_2,\ y_2)$ について，

(i) 点 $\mathbf{P}$ が線分 AB を $m:n$ に内分するとき，

$$\mathrm{P}\left(\frac{nx_1+mx_2}{m+n},\ \frac{ny_1+my_2}{m+n}\right)$$

(ii) 点 $\mathbf{Q}$ が線分 AB を $m:n$ に外分するとき，

$$\mathrm{Q}\left(\frac{-nx_1+mx_2}{m-n},\ \frac{-ny_1+my_2}{m-n}\right)$$

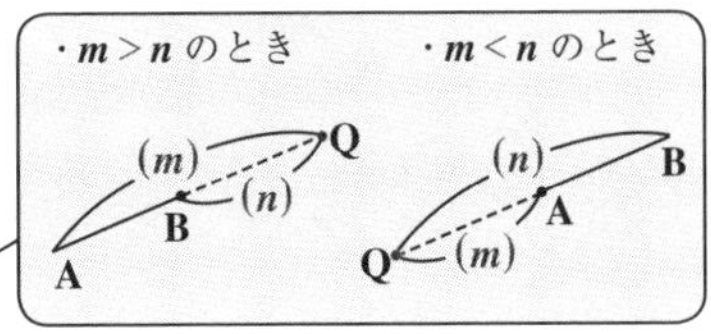

2．直線の方程式

(1) 傾きが m で，点 $(x_1,\ y_1)$ を通る直線の方程式

$$y=m(x-x_1)+y_1$$

(2) 2点 $\mathbf{A}(x_1,\ y_1)$，$\mathbf{B}(x_2,\ y_2)$ を通る直線の方程式

(i) $x_1 \neq x_2$ のとき，

$$y=\frac{y_2-y_1}{x_2-x_1}(x-x_1)+y_1$$

(ii) $x_1=x_2$ のとき，

$$x=x_1$$ ← y 軸に平行な直線

(3) 一般の直線の方程式

$$ax+by+c=0$$ ← $\vec{h}=(a,\ b)$ とおくと，$\vec{h}$ は，この直線の法線ベクトルになる。

・2直線 $l_1: a_1x+b_1y+c_1=0$，$l_2: a_2x+b_2y+c_2=0$ について，

(i) $l_1 /\!/ l_2 \Leftrightarrow \dfrac{a_1}{a_2}=\dfrac{b_1}{b_2}$　　(ii) $l_1 \perp l_2 \Leftrightarrow a_1a_2+b_1b_2=0$

3．点と直線との距離

点 $\mathbf{P}(x_1,\ y_1)$ と直線 $ax+by+c=0$ との間の距離 $h=\dfrac{|ax_1+by_1+c|}{\sqrt{a^2+b^2}}$

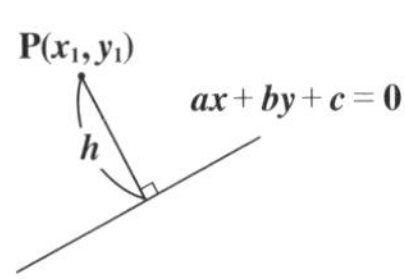

4. 円の方程式

(1) 中心 $C(a,\ b)$，半径 r の円の方程式

$(x-a)^2+(y-b)^2=r^2$

(2) 中心 $O(0,\ 0)$，半径 r の円周上の点 $P(x_1,\ y_1)$

における接線の方程式

$x_1x+y_1y=r^2$

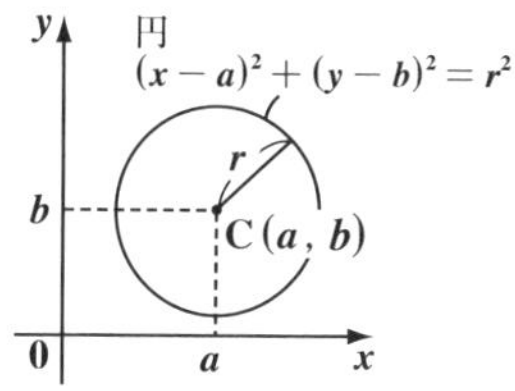

5. 円と直線との位置関係

円 $C:(x-a)^2+(y-b)^2=r^2$ と直線 $l:\alpha x+\beta y+\gamma=0$ について，

中心 $A(a,\ b)$ と l との間の距離を $h=\dfrac{|\alpha a+\beta b+\gamma|}{\sqrt{\alpha^2+\beta^2}}$ とおくと，

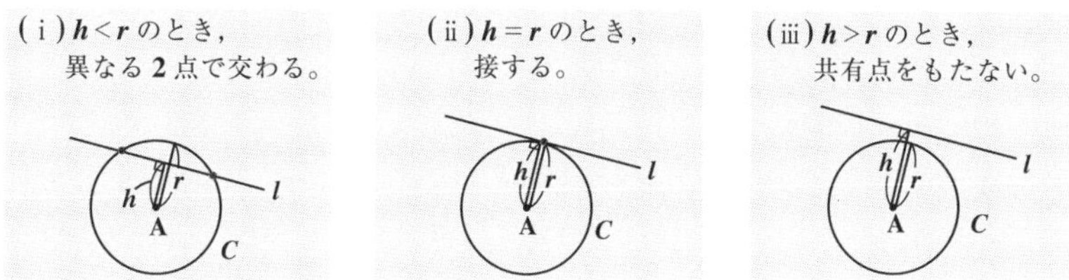

6. 2 直線の交点を通る直線の方程式

2 直線 $l_1:a_1x+b_1y+c_1=0$，$l_2:a_2x+b_2y+c_2=0$ の交点を通る直線の

方程式は，

$a_1x+b_1y+c_1+k(a_2x+b_2y+c_2)=0$ （および，$a_2x+b_2y+c_2=0$）

一般に，2 曲線 $f(x,\ y)=0$ と $g(x,\ y)=0$ との共有点を通る曲線の方程式は，$f(x,\ y)+kg(x,\ y)=0$ （および，$g(x,\ y)=0$）となる。

7. 軌跡の方程式

ある条件の下で，動点 $P(x,\ y)$ の描く図形を，点 P の軌跡といい，与えられた条件下での x と y の関係式を求めれば，それが軌跡の方程式である。

8. 領域と最大・最小問題

ある領域 D 上の点 $(x,\ y)$ について，例えば，$y-ax$ の最大値・最小値は，$y-ax=k$，すなわち $y=ax+k$ とおいて，この見かけ上の直線と D とがギリギリ共有点をもつ図形的な条件から求めればよい。

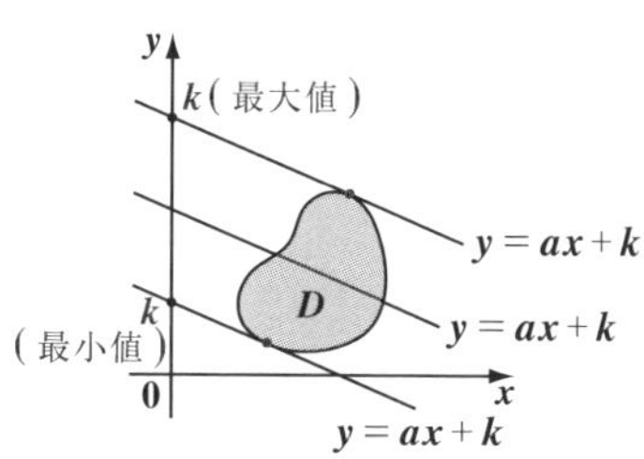

実力アップ問題 22	難易度 ★★	CHECK 1	CHECK 2	CHECK 3

点 $\mathbf{P}(x_1, y_1)$ と直線 $l : ax + by + c = 0\ (a \neq 0)$ との間の距離 h が,

$$h = \frac{|ax_1 + by_1 + c|}{\sqrt{a^2 + b^2}} \quad \cdots\cdots(*)$$

で表されることを示せ。

ヒント！ 公式の証明問題。まず点P を通り, l と垂直な直線 m の方程式を求める。そして, l と m の交点を Q とおくと, $h = \mathrm{PQ}$ となるんだね。

基本事項

直線 $ax+by+c=0$ …… ㋐
と垂直な直線は
$bx-ay+c'=0$ … ㋑と表される。

$(\because)\ b \neq 0$ のとき, ㋐は,

$y = -\frac{a}{b}x - \frac{c}{b}$ となって, 傾きは $-\frac{a}{b}$

$a \neq 0$ のとき, ㋑より,

$y = \frac{b}{a}x + \frac{c'}{a}$ となって, 傾きは $\frac{b}{a}$

$\therefore -\frac{a}{b} \times \frac{b}{a} = -1$ をみたすので,

㋐と㋑は直交する。

(a, b の一方が 0 のときでも成り立つ。)

$l : ax+by+c=0 \cdots$①
$(a \neq 0)$

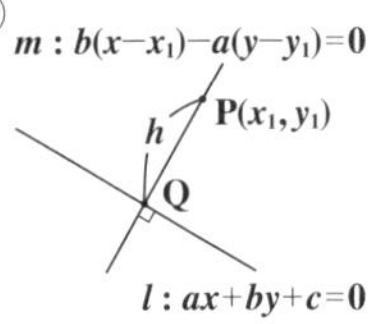

点 $\mathrm{P}(x_1, y_1)$ を通り,
直線 l と垂直な直線
を m とおくと,

$m : b(x-x_1)-a(y-y_1)=0$

$bx-ay\underbrace{-bx_1+ay_1}_{c'}=0 \quad \cdots\cdots②$ （基本事項通り）

l と m の交点を $\mathrm{Q}(x_2, y_2)$ とおくと,
$h=\mathrm{PQ}$ ……③　となる。

①$\times a+$②$\times b$ より, y を消去して,

$(a^2+b^2)x+ac-b^2x_1+aby_1=0$ （x：点 Q の x 座標 x_2）

$a \neq 0$ より, $a^2+b^2>0$

よって, $x_2 = \frac{b^2x_1-aby_1-ac}{a^2+b^2}$ ……③

ここで, $a \neq 0$ より,
$x_1 \neq x_2$ となる。

また, 直線 m の傾き
が $\frac{b}{a}$ より, 右図の
2 つの相似な直角
三角形から,

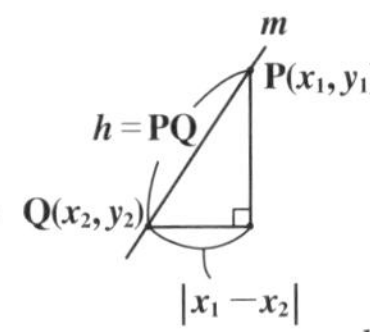

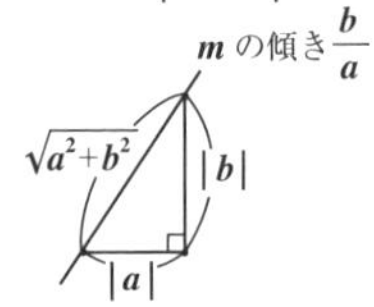

$$\frac{\mathrm{PQ}}{|x_1-x_2|} = \frac{\sqrt{a^2+b^2}}{|a|}$$

$$\therefore\ \mathrm{PQ} = \frac{\sqrt{a^2+b^2}}{|a|}|x_1-x_2| \quad \cdots\cdots④$$

③を④に代入して,

$$\mathrm{PQ} = \frac{\sqrt{a^2+b^2}}{|a|}\left|x_1 - \frac{b^2x_1-aby_1-ac}{a^2+b^2}\right|$$

$$= \frac{\sqrt{a^2+b^2}}{|a|}\cdot\frac{|a^2x_1+aby_1+ac|}{a^2+b^2}$$

$$= \frac{|ax_1+by_1+c|}{\sqrt{a^2+b^2}}\ (=h)$$

$$\therefore\ h = \frac{|ax_1+by_1+c|}{\sqrt{a^2+b^2}} \quad \cdots\cdots(*)$$

は成り立つ。 ……………………(終)

(これは, $a=0$ のときも成り立つ。
$(\because)\ h = \left|y_1 - \left(-\frac{c}{b}\right)\right| = \frac{|by_1+c|}{|b|}$)

実力アップ問題 23　難易度 ★★　CHECK 1　CHECK 2　CHECK 3

次の問いに答えよ。

(1) 放物線 $y = x^2$ 上に 2 点 $A(-1,\ 1)$, $B(2,\ 4)$ をとる。この放物線上を点 A から点 B まで動く点 P がある。このとき，$\angle APB = 90°$ となる点 P の座標を求めよ。　　(千葉大)

(2) 曲線 $y = ax^2 + 3x + 2\ (a \neq 0)$ は，a の値にかかわらず一定の直線に接する。この直線の方程式を求めよ。

ヒント！ (1) 2 直線の傾きを m_1, m_2 とおくと，これらの直交条件は，$m_1 \times m_2 = -1$ だね。(2) 判別式 $= 0$ が，任意の a について成り立つ条件を求める。

(1) 放物線 $y = x^2$ 上に $A(-1, 1)$, $B(2, 4)$, $P(\alpha, \alpha^2)$ をとる。
$(-1 < \alpha < 2)$

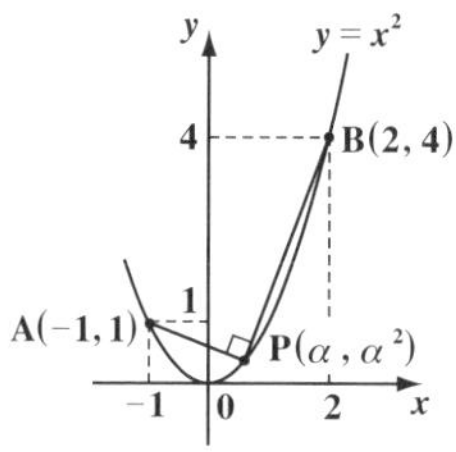

・直線 AP の傾きは，

$$\frac{\alpha^2 - 1}{\alpha - (-1)} = \frac{(\alpha+1)(\alpha-1)}{\alpha+1} = \alpha - 1$$

・直線 BP の傾きは，

$$\frac{\alpha^2 - 4}{\alpha - 2} = \frac{(\alpha+2)(\alpha-2)}{\alpha-2} = \alpha + 2$$

以上より，$\angle APB = 90°$ となるための条件は，

$(\alpha - 1)(\alpha + 2) = -1$

2 直線の直交条件：(傾き)×(傾き) $= -1$

$\alpha^2 + \alpha - 1 = 0$

$$\alpha = \frac{-1 \pm \sqrt{5}}{2}$$ （$\sqrt{5}$ ≒ 2.2）

ここで，$-1 < \alpha < 2$ より，$\alpha = \dfrac{\sqrt{5} - 1}{2}$

$$\alpha^2 = \left(\frac{\sqrt{5} - 1}{2}\right)^2 = \frac{6 - 2\sqrt{5}}{4} = \frac{3 - \sqrt{5}}{2}$$

$\therefore$ 点 $P\left(\dfrac{\sqrt{5} - 1}{2},\ \dfrac{3 - \sqrt{5}}{2}\right)$ …………(答)

(2) a の値にかかわらず，放物線：

$y = ax^2 + 3x + 2$
$(a \neq 0)$ ……①

が常に接する直線を

$y = mx + n$ …②

とおく。

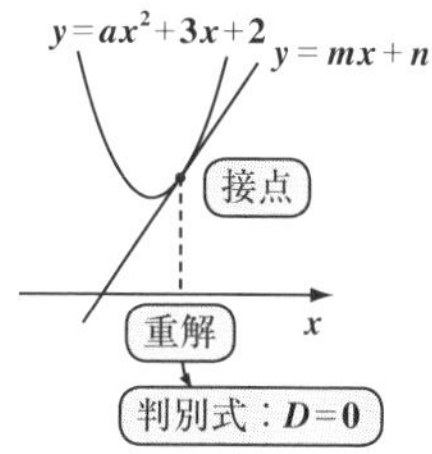

①, ②より y を消去して，

$ax^2 + 3x + 2 = mx + n$

$ax^2 + (3 - m)x + 2 - n = 0$ ……③

①，②が接するとき，x の 2 次方程式③は重解をもつ。③の判別式を D とおくと，

$D = (3 - m)^2 - 4a \cdot (2 - n) = 0$

$4(n - 2)a + (m - 3)^2 = 0$ ……④

（$4(n-2) = 0$，$(m-3)^2 = 0$）

これを，a の恒等式と考える。a がどんな値をとっても，④が成り立つための条件は，左辺の a の 1 次式の，a の係数 $4(n-2)$ と，定数項 $(m-3)^2$ が共に 0 となることである。

任意の a に対して④が成り立つための条件は，

$4(n - 2) = 0$　かつ　$(m - 3)^2 = 0$

$\therefore m = 3,\ n = 2$ より，求める直線の方程式は，②から，

$y = 3x + 2$ ………………………(答)

実力アップ問題 24	難易度 ★★	CHECK 1	CHECK 2	CHECK 3

座標平面において，円 $C_1: x^2+y^2=4$ 上の点 $P(1, \sqrt{3})$ における接線を l とし，l と x 軸との交点を Q とする。

(1) 点 Q の座標を求めよ。

(2) 点 $(2, 0)$ を中心とし，直線 l に接する円 C_2 の方程式を求めよ。

(3) 円 C_1 と (2) で求めた円 C_2 の 2 つの交点と点 Q を通る円の方程式を求めよ。　　(宮崎大)

ヒント！ (3) 2 つの円 $x^2+y^2+a_1x+b_1y+c_1=0$ と $x^2+y^2+a_2x+b_2y+c_2=0$ の交点を通る円の方程式は，$x^2+y^2+a_1x+b_1y+c_1+k(x^2+y^2+a_2x+b_2y+c_2)=0$ $(k \neq -1)$

(1) 円 $C_1: x^2+y^2=4$ ……①

の周上の点 $P(1, \sqrt{3})$ における接線 l の方程式は，$1 \cdot x+\sqrt{3}y=4$

$\therefore l: x+\sqrt{3}y=4$ ……②

> 一般に，円 $x^2+y^2=r^2$ 上の点 (a, b) における接線の方程式は，$ax+by=r^2$

$y=0$ のときは②は，$x=4$

$\therefore$ 点 $Q(4, 0)$ ……(答)

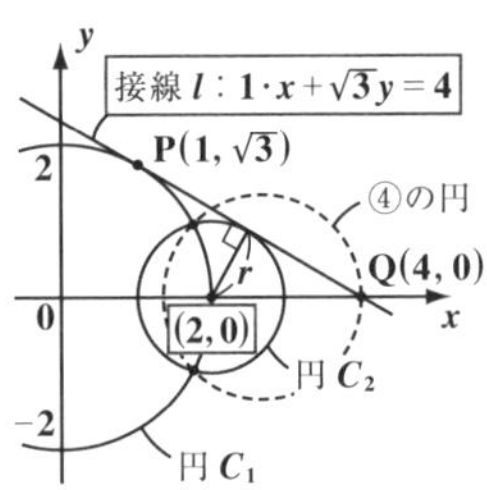

(2) 点 $(2, 0)$ を中心とし，直線 l と接する円 C_2 の半径 r は，中心 $(2, 0)$ と，直線 $l: 1 \cdot x+\sqrt{3}y-4=0$ との距離に等しい。

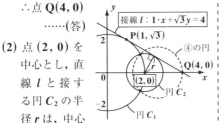

よって，$r=\dfrac{|1 \cdot 2+\sqrt{3} \cdot 0-4|}{\sqrt{1^2+(\sqrt{3})^2}}=\dfrac{2}{2}=1$

> 点 (x_1, y_1) と直線 $ax+by+c=0$ との間の距離：$h=\dfrac{|ax_1+by_1+c|}{\sqrt{a^2+b^2}}$

$\therefore$ 円 $C_2: (x-2)^2+y^2=1$ …③ (答)

(3) ①，③より，

$$\begin{cases} x^2+y^2-4=0 & \cdots\cdots ①' \\ x^2-4x+y^2+3=0 & \cdots\cdots ③' \end{cases}$$

一般に，2 つの円①′，③′ の交点を通る円の方程式は次式で表される。

$x^2-4x+y^2+3+k(x^2+y^2-4)=0$ …④

$(k \neq -1)$ （および，$x^2+y^2-4=0$）

> $k=-1$ のとき，④は 2 交点を通る直線になる。k がどんな値をとっても，④は $x^2+y^2-4=0$ だけは表せない！

④は，点 $Q(4, 0)$ を通るので，これを④に代入して，

$4^2-4 \cdot 4+0^2+3+k(4^2+0^2-4)=0$

$12k+3=0$　$\therefore k=-\dfrac{1}{4}$ ……⑤

⑤を④に代入してまとめると，

$x^2-4x+y^2+3-\dfrac{1}{4}(x^2+y^2-4)=0$

$4(x^2-4x+y^2+3)-(x^2+y^2-4)=0$

$3x^2-16x+3y^2=-16$

$\left(x^2-\dfrac{16}{3}x+\dfrac{64}{9}\right)+y^2=-\dfrac{16}{3}+\dfrac{64}{9}$

$\left(x-\dfrac{8}{3}\right)^2+y^2=\dfrac{16}{9}$ ……………………(答)

> 中心 $\left(\dfrac{8}{3}, 0\right)$，半径 $\dfrac{4}{3}$ の円

実力アップ問題 25

難易度 ★★★ CHECK 1 CHECK 2 CHECK 3

円 $C: x^2+y^2=r^2\ (r>0)$ の外部の点 $A(\alpha,\beta)$ から，円 C に 2 本の接線を引き，その 2 接点を P, Q とおく。次に，直線 PQ 上の点で，円 C の外部の点 $B(\gamma,\delta)$ から，円 C に 2 接線を引き，その 2 接点を R, S とおく。このとき直線 RS が，点 A を通ることを示せ。 (大阪大＊)

ヒント！ 一見抽象的な問題だが，「極線」に関する頻出問題の 1 つなので，その証明法も含めて，知識として覚えておくといいよ。

円 C：$x^2+y^2=r^2$ 上の点 $P(x_1, y_1)$, $Q(x_2, y_2)$ における接線の方程式は，

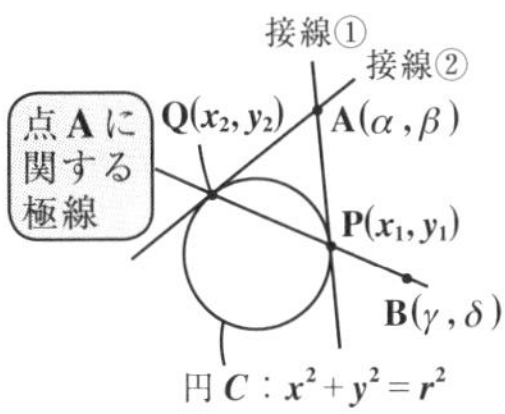

$$\begin{cases} x_1x+y_1y=r^2 & \cdots\cdots① \\ x_2x+y_2y=r^2 & \cdots\cdots② \end{cases}$$

この 2 接線は，点 $A(\alpha,\beta)$ を通るので，これを①，②に代入すると，

$$\begin{cases} x_1\alpha+y_1\beta=r^2 \\ x_2\alpha+y_2\beta=r^2 \end{cases}$$

これを少し変形して，

$$\begin{cases} \alpha x_1+\beta y_1=r^2 & \cdots\cdots③ \\ \alpha x_2+\beta y_2=r^2 & \cdots\cdots④ \end{cases}$$ とおく。

参考

③, ④の (x_1, y_1), (x_2, y_2) を，変数 (x, y) におきかえると，α, β, r^2 は定数より，直線の式 $\alpha x+\beta y=r^2$ ……㋐が現われる。この㋐の直線の式に，逆に，2 点 $P(x_1, y_1)$, $Q(x_2, y_2)$ の座標を代入して成り立つことが，③, ④より保証されているので，㋐は，2 接点 P, Q を通る直線の方程式である。この直線 PQ を点 A に関する円 C の「極線」と呼ぶ。

③, ④より，2 接点 P, Q を通る直線の方程式は，$\alpha x+\beta y=r^2$ ……⑤ となる。
(点 A に関する極線)

円 C の外部，かつ，この⑤の直線上に点 $B(\gamma,\delta)$ があるので，これを⑤に代入して，

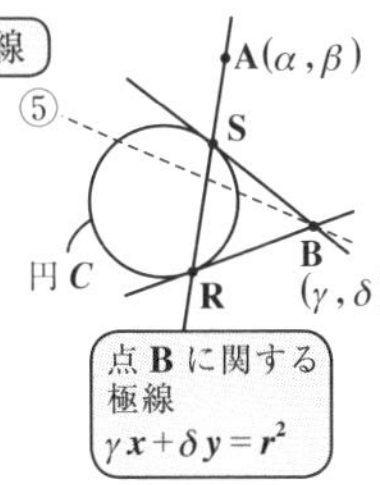

$\alpha\gamma+\beta\delta=r^2$

$\therefore \gamma\alpha+\delta\beta=r^2$ ……⑥

次に，点 B から円 C に引いた 2 接線の 2 接点を R, S とおくと，直線 RS も同様に
(点 B に関する極線)

$\gamma x+\delta y=r^2$ ……⑦ となる。

この⑦式に，点 $A(\alpha,\beta)$ の座標を代入したものが，⑥式で，これは成り立つことがわかっている。

よって，直線 RS は，点 $A(\alpha,\beta)$ を通る。

…………(終)

注意！

慣れるまで，この証明は，頭が混乱するかもしれないが，受験では頻出テーマの 1 つなので，是非反復練習することを勧める。

実力アップ問題 26　難易度 ★★　CHECK 1　CHECK 2　CHECK 3

直線 $y = ax$ が放物線 $y = x^2 - 2x + 2$ と異なる 2 点 P, Q で交わるとき，点 P, Q と点 R(1, 0) の作る三角形の重心を G とする。a を動かしたとき，点 G の軌跡の方程式を求めよ。　　(日本女子大)

ヒント! 直線と放物線の式から y を消去して，x の 2 次方程式を作り，判別式 $D > 0$ の条件の下，重心 G の軌跡を求めよう。

$$\begin{cases} y = ax & \cdots\cdots ① \\ y = x^2 - 2x + 2 & \cdots\cdots ② \end{cases}$$

①と②の異なる 2 交点 P, Q を P$(\alpha, a\alpha)$, Q$(\beta, a\beta)$ とおく。

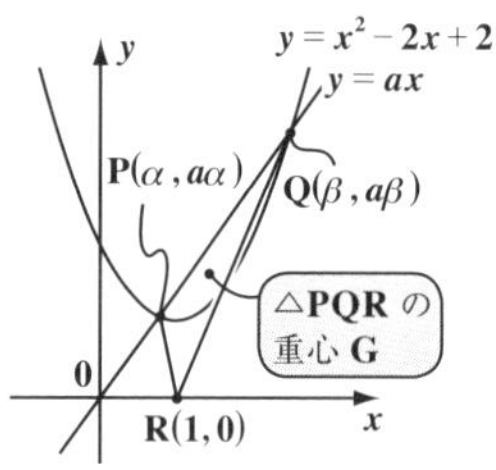

①, ②より, y を消去して,

$x^2 - 2x + 2 = ax$

$1 \cdot x^2 - (a+2)x + 2 = 0$ ………③

③は相異なる 2 実数解 α, β をもつので, ③の判別式を D とおくと,

$D = \boxed{(a+2)^2 - 4 \cdot 1 \cdot 2 > 0}$

$a^2 + 4a - 4 > 0$

$\therefore a < -2 - 2\sqrt{2}$, または $-2 + 2\sqrt{2} < a$ ……④

($a^2 + 4a - 4 = 0$ の解 $a = -2 \pm 2\sqrt{2}$)

また, 解と係数の関係より,

$\alpha + \beta = a + 2$ ……⑤

3 点 P$(\alpha, a\alpha)$, Q$(\beta, a\beta)$, R(1, 0) でできる△PQR の重心 G を G(x, y) とおくと,

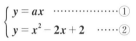

$x = \dfrac{\boxed{\alpha+\beta} + 1}{3}$, 　$y = \dfrac{a(\boxed{\alpha+\beta})}{3}$

($\alpha+\beta = a+2$ (⑤より))

これに⑤を代入して,

$x = \dfrac{a+3}{3}$ ……⑥, 　$y = \dfrac{a(a+2)}{3}$ ……⑦

($a < -2 - 2\sqrt{2}$, $-2 + 2\sqrt{2} < a$ …④)

⑥, ⑦より, x, y は共に媒介変数 a の式で表されている。よって, a を消去して, x と y の関係式 (軌跡の方程式) を求める。

⑥より, 　$a = 3x - 3$ ……⑥′

∴④より, $3x - 3 < -2 - 2\sqrt{2}$, $-2 + 2\sqrt{2} < 3x - 3$

$\therefore x < \dfrac{1 - 2\sqrt{2}}{3}$, $\dfrac{1 + 2\sqrt{2}}{3} < x$

⑥′を⑦に代入して,

$y = \dfrac{(3x-3)(3x-3+2)}{3}$

$= (x-1)(3x-1)$

$= 3x^2 - 4x + 1$

以上より, △PQR の重心 G の軌跡の方程式は,

$y = 3x^2 - 4x + 1$

$\left(x < \dfrac{1 - 2\sqrt{2}}{3}, \dfrac{1 + 2\sqrt{2}}{3} < x\right)$ ………(答)

実力アップ問題 27　難易度 ★★★　CHECK 1　CHECK 2　CHECK 3

xy 平面上で，原点を中心とする半径 2 の円を C とし，直線 $y=ax+1$ を l とする。ただし，a は実数である。

(1) 円 C と直線 l は異なる 2 点で交わることを示せ。

(2) 円 C と直線 l の 2 つの交点を P,Q とし，点 P における円 C の接線と点 Q における円 C の接線との交点を R とする。a が実数全体を動くとき，点 R の軌跡を求めよ。　（奈良女子大）

ヒント！ (1) 直線の y 切片に着目する。(2) 直線 PQ は点 R に関する円 C の極線であることから，極線の公式を使えば，点 R の座標はすぐにわかるね。

(1) $\begin{cases} \text{直線 } l : y=ax+1 & \cdots\cdots ① \\ \text{円 } C : x^2+y^2=4 & \cdots\cdots ② \end{cases}$

直線 l の通る定点 (y 切片) $(0,1)$ は②の円 C の内部にある。よって，直線 l と円 C は異なる 2 点で交わる。…(終)

①，②より，y を消去した x の 2 次方程式の判別式を D とおいて，$\dfrac{D}{4}=4a^2+3>0$ を示してもよい。

(2) 円 C と直線 l との異なる交点を $\mathrm{P}(x_1,\ ax_1+1)$，$\mathrm{Q}(x_2,\ ax_2+1)$ とおく。

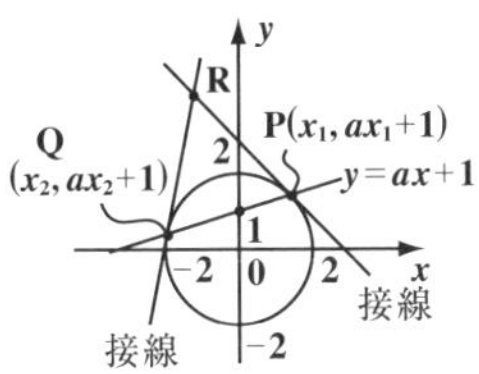

P,Q における円 C の接線の方程式は，

$\begin{cases} x_1x+(ax_1+1)y=4 & \cdots\cdots ③ \\ x_2x+(ax_2+1)y=4 & \cdots\cdots ④ \end{cases}$

円の接線の公式通り！

③ $\times x_2$ − ④ $\times x_1$ より，　← x を消去

$x_2(ax_1+1)y-x_1(ax_2+1)y=4x_2-4x_1$

$(x_2-x_1)y=4(x_2-x_1)$

$x_2-x_1\neq 0$ より，両辺を x_2-x_1 で割って，

$y=4$　……⑤

参考

円 $x^2+y^2=r^2$ の点 $\mathrm{A}(\alpha,\beta)$ に関する極線の公式：

$\boxed{\alpha x+\beta y=r^2}$

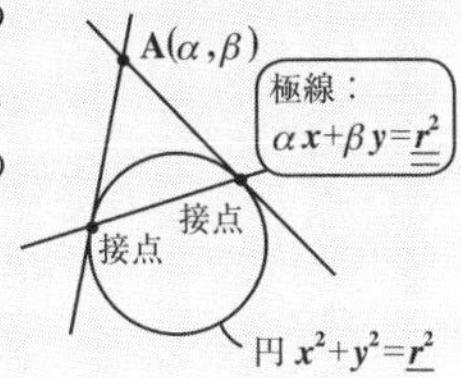

を使えば，逆に，R に関する円 $x^2+y^2=4$ の極線 l が $-4ax+4y=4$ より，$\mathrm{R}(-4a,4)$ がすぐにわかる。答案では，これを計算してみせる。

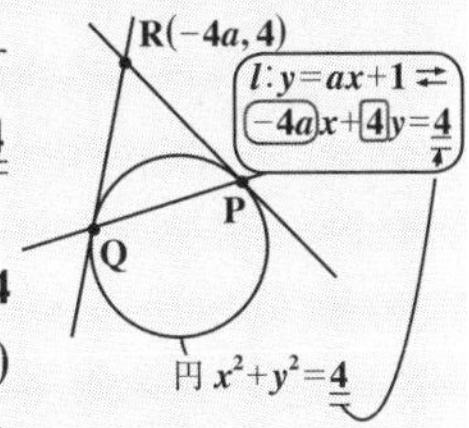

⑤を③に代入して，

$x_1x+(ax_1+1)4=4,\quad x_1x+4ax_1=0$

$x_1\neq 0$ より，両辺を x_1 で割って，$x=-4a$

以上より，点 R の座標は，$\mathrm{R}(-4a,\ 4)$

y 座標は 4 で一定，x 座標のみ，a の値によって実数全体を動くので，点 R は，直線 $y=4$ を描く。

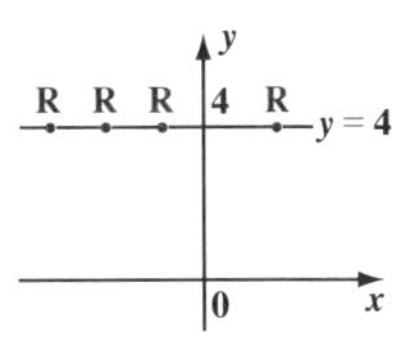

以上より，点 R の描く軌跡は，直線

$y=4$ ……………………………(答)

実力アップ問題 28　難易度 ★★★　CHECK 1　CHECK 2　CHECK 3

(1) **2** 直線 $mx+y=4m$，$x-my=-4m$ は m の値によらずそれぞれ定点を通ることを示し，その定点の座標を求めよ。

(2) m が任意の実数値をとって変化するとき，この **2** 直線の交点はどんな軌跡を描くか。　　　（神戸女子大）

ヒント！ 与えられた **2** 直線は，それぞれ定点 $(4, 0)$，$(0, 4)$ を通り，互いに直交する直線であることに気付けば，交点は円を描くことが分かるはずだ。

(1) **2** 直線

$$\begin{cases} mx+1\cdot y-4m=0 & \cdots① \\ 1\cdot x-my+4m=0 & \cdots② \end{cases}$$ について，

①を m でまとめて，

$$m\underbrace{(x-4)}_{0}+\underbrace{y}_{0}=0$$

m がどのように変化しても，

$x-4=0$ かつ $y=0$ のとき，上式は必ず成り立つ。

∴①は定点 $(4, 0)$ を通る。　……(答)

②を m でまとめて，

$$\underbrace{x}_{0}-m\underbrace{(y-4)}_{0}=0$$

同様に，

②は定点 $(0, 4)$ を通る。　………(答)

基本事項

2 直線 $l_1：a_1x+b_1y+c_1=0$

$l_2：a_2x+b_2y+c_2=0$

について，次が成り立つ。

$l_1\perp l_2 \Longleftrightarrow a_1a_2+b_1b_2=0$

なぜなら，$b_1\neq 0$，$b_2\neq 0$ とすると，

l_1 と l_2 の傾きはそれぞれ

$-\dfrac{a_1}{b_1}$，$-\dfrac{a_2}{b_2}$ であり，

$l_1\perp l_2 \Longleftrightarrow -\dfrac{a_1}{b_1}\cdot\left(-\dfrac{a_2}{b_2}\right)=-1$

∴ $l_1\perp l_2 \Longleftrightarrow a_1a_2+b_1b_2=0$

となるからだ。

$(b_1=0$，$b_2=0$ のときも成り立つ$)$

(2) $$\begin{cases} mx+1\cdot y-4m=0 & \cdots\cdots① \\ 1\cdot x-my+4m=0 & \cdots\cdots② \end{cases}$$

よって，①，②の x と y の各係数に着目すると，

$m\cdot 1+1\cdot(-m)=0$ が成り立つ。

$[a_1a_2+\quad b_1b_2\ =0]$

∴ **2** 直線①と②は直交する。

基本事項

直径に対する円周角は直角

円が与えられたとき，その直径 **AB** に対する円周角は直角である。

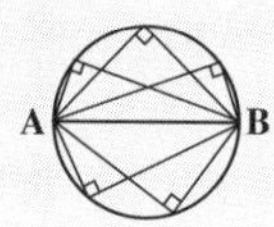

以上の結果より，直線①は，定点 $\mathbf{A(4,\ 0)}$ を，また，直線②は，定点 $\mathbf{B(0,\ 4)}$ を通り，かつこの 2 直線は直交する。

図 1

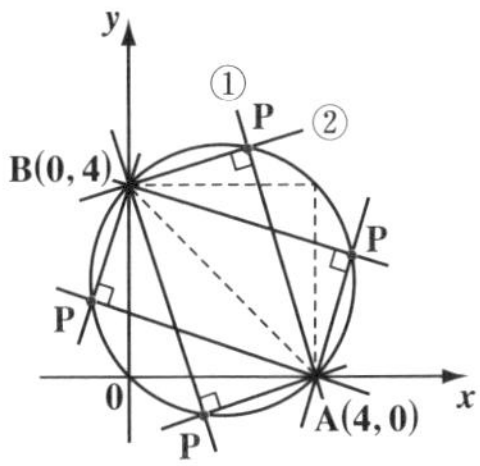

よって，図 1 のように，この 2 直線の交点を P とおくと，点 P は，線分 AB を直径とする円周上を動く。

線分 AB の中点を C とおくと，

$$\mathrm{C}\left(\frac{4+0}{2},\ \frac{0+4}{2}\right)=(2,\ 2)$$

$$\mathrm{AC}=\sqrt{(4-2)^2+(0-2)^2}=\sqrt{8}=2\sqrt{2}$$

以上より，交点 P は，中心 $\mathbf{C(2,\ 2)}$，半径 $r=\mathrm{AC}=2\sqrt{2}$ の円：$(x-2)^2+(y-2)^2=8$ を描く。

図 2

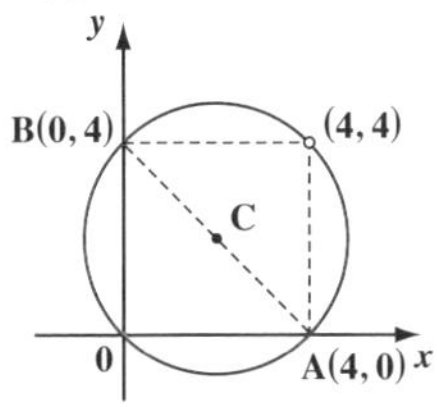

(ただし，点 $(4,\ 4)$ は除く。) ………(答)

注意！

$m\neq0$ のとき，

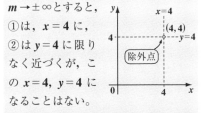

$$y=-\underset{\pm\infty}{\boxed{m}}(x-4)\ \cdots①$$

$$y=\boxed{\frac{1}{m}}x+4\ \cdots\cdots\cdots②\quad (\tfrac{1}{m}\to0)$$

と変形して

$m\to\pm\infty$ とすると，①は，$x=4$ に，②は $y=4$ に限りなく近づくが，この $x=4,\ y=4$ にはなることはない。

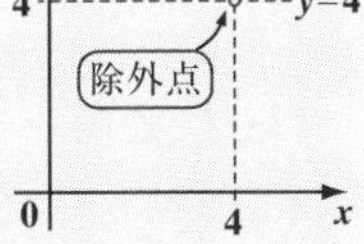

よって，この 2 直線の交点 $(4,\ 4)$ は，上の円周から除かなければならない。

基本事項

直線の法線ベクトル

直線 $ax+by+c=0$ の法線ベクトル(直線と直交するベクトル) $\vec{h}$ は，

$\vec{h}=(a,\ b)$　となる。

$(\because)$ 直線 l：$ax+by+c=0$ 上の異なる 2 点を $\mathrm{A}(x_1,\ y_1)$，$\mathrm{B}(x_2,\ y_2)$ とおく。A, B は，この直線上の点より，

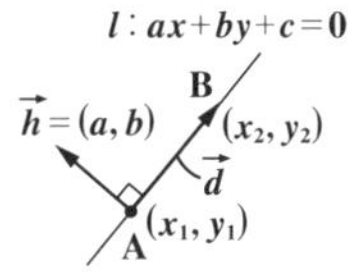

$$\begin{cases} ax_1+by_1+c=0\ \cdots㋐ \\ ax_2+by_2+c=0\ \cdots㋑ \end{cases}$$ が成り立つ。

㋑ − ㋐ より，

$$a(x_2-x_1)+b(y_2-y_1)=0\quad\cdots\cdots㋒$$

ここで，$\begin{cases}\vec{d}=\overrightarrow{\mathrm{AB}}=(x_2-x_1,\ y_2-y_1) \\ \vec{h}=(a,\ b)\end{cases}$ とおくと，

(ベクトルの内積)

㋒は，$\vec{h}\cdot\vec{d}=0$ を表す。

$\therefore\ \vec{h}\perp\vec{d}$ より，$\vec{h}$ は直線 l の法線ベクトルである。

これから，(2) は次のように解いてもよい。

2 直線①, ②の法線ベクトルをそれぞれ $\vec{h_1}$, $\vec{h_2}$ とおくと，

$\vec{h_1}=(m,\ 1)$，$\vec{h_2}=(1,\ -m)$

ここで，$\vec{h_1}\cdot\vec{h_2}=m\cdot1+1\cdot(-m)=0$

(2 つのベクトル $\vec{a}=(x_1,\ y_1)$，$\vec{b}=(x_2,\ y_2)$ の内積の公式：$\vec{a}\cdot\vec{b}=x_1x_2+y_1y_2$ を使った。)

よって $\vec{h_1}\perp\vec{h_2}$ より，

$l_1\perp l_2$ となる。

(以下同様)

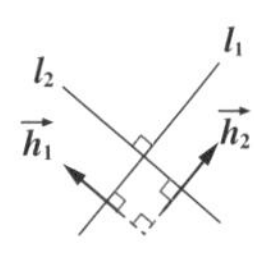

実力アップ問題 29　難易度 ★★★　CHECK 1　CHECK 2　CHECK 3

座標平面上の 3 点 **A(1 , 0)**, **B(−1 , 0)**, **C(0 , −1)** に対し，

∠ **APC** = ∠ **BPC** …①

を満たす点 **P** の軌跡を求めよ。(ただし，**P** ≠ **A**, **B**, **C** とする。)

(東京大)

ヒント！ ①より，$\cos\angle APC = \cos\angle BPC$ となるので，△**APC** と△**BPC** に余弦定理を用いればいいことがわかるはずだ。計算もかなり面倒だけれど，実力アップに役立つ良問だから，シッカリ練習しよう。

点 **P** は, **A**, **B**, **C** と一致することはない。

さらに，図 (i) に示すように，点 **P** は線分 **AC** 上にも線分 **BC** 上にも存在することはない。

図 (i)

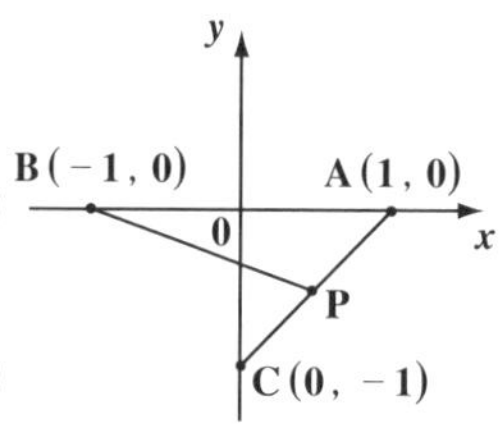

P が線分 **AC** 上にあるとき

∠**APC** ≠ ∠**BPC**
(180°)　(45° ～ 90°)

よって，図 (ii) に示すように，△**APC** と△**BPC** が存在する。

図 (ii)

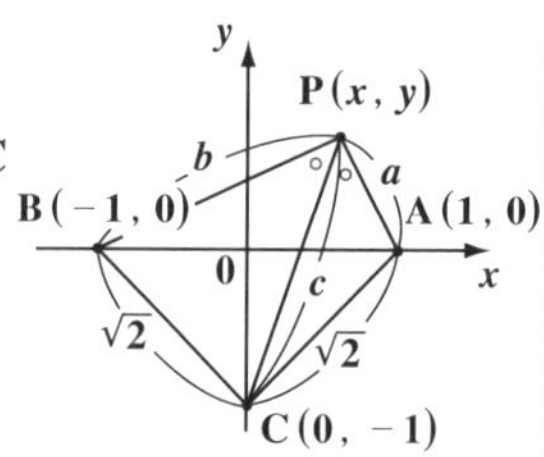

ここで，

$AC = BC = \sqrt{2}$

であり，また，

$AP = a$, $BP = b$, $CP = c$ とおく。

条件：∠**APC** = ∠**BPC** ……①より，

$\underset{(\text{i})}{\underline{\cos\angle APC}} = \underset{(\text{ii})}{\underline{\cos\angle BPC}}$ ……①′

が成り立つ。

・△**APC** に余弦定理を用いて，

$$\cos\angle APC = \frac{a^2+c^2-(\sqrt{2})^2}{2ac} \quad \cdots\cdots②$$

・△**BPC** に余弦定理を用いて，

$$\cos\angle BPC = \frac{b^2+c^2-(\sqrt{2})^2}{2bc} \quad \cdots\cdots③$$

②，③を①に代入して，

$$\frac{a^2+c^2-2}{\cancel{2}a\cancel{c}} = \frac{b^2+c^2-2}{\cancel{2}b\cancel{c}}$$

$$b(a^2+c^2-2) = a(b^2+c^2-2)$$

$$a^2b+bc^2-2b = ab^2+ac^2-2a$$

$$ab(a-b)-c^2(a-b)+2(a-b)=0$$

$$(a-b)(ab-c^2+2)=0$$

$\therefore$ (i) $a=b$ または (ii) $ab=c^2-2$

(i) $a=b$ のとき，

AP = **BP** より，

点 **P** は図 (iii) に示すように，y 軸上にある。

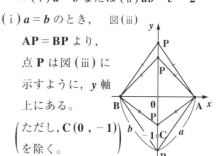

(ただし，**C(0 , −1)** を除く。)

図 (iii)

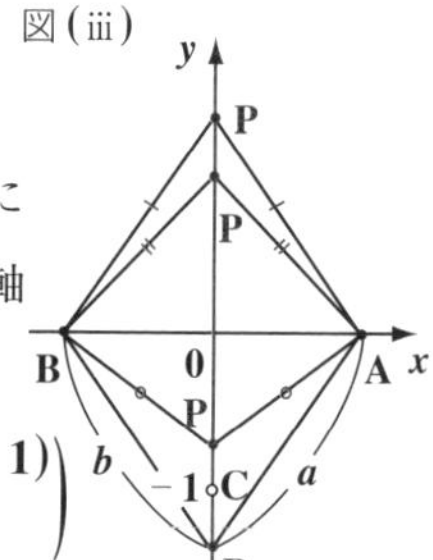

(ⅱ) $ab = c^2 - 2$ …④　のとき，

$P(x, y)$ とおくと，

$$\begin{cases} a = AP = \sqrt{(x-1)^2+y^2} \quad (>0) \\ b = BP = \sqrt{(x+1)^2+y^2} \quad (>0) \\ c^2 = PC^2 = x^2+(y+1)^2 \end{cases}$$

を④に代入して，

$$\sqrt{(x-1)^2+y^2}\,\sqrt{(x+1)^2+y^2} = \underbrace{x^2+(y+1)^2-2}_{\oplus} \quad \cdots\cdots④'$$

④´の左辺は正より，右辺も正である。

よって，

$x^2+(y+1)^2 > 2$ ……⑤

中心 $(0, -1)$，半径 $\sqrt{2}$ の円の外側の領域を表す。

④´の両辺を 2 乗して，

$$\{(x-1)^2+y^2\}\{(x+1)^2+y^2\} = \{x^2+(y+1)^2-2\}^2$$

$$\underbrace{(x^2-1)^2}_{x^4-2x^2+1} + \underbrace{y^2(x-1)^2+y^2(x+1)^2}_{y^2(2x^2+2)} + y^4$$

$$= x^4 + \underbrace{(y+1)^4}_{y^4+4y^3+6y^2+4y+1} + 4 + \underbrace{2x^2(y+1)^2}_{2x^2(y^2+2y+1)} - \underbrace{4(y+1)^2}_{4(y^2+2y+1)} - 4x^2$$

$$-2x^2+1+2x^2y^2+2y^2$$
$$= 4y^3+6y^2+4y+1+4+2x^2y^2+4x^2y$$
$$+2x^2-4y^2-8y-4-4x^2$$

$4y^3-4y+4x^2y=0$

両辺を 4 で割って，

$y(x^2+y^2-1)=0$

$$\therefore \begin{cases} (ア)\ y=0 \ \cdots\cdots⑥ ,\ または \\ (イ)\ x^2+y^2=1 \ \cdots\cdots⑦ \end{cases}$$

(ただし，$x^2+(y+1)^2>2$ ……⑤)

以上，⑥，⑦，⑤より，点 P の軌跡は図(ⅳ)のようになる。

図(ⅳ)

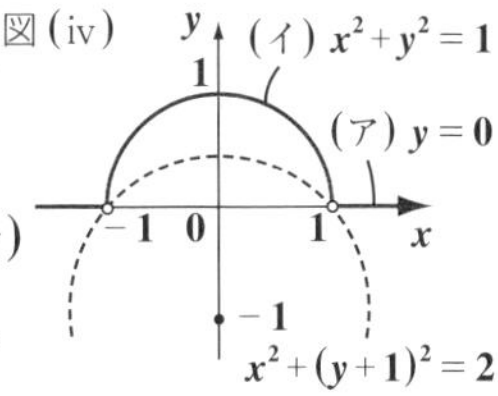

以上(ⅰ)(ⅱ)より，

∠APC = ∠BPC をみたす点 P の軌跡は次のようになる。

$$\begin{cases} (ⅰ)\ x=0 \\ \quad (ただし，点\ (0, -1)\ を除く) \\ (ⅱ)\ y=0\ または\ x^2+y^2=1 \\ \quad (ただし，x^2+(y+1)^2>2) \end{cases}$$

……(答)

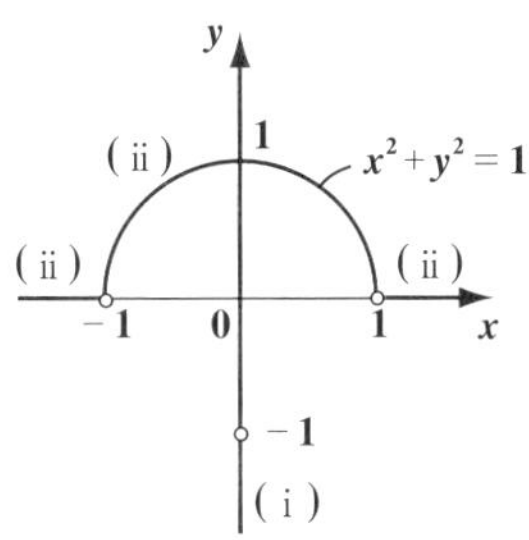

実力アップ問題 30　難易度 ★★★　CHECK 1　CHECK 2　CHECK 3

xy 平面上の点 $(2,\ t)$ を中心として，2 点 $O(0,\ 0)$，$A(4,\ 0)$ を通る円 C_1 が，円 C_2：$x^2+y^2=4$ と交わる点を $P,\ Q$ とする。

(1) 直線 PQ が，t の値にかかわらず通る定点を求めよ。

(2) 線分 PQ の中点 R の座標を t で表せ。

(3) t が実数の範囲で動くときの R の軌跡を求め，xy 平面に図示せよ。

(早稲田大)

ヒント！ (1) 2 つの円の交点を通る直線は，2 つの円の方程式の差により求まる。(問題 24 の $k=-1$ に対応。)　(3) t を消去して，x と y の関係式を求めよう。

(1) 点 $B(2,t)$ を中心とし，2 点 O，$A(4,0)$ を通る円 C_1 の半径 r は，

$r=OB=\sqrt{2^2+t^2}$

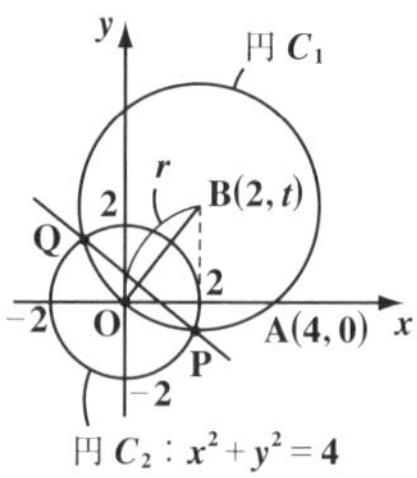

よって，円 C_1 の方程式は，

$(x-2)^2+(y-t)^2=4+t^2$

$x^2-4x+y^2-2ty=0$ ……①

また，円 C_2 の方程式を変形して，

$x^2+y^2-4=0$ ……②

円 C_1,C_2 の交点 P,Q を通る直線 PQ の方程式は，① − ② より

$-4x-2ty+4=0$

$\therefore 2x+ty-2=0$ ……③

t でまとめて，

$\underset{0}{\underline{y}}\cdot t+\underset{0}{\underline{2(x-1)}}=0$ ← $y=0,\ x=1$ のとき，t の値に関わらず，この式は成り立つ。

$\therefore$ t の値に関わらず直線 PQ の通る定点は $(1,\ 0)$ ……………………(答)

(2) ③より，$x=1-\dfrac{t}{2}y$ ……③′

③′ を②に代入して，

$\left(1-\dfrac{t}{2}y\right)^2+y^2-4=0$ → 両辺に 4 をかけた。

$4-4ty+t^2y^2+4y^2-16=0$

$(\underset{a}{\boxed{t^2+4}})y^2\ \underset{b}{\boxed{-4t}}\ y-12=0$ ……④

④の相異なる 2 実数解を y_1,y_2 とおくと，これが，2 点 P,Q の y 座標より，線分 PQ の中点 R を $R(x,y)$ とおくと，

$y=\dfrac{y_1+y_2}{2}$ ……⑤　となる。

解と係数の関係より，$y_1+y_2=\dfrac{4t}{t^2+4}$ …⑥

⑥を⑤に代入して，

$y=\dfrac{2t}{t^2+4}$ ……⑦

⑦を③′ に代入して，

$x=1-\dfrac{t^2}{t^2+4}=\dfrac{4}{t^2+4}$　(>0)……⑧

以上より，$R\left(\dfrac{4}{t^2+4},\ \dfrac{2t}{t^2+4}\right)$……(答)

(3) ⑧より，$x>0$

⑦ ÷ ⑧より，$\dfrac{y}{x}=\dfrac{t}{2}$ ← $\dfrac{\frac{2t}{t^2+4}}{\frac{4}{t^2+4}}$

$t=\dfrac{2y}{x}$ ……⑨　⑨を⑧に代入して，

$x\cdot\left\{\boxed{\left(\dfrac{2y}{x}\right)^2}+4\right\}=4$ （$\boxed{\ }$ は t^2）

$4y^2+4x^2=4x$（4 を約分）

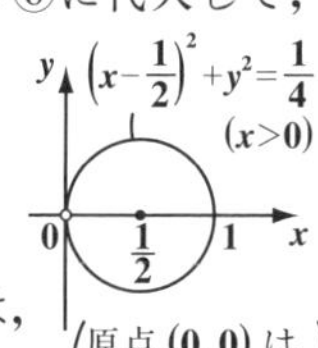

$\therefore$ 求める点 R の軌跡は，

$\left(x-\dfrac{1}{2}\right)^2+y^2=\dfrac{1}{4}$ $(x>0)$　(原点 $(0,0)$ は除く。($\because x>0$))

これを，右上図に示す。……………(答)

実力アップ問題 31	難易度 ★★	CHECK 1	CHECK 2	CHECK 3

実数 x, y が $x \leqq 0,\ y \leqq 0,\ x^2 + y^2 = 2x + 2y + 2$ …① をみたしながら変化するとき，$x + y$ の取り得る値の範囲を求めよ。 (千葉大＊)

ヒント！ $x^2 + y^2 = 2x + 2y + 2\ (x \leqq 0,\ y \leqq 0)$ は円の **1** 部を表す。この領域を，$x + y = k$，すなわち見かけ上の直線 $y = -x + k$ が通るようにこの直線を平行移動して，k の取り得る値の範囲を求めればいいんだね。

①を変形して，

$x^2 - 2x + y^2 - 2y = 2$

$(x^2 - 2x + 1) + (y^2 - 2y + 1) = 2 + 2$

$(x-1)^2 + (y-1)^2 = 4$ ……②

さらに，条件 $x \leqq 0,\ y \leqq 0$ が加わる。

以上より，

> ・$x = 0$ のとき②より，$1 + (y-1)^2 = 4$
> $(y-1)^2 = 3 \qquad y = 1 \pm \sqrt{3}$
> ・$y = 0$ のとき，同様に，$x = 1 \pm \sqrt{3}$

②をみたす点 (x, y) の存在領域を図 **1** に示す。

> 今回は，領域といっても円の **1** 部になる。

図 1

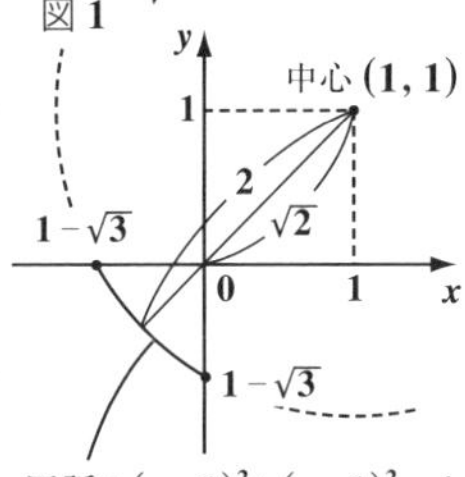

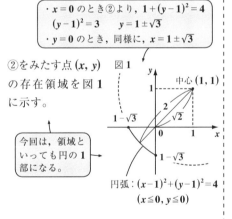

円弧：$(x-1)^2 + (y-1)^2 = 4$
$(x \leqq 0,\ y \leqq 0)$

ここで，$x + y = k$ ……③とおいて，k，すなわち $x + y$ の取り得る値の範囲を求める。

③より，

$y = -x + k$ ……③′ とすると，

これは，形式的には，傾き -1，y 切片 k の直線の式である。

> ③′は，見かけ上の直線の式。なぜなら，点 (x, y) は，図 **1** の円の **1** 部にしか存在しないからだね。

この直線③′と，図 **1** で示した点 (x, y) の存在領域とが共有点をもつように③を平行移動させて，k，すなわち $x + y$ のとり得る値の範囲を求める。

図 2

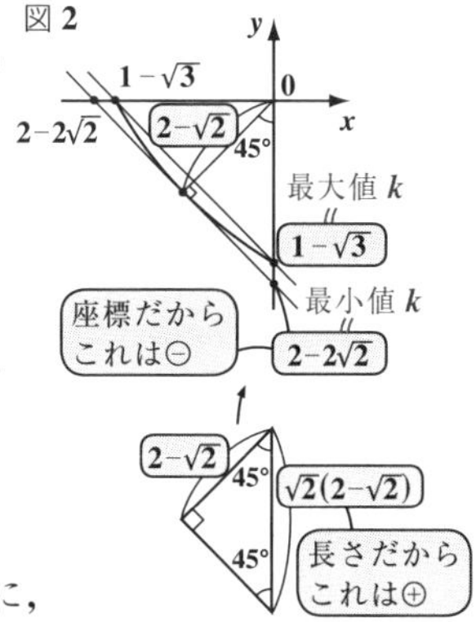

図 **2** から明らかに，

$2 - 2\sqrt{2} \leqq k \leqq 1 - \sqrt{3}$

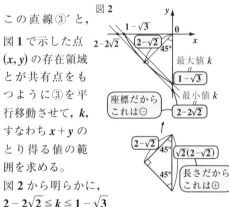

以上より，求める $x + y$ のとり得る値の範囲は，

$2 - 2\sqrt{2} \leqq x + y \leqq 1 - \sqrt{3}$ ………(答)

実力アップ問題 32　難易度 ★★　CHECK 1　CHECK 2　CHECK 3

xy 平面において，次の連立不等式の表す領域を D とする。

$$\begin{cases} |y| < -x^2+x+6 \quad (\text{ただし，} y \neq 0) \quad \cdots\cdots ① \\ y > \dfrac{1}{2}x-1 \quad \cdots\cdots ② \end{cases}$$

(1) 領域 D に含まれる点 (x, y) のうち，x, y がともに整数である点の個数を求めよ。

(2) (1) の点で，$\sqrt{3}x+y$ を最大にする点の座標を求めよ。　（慶応大＊）

ヒント！ ①, ②の不等式の表す領域 D 内の格子点数を求め，見かけ上の直線 $y=-\sqrt{3}x+k$ を使って，$\sqrt{3}x+y$ を最大にする格子点の座標を求めよう。

(1) ①より，

$$x^2-x-6 < y < -x^2+x+6$$

$|y|<r$ ならば，$-r<y<r$ となるからね。

・ここで，$y=-x^2+x+6$ について，

$y=-(x^2-x-6)=-(x+2)(x-3)$

よって，x 軸と2点 $(-2, 0)$, $(3, 0)$ で交わる。

また，$y=-\left(x^2-1\cdot x+\dfrac{1}{4}\right)+6+\dfrac{1}{4}$

$=-\left(x-\dfrac{1}{2}\right)^2+\dfrac{25}{4}$ より，

頂点 $\left(\dfrac{1}{2}, \dfrac{25}{4}\right)$ をもつ，上に凸の放物線である。

・よって，$y=x^2-x-6$ についても，同様に，これは x 軸と2点 $(-2, 0)$, $(3, 0)$ で交わり，頂点 $\left(\dfrac{1}{2}, -\dfrac{25}{4}\right)$ をもつ下に凸の放物線である。

これと $y \neq 0$ (x 軸上の格子点は含まない。) と，$y>\dfrac{1}{2}x-1$ ……②

の条件から，この領域 D を網目部で示すと，図(i)のようになる。

そして，この領域 D 内の格子点を数えると図(i)より明らかに **17** 個である。……(答)

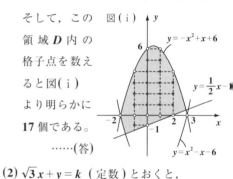

図(i)

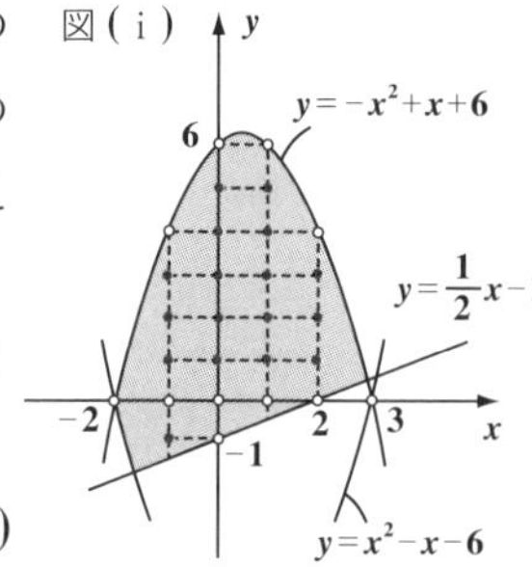

(2) $\sqrt{3}x+y=k$（定数）とおくと，

$y=-\sqrt{3}x+k$ …③となって，これは傾き $-\sqrt{3}$，y 切片 k の見かけ上の直線を表す。

よって，この③の直線が(1)で示した17個の格子点を通るときの y 切片 k の値を調べると，図(ii)より明らかに，k，すなわち $\sqrt{3}x+y$ を最大にする格子点の座標は $(1, 5)$ である。……(答)

図(ii)

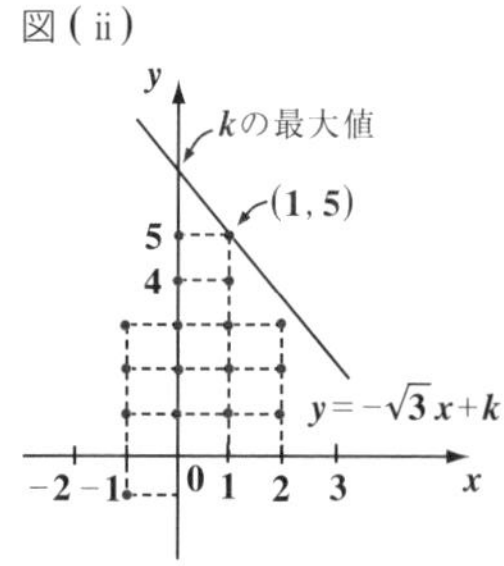

実力アップ問題 33

難易度 ★★★　CHECK 1　CHECK 2　CHECK 3

k を定数とし，$y = k-(x-2)^2$ で表される放物線を C とする。

(1) C が直線 $y = x-2$ に接するとき，k の値と，その接点の座標を求めよ。

(2) 点 (x, y) が不等式 $|x|+|y| \leqq 2$ の表す領域を動くとき，$(x-2)^2+y$ の取り得る値の範囲を求めよ。

ヒント！ (2) 領域と最大・最小問題。点 (x, y) の存在領域を，見かけ上の放物線 C が通過し得る範囲から，$k = (x-2)^2+y$ の値の範囲を求めよう。

(1) $\begin{cases} y = -(x-2)^2+k & \cdots\cdots① \\ y = x-2 & \cdots\cdots② \end{cases}$

①, ②より y を消去して，

$-(x-2)^2+k = x-2$

$-x^2+4x-4+k = x-2$

$x^2-3x+2-k = 0$ ……③

①, ②が接するとき，x の 2 次方程式③は重解をもつ。よって，この判別式を D とおくと，

$D = \boxed{(-3)^2-4\cdot(2-k) = 0}$

$1+4k = 0$　$\therefore k = -\dfrac{1}{4}$ …………(答)

このとき，③は，

$x^2-3x+\dfrac{9}{4} = 0$　$\left(x-\dfrac{3}{2}\right)^2 = 0$

$\therefore x = \dfrac{3}{2}$ (重解)　②より，$y = -\dfrac{1}{2}$

$\therefore$ 接点 $\left(\dfrac{3}{2}, -\dfrac{1}{2}\right)$ …………(答)

(2) 領域 D：$|x|+|y| \leqq 2$ とおく。

(i) $x \geqq 0$, $y \geqq 0$ のとき，　$x+y \leqq 2$
(ii) $x \leqq 0$, $y \geqq 0$ のとき，$-x+y \leqq 2$
(iii) $x \leqq 0$, $y \leqq 0$ のとき，$-x-y \leqq 2$
(iv) $x \geqq 0$, $y \leqq 0$ のとき，　$x-y \leqq 2$
これから，xy 座標平面上に斜めの正方形の領域 D が得られる。

点 (x, y) が図 1 の領域 D 上を動くとき，$(x-2)^2+y$ のとり得る値を調べる。

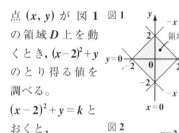

図 1

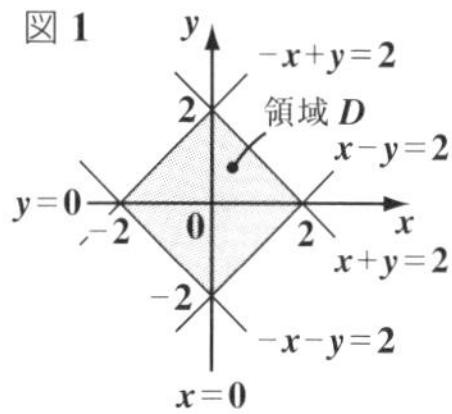

$(x-2)^2+y = k$ とおくと，

$y = -(x-2)^2+k$ ……①

この見かけ上の放物線が，領域 D と共有点をもつ限界の状態を調べる。

図 2

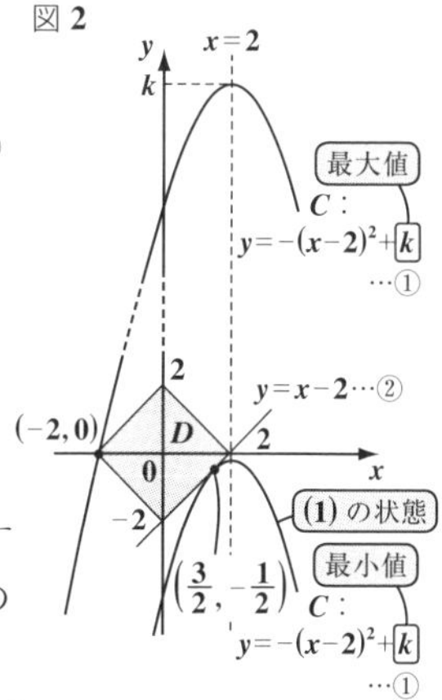

図 2 より，

(i) ①が②と接するとき，(1) の結果から，

最小値 $k = -\dfrac{1}{4}$

(ii) ①が，点 $(-2, 0)$ を通るとき，

最大値 $k = (-2-2)^2+0 = 16$

以上 (i)(ii) より，k，すなわち $(x-2)^2+y$ のとり得る値の範囲は，

$-\dfrac{1}{4} \leqq (x-2)^2+y \leqq 16$ …………(答)

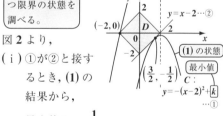

実力アップ問題 34　難易度 ★★★　CHECK 1　CHECK 2　CHECK 3

不等式 $|x+2y|+|2x-y| \leqq 1$ が表す領域を D とする。領域 D を図示し，領域 D における $x-y$ の取り得る値の範囲を求めよ。　（徳島大＊）

ヒント! 4つの場合分けにより領域 D が，斜めの正方形であることが導ける。後は，$x-y=k$ とおいて，領域と最大・最小問題に帰着する。

$|x+2y|+|2x-y| \leqq 1$ ……① について，

2つの絶対値内の式が，0以上か，0以下で，4つの場合分けになるんだね。

(i) $x+2y \geqq 0$ かつ $2x-y \geqq 0$，つまり

$y \geqq -\frac{1}{2}x$，$y \leqq 2x$ のとき，①は，

$x+2y+2x-y \leqq 1$ より，

$y \leqq -3x+1$

(ii) $x+2y \geqq 0$ かつ $2x-y<0$，つまり

$y \geqq -\frac{1}{2}x$，$y>2x$ のとき，①は，

$x+2y-(2x-y) \leqq 1$ より，

$y \leqq \frac{1}{3}x+\frac{1}{3}$

(iii) $x+2y<0$ かつ $2x-y \geqq 0$，つまり

$y<-\frac{1}{2}x$，$y \leqq 2x$ のとき，①は，

$-(x+2y)+2x-y \leqq 1$

$y \geqq \frac{1}{3}x-\frac{1}{3}$

(iv) $x+2y<0$ かつ $2x-y<0$，つまり

$y<-\frac{1}{2}x$，$y>2x$ のとき，①は，

$-(x+2y)-(2x-y) \leqq 1$

$y \geqq -3x-1$

以上 (i)～(iv) より，求める領域 D を xy 座標平面上に網目部で示すと，図1のようになる。

図1

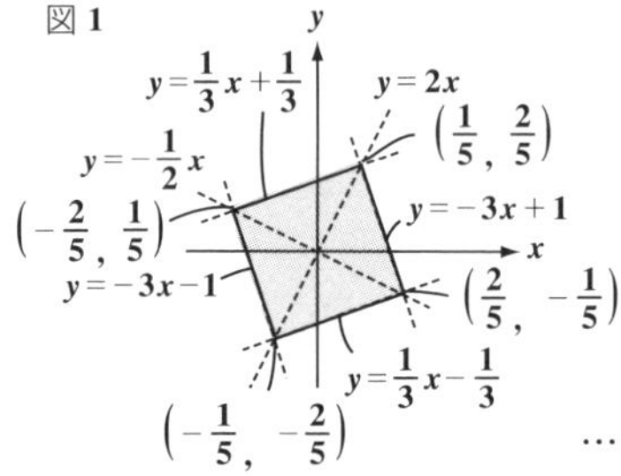

……(答)

次に領域 D 内の点 $(x,\ y)$ について，

$x-y=k$ ……① とおくと，

$y=x-k$ ……①′

と見かけ上の直線になる。

図2

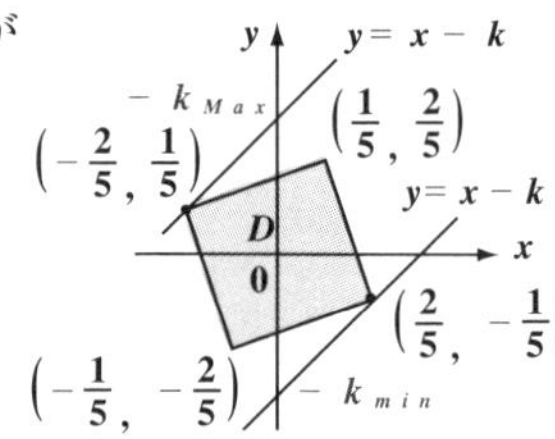

よって，①′ が領域 D の点 $\left(-\frac{2}{5},\ \frac{1}{5}\right)$ を通るとき，$-k$ は最大に，つまり，k は最小になる。また，点 $\left(\frac{2}{5},\ -\frac{1}{5}\right)$ を通るとき，$-k$ は最小に，つまり k は最大になる。

$\therefore -\frac{2}{5}-\frac{1}{5} \leqq \underset{(x-y)}{k} \leqq \frac{2}{5}-\left(-\frac{1}{5}\right)$ より，

$x-y$ の取り得る値の範囲は

$-\frac{3}{5} \leqq x-y \leqq \frac{3}{5}$ ……………………(答)

実力アップ問題 35　難易度 ★★★　CHECK 1　CHECK 2　CHECK 3

xy 平面上に，直線 l_a：$y = 2ax + a^2$ （a：実数定数）がある。

(1) a が，実数全体を動くとき，直線 l_a の通過する領域を図示せよ。

(2) a が $0 \leqq a \leqq 1$ の範囲を動くとき，直線 l_a の通過する領域を図示せよ。

（北海道大＊）

ヒント！ 文字定数を含む直線の通過領域の問題。l_a を，文字定数 a を未知数とする 2 次方程式とみて，その実数解が存在するための条件を求めるんだね。

(1) 直線 l_a：$y = 2ax + a^2$ （a：定数）の通過領域を調べる。

l_a の方程式を a の 2 次方程式に変形して，

$1 \cdot \underline{\underline{a^2}} + 2x \cdot \underline{a} - y = 0$ ……①

a の 2 次方程式①が，実数解をもつような点 (x, y) の存在範囲が，直線 l_a の通過する領域になる。

（この考え方が重要！）

①の判別式を D とおくと，

$\frac{D}{4} = \boxed{x^2 - 1 \cdot (-y) \geqq 0}$

（x や y は，a からみて定数扱い！）

∴ l_a の通過する領域は $y \geqq -x^2$ で表され，それを網目部で右に示す。…………(答)

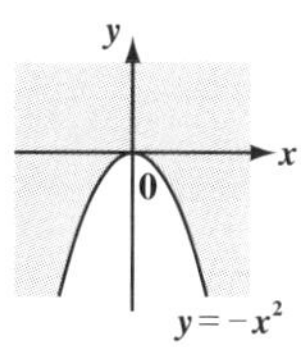

参考

a の値が変化して，直線 l_a が xy 平面を実際に塗りつぶしていくイメージを右に示す。

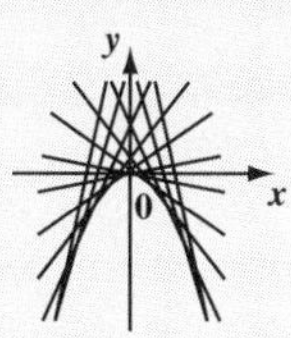

(2) a が $0 \leqq a \leqq 1$ の範囲を動くとき，

a の 2 次方程式①が，$0 \leqq a \leqq 1$ の範囲に少なくとも 1 つの実数解をもつような点 (x, y) の存在範囲が，直線 l_a の通過する領域になる。

（この考え方が重要！）

①の左辺を $u = f(a)$ とおくと，

$u = f(a) = a^2 + 2x \cdot a - y$

（a の 2 次関数。x, y は定数扱い。au 座標平面上で，$0 \leqq a \leqq 1$ の範囲で，$u = f(a)$ が，a 軸と共有点をもつ条件を調べる。）

（Ⅰ）1 実数解をもつ場合，　$f(0) \times f(1) \leqq 0$

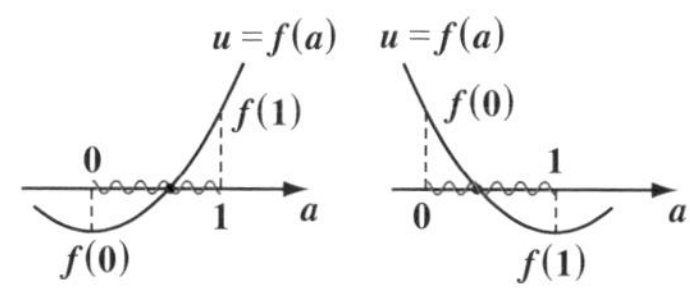

（Ⅱ）2 実数解をもつ場合，

（ⅰ）$D \geqq 0$

（ⅱ）$0 \leqq -x \leqq 1$

（ⅲ）$f(0) \geqq 0$

（ⅳ）$f(1) \geqq 0$

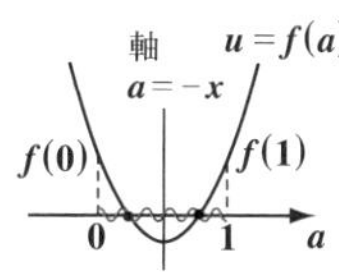

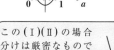

この（Ⅰ）（Ⅱ）の場合分けは厳密なものではない。右図の場合は，（Ⅰ）（Ⅱ）のいずれにも含まれる。

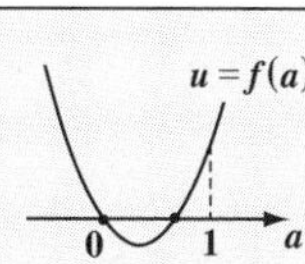

(Ⅰ) 方程式 $f(a)=0$ …①が，$0 \leqq a \leqq 1$ の範囲に 1 実数解をもつ場合，

$f(0) \cdot f(1) \leqq 0$

$-y \cdot (1+2x-y) \leqq 0$

$y \cdot (y-2x-1) \leqq 0$ ……②

②の表す領域 D_1 の境界線は，

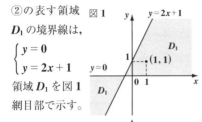

$\begin{cases} y=0 \\ y=2x+1 \end{cases}$

領域 D_1 を図 1 網目部で示す。

図 1

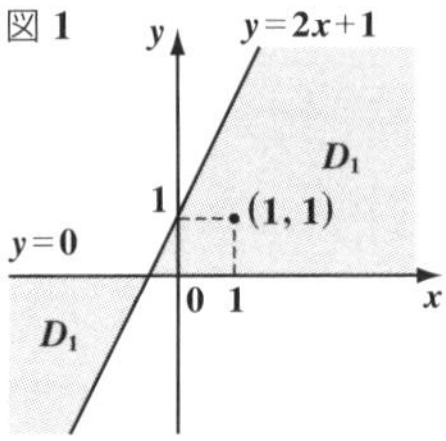

境界線上にない点 (1, 1) を②に代入して，$1 \cdot (1-2 \cdot 1-1) \leqq 0$ が成り立つので，②の表す領域 D_1 が図 1 のように塗り分けて表示できる。

(Ⅱ) 方程式 $f(a)=0$ …①が，$0 \leqq a \leqq 1$ の範囲に 2 実数解をもつ場合，

(ⅰ) 判別式 $\frac{D}{4} = \boxed{x^2+y \geqq 0}$

$\therefore y \geqq -x^2$

(ⅱ) 軸 $a=-x$ について，

$0 \leqq -x \leqq 1$

$\therefore -1 \leqq x \leqq 0$

(ⅲ) $f(0) = \boxed{-y \geqq 0}$

$\therefore y \leqq 0$

(ⅳ) $f(1) = \boxed{1+2x-y \geqq 0}$

$\therefore y \leqq 2x+1$

以上 (ⅰ)～(ⅳ) より，これらの不等式により表される領域 D_2 を網目部で図 2 に示す。

図 2

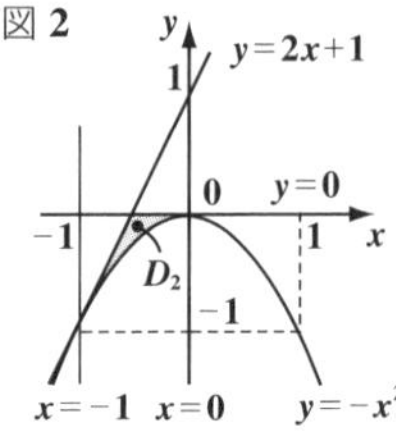

以上 (Ⅰ)(Ⅱ) より，a が $0 \leqq a \leqq 1$ の範囲を動くとき，直線 l_a の通過する領域は，2 つの領域 D_1 と D_2 を合わせたものであり，それを図 3 に網目部で示す。

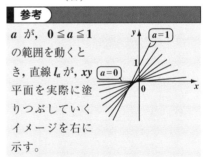

……(答)

図 3

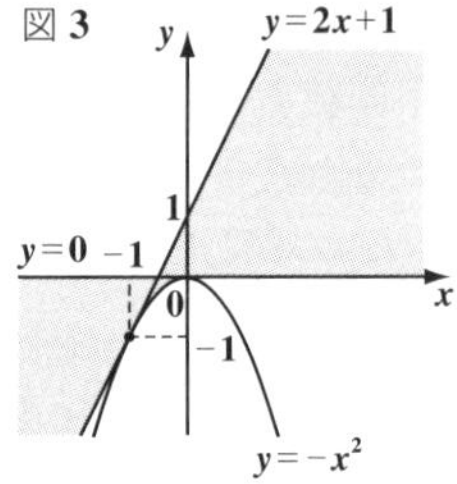

参考

a が，$0 \leqq a \leqq 1$ の範囲を動くとき，直線 l_a が，xy 平面を実際に塗りつぶしていくイメージを右に示す。

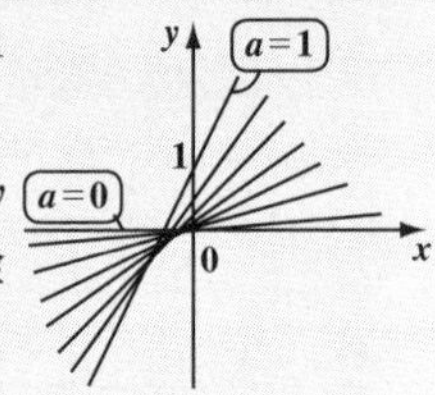

演習
exercise

3 三角関数

テーマ

▶ 三角関数の基本

$$\left(1+\tan^2\theta=\frac{1}{\cos^2\theta},\ \ \sin\left(\frac{3}{2}\pi+\theta\right)=-\cos\theta\right)$$

▶ 加法定理とその応用公式

$$\left(\sin^2\theta=\frac{1-\cos 2\theta}{2},\ \ \cos^2\theta=\frac{1+\cos 2\theta}{2}\right)$$

▶ 3 倍角の公式，積⇄和の公式

$$\left(\cos\alpha\cos\beta=\frac{1}{2}\{\cos(\alpha+\beta)+\cos(\alpha-\beta)\}\right)$$

演習3 三角関数 ●公式&解法パターン

1. 三角関数の基本

(1) 三角関数の定義

(ⅰ) 半径 $r\,(>0)$ の円による定義

$$\sin\theta=\frac{y}{r},\quad \cos\theta=\frac{x}{r},\quad \tan\theta=\frac{y}{x}$$

(ⅱ) 半径 1 の単位円による定義

$$\sin\theta=y,\quad \cos\theta=x,\quad \tan\theta=\frac{y}{x}$$

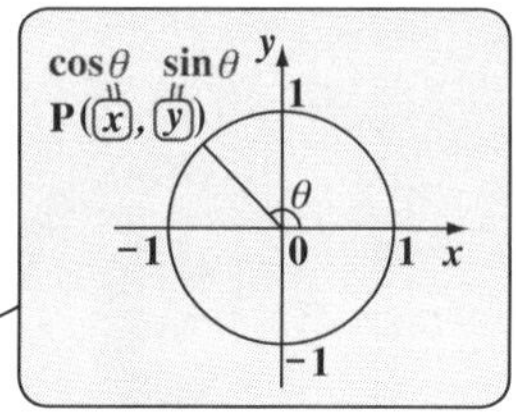

(2) 三角関数の基本公式

(ⅰ) $\sin^2\theta+\cos^2\theta=1$　(ⅱ) $\tan\theta=\dfrac{\sin\theta}{\cos\theta}$　(ⅲ) $1+\tan^2\theta=\dfrac{1}{\cos^2\theta}$

(3) 弧度法

$180^\circ=\pi$（ラジアン）で角度を表す。 ← $(ex)\,45^\circ=\dfrac{\pi}{4}$，$120^\circ=\dfrac{2}{3}\pi$ など

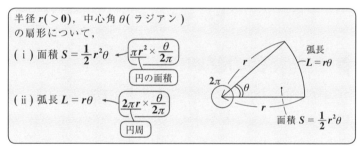

半径 $r\,(>0)$，中心角 θ（ラジアン）の扇形について，

(ⅰ) 面積 $S=\dfrac{1}{2}r^2\theta$ ← $\pi r^2\times\dfrac{\theta}{2\pi}$（$\pi r^2$：円の面積）

(ⅱ) 弧長 $L=r\theta$ ← $2\pi r\times\dfrac{\theta}{2\pi}$（$2\pi r$：円周）

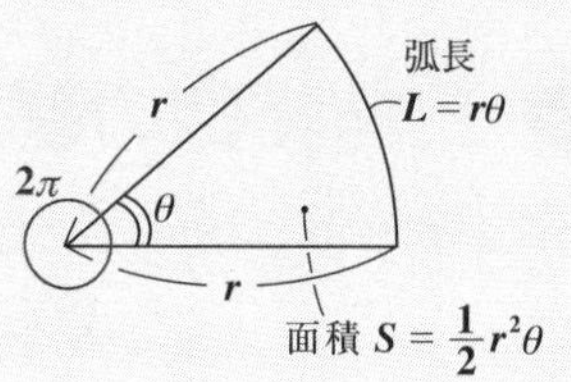

(4) $\sin(\pi+\theta)$，$\cos\left(\dfrac{3}{2}\pi-\theta\right)$ 等の変形

(Ⅰ) π の関係したもの

(ⅰ) 記号の決定

- $\sin\to\sin$
- $\cos\to\cos$
- $\tan\to\tan$

(ⅱ) 符号の決定

(Ⅱ) $\dfrac{\pi}{2}$，$\dfrac{3}{2}\pi$ の関係したもの

(ⅰ) 記号の決定

- $\sin\to\cos$
- $\cos\to\sin$
- $\tan\to\dfrac{1}{\tan}$

(ⅱ) 符号の決定

2. 三角関数の加法定理とその応用公式

(1) 加法定理(複号同順)

(i) $\sin(\alpha \pm \beta) = \sin\alpha\cos\beta \pm \cos\alpha\sin\beta$

(ii) $\cos(\alpha \pm \beta) = \cos\alpha\cos\beta \mp \sin\alpha\sin\beta$

(iii) $\tan(\alpha \pm \beta) = \dfrac{\tan\alpha \pm \tan\beta}{1 \mp \tan\alpha\tan\beta}$

(2) 2 倍角の公式

(i) $\sin 2\alpha = 2\sin\alpha\cos\alpha$

(ii) $\cos 2\alpha = \cos^2\alpha - \sin^2\alpha = 1 - 2\sin^2\alpha = 2\cos^2\alpha - 1$

(3) 半角の公式

(i) $\sin^2\alpha = \dfrac{1 - \cos 2\alpha}{2}$　　(ii) $\cos^2\alpha = \dfrac{1 + \cos 2\alpha}{2}$

(4) 三角関数の合成

$a\sin\theta + b\cos\theta = \sqrt{a^2 + b^2}\sin(\theta + \alpha)$

$\left(\text{ただし，} \cos\alpha = \dfrac{a}{\sqrt{a^2 + b^2}}, \ \sin\alpha = \dfrac{b}{\sqrt{a^2 + b^2}}\right)$

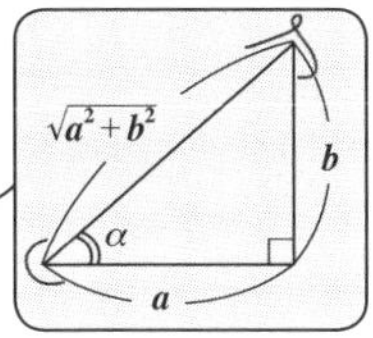

3. 3 倍角の公式と，積⇄和の公式

(1) 3 倍角の公式

(i) $\sin 3\theta = 3\sin\theta - 4\sin^3\theta$　(ii) $\cos 3\theta = 4\cos^3\theta - 3\cos\theta$

(2) 積→和の公式(積→差の公式)

(i) $\sin\alpha \cdot \cos\beta = \dfrac{1}{2}\{\sin(\alpha + \beta) + \sin(\alpha - \beta)\}$

(ii) $\cos\alpha \cdot \cos\beta = \dfrac{1}{2}\{\cos(\alpha + \beta) + \cos(\alpha - \beta)\}$　など。

(3) 和→積の公式(差→積の公式)

(i) $\sin A + \sin B = 2\sin\dfrac{A + B}{2} \cdot \cos\dfrac{A - B}{2}$

(ii) $\cos A + \cos B = 2\cos\dfrac{A + B}{2} \cdot \cos\dfrac{A - B}{2}$　など。

三角関数の公式は確かに多いけれど，問題を解きながら実践的に利用することによって，覚えていけばいいんだよ。

実力アップ問題 36　難易度 ★★　CHECK 1　CHECK 2　CHECK 3

次の値をそれぞれ求めよ。

(1) $\sin 105°$　(2) $2\sin 75°\cos 15°$　(3) $\cos 25° + \cos 95° + \cos 145°$

ヒント！ 三角関数の公式の練習問題。(1) 加法定理を使う。
(2) $\cos 15° = \cos(90° - 75°) = \sin 75°$　(3) $95° = 120° - \underline{25°}$, $145° = 120° + \underline{25°}$

基本事項

1. 加法定理

$\sin(\alpha+\beta) = \sin\alpha\cos\beta + \cos\alpha\sin\beta$ など。

2. 2倍角の公式

・$\sin 2\alpha = 2\sin\alpha\cos\alpha$

・$\cos 2\alpha = \cos^2\alpha - \sin^2\alpha = 1 - 2\sin^2\alpha$
$= 2\cos^2\alpha - 1$

(1) $\sin 105° = \sin(60° + 45°)$

$= \sin 60° \cdot \cos 45° + \cos 60° \cdot \sin 45°$

公式：$\sin(\alpha+\beta) = \sin\alpha\cos\beta + \cos\alpha\sin\beta$

$= \dfrac{\sqrt{3}}{2} \cdot \dfrac{\sqrt{2}}{2} + \dfrac{1}{2} \cdot \dfrac{\sqrt{2}}{2} = \dfrac{\sqrt{6} + \sqrt{2}}{4}$ ……(答)

(2) $2\sin 75° \cdot \cos 15°$　($15° = 90° - 75°$)

$= 2\sin 75° \cdot \cos(90° - 75°)$　($\cos(90°-75°) = \sin 75°$)

公式：$\cos(90° - \theta) = \sin\theta$

$= 2\sin^2 75°$

$= 2 \cdot \dfrac{1 - \cos 150°}{2}$

半角の公式：$\sin^2\theta = \dfrac{1 - \cos 2\theta}{2}$

$= 1 - \cos 150° = 1 - \left(-\dfrac{\sqrt{3}}{2}\right)$

$= \dfrac{2 + \sqrt{3}}{2}$ ……………………(答)

(2) の別解

積→和の公式：

$2\sin\alpha\cos\beta = \sin(\alpha+\beta) + \sin(\alpha-\beta)$

を使って，

$2\sin 75°\cos 15° = \sin(75° + 15°)$
$+ \sin(75° - 15°)$

$= \sin 90° + \sin 60° = 1 + \dfrac{\sqrt{3}}{2} = \dfrac{2 + \sqrt{3}}{2}$

(3) $25° = \theta$ とおくと，

$95° = 120° - \theta$,　$145° = 120° + \theta$

よって与式は，

$\cos\theta + \cos(120° - \theta) + \cos(120° + \theta)$

$= \cos\theta + \cos 120°\cos\theta + \sin 120°\sin\theta$
$+ \cos 120°\cos\theta - \sin 120°\sin\theta$

$= \cos\theta + 2 \cdot \cos 120° \cdot \cos\theta$　($\cos 120° = -\frac{1}{2}$)

$= \cos\theta - \cos\theta = 0$ ……………(答)

(3) の別解

和→積の公式：

$\cos(\alpha+\beta) + \cos(\alpha-\beta) = 2\cos\alpha\cos\beta$ より

$\cos A + \cos B = 2 \cdot \cos\dfrac{A+B}{2}\cos\dfrac{A-B}{2}$

を使って，

$\cos 25° + \cos 145° + \cos 95°$　($A = 145°$, $B = 95°$)

$= \cos 25° + 2 \cdot \cos 120° \cdot \cos 25°$　($\frac{A+B}{2} = 120°$, $\frac{A-B}{2} = 25°$)

$= \cos 25° + 2 \cdot \left(-\dfrac{1}{2}\right) \cdot \cos 25° = 0$

実力アップ問題 37　難易度 ★★　CHECK 1　CHECK 2　CHECK 3

θ が $\tan\theta - \dfrac{\sqrt{2}}{\cos\theta} - 1 = 0$ をみたす。このとき，$\sin^3\theta - \cos^3\theta$ の値は [ア] である。また $0° < \theta < 180°$ のとき，$\sin\dfrac{\theta}{2}$ の値は [イ] である。（福岡大）

ヒント！ 条件式より，$\sin\theta - \cos\theta = \sqrt{2}$ が導けるので，この両辺を 2 乗して $\sin\theta\cdot\cos\theta$ の値を求め，$\sin^3\theta - \cos^3\theta$ を因数分解したものに代入するんだよ。

$\tan\theta - \dfrac{\sqrt{2}}{\cos\theta} - 1 = 0$ ……①

$(\cos\theta \neq 0)$

①を変形して，

$\dfrac{\overbrace{\sin\theta - \sqrt{2} - \cos\theta}^{0}}{\cos\theta} = 0$

$\therefore \sin\theta - \cos\theta = \sqrt{2}$ ……②

(ア)

参考

$\sin^3\theta - \cos^3\theta$

$= (\sin\theta - \cos\theta)(\sin^2\theta + \sin\theta\cos\theta + \cos^2\theta)$　（$\sin^2\theta + \cos^2\theta = 1$）

より，$\sin\theta\cdot\cos\theta$ の値がわかればよい。

②の両辺を 2 乗して，

$(\sin\theta - \cos\theta)^2 = 2$

$\underbrace{\sin^2\theta + \cos^2\theta}_{1} - 2\sin\theta\cos\theta = 2$

$2\sin\theta\cos\theta = -1$

$\sin\theta\cos\theta = -\dfrac{1}{2}$ ……③

以上より，

$\sin^3\theta - \cos^3\theta$

$= (\underbrace{\sin\theta - \cos\theta}_{\sqrt{2}\ (②より)})(\underbrace{\sin^2\theta + \cos^2\theta}_{1} + \underbrace{\sin\theta\cos\theta}_{-\frac{1}{2}\ (③より)})$

$= \sqrt{2}\cdot\left(1 - \dfrac{1}{2}\right)$　（∵②，③）

$= \dfrac{\sqrt{2}}{2}$ ……(ア) ………………(答)

(イ) $\sin^2\dfrac{\theta}{2} = \dfrac{1-\cos\theta}{2}$ ……④ ← 半角の公式

$(0° < \theta < 180°)$

参考

④より，$\cos\theta$ の値がわかればよい。ここで，②の三角方程式を解けば，θ の値がわかるので，$\cos\theta$ の値も求まる。

②を変形して，

$1\cdot\sin\theta - 1\cdot\cos\theta = \sqrt{2}$　← 三角関数の合成

$= \sqrt{2}\left(\dfrac{1}{\sqrt{2}}\sin\theta - \dfrac{1}{\sqrt{2}}\cos\theta\right)$　（$\dfrac{1}{\sqrt{2}} = \cos 45°$，$\dfrac{1}{\sqrt{2}} = \sin 45°$）

$= \sqrt{2}(\sin\theta\cdot\cos 45° - \cos\theta\cdot\sin 45°)$

$= \sqrt{2}\sin(\theta - 45°)$

$\sqrt{2}\sin(\theta - 45°) = \sqrt{2}$

$\sin(\theta - 45°) = 1$

ここで，$-45° < \theta - 45° < 135°$ より，

$\theta - 45° = 90°$　$\therefore \theta = 135°$

これを④に代入して，

$\sin^2\dfrac{\theta}{2} = \dfrac{1-\cos 135°}{2} = \dfrac{1-\left(-\dfrac{1}{\sqrt{2}}\right)}{2}$

$= \dfrac{2+\sqrt{2}}{4}$

ここで，$\sin\dfrac{\theta}{2} > 0$ より，

$\sin\dfrac{\theta}{2} = \sqrt{\dfrac{2+\sqrt{2}}{4}} = \dfrac{\sqrt{2+\sqrt{2}}}{2}$

……(イ)……(答)

実力アップ問題 38　難易度 ★★　CHECK 1　CHECK 2　CHECK 3

(1) $\tan\alpha = 2$, $\tan(2x+\alpha) = 3$ のとき，$\tan x$ の値を求めよ。
ただし，$0 < x < \dfrac{\pi}{2}$ とする。（大同工大）

(2) 直線 $y = mx$ $(m > 0)$ と x 軸とのなす角は，直線 $y = 2x$ と直線 $y = 3x$ とがなす角に等しい。このとき，m の値を求めよ。（小樽商大）

ヒント！ tan の加法定理の基本問題。(1) tan の加法定理を 2 回使う。(2) $\tan\alpha = 3$, $\tan\beta = 2$ とおくと，$m = \tan(\alpha-\beta)$ となるんだね。

基本事項

正接 (tan) の加法定理

1. $\tan(\alpha+\beta) = \dfrac{\tan\alpha + \tan\beta}{1 - \tan\alpha\tan\beta}$

2. $\tan(\alpha-\beta) = \dfrac{\tan\alpha - \tan\beta}{1 + \tan\alpha\tan\beta}$

基本事項

2 直線のなす角

$\begin{cases} y = m_1x + n_1 \\ y = m_2x + n_2 \end{cases}$

のなす角を θ とおく。(右図)

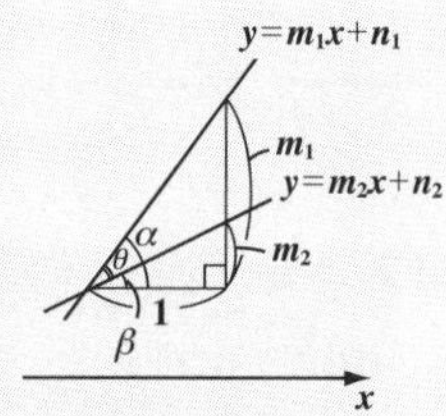

$\begin{cases} m_1 = \tan\alpha \\ m_2 = \tan\beta \end{cases}$

とおくと，2 直線のなす角 θ は，
$\theta = \alpha - \beta$ となる。

$\therefore \tan\theta = \tan(\alpha-\beta)$

$= \dfrac{\tan\alpha - \tan\beta}{1 + \tan\alpha\tan\beta} = \dfrac{m_1 - m_2}{1 + m_1m_2}$

(1) $0 < x < \dfrac{\pi}{2}$ より，$\tan x > 0$

$\begin{cases} \tan\alpha = 2 & \cdots\cdots\cdots\cdots\text{①} \\ \tan(2x+\alpha) = 3 & \cdots\cdots\text{②} \end{cases}$

②を変形して，（tan の加法定理）

$\dfrac{\tan 2x + \tan\alpha}{1 - \tan 2x \tan\alpha} = 3$　（$\tan\alpha = 2$）

$\dfrac{\tan 2x + 2}{1 - 2\tan 2x} = 3$　$(\because \text{①})$

$\tan 2x + 2 = 3 - 6\tan 2x$

$7\tan 2x = 1$　　$\tan 2x = \dfrac{1}{7}$

（tan の加法定理）

$\dfrac{2\tan x}{1 - \tan^2 x} = \dfrac{1}{7}$

$14\tan x = 1 - \tan^2 x$

$\underset{a}{1}\tan^2 x + \underset{2b'}{14}\tan x \underset{c}{-1} = 0$ ← tan x の 2 次方程式

$\therefore \tan x = -7 \pm \sqrt{7^2 + 1} = -7 \pm 5\sqrt{2}$

ここで，$\tan x > 0$ より，$\tan x = 5\sqrt{2} - 7$

……(答)

(2) 右図のように，

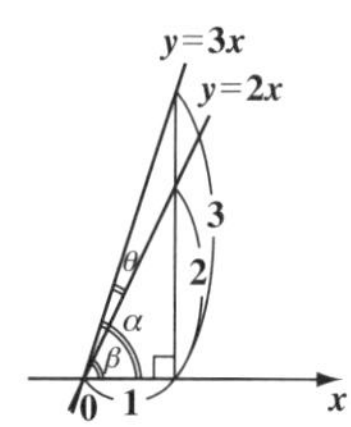

$\tan\alpha = 3$, $\tan\beta = 2$
とおくと，2 直線の
なす角 θ は，
$\theta = \alpha - \beta$

$\therefore m = \tan\theta$

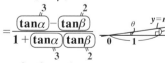

$= \tan(\alpha - \beta)$

$= \dfrac{\tan\alpha - \tan\beta}{1 + \tan\alpha\tan\beta}$　（$\tan\alpha = 3$, $\tan\beta = 2$）

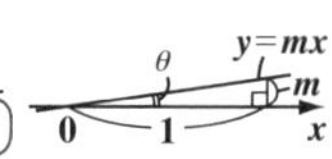

$= \dfrac{3-2}{1+3\cdot 2} = \dfrac{1}{7}$　……………(答)

実力アップ問題 39　難易度 ★★　CHECK 1　CHECK 2　CHECK 3

$0 < x < \frac{\pi}{2}$，$0 < y < \frac{\pi}{2}$とする。

(1) $\tan(x+y)\tan(x-y) = 1$ ならば $\tan x = 1$ であることを示せ。

(2) $\tan x \tan y = \frac{1}{2}$ のとき，$\tan(x+y) + \tan(x-y)$ の最小値を求めよ。

（愛知大）

ヒント！ (1) tan の加法定理を用いれば，$\tan x = 1$ が導ける。(2) 与式を $\tan x$ でまとめると，相加・相乗平均の問題に帰着するんだね。

$0 < x < \frac{\pi}{2}$，$0 < y < \frac{\pi}{2}$ より，

$\tan x > 0$，$\tan y > 0$

(1) $\tan(x+y)\tan(x-y) = 1$ ……①

ならば，$\tan x = 1$ となることを示す。

①を変形して，

$$\frac{\tan x + \tan y}{1 - \tan x \tan y} \cdot \frac{\tan x - \tan y}{1 + \tan x \tan y} = 1$$

（正接 (tan) の加法定理）

$$(\tan x + \tan y)\cdot(\tan x - \tan y) = (1 - \tan x \tan y)(1 + \tan x \tan y)$$

$$\tan^2 x - \tan^2 y = 1 - \tan^2 x \tan^2 y$$

$$\tan^2 x \tan^2 y + \tan^2 x - \tan^2 y - 1 = 0$$

$$\tan^2 x \cdot (\tan^2 y + 1) - (\tan^2 y + 1) = 0$$

$$(\tan^2 x - 1)(\underbrace{\tan^2 y + 1}_{\oplus}) = 0$$

ここで $\tan^2 y + 1 > 0$ より，

両辺を $\tan^2 y + 1$ で割って，

$\tan^2 x - 1 = 0$　　$\tan^2 x = 1$

$\therefore \tan x = 1$　$(\because \tan x > 0)$ ……(終)

(2) $\tan x \cdot \tan y = \frac{1}{2}$ ……②　より

$$\tan y = \frac{1}{2\tan x} \quad \cdots\cdots ②'$$

与式 $= P$ とおくと，

$$P = \tan(x+y) + \tan(x-y)$$

$$= \frac{\tan x + \tan y}{1 - \underbrace{\tan x \tan y}_{\frac{1}{2}}} + \frac{\tan x - \tan y}{1 + \underbrace{\tan x \tan y}_{\frac{1}{2}\ (②より)}}$$

$$= 2(\tan x + \tan y) + \frac{2}{3}(\tan x - \tan y)$$

$$= \frac{8}{3}\tan x + \frac{4}{3}\underbrace{\tan y}_{\frac{1}{2\tan x}\ (②'より)}$$

$$= \frac{8}{3}\tan x + \frac{2}{3}\cdot\frac{1}{\tan x}$$

ここで，$\tan x > 0$ より，相加・相乗平均の不等式を用いて，

$$P = \frac{8\tan x}{3} + \frac{2}{3\tan x} \geq 2\sqrt{\frac{8\tan x}{3}\cdot\frac{2}{3\tan x}} = \frac{8}{3}$$

（等号成立条件：$\frac{8\tan x}{3} = \frac{2}{3\tan x}$　$\tan^2 x = \frac{1}{4}$　$\tan x = \frac{1}{2}$）

$\tan x = \frac{1}{2}$ のとき，②′ より，$\tan y = 1$

$\therefore \tan x = \frac{1}{2}$，$\tan y = 1$ のとき，

最小値 $P = \frac{8}{3}$ ……………………(答)

実力アップ問題 40	難易度 ★★	CHECK 1	CHECK 2	CHECK 3

xy 座標平面上の原点 $\mathbf{O}$ を中心とする半径 $\mathbf{1}$ の円周上に点 $\mathbf{P}$ がある。ただし点 $\mathbf{P}$ は第 $\mathbf{1}$ 象限の点である。点 $\mathbf{P}$ から x 軸に下ろした垂線と x 軸との交点を $\mathbf{Q}$，線分 $\mathbf{PQ}$ を $\mathbf{2}:\mathbf{1}$ に内分する点を $\mathbf{R}$ とする。$\theta=\angle\mathbf{QOP}$ のときの $\tan\angle\mathbf{QOR}$ と $\tan\angle\mathbf{ROP}$ の値をそれぞれ $f(\theta)$，$g(\theta)$ とおく。

(1) $f(\theta)$ と $g(\theta)$ を θ を用いて表せ。

(2) $g(\theta)$ の $0<\theta<\dfrac{\pi}{2}$ における最大値と，そのときの θ の値を求めよ。

（福井大）

ヒント！ (1) $\mathrm{P}(\cos\theta,\ \sin\theta)$ より，$\mathrm{R}\left(\cos\theta,\ \dfrac{1}{3}\sin\theta\right)$ となる。$g(\theta)$ は tan の加法定理を使おう。(2) 相加・相乗平均の不等式を使う。

(1) 右図より，

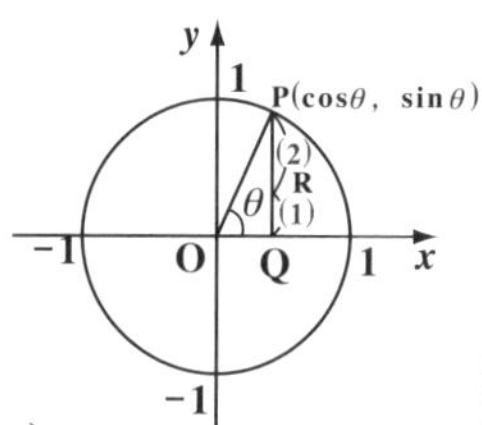

$0<\theta<\dfrac{\pi}{2}$

において，

点 P，Q の座標は，

$\mathrm{P}(\cos\theta,\ \sin\theta)$

$\mathrm{R}\left(\cos\theta,\ \dfrac{1}{3}\sin\theta\right)$ となる。

よって，

・$f(\theta)=\tan\angle\mathrm{QOR}=\dfrac{\mathrm{QR}}{\mathrm{OQ}}=\dfrac{\frac{1}{3}\sin\theta}{\cos\theta}$

$=\dfrac{1}{3}\tan\theta$ ……① ……(答)

・$g(\theta)=\tan\angle\mathrm{ROP}$

$=\tan(\theta-\angle\mathrm{QOR})$

$=\dfrac{\tan\theta-\tan\angle\mathrm{QOR}}{1+\tan\theta\cdot\tan\angle\mathrm{QOR}}$ ← tan の加法定理

$=\dfrac{\tan\theta-\frac{1}{3}\tan\theta}{1+\tan\theta\cdot\frac{1}{3}\tan\theta}$

$=\dfrac{2\tan\theta}{3+\tan^2\theta}$ ……② …(答)

(2) $0<\theta<\dfrac{\pi}{2}$ より，$\tan\theta>0$

よって②の右辺の分子・分母を $\tan\theta$ で割ると，

$g(\theta)=\dfrac{2}{\tan\theta+\frac{3}{\tan\theta}}$ ……③

この右辺の分母に相加・相乗平均の式を用いると，

$\tan\theta+\dfrac{3}{\tan\theta}\geqq2\sqrt{\tan\theta\cdot\dfrac{3}{\tan\theta}}=2\sqrt{3}$ ← 分母の最小値

（等号成立条件：$\tan\theta=\dfrac{3}{\tan\theta}$

$\tan^2\theta=3$，$\tan\theta=\sqrt{3}$ $\therefore\ \theta=\dfrac{\pi}{3}$）

以上より，$\theta=\dfrac{\pi}{3}$ のとき，③の右辺の分母は最小となるので，$g(\theta)$ は最大となる。よって，

$\theta=\dfrac{\pi}{3}$ のとき，$g(\theta)$ は最大値

$\dfrac{2}{2\sqrt{3}}=\dfrac{1}{\sqrt{3}}=\dfrac{\sqrt{3}}{3}$ をとる。 ……(答)

実力アップ問題 41　難易度 ★★★　CHECK 1　CHECK 2　CHECK 3

(1) $x+y=\pi$ を満たす実数 x, y に対して，次の等式が成り立つことを示せ。

$$\sin x+\sin y=4\cos\frac{x}{2}\cos\frac{y}{2}\ \cdots\cdots(*1)$$

(2) $x+y+z=\pi$ を満たす実数 x, y, z に対して，次の等式が成り立つことを示せ。

$$\sin x+\sin y+\sin z=4\cos\frac{x}{2}\cos\frac{y}{2}\cos\frac{z}{2}\ \cdots\cdots(*2)$$

(3) $x+y+z+w=\pi$ を満たす実数 x, y, z, w に対して，次の等式は必ずしも成り立たないことを示せ。

$$\sin x+\sin y+\sin z+\sin w=4\cos\frac{x}{2}\cos\frac{y}{2}\cos\frac{z}{2}\cos\frac{w}{2}\cdots(*3)$$

(首都大学東京)

ヒント！ (1), (2) は和→積の公式や，$\sin\left(\frac{\pi}{2}-\theta\right)$ の公式などを利用して，左辺を変形して右辺を導けばいい。(1), (2) の $(*1)$, $(*2)$ の等式から，$(*3)$ も成り立つように思えるが，実はこれは成り立つとは限らない。(3) については，成り立たない例（反例）を 1 つだけ示せば十分だ。

基本事項

和→積の公式

$$\sin A+\sin B=2\sin\frac{A+B}{2}\cos\frac{A-B}{2}$$

$$\cos A+\cos B=2\cos\frac{A+B}{2}\cos\frac{A-B}{2}$$

(1) $x+y=\pi$ ……①のとき，

$$\sin x+\sin y=4\cos\frac{x}{2}\cos\frac{y}{2}\cdots(*1)$$

が成り立つことを示す。

$(*1)$ の左辺 $=\sin x+\sin y$　←［和→積の公式］

$$=2\sin\frac{x+y}{2}\cdot\cos\frac{x-y}{2}$$

（$x+y$ は π（①より），$\sin\frac{\pi}{2}=1$）

$$=2\cos\left(\frac{x}{2}-\frac{y}{2}\right)$$

$$=2\left(\cos\frac{x}{2}\cos\frac{y}{2}+\sin\frac{x}{2}\sin\frac{y}{2}\right)$$

（x は $\pi-y$，y は $\pi-x$）

加法定理
$\cos(\alpha-\beta)=\cos\alpha\cos\beta+\sin\alpha\sin\beta$

よって，

$(*1)$ の左辺 $=2\left\{\cos\dfrac{x}{2}\cos\dfrac{y}{2}+\underbrace{\sin\left(\dfrac{\pi}{2}-\dfrac{y}{2}\right)}_{\cos\frac{y}{2}}\underbrace{\sin\left(\dfrac{\pi}{2}-\dfrac{x}{2}\right)}_{\cos\frac{x}{2}}\right\}$

公式 : $\sin\left(\dfrac{\pi}{2}-\theta\right)=\cos\theta$

$=2\left(\cos\dfrac{x}{2}\cos\dfrac{y}{2}+\cos\dfrac{x}{2}\cos\dfrac{y}{2}\right)$

$=4\cos\dfrac{x}{2}\cos\dfrac{y}{2}=(*1)$ の右辺

$\therefore$ $(*1)$ は成り立つ。 …………(終)

(2) $x+y+z=\pi$ ……②のとき，

$\sin x+\sin y+\sin z=4\cos\dfrac{x}{2}\cos\dfrac{y}{2}\cos\dfrac{z}{2}$ $\cdots(*2)$

が成り立つことを示す。

$(*2)$ の左辺 $=\underbrace{\sin x+\sin y}_{2\sin\frac{x+y}{2}\cos\frac{x-y}{2}}+\sin\underbrace{z}_{\{\pi-(x+y)\}}$ （②より）

$=\underbrace{2\sin\dfrac{x+y}{2}\cos\dfrac{x-y}{2}}_{\text{和→積の公式}}+\underbrace{\sin\{\pi-(x+y)\}}_{\sin(x+y)=2\sin\frac{x+y}{2}\cos\frac{x+y}{2}}$

2 倍角の公式
$\sin2\theta=2\sin\theta\cos\theta$

$=2\sin\dfrac{x+y}{2}\cos\dfrac{x-y}{2}$
$\quad+2\sin\dfrac{x+y}{2}\cos\dfrac{x+y}{2}$

$x+y=\pi-z$ （②より）

$=\underbrace{2\sin\dfrac{x+y}{2}}_{2\sin\left(\frac{\pi}{2}-\frac{z}{2}\right)}\underbrace{\left(\cos\dfrac{x+y}{2}+\cos\dfrac{x-y}{2}\right)}_{2\cos\frac{x}{2}\cos\frac{y}{2}}$

和→積の公式

よって，

$(*2)$ の左辺 $=\underbrace{2\sin\left(\dfrac{\pi}{2}-\dfrac{z}{2}\right)}_{\cos\frac{z}{2}}\cdot 2\cos\dfrac{x}{2}\cdot\cos\dfrac{y}{2}$

$=4\cos\dfrac{x}{2}\cos\dfrac{y}{2}\cos\dfrac{z}{2}=(*2)$ の右辺

$\therefore$ $(*2)$ は成り立つ。 …………(終)

(3) $x+y+z+w=\pi$ ……③のとき，

$(*3)$ が必ずしも成り立たないことを，反例を示すことにより証明する。

③より，

$x=y=z=w=\dfrac{\pi}{4}$ とすると，

$(*3)$ の左辺 $=4\cdot\sin\dfrac{\pi}{4}=4\cdot\dfrac{1}{\sqrt{2}}$
$=2\sqrt{2}$

$(*3)$ の右辺 $=4\cdot\cos^4\dfrac{\pi}{8}$

$=4\Big(\underbrace{\cos^2\dfrac{\pi}{8}}_{\frac{1}{2}\left(1+\cos\frac{\pi}{4}\right)}\Big)^2$ ← 半角の公式

$=4\left\{\dfrac{1}{2}\left(1+\dfrac{1}{\sqrt{2}}\right)\right\}^2$

$=4\cdot\dfrac{1}{4}\left(1+\dfrac{1}{\sqrt{2}}\right)^2$

$=\dfrac{3}{2}+\sqrt{2}\quad(\neq2\sqrt{2})$

以上より，$x=y=z=w=\dfrac{\pi}{4}$ のとき

$(*3)$ は成り立たないので，

$x+y+z+w=\pi$ のとき，$(*3)$ は必ずしも成り立つとは限らない。

……(終)

実力アップ問題 42　難易度 ★★　CHECK 1　CHECK 2　CHECK 3

a を実数とするとき，θ の関数

$$y=(\sqrt{3}\sin\theta-\cos\theta-2a)(\sqrt{3}\sin\theta-\cos\theta)+3$$

について，次の問いに答えよ。ただし，$0 \leqq \theta < 2\pi$ である。

(1) $t=\sqrt{3}\sin\theta-\cos\theta$ とおくとき，t の取り得る値の範囲を求めよ。

(2) y の最小値を $m(a)$ とおくとき，$m(a)$ を求めよ。　（島根大＊）

ヒント！ (1) 三角関数の合成により，t のとり得る値の範囲を求めよう。
(2) 最小値 $m(a)$ を，a の値により，3 通りに場合分けしないといけない。

$$y=(\underbrace{\sqrt{3}\sin\theta-\cos\theta}_{t}-2a)(\underbrace{\sqrt{3}\sin\theta-\cos\theta}_{t})+3 \quad \cdots\cdots①$$

$$(0 \leqq \theta < 2\pi)$$

(1) $t=\sqrt{3}\cdot\sin\theta-1\cdot\cos\theta$ ……②

$$=2\left(\frac{\sqrt{3}}{2}\sin\theta-\frac{1}{2}\cos\theta\right)$$

（$\frac{\sqrt{3}}{2}$ は $\cos\frac{\pi}{6}$，$\frac{1}{2}$ は $\sin\frac{\pi}{6}$）

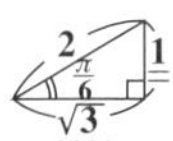

$$=2\sin\left(\theta-\frac{\pi}{6}\right)$$

ここで，

$$-\frac{\pi}{6} \leqq \theta-\frac{\pi}{6} < \frac{11}{6}\pi$$

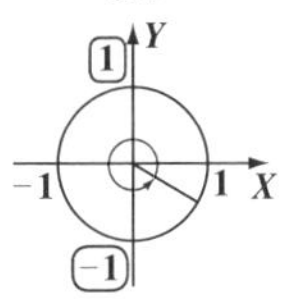

$$\therefore -1 \leqq \sin\left(\theta-\frac{\pi}{6}\right) \leqq 1$$

よって，$-2 \leqq t \leqq 2$ ……………（答）（$t=2\sin\left(\theta-\frac{\pi}{6}\right)$）

(2) ②を①に代入して，$y=f(t)$ とおくと，

$$y=f(t)=(t-2a)\cdot t+3$$

$$=(t^2-2at+a^2)+3-a^2$$

（2 で割って 2 乗）

$$\therefore y=f(t)=(t-a)^2+3-a^2 \quad (-2 \leqq t \leqq 2)$$

頂点 $(a,\ 3-a^2)$（横に動く，下に凸の放物線）

（i）$a \leqq -2$ のとき

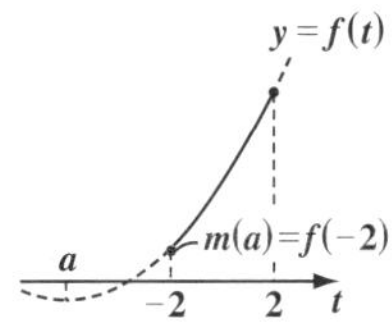

（ii）$-2 < a \leqq 2$ のとき

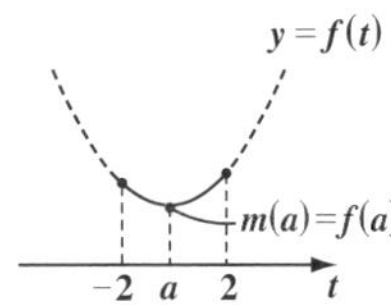

（iii）$2 < a$ のとき

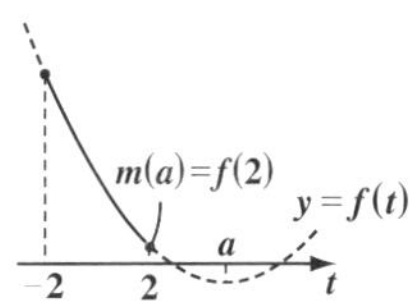

図より，明らかに，$-2 \leqq t \leqq 2$ における $y=f(t)$ の最小値 $m(a)$ は，

（i）$a \leqq -2$ のとき，

$$m(a)=f(-2)=4+4a+3=4a+7$$

（ii）$-2 < a \leqq 2$ のとき，

$$m(a)=f(a)=-a^2+3$$

（iii）$2 < a$ のとき，

$$m(a)=f(2)=4-4a+3=-4a+7$$

以上（i）（ii）（iii）より，

$$m(a)=\begin{cases} 4a+7 & (a \leqq -2) \\ -a^2+3 & (-2 < a \leqq 2) \\ -4a+7 & (2 < a) \end{cases} \quad \cdots\cdots（答）$$

実力アップ問題43	難易度 ★★	CHECK 1	CHECK 2	CHECK 3

$t = \tan\dfrac{\theta}{2}$ とするとき，次の問いに答えよ。

(1) $\sin\theta$ を t の式で表せ。　　(2) $\cos\theta$ を t の式で表せ。

(3) $y = \dfrac{\sin\theta - 1}{\cos\theta + 1}$ を t の式で表せ。

(4) y の最大値と最小値を求めよ。また，そのときの θ の値を求めよ。
ただし，$0 \leqq \theta \leqq \dfrac{2}{3}\pi$ とする。　(早稲田大)

ヒント！ (1)(2) $\sin\theta, \cos\theta$ が $\tan\dfrac{\theta}{2}$ で表される式は，公式として覚えるといい。

(1) $\sin\theta = 2\sin\dfrac{\theta}{2}\cdot\cos\dfrac{\theta}{2}$ ← 2倍角の公式

$= 2\cdot\cos^2\dfrac{\theta}{2}\cdot\dfrac{\sin\dfrac{\theta}{2}}{\cos\dfrac{\theta}{2}}$

（$\cos^2\dfrac{\theta}{2} = \dfrac{1}{1+\tan^2\dfrac{\theta}{2}}$，$\dfrac{\sin\dfrac{\theta}{2}}{\cos\dfrac{\theta}{2}} = \tan\dfrac{\theta}{2}$）

$1 + \tan^2\alpha = \dfrac{1}{\cos^2\alpha}$ より，$\cos^2\alpha = \dfrac{1}{1+\tan^2\alpha}$

$= \dfrac{2\tan\dfrac{\theta}{2}}{1+\tan^2\dfrac{\theta}{2}} = \dfrac{2t}{1+t^2}$ ……①…(答) ← 公式

(2) $\cos\theta = \cos^2\dfrac{\theta}{2} - \sin^2\dfrac{\theta}{2}$ ← 2倍角の公式

$= \cos^2\dfrac{\theta}{2}\left(1 - \dfrac{\sin^2\dfrac{\theta}{2}}{\cos^2\dfrac{\theta}{2}}\right)$

（$\cos^2\dfrac{\theta}{2} = \dfrac{1}{1+\tan^2\dfrac{\theta}{2}}$，$\dfrac{\sin^2\dfrac{\theta}{2}}{\cos^2\dfrac{\theta}{2}} = \tan^2\dfrac{\theta}{2}$）

$= \dfrac{1-\tan^2\dfrac{\theta}{2}}{1+\tan^2\dfrac{\theta}{2}} = \dfrac{1-t^2}{1+t^2}$ ……②…(答) ← 公式

(3) $y = \dfrac{\sin\theta - 1}{\cos\theta + 1}$

$\dfrac{\dfrac{2t}{1+t^2} - 1}{\dfrac{1-t^2}{1+t^2} + 1} = \dfrac{2t - (1+t^2)}{1 - t^2 + 1 + t^2} = \dfrac{-(t^2 - 2t + 1)}{2} = \dfrac{-(t-1)^2}{2}$

$= -\dfrac{1}{2}(t-1)^2$

($\because$ ①, ②)

……(答)

(4) $0 \leqq \theta \leqq \dfrac{2}{3}\pi$ より，$0 \leqq \dfrac{\theta}{2} \leqq \dfrac{\pi}{3}$

$\therefore 0 \leqq t \leqq \sqrt{3}$　（$t = \tan\dfrac{\theta}{2}$）

以上より，

$y = -\dfrac{1}{2}(t-1)^2$

$(0 \leqq t \leqq \sqrt{3})$

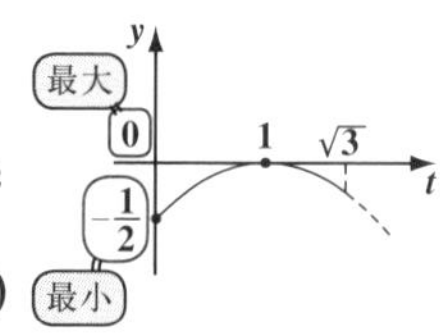

グラフより，

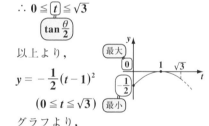

・$t = \tan\dfrac{\theta}{2} = 1$，すなわち $\theta = \dfrac{\pi}{2}$ のとき，

最大値 $y = 0$ ……………………(答)

・$t = \tan\dfrac{\theta}{2} = 0$，すなわち $\theta = 0$ のとき，

最小値 $y = -\dfrac{1}{2}$ ………………(答)

実力アップ問題 44　難易度 ★★★　CHECK 1　CHECK 2　CHECK 3

実数 t に対して，xy 平面上の直線 $(1-t^2)x-2ty=1+t^2$ は，t の値によらずある円 C に接しているものとする。次の問いに答えよ。

(1) 円 C の方程式を求めよ。また，接点の座標を求めよ。

(2) t が $t \geqq 1$ の範囲を動くとき，直線の通過する範囲を図示せよ。（神戸大）

ヒント！ (1) $-t=\tan\theta$ $(-90°<\theta<90°)$ とおくと，直線の式は，半径 1 の円に接する接線になっていることがわかるはずだ。

(1) $(1-t^2)x-2ty=\underset{\oplus}{1+t^2}$ …① （t：実数）

$1+t^2>0$ より，①の両辺を $1+t^2$ で割って，

$$\frac{1-t^2}{1+t^2}x+\frac{-2t}{1+t^2}y=1 \cdots ②$$

（$\frac{1-(-t)^2}{1+(-t)^2}$，$\frac{2\cdot(-t)}{1+(-t)^2}$）

（$-t$ を新たに u とおいてもいい。）

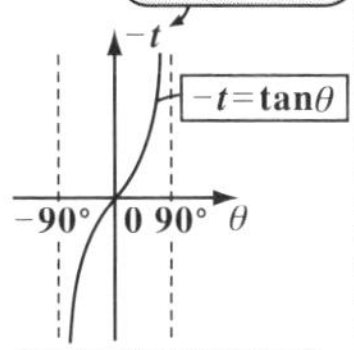

ここで，$-t=\tan\theta$ $(-90°<\theta<90°)$ とおくと，

（$-90°<\theta<90°$ のとき $-t$ は，実数全体を動ける。）

$$\cdot\ \frac{1-t^2}{1+t^2}=\frac{1-\tan^2\theta}{1+\tan^2\theta}=\cos2\theta$$

$$\cdot\ \frac{-2t}{1+t^2}=\frac{2\tan\theta}{1+\tan^2\theta}=\sin2\theta$$ ←公式通り

以上より，②式は，

$(\cos2\theta)\cdot x+(\sin2\theta)\cdot y=1$ ……③

となる。

③は，右図に示すように，原点を中心とする半径 1 の円周上の点 $(\cos2\theta,\ \sin2\theta)$ における接線の方程式である。

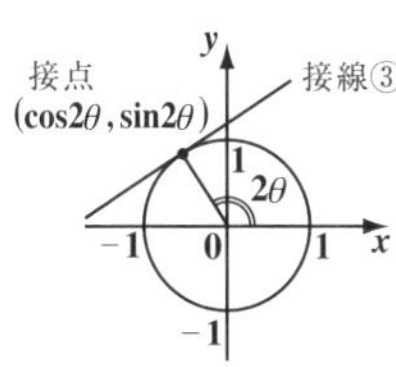

∴求める円 C の方程式は，

$x^2+y^2=1$ ……………………（答）

また，その接点の座標は，

$$(\cos2\theta,\ \sin2\theta)=\left(\frac{1-t^2}{1+t^2},\ \frac{-2t}{1+t^2}\right)$$ ……（答）

(2) $t\geqq1$ のとき，$-t\leqq-1$

$\tan\theta\leqq-1$ より，

$-90°<\theta\leqq-45°$

$-180°<2\theta\leqq-90°$

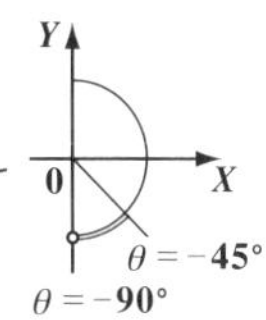

このとき，円 C 上の点 $(\cos2\theta,\ \sin2\theta)$ における接線が，xy 平面に描かれる様子を右図に示す。

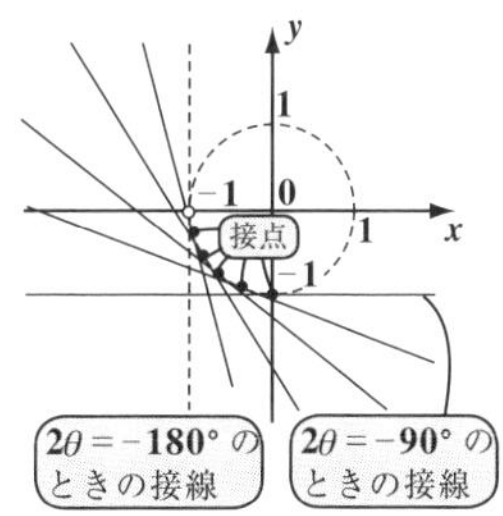

以上より，$t\geqq1$ のとき，直線①の通過する領域を右図に網目部で示す。

（境界線は実線を含み，破線は含まない。）

……（答）

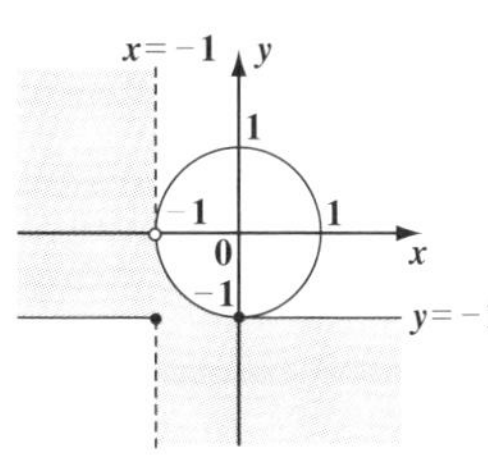

（今回は，文字定数 t の方程式の実数解の存在条件にもち込むのではなく，図形的に考えていった方がスッキリ解ける。）

実力アップ問題 45　難易度 ★★　CHECK 1　CHECK 2　CHECK 3

次の三角方程式·不等式を解け。

(1) $\sin x+\sin 2x+\sin 3x+\sin 4x=0 \quad (0^\circ \leqq x \leqq 90^\circ)$　　（摂南大＊）

(2) $\left|\sqrt{3}\sin x+2\cos x\right| \leqq \sqrt{3}\sin x \quad (0^\circ \leqq x < 360^\circ)$　　（関西大）

ヒント！ (1) まず，$\sin 4x+\sin x$，$\sin 3x+\sin 2x$ のそれぞれに和→積の公式を使う。(2) 不等式の形から，まず $\sin x \geqq 0$ がわかるはずだ。

(1) 与方程式を変形して，

$$(\sin 4x+\sin x)+(\sin 3x+\sin 2x)=0$$

$\sin 4x+\sin x = 2\sin\frac{5}{2}x\cdot\cos\frac{3}{2}x$，$\sin 3x+\sin 2x = 2\sin\frac{5}{2}x\cdot\cos\frac{x}{2}$

和→積の公式を使った！
$\sin A+\sin B=2\sin\frac{A+B}{2}\cdot\cos\frac{A-B}{2}$

$$2\sin\frac{5}{2}x\cdot\cos\frac{3}{2}x+2\sin\frac{5}{2}x\cdot\cos\frac{x}{2}=0$$

$$\sin\frac{5}{2}x\left(\cos\frac{3}{2}x+\cos\frac{x}{2}\right)=0$$

$\cos\frac{3}{2}x+\cos\frac{x}{2} = 2\cdot\cos x\cdot\cos\frac{x}{2}$

和→積の公式を使った！
$\cos A+\cos B=2\cos\frac{A+B}{2}\cdot\cos\frac{A-B}{2}$

$$2\cdot\sin\frac{5}{2}x\cdot\cos x\cdot\cos\frac{x}{2}=0$$

$0^\circ \leqq \frac{x}{2} \leqq 45^\circ$ より，$\cos\frac{x}{2}>0$（⊕）
両辺を $2\cos\frac{x}{2}$ で割る！

$$\sin\frac{5}{2}x\cdot\cos x=0$$

$\therefore$ (i) $\sin\frac{5}{2}x=0$，

または (ii) $\cos x=0$

(i) $\sin\frac{5}{2}x=0$ のとき，

$0^\circ \leqq \frac{5}{2}x \leqq 225^\circ$ より，

$\frac{5}{2}x=0^\circ,\ 180^\circ \quad \therefore x=0^\circ,\ 72^\circ$

(ii) $\cos x=0$ のとき，

$0^\circ \leqq x \leqq 90^\circ$ より，$x=90^\circ$

以上 (i)(ii) より，$x=0^\circ, 72^\circ, 90^\circ$

……(答)

(2) $\left|\sqrt{3}\sin x+2\cos x\right| \leqq \sqrt{3}\sin x$ ……①　（左辺は 0 以上）

$(0^\circ \leqq x < 360^\circ)$

①の左辺は 0 以上より，$\sqrt{3}\sin x \geqq 0$

$\therefore 0^\circ \leqq x \leqq 180^\circ$ ……②

このとき，①の両辺は 0 以上より，この両辺を 2 乗しても，不等号は成り立つ。

$$(\sqrt{3}\sin x+2\cos x)^2 \leqq 3\sin^2 x$$

$$3\sin^2 x+4\sqrt{3}\sin x\cos x+4\cos^2 x \leqq 3\sin^2 x$$

（$\sin x\cos x=\frac{1}{2}\sin 2x$，$\cos^2 x=\frac{1+\cos 2x}{2}$）

$$2\sqrt{3}\sin 2x+2(1+\cos 2x) \leqq 0$$

$$\sqrt{3}\sin 2x+1\cdot\cos 2x \leqq -1$$

$\sqrt{3}\sin 2x+1\cdot\cos 2x = 2\left(\frac{\sqrt{3}}{2}\sin 2x+\frac{1}{2}\cos 2x\right)$　（$\frac{\sqrt{3}}{2}=\cos 30^\circ$，$\frac{1}{2}=\sin 30^\circ$）← 三角関数の合成

$$2\sin(2x+30^\circ) \leqq -1$$

$$\sin(2x+30^\circ) \leqq -\frac{1}{2} \quad \cdots\cdots ③$$

ここで，$0^\circ \leqq x \leqq 180^\circ$ ……② より，

$30^\circ \leqq 2x+30^\circ \leqq 390^\circ$

よって，右図より③の解は，

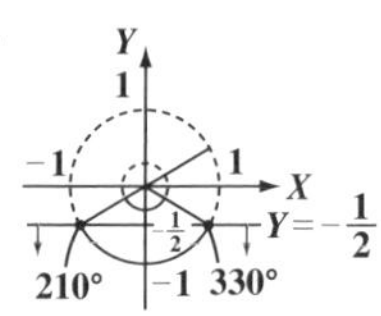

$210^\circ \leqq 2x+30^\circ \leqq 330^\circ$

$90^\circ \leqq x \leqq 150^\circ$ ……………………(答)

実力アップ問題 46

難易度 ★★★　CHECK 1　CHECK 2　CHECK 3

(1) $\tan\theta = t$ のとき，$\sin 2\theta$ を t を用いて表せ。

(2) $-\pi < x < \pi$ の範囲で，

方程式 $(\sqrt{3}+1)\cos^2\frac{x}{2} + \frac{\sqrt{3}-1}{2}\sin x - 1 = 0$ を解け。　(弘前大)

ヒント！ (1) $\sin 2\theta$ を $\tan\theta$ で表す式は，公式として覚えておくといいよ。(2) $t = \tan\frac{x}{2}$ とおいて，$\sin x$ と $\cos^2\frac{x}{2}$ を t で表し，この t の方程式を解くんだ。

(1) $\tan\theta = t$ とおくと

$$\sin 2\theta = 2\sin\theta\cdot\cos\theta$$ ← 2倍角の公式

$$= 2\cdot\frac{\sin\theta}{\cos\theta}\cdot\cos^2\theta$$

（$\frac{\sin\theta}{\cos\theta} = \tan\theta$，$\cos^2\theta = \frac{1}{1+\tan^2\theta}$）

$$= \frac{2\tan\theta}{1+\tan^2\theta} = \frac{2t}{1+t^2} \quad\cdots\cdots(\text{答})$$

(2) $(\sqrt{3}+1)\cos^2\frac{x}{2} + \frac{\sqrt{3}-1}{2}\sin x - 1 = 0$ ……①

$(-\pi < x < \pi)$

参考

①を変形して，

$$(\sqrt{3}+1)\frac{1+\cos x}{2} + \frac{\sqrt{3}-1}{2}\sin x - 1 = 0$$

$$(\sqrt{3}-1)\sin x + (\sqrt{3}+1)\cos x = 1-\sqrt{3}$$

この左辺に三角関数の合成を行っても，この方程式はうまく解けない。

よって，(1) の導入から，$t = \tan\frac{x}{2}$ とおくと，

$$\cos^2\frac{x}{2} = \frac{1}{1+t^2}, \quad \sin x = \frac{2t}{1+t^2}$$

と変形できて，t の方程式にもち込める！

ここで，$\tan\frac{x}{2} = t$ とおくと，

$$\cos^2\frac{x}{2} = \frac{1}{1+\tan^2\frac{x}{2}} = \frac{1}{1+t^2} \quad\cdots\cdots②$$

(1) の結果より，

$$\sin x = \frac{2t}{1+t^2} \quad\cdots\cdots③$$ ← $\theta = \frac{x}{2}$ と見ればよい。

②，③を①に代入して，

$$\frac{\sqrt{3}+1}{1+t^2} + \frac{\sqrt{3}-1}{2}\cdot\frac{2t}{1+t^2} - 1 = 0$$

$$\sqrt{3}+1+(\sqrt{3}-1)t-(1+t^2) = 0$$

$$t^2-(\sqrt{3}-1)t-\sqrt{3} = 0$$

$$\begin{matrix} 1 & \diagdown\!\!\!\diagup & -\sqrt{3} \\ 1 & & 1 \end{matrix}$$

$$(t-\sqrt{3})(t+1) = 0$$

$$\therefore\ t = \tan\frac{x}{2} = -1,\ \text{または}\ \sqrt{3}$$

ここで，$-\frac{\pi}{2} < \frac{x}{2} < \frac{\pi}{2}$ より，

$$\frac{x}{2} = -\frac{\pi}{4},\ \text{または}\ \frac{\pi}{3}$$

$$\therefore\ x = -\frac{\pi}{2},\ \text{または}\ \frac{2}{3}\pi \quad\cdots\cdots\cdots\cdots\cdots(\text{答})$$

実力アップ問題 47　難易度 ★★　CHECK 1　CHECK 2　CHECK 3

次の問いに答えよ。

(1) 不等式 $\cos^2 x + 4\sin x + a \leqq 2$ が，つねに成り立つような定数 a の範囲を求めよ。　（長崎総合科学大）

(2) $\cos^2 x + \sqrt{2}\sin x + k = 0$　$(0° \leqq x \leqq 90°)$ が異なる 2 つの解をもつように，k の値の範囲を定めよ。

ヒント！ (1) $\sin x = t$ とおいて，$y = a$ と $y = (t$ の 2 次関数$)$ の形にする。(2) $\sin x = t$ とおいて，グラフにもち込んで解けばいいよ。

(1) $\cos^2 x + 4\sin x + a \leqq 2$　……①

（$\cos^2 x = 1-\sin^2 x$）（文字定数は分離する。）

任意の実数 x について，常に①の不等式が成り立つ文字定数 a の条件を求める。

①を変形して，

$1 - \sin^2 x + 4\sin x + a \leqq 2$

$\sin^2 x - 4\sin x + 1 \geqq a$ ←分離

ここで，$\sin x = t\ (-1 \leqq t \leqq 1)$ とおいて，

$t^2 - 4t + 1 \geqq a$　……②

②を分解して，

$$\begin{cases} y = f(t) = t^2 - 4t + 1 & (-1 \leqq t \leqq 1) \\ y = a & \text{とおく。} \end{cases}$$

$y = f(t) = (t^2 - 4t + 4) + 1 - 4$　（2 で割って 2 乗）

$= (t-2)^2 - 3$

右図より，$-1 \leqq t \leqq 1$ における $f(t)$ の最小値は -2 である。

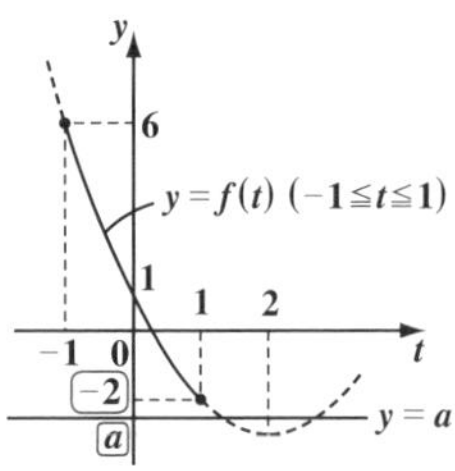

$\therefore f(t) \geqq a$ …②となるような a の範囲は，

$a \leqq -2$　……………………………(答)

(2) $\cos^2 x + \sqrt{2}\sin x + k = 0$　……③

（$\cos^2 x = 1-\sin^2 x$）（文字定数は分離する。）

$(0° \leqq x \leqq 90°)$

③を変形して，$\sin x = t\ (0 \leqq t \leqq 1)$ とおくと，

$1 - \sin^2 x + \sqrt{2}\sin x + k = 0$

$\sin^2 x - \sqrt{2}\sin x - 1 = k$

$t^2 - \sqrt{2}t - 1 = k$　……④

④を分解して，

$$\begin{cases} y = g(t) = t^2 - \sqrt{2}t - 1 \ (0 \leqq t \leqq 1) \\ y = k \quad \text{とおく。} \end{cases}$$

$y = g(t) = \left(t - \dfrac{1}{\sqrt{2}}\right)^2 - \dfrac{3}{2}$

図 1 のように，$y = g(t)$ と $y = k$ の交点の t 座標が，t の 2 次方程式④の実数解である。ここで，$0 \leqq t \leqq 1$ の範囲に異なる解 t_1, t_2 が存在するとき，図 2 より，方程式③の解 x_1, x_2 が存在する。

$\therefore$ ③が異なる 2 解をもつ k の範囲は，

$-\dfrac{3}{2} < k \leqq -\sqrt{2}$　……(答)

図 1

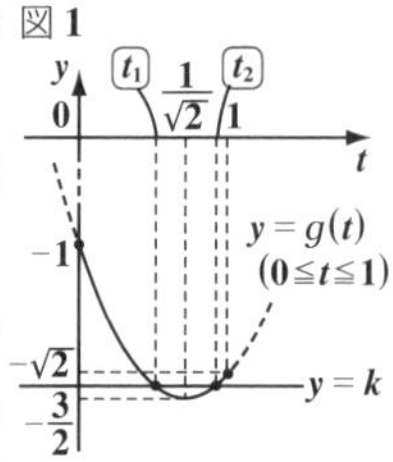

図 2

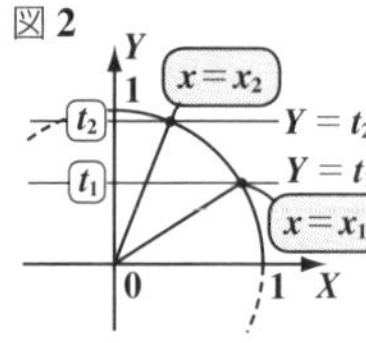

（$\sin x$ は，半径 1 の円周上の点の Y 座標）

実力アップ問題 48　難易度 ★★★　CHECK 1　CHECK 2　CHECK 3

(1) $\alpha = 36°$ とおく。$\cos 3\alpha = \cos(180° - 2\alpha)$ から，$\cos\alpha$，$\sin\alpha$ の値を求めよ。

(2) 1 辺の長さが 1 の正五角形の面積を求めよ。　(電通大＊)

ヒント！ (1) $5\alpha = 180°$ より $3\alpha = 180° - 2\alpha$ よって，$\cos 3\alpha = \cos(180° - 2\alpha)$ となる。(2) 正五角形の面積は 5 つの 2 等辺三角形の面積の総和になるんだね。

基本事項

3 倍角の公式

$$\begin{cases} \cos 3\alpha = 4\cos^3\alpha - 3\cos\alpha \\ \sin 3\alpha = 3\sin\alpha - 4\sin^3\alpha \end{cases}$$

(1) $\alpha = 36°$ より，

$$\cos 3\alpha = \underline{\cos(180° - 2\alpha)}$$
$$\qquad\qquad \| \quad -\cos 2\alpha$$

$$\underline{\cos 3\alpha} = -\underline{\cos 2\alpha}$$
$$4\cos^3\alpha - 3\cos\alpha \qquad (2\cos^2\alpha - 1)$$

$$4\cos^3\alpha - 3\cos\alpha = -(2\cos^2\alpha - 1)$$

ここで，$\cos\alpha = t$ とおくと，

$$\underline{4t^3 + 2t^2 - 3t - 1} = 0$$

$t = -1$ のとき，$-4 + 2 + 3 - 1 = 0$
よって，$t + 1$ で割り切れる。

組立て除法

	4,	2,	−3,	−1
−1)	↓	−4	2	1
	4	−2	−1	(0)

$$(t+1)(4t^2 - 2t - 1) = 0$$
$$\oplus$$

$t = \cos 36°$ より，$0 < t < 1$

よって，$t + 1 > 0$ より，これで両辺を割って，

$$4t^2 - 2t - 1 = 0$$

$$t = \frac{1 \pm \sqrt{1+4}}{4} = \frac{1 \pm \sqrt{5}}{4} \quad (\sqrt{5} \fallingdotseq 2.2)$$

ここで，$0 < t < 1$ より，

$$t = \cos\alpha = \frac{1 + \sqrt{5}}{4} \quad \cdots\cdots\cdots\cdots(答)$$

$$\sin\alpha = \sqrt{1 - \cos^2\alpha} \quad (\because \sin\alpha > 0)$$

$$= \sqrt{1 - \frac{(1+\sqrt{5})^2}{16}} = \frac{\sqrt{16 - (6 + 2\sqrt{5})}}{4}$$

$$= \frac{\sqrt{10 - 2\sqrt{5}}}{4} \quad \cdots\cdots\cdots\cdots\cdots\cdots\cdots\cdots(答)$$

(2) 1 辺の長さ 1 の正五角形 ABCDE の中心を O，AB の中点を H とおくと，この面積 S は

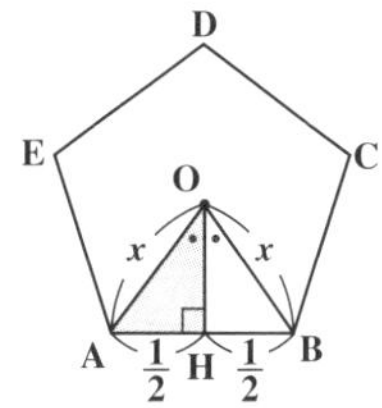

(“・”は 36° を表す)

$$S = 5 \times \triangle OAB$$

ここで，

$OA = OB = x$ とおくと，

$$\sin\underset{\alpha}{36°} = \frac{AH}{x}\left(AH = \frac{1}{2}\right) \text{ より，} x = \frac{1}{2\sin\alpha}$$

$$\triangle OAB = \frac{1}{2} \cdot x^2 \cdot \sin 2\alpha$$

$$= \frac{1}{2} \cdot \frac{1}{4\sin^2\alpha} \cdot 2\sin\alpha\cos\alpha = \frac{\cos\alpha}{4\sin\alpha}$$

以上より，

$$S = 5 \cdot \frac{\cos\alpha}{4\sin\alpha} = 5 \cdot \frac{1 + \sqrt{5}}{4 \cdot \sqrt{10 - 2\sqrt{5}}}$$

← 分子・分母に 4 をかけた。

$$= \frac{5(1 + \sqrt{5})\sqrt{10 + 2\sqrt{5}}}{4\sqrt{10 - 2\sqrt{5}} \cdot \sqrt{10 + 2\sqrt{5}}}$$

$$\sqrt{10^2 - (2\sqrt{5})^2} = \sqrt{80} = 4\sqrt{5}$$

$$= \frac{(\sqrt{5} + 5)\sqrt{10 + 2\sqrt{5}}}{16} \cdots\cdots\cdots\cdots(答)$$

実力アップ問題 49　難易度 ★★★　CHECK 1　CHECK 2　CHECK 3

関数 $f(\theta) = a(\sqrt{3}\sin\theta + \cos\theta) + \sin\theta(\sin\theta + \sqrt{3}\cos\theta)$ について，次の問いに答えよ。ただし，$0 \leqq \theta \leqq \pi$ とする。

(1) $t = \sqrt{3}\sin\theta + \cos\theta$ のグラフをかけ。

(2) $\sin\theta(\sin\theta + \sqrt{3}\cos\theta)$ を t を用いて表せ。

(3) 方程式 $f(\theta) = 0$ が相異なる 3 つの解をもつときの a の値の範囲を求めよ。

(島根大)

ヒント！ (1) 三角関数の合成を使う。(3) 放物線 $y = t^2$ と直線 $y = -2at + 1$ のグラフの交点の t 座標に着目して解いていこう。

$$f(\theta) = a(\underbrace{\sqrt{3}\sin\theta + \cos\theta}_{t}) + \sin\theta(\sin\theta + \sqrt{3}\cos\theta) \quad \cdots\cdots①$$
$$(0 \leqq \theta \leqq \pi)$$

(1) $t = \sqrt{3}\sin\theta + 1\cdot\cos\theta \quad (0 \leqq \theta \leqq \pi)$

$$= 2\left(\frac{\sqrt{3}}{2}\sin\theta + \frac{1}{2}\cos\theta\right)$$

$\frac{\sqrt{3}}{2} = \cos\frac{\pi}{6}$, $\frac{1}{2} = \sin\frac{\pi}{6}$

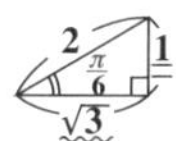

$$\therefore\ t = 2\sin\left(\theta + \frac{\pi}{6}\right)$$

$t = \sin\theta$ のグラフを θ 軸方向に $-\frac{\pi}{6}$ だけ平行移動して，t 軸方向に 2 倍に拡大したもの。

よって，求めるグラフを右に示す。……(答)

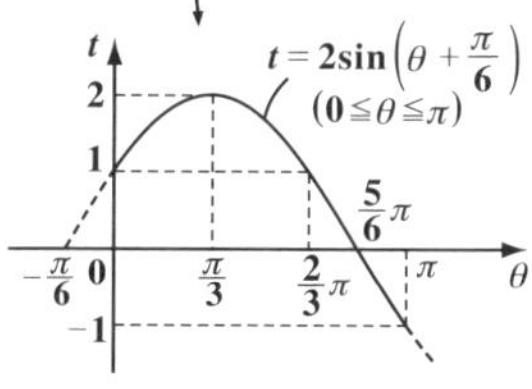

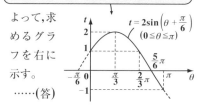

(2) $t = \sqrt{3}\sin\theta + \cos\theta \quad \cdots\cdots②$

②の両辺を 2 乗して，

$$t^2 = (\sqrt{3}\sin\theta + \cos\theta)^2$$
$$t^2 = 3\sin^2\theta + 2\sqrt{3}\sin\theta\cos\theta + \cos^2\theta$$
$$2\sqrt{3}\sin\theta\cos\theta = t^2 - 3\sin^2\theta - \cos^2\theta$$
$$\sqrt{3}\sin\theta\cos\theta = \frac{1}{2}(t^2 - 3\sin^2\theta - \cos^2\theta) \quad \cdots\cdots③$$

参考

ここで，①右辺の第 2 項

$$\sin\theta(\sin\theta + \sqrt{3}\cos\theta) = \sin^2\theta + \sqrt{3}\sin\theta\cos\theta$$

の $\sqrt{3}\sin\theta\cos\theta$ の部分が表せた！

以上より，

$$\sin\theta(\sin\theta + \sqrt{3}\cos\theta)$$
$$= \sin^2\theta + \sqrt{3}\sin\theta\cos\theta$$
$$= \sin^2\theta + \frac{1}{2}(t^2 - 3\sin^2\theta - \cos^2\theta) \quad (\because ③)$$
$$= \frac{1}{2}t^2 - \frac{1}{2}(\underbrace{\sin^2\theta + \cos^2\theta}_{1})$$
$$= \frac{1}{2}t^2 - \frac{1}{2} \quad \cdots\cdots④ \quad \cdots\cdots\cdots\cdots(答)$$

(3) ②, ④を①に代入して,

$$f(\theta)=at+\frac{1}{2}t^2-\frac{1}{2}\quad\cdots\cdots⑤$$

また, $0\leqq\theta\leqq\pi$ のとき, (1) のグラフより

$-1\leqq t\leqq 2$

ここで, θ の方程式 $f(\theta)=0$ …⑥ が, 相異なる 3 実数解をもつような a の範囲を求める。

参考

$f(\theta)=0$ は⑤より t の方程式

$\frac{1}{2}t^2+at-\frac{1}{2}=0$, すなわち

$t^2+2at-1=0$ に書き替えられる。

(1) のグラフより, これが異なる 2 実数解 t_1, t_2 をもち,

$$\begin{cases}1\leqq t_1<2\\-1\leqq t_2<1\end{cases}$$

(または, $t_2=2$)

となるとき, θ の方程式 $f(\theta)=0$ は, $\theta=\theta_1, \theta_2, \theta_3$ の異なる 3 実数解をもつ。

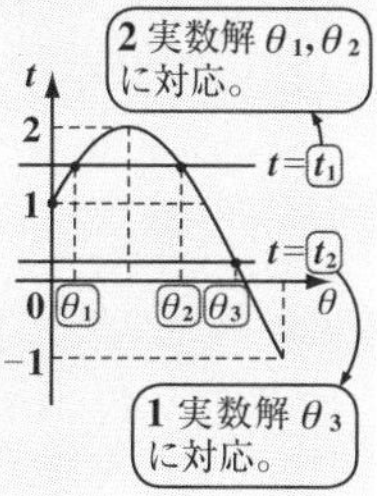

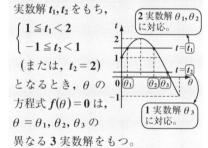

⑤を⑥に代入してまとめると,

$$at+\frac{1}{2}t^2-\frac{1}{2}=0$$

$$t^2+2at-1=0\quad\cdots\cdots⑦$$

数 II・B の範囲では, a を分離するのではなく, $t^2=-2at+1$ として, さらに $y=t^2$ と $y=-2at+1$ に分解して, グラフにもち込めばよい。
数 III では, これを
$-t+\frac{1}{t}=2a$ として解いてもよい。

$t^2=-2at+1$

これを分解して,

$$\begin{cases}y=t^2\quad\cdots\cdots\cdots\cdots⑧\\y=-2at+1\ \cdots⑨\end{cases}\ (-1\leqq t\leqq 2)\ とおく。$$

傾き $-2a$, y 切片 1 の直線

この 2 つの関数のグラフの共有点の t 座標が, t の 2 次方程式⑦の実数解であり, これを t_1, t_2 とおいたとき, (1) のグラフから

$1\leqq t_1<2$, かつ $-1\leqq t_2<1$ (または $t_2=2$)

となるとき, θ の方程式 $f(\theta)=0$ は, 異なる 3 実数解をもつ。

⑧と⑨のグラフより, これをみたす a の値の範囲は

$$0\leqq -2a<\frac{3}{2}$$

各辺を -2 で割って,

$$-\frac{3}{4}<a\leqq 0\quad\cdots\cdots(答)$$

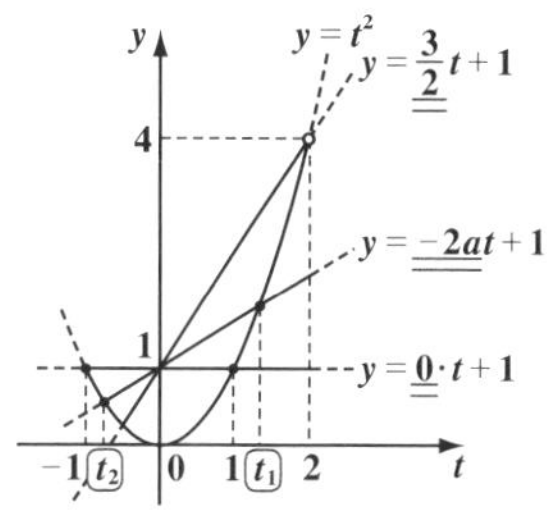

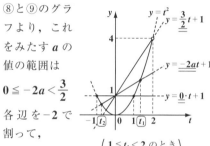

$\left(\begin{array}{l}1\leqq t_1<2\ のとき\\-1\leqq t_2<0\end{array}\right)$

実力アップ問題 50　難易度 ★★★　CHECK 1　CHECK 2　CHECK 3

△**ABC** において，等式 $\sin A\cos^2 A+\sin B\cos^2 B=(\sin A+\sin B)\cos^2 C$ が成り立つとき，次の問いに答えよ。ただし，**A, B, C** はそれぞれ∠**A**，∠**B**，∠**C** の大きさである。

(1) **C** を求めよ。

(2) 等式 $\sin A=(\sqrt{3}-1)\sin B$ が成り立つとき，**A** と **B** を求めよ。（信州大）

ヒント！ △**ABC** の頂角 **A, B, C** の関係式は正弦定理や余弦定理を使って，辺 a, b, c の関係式に書きかえればいいんだね。

基本事項

正弦定理・余弦定理の応用

・$\sin A=\dfrac{a}{2R}$ など

・$\cos A=\dfrac{b^2+c^2-a^2}{2bc}$ など

(1) $\sin A\cos^2 A+\sin B\cos^2 B$

$=(\sin A+\sin B)\cos^2 C$ ……①

注意！

①に直接，$\sin A=\dfrac{a}{2R}$，

$\cos A=\dfrac{b^2+c^2-a^2}{2bc}$（$R$：外接円の半径）

などを使って，a, b, c の式に変形すると，複雑な式になってしまう。よって，ここではまず，

$\cos^2 A=1-\sin^2 A$，$\cos^2 B=1-\sin^2 B$，$\cos^2 C=1-\sin^2 C$ を①に代入して，**A, B, C** の式そのものを単純化することから始める。

①を変形して，

$\sin A(\cancel{1}-\sin^2 A)+\sin B(\cancel{1}-\sin^2 B)$

$=(\sin A+\sin B)(\cancel{1}-\sin^2 C)$

$-\sin^3 A-\sin^3 B$

$=-(\sin A+\sin B)\sin^2 C$

$\sin^3 A+\sin^3 B=(\sin A+\sin B)\sin^2 C$

（単純化した！）

正弦定理より，上式は，

$$\left(\frac{a}{2R}\right)^3+\left(\frac{b}{2R}\right)^3=\left(\frac{a}{2R}+\frac{b}{2R}\right)\left(\frac{c}{2R}\right)^2$$

（R：△**ABC** の外接円の半径）

$a^3+b^3=(a+b)c^2$

（$(a+b)(a^2-ab+b^2)$）

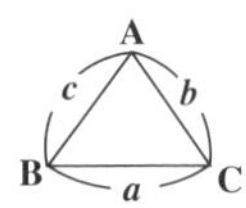

（$a=BC$，$b=CA$，$c=AB$）

$\cancel{(a+b)}(a^2-ab+b^2)=\cancel{(a+b)}\cdot c^2$　（⊕）

ここで，$a+b>0$ より，両辺を $a+b$ で割って，

$c^2=a^2+b^2-ab$

（これは，余弦定理の式 $c^2=a^2+b^2-2ab\cdot\cos C$ と比較して，$\cos C=\dfrac{1}{2}$ となるはずだ。）

$ab=a^2+b^2-c^2$ ……②

よって，△ **ABC** に余弦定理を用いて，

$\cos C=\dfrac{a^2+b^2-c^2}{2ab}$　（ab（②より））

$=\dfrac{\cancel{ab}^{\,1}}{2\cancel{ab}}=\dfrac{1}{2}$　（∵②）

ここで，$0 < C < \pi$ より，

$C = \dfrac{\pi}{3}$ ……………………………(答)

(2) $A + B + \underset{\frac{\pi}{3}}{C} = \pi$ より，

$A + B = \dfrac{2}{3}\pi \quad \therefore B = \dfrac{2}{3}\pi - A$ ……③

また，

$\sin A = (\sqrt{3} - 1)\cdot\sin B$ ……④

③を④に代入して，

$\sin A = (\sqrt{3} - 1)\cdot\sin\left(\dfrac{2}{3}\pi - A\right)$

$\sin A = (\sqrt{3} - 1)\left(\underbrace{\sin\dfrac{2}{3}\pi}_{\frac{\sqrt{3}}{2}}\cos A - \underbrace{\cos\dfrac{2}{3}\pi}_{-\frac{1}{2}}\sin A\right)$

$\sin A = (\sqrt{3} - 1)\left(\dfrac{\sqrt{3}}{2}\cos A + \dfrac{1}{2}\sin A\right)$

$\sin A = \dfrac{3 - \sqrt{3}}{2}\cos A + \dfrac{\sqrt{3} - 1}{2}\sin A$

$\sin A - \dfrac{\sqrt{3} - 1}{2}\sin A = \dfrac{3 - \sqrt{3}}{2}\cos A$

$\left(1 - \dfrac{\sqrt{3} - 1}{2}\right)\sin A = \dfrac{3 - \sqrt{3}}{2}\cos A$

$\cancel{\dfrac{3 - \sqrt{3}}{2}}\sin A = \cancel{\dfrac{3 - \sqrt{3}}{2}}\cos A$

$\sin A = \cos A$

$\cos A \neq 0$ より，両辺を $\cos A$ で割って，

背理法
$\cos A = 0$ と仮定すると，$A = \dfrac{\pi}{2}$ より，$\sin A = 1$　よって $1 = 0$ となって矛盾

$\dfrac{\sin A}{\cos A} = 1$

$\tan A = 1$

ここで，$0 < A < \dfrac{2}{3}\pi$ より，（$C = \dfrac{\pi}{3}$ より）

$A = \dfrac{\pi}{4}$

③より，$B = \dfrac{2}{3}\pi - \dfrac{\pi}{4} = \dfrac{5}{12}\pi$

以上より，

$A = \dfrac{\pi}{4}$，$B = \dfrac{5}{12}\pi$ ……………………(答)

実力アップ問題51　難易度 ★★★　CHECK 1　CHECK 2　CHECK 3

$\cos 3\theta = f(\cos\theta)$, $\cos 4\theta = g(\cos\theta)$ をみたす多項式 $f(x)$ と $g(x)$ を求めよ。また, $(x-1)h(x) = g(x) - f(x)$ をみたす多項式 $h(x)$ について, $h(\cos\theta) = 0$ をみたす解 θ を求めよ。　(慶応大＊)

ヒント！ $\cos 3\theta = 4\cos^3\theta - 3\cos\theta$ から, $f(x)$ はすぐに求まるはずだ。$g(x)$ も同様だね。次に, $h(1) \neq 0$ から, $h(x) = 0$ をみたす解は $g(x) - f(x) = 0$ の解の内, $x = 1$ を除いたものであることがわかるはずだ。頑張ろう！

(i) $f(\cos\theta) = \cos 3\theta = \cos(2\theta + \theta)$

$= \cos 2\theta\cos\theta - \sin 2\theta \cdot \sin\theta$

($\cos 2\theta = (2\cos^2\theta - 1)$, $\sin 2\theta\cdot\sin\theta = 2\sin\theta\cdot\cos\theta\cdot\sin\theta = 2\sin^2\theta\cdot\cos\theta = 2(1-\cos^2\theta)\cos\theta$ ← 2倍角の公式)

$= (2\cos^2\theta - 1)\cos\theta - 2\cos\theta(1 - \cos^2\theta)$

$= 4\cos^3\theta - 3\cos\theta$

$\therefore f(x) = 4x^3 - 3x$ …① ………(答)

(ii) $g(\cos\theta) = \cos 4\theta = 2\cos^2 2\theta - 1$

$= 2(2\cos^2\theta - 1)^2 - 1$ ← 2倍角の公式

$= 2(4\cos^4\theta - 4\cos^2\theta + 1) - 1$

$= 8\cos^4\theta - 8\cos^2\theta + 1$

$\therefore g(x) = 8x^4 - 8x^2 + 1$ …② …(答)

次, $(x-1)h(x) = g(x) - f(x)$ …③

とおき,

③に①, ②を代入すると,

$(x-1)h(x) = 8x^4 - 8x^2 + 1 - (4x^3 - 3x)$

$= 8x^4 - 4x^3 - 8x^2 + 3x + 1$

$= (x-1)(8x^3 + 4x^2 - 4x - 1)$

> $8x^4 - 4x^3 - 8x^2 + 3x + 1$ に $x = 1$ を代入すると, $8 - 4 - 8 + 3 + 1 = 0$ となるので, これは, $x - 1$ で割り切れる。
>
> 組立て除法
>
> | | 8, | −4, | −8, | 3, | 1 |
> |---|---|---|---|---|---|
> | 1) | | 8, | 4, | −4, | −1 |
> | | 8 | 4 | −4 | −1 | (0) |

$\therefore h(x) = 8x^3 + 4x^2 - 4x - 1$ …④

ここで, $h(1) = 7 \neq 0$ より,

$x = 1$ は, 方程式 $h(x) = 0$ の解ではない。

よって, ③式より,

方程式 $(x-1)h(x) = 0$, すなわち

方程式 $g(x) - f(x) = 0$ の解の内 $x = 1$ を除いたものが, $h(x) = 0$ の解になる。

以上より,

$h(\cos\theta) = 0$ の解 θ は, 方程式

$g(\cos\theta) - f(\cos\theta) = 0$ …⑤の解から

($g(\cos\theta) = \cos 4\theta$, $f(\cos\theta) = \cos 3\theta$)

$\cos\theta = 1$, すなわち $\theta = 2n\pi$

(n : 整数) を除いたものである。

⑤を変形して,

$\cos 4\theta - \cos 3\theta = 0$ ← 差→積の公式

$-2\sin\dfrac{7}{2}\theta \cdot \sin\dfrac{\theta}{2} = 0$ $(\theta \neq 2n\pi)$

ここで, $\theta \neq 2n\pi$ より, $\sin\dfrac{\theta}{2} \neq 0$

$\therefore \sin\dfrac{7}{2}\theta = 0$

よって, $\dfrac{7}{2}\theta = n\pi$ (n : 整数) より,

$h(\cos\theta) = 0$ の解は,

$\theta = \dfrac{2}{7}n\pi$ (n:7 の倍数でない整数)…(答)

演習 exercise 4

指数関数と対数関数

テーマ

▶ **指数関数**

（$a>1$ のとき，$a^{x_1}>a^{x_2} \Leftrightarrow x_1>x_2$ など）

▶ **対数関数**

($\log_a xy=\log_a x+\log_a y$ など)

▶ **常用対数とケタ数**

($\log_{10} X=n.\cdots$のとき，X は $n+1$ ケタの数)

演習4 指数関数と対数関数●公式&解法パターン

1. 指数関数

(1) 指数法則

(ⅰ) $a^0 = 1$　　(ⅱ) $a^p \times a^q = a^{p+q}$　　(ⅲ) $(a^p)^q = a^{p \times q}$

(ⅳ) $a^{-p} = \dfrac{1}{a^p}$　　(ⅴ) $a^{\frac{1}{n}} = \sqrt[n]{a}$　　(ⅵ) $a^{\frac{m}{n}} = \sqrt[n]{a^m} = (\sqrt[n]{a})^m$

(ⅶ) $(a \times b)^p = a^p \times b^p$　　(ⅷ) $\left(\dfrac{a}{b}\right)^p = \dfrac{a^p}{b^p}$

(ここで，p, q: 有理数，m, n: 自然数，$n \geqq 2$)

(2) 指数関数 $y = a^x$ $(a > 0,\ a \neq 1)$ のグラフ

(ⅰ) $a > 1$ のとき，
$y = a^x$ のグラフは
単調増加型になる。

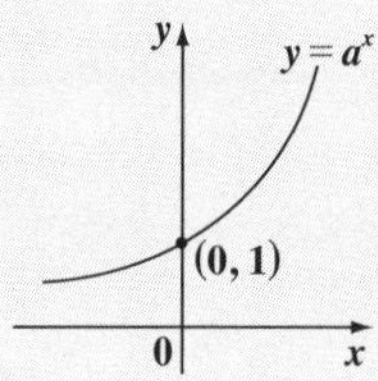

(ⅱ) $0 < a < 1$ のとき，
$y = a^x$ のグラフは
単調減少型になる。

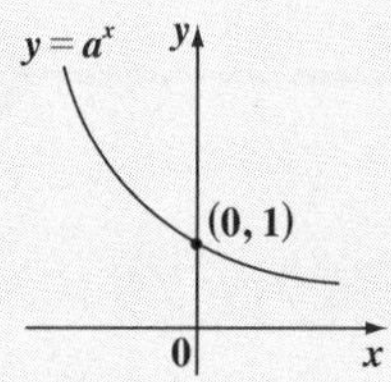

$\alpha > 0$ かつ $\beta > 0$ のとき，
$\alpha < \beta \iff \alpha^n < \beta^n$
(n: 正の数)

$x > 0$ のとき，
$y = x^n$ $(x > 0)$ は単調増加関数なので，正の数 α, β に対して左の命題が成り立つ。

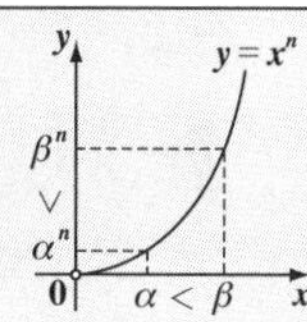

(3) 指数方程式の解法パターン

(ⅰ) 見比べ法　　: $a^{x_1} = a^{x_2} \iff x_1 = x_2$

(ⅱ) 置き換え法　: $a^x = t$ などとおいて解く。

(4) 指数不等式の解法パターン

(ⅰ) $a > 1$ のとき，

$a^{x_1} > a^{x_2} \iff x_1 > x_2$

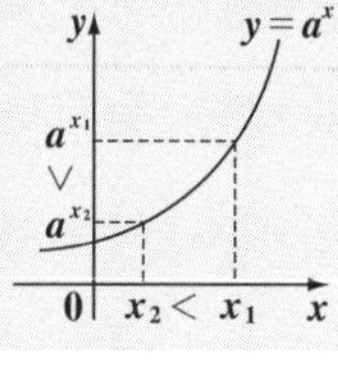

(ⅱ) $0 < a < 1$ のとき，

$a^{x_1} > a^{x_2} \iff x_1 < x_2$

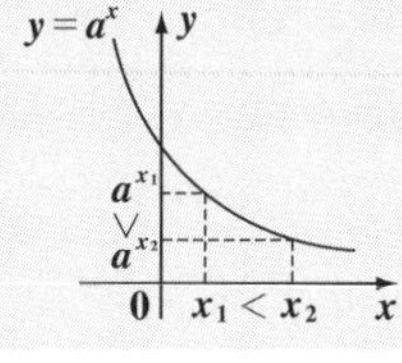

2. 対数関数

(1) 対数の定義

$a^c = b \iff c = \log_a b$ ←「"a を底とする b の対数" という。」

（真数条件：$b > 0$，底の条件：$a > 0$ かつ $a \neq 1$）

(2) 対数法則

(ⅰ) $\log_a 1 = 0$　(ⅱ) $\log_a a = 1$　(ⅲ) $\log_a xy = \log_a x + \log_a y$

(ⅳ) $\log_a \dfrac{x}{y} = \log_a x - \log_a y$　(ⅴ) $\log_a x^p = p\log_a x$

(ⅵ) $\log_a x = \dfrac{\log_b x}{\log_b a}$　(ⅶ) $\log_a b = \dfrac{1}{\log_b a}$　(ⅷ) $a^{\log_a p} = p$

（ただし $a > 0$ かつ $a \neq 1$，$b > 0$ かつ $b \neq 1$，$x > 0$，$y > 0$，p：実数）

(3) 対数関数 $y = \log_a x$ $(a > 0,\ a \neq 1)$ のグラフ

(ⅰ) $a > 1$ のとき，
$y = \log_a x$ のグラフは
単調増加型になる。

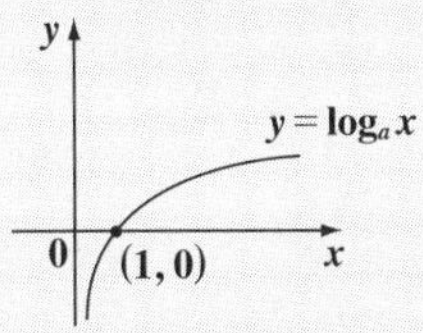

(ⅱ) $0 < a < 1$ のとき，
$y = \log_a x$ のグラフは
単調減少型になる。

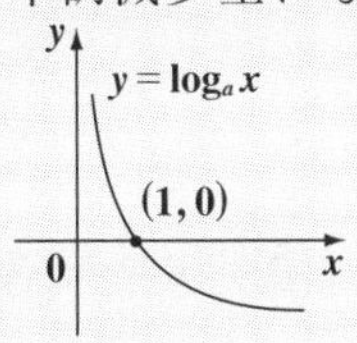

(4) 対数方程式の解法パターン

(ⅰ) 見比べ法　：$\log_a x_1 = \log_a x_2 \iff x_1 = x_2$

(ⅱ) 置き換え法：$\log_a x = t$ などとおいて解く。

(5) 対数不等式の解法パターン

(ⅰ) $a > 1$ のとき，
$\log_a x_1 > \log_a x_2 \iff x_1 > x_2$

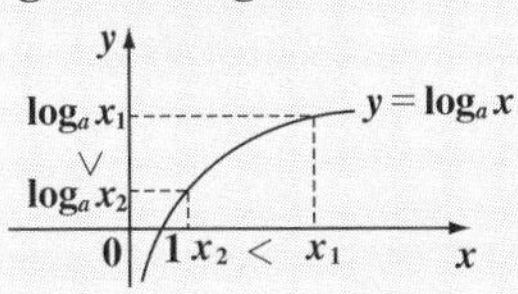

(ⅱ) $0 < a < 1$ のとき，
$\log_a x_1 > \log_a x_2 \iff x_1 < x_2$

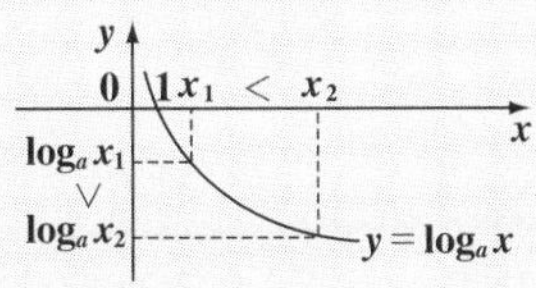

(6) 常用対数（底 10 の対数）の利用

(ⅰ) 大きな数 X の常用対数が
$\log_{10} X = n.\cdots$ のとき，
X は $n+1$ 桁の数である。

(ⅱ) 小さな数 x の常用対数が
$\log_{10} x = -n.\cdots$ のとき，
x は少数第 $n+1$ 位に初めて
0 でない数が現れる。

実力アップ問題 52　難易度 ★★　CHECK 1　CHECK 2　CHECK 3

次の式の値を求めよ。

(1) $(\log_2\sqrt[3]{25}+\log_4 5)(\log_5 8+\log_{25}2)$　　(北海道薬大)

(2) $16^{\log_2 3}$　　(日本大)　　(3) $25^{\log_{\frac{1}{5}}4}$　　(関西学院大)

ヒント！ (1) 各項を底 2 の対数でまとめる。(2), (3) 共に公式：$p^{\log_p q}=q$ を利用して計算すればいいよ。

基本事項

対数計算の公式

(1) $\log_a xy=\log_a x+\log_a y$

(2) $\log_a \dfrac{x}{y}=\log_a x-\log_a y$

(3) $\log_a x^p=p\cdot\log_a x$

(4) $\log_a x=\dfrac{\log_b x}{\log_b a}$

$(a>0,\ a\neq 1,\ b>0,\ b\neq 1,\ x>0,\ y>0)$

(1) 与式を変形して，

$(\log_2(5^2)^{\frac{1}{3}}+\log_4 5)(\log_5 8+\log_{25}2)$ ← 底 2 の対数でまとめる

$=\left(\log_2 5^{\frac{2}{3}}+\dfrac{\log_2 5}{\log_2 4}\right)\cdot\left(\dfrac{\log_2 8}{\log_2 5}+\dfrac{1}{\log_2 5^2}\right)$　（$\log_2 4=2$, $\log_2 8=3$）

$=\left(\dfrac{2}{3}\log_2 5+\dfrac{1}{2}\log_2 5\right)\left(\dfrac{3}{\log_2 5}+\dfrac{1}{2\log_2 5}\right)$

$=\dfrac{7}{6}\cdot\log_2 5\cdot\dfrac{7}{2\log_2 5}$

$=\dfrac{7}{6}\cdot\dfrac{7}{2}$

$=\dfrac{49}{12}$ …………………………(答)

基本事項

$p^{\log_p q}=q\quad(p>0,\ p\neq 1,\ q>0)$

$\left(\because\ \log_p q=x$ とおくと，$q=p^x$ ← 対数の定義

$\therefore\ p^x=p^{\log_p q}=q\right)$

(2) $16^{\log_2 3}=(2^4)^{\log_2 3}=2^{4\log_2 3}$

$=2^{\log_2 3^4}=2^{\log_2 81}$

$=81$ …………………………(答)

公式：$p^{\log_p q}=q$ を使った！

(3) $\log_{\frac{1}{5}}4=\dfrac{\log_5 4}{\log_5 \frac{1}{5}}=-\log_5 4$　（$\log_5\frac{1}{5}=-1$）

よって，

$25^{\log_{\frac{1}{5}}4}=(5^2)^{-\log_5 4}$

$=5^{-2\cdot\log_5 4}=5^{\log_5 4^{-2}}$

$=4^{-2}=\dfrac{1}{16}$ ……………(答)

公式：$p^{\log_p q}=q$ を使った！

実力アップ問題 53	難易度 ★★	CHECK 1	CHECK 2	CHECK 3

次の各組の 2 数の大小を判定せよ。

(1) $\log_3 2,\ \frac{1}{2}$　　(2) $\log_6 8,\ \log_3 4$　　(3) $2^{\log_3 2},\ 2\log_3 2$

(山形大)

ヒント！ (1) $a>1$ のとき，$x_1>x_2 \rightleftarrows \log_a x_1>\log_a x_2$　(2)(1) の結果を使う。(3) $y=2^x$ と $y=2x$ のグラフを利用するんだよ。

基本事項

指数関数·対数関数のグラフ

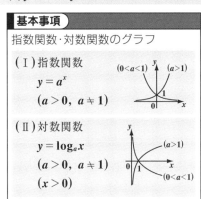

(Ⅰ) 指数関数

$y=a^x$

$(a>0,\ a\neq 1)$

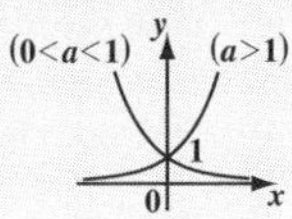

(Ⅱ) 対数関数

$y=\log_a x$

$(a>0,\ a\neq 1)$

$(x>0)$

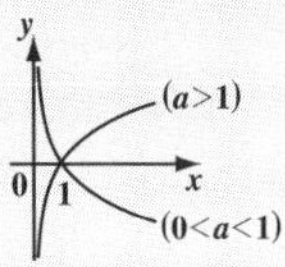

(1) $\frac{1}{2}=\frac{1}{2}\cdot\log_3 3=\log_3 3^{\frac{1}{2}}=\log_3\sqrt{3}$　（$\log_3 3 = 1$）

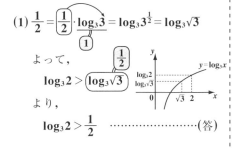

よって，

$\log_3 2>\log_3\sqrt{3}$　（$=\frac{1}{2}$）

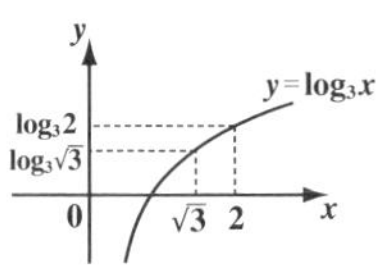

より，

$\log_3 2>\frac{1}{2}$ ……………………(答)

(2) $\log_6 8=\frac{\log_3 8}{\log_3 6}$ ← 底 3 の対数にまとめる。

$=\frac{\log_3 2^3}{\log_3(3\times 2)}=\frac{3\log_3 2}{\log_3 3+\log_3 2}$

$=\frac{3\log_3 2}{1+\log_3 2}<\frac{3\log_3 2}{1+\frac{1}{2}}$　（$\log_3 2$：大，$\frac{1}{2}$：小）

（(1) の結果 $\log_3 2>\frac{1}{2}$ より）

$=\frac{3\cdot\log_3 2}{\frac{3}{2}}=2\cdot\log_3 2=\log_3 4$

$\therefore\ \log_6 8<\log_3 4$ …………………(答)

(3) $0<\log_3 2<1$　（$0=\log_3 1$，$1=\log_3 3$）

ここで，

$\begin{cases} y=2^x \\ y=2x \end{cases}$

とおいてそのグラフを描くと右図のようになる。

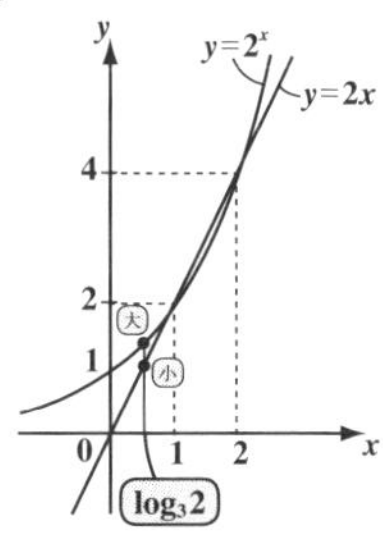

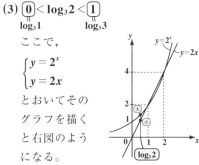

グラフより $0<x<1$ のとき $2^x>2x$

$\therefore\ x=\log_3 2$ のとき，$0<\log_3 2<1$ より

$2^{\log_3 2}>2\cdot\log_3 2$ ………………(答)

実力アップ問題 54　難易度 ★★★　CHECK 1　CHECK 2　CHECK 3

次の問いに答えよ。

(1) $3^x = 2^y = a \quad (a > 0)$, $\dfrac{1}{x} + \dfrac{1}{y} = b$ のとき，a^b の値を求めよ。

(青山学院大)

(2) 0 でない 4 つの数 a, b, c, d に対し，$\left(\dfrac{3}{4}\right)^a = \left(\dfrac{5}{3}\right)^b = \left(\dfrac{6}{5}\right)^c = \left(\dfrac{3}{2}\right)^d$

が成り立つとき，$\dfrac{1}{a} + \dfrac{1}{b} + \dfrac{1}{c} = \dfrac{1}{d}$ が成り立つことを示せ。　(埼玉大)

ヒント！ (1) 条件式 $3^x = 2^y = a$ の底 3 (または底 2) の対数をとるといいよ。(2) 条件式に対して，その対数をとったものを t とおいて，計算するんだよ。

(1) $3^x = 2^y = a \quad (>0)$ ……①の各辺の底 3 の対数をとって，

$$\log_3 3^{x} = \log_3 2^{y} = \log_3 a$$

$x = y \cdot \log_3 2 = \log_3 a$ より，

$$\begin{cases} x = \log_3 a & \cdots\cdots② \\ y = \dfrac{\log_3 a}{\log_3 2} \end{cases}$$

$$b = \frac{1}{x} + \frac{1}{y} = \frac{x+y}{xy} \quad \cdots\cdots③$$

ここで，a^b の底 3 の対数をとって，

$$\log_3 a^b = b \cdot \log_3 a$$

$$= \frac{x+y}{xy} \cdot x \quad (\because ②, ③)$$

$$= \frac{x+y}{y} = \frac{\log_3 a + \dfrac{\log_3 a}{\log_3 2}}{\dfrac{\log_3 a}{\log_3 2}} \quad \cdots\cdots④$$

ここで，$a = 1$ と仮定すると，(背理法)
①より，$x = 0$ かつ $y = 0$ となって③が成り立たない。

よって，$a \neq 1$　$\therefore \log_3 a \neq 0$ より，④の分子・分母を $\log_3 a$ で割って，

$$\log_3 a^b = \frac{1 + \dfrac{1}{\log_3 2}}{\dfrac{1}{\log_3 2}}$$

(分子・分母に $\log_3 2$ をかけた)

$$= \log_3 2 + 1$$

$$= \log_3 2 + \log_3 3 = \log_3 (2 \times 3)$$

以上より，$a^b = 6$　……………………(答)

注意！

①の条件式に対して，底 2 の対数をとって，

$$x \cdot \log_2 3 = y = \log_2 a$$

$x = \dfrac{\log_2 a}{\log_2 3}$, $y = \log_2 a$ として計算しても，同様の結果が得られる。

(2) 条件式：

$$\left(\frac{3}{4}\right)^a = \left(\frac{5}{3}\right)^b = \left(\frac{6}{5}\right)^c = \left(\frac{3}{2}\right)^d \quad \cdots\cdots⑤$$

(a, b, c, d は，0 でない実数)

⑤の各辺は正より，⑤の各辺の底 2 の対数をとって，(今回底の値はなんでもよい)

$$\log_2\left(\frac{3}{4}\right)^{a}=\log_2\left(\frac{5}{3}\right)^{b}=\log_2\left(\frac{6}{5}\right)^{c}=\log_2\left(\frac{3}{2}\right)^{d}$$

となる。この式の値を t とおくと，

$$\underset{\neq 0}{a}\cdot\underset{\neq 0}{\log_2\frac{3}{4}}=b\log_2\frac{5}{3}=c\log_2\frac{6}{5}=d\log_2\frac{3}{2}=t$$

ここで，$a\neq 0$，$\log_2\frac{3}{4}\neq 0$ より，$t\neq 0$

⊖の数

よって，$\frac{1}{a}=\frac{\log_2\frac{3}{4}}{t}$，　$\frac{1}{b}=\frac{\log_2\frac{5}{3}}{t}$，

$\frac{1}{c}=\frac{\log_2\frac{6}{5}}{t}$，　$\frac{1}{d}=\frac{\log_2\frac{3}{2}}{t}$

以上より，

$$\frac{1}{a}+\frac{1}{b}+\frac{1}{c}$$

$$=\frac{1}{t}\left(\log_2\frac{3}{4}+\log_2\frac{5}{3}+\log_2\frac{6}{5}\right)$$

$$=\frac{1}{t}\log_2\left(\frac{3}{4}\cdot\frac{5}{3}\cdot\frac{6}{5}\right)$$

$$=\frac{\log_2\frac{3}{2}}{t}=\frac{1}{d}$$

$\therefore\ \frac{1}{a}+\frac{1}{b}+\frac{1}{c}=\frac{1}{d}$ ……………………(終)

実力アップ問題 55　難易度 ★★★　CHECK 1　CHECK 2　CHECK 3

正の定数 a $(a \neq 1)$ に対して，関数 $f(x)$ を

$f(x) = a^{2x} + a^{-2x} - 2(a + a^{-1})(a^x + a^{-x}) + 2(a + a^{-1})^2$ とする。

(1) $a^x + a^{-x} = t$ とおくとき，t の最小値を求めよ。また，そのときの x の値を求めよ。

(2) $f(x)$ の最小値を求めよ。また，そのときの x の値を求めよ。　(金沢大)

ヒント！ (1) $a^x > 0$, $a^{-x} > 0$ より，相加・相乗平均を用いて，$t \geqq 2$ を導く。(2) $a^x + a^{-x} = t$ とおくと，$a^{2x} + a^{-2x} = t^2 - 2$ となるんだね。

$$f(x) = \underbrace{(a^{2x} + a^{-2x})}_{t^2-2} - 2(a + a^{-1})(\underbrace{a^x + a^{-x}}_{t}) + 2(a + a^{-1})^2 \quad \cdots\cdots①$$

$(a > 0$ かつ $a \neq 1)$

(1) $t = a^x + a^{-x}$ ……② とおくと $a^x > 0$, $a^{-x} > 0$ より，②の右辺に相加・相乗平均の不等式を用いて，

$$t = a^x + a^{-x} \geqq 2 \cdot \sqrt{a^x \cdot a^{-x}} = \boxed{2}$$ （t の最小値）

$[A + B \geqq 2\sqrt{A \cdot B}]$

等号成立条件：

$a^{\boxed{x}} = a^{\boxed{-x}}$　$[A = B]$

$x = -x$

$2x = 0$　$\therefore x = 0$

$\therefore x = 0$ のとき，最小値 $t = 2$ …(答)

(2) ②の両辺を 2 乗して，

$$t^2 = (a^x + a^{-x})^2 = a^{2x} + 2\underbrace{a^x a^{-x}}_{1} + a^{-2x}$$

$\therefore a^{2x} + a^{-2x} = t^2 - 2$ ………………③

②，③を①に代入して，$y = f(x) = g(t)$ とおくと，

$$y = f(x) = g(t) = t^2 - 2 - 2(a + a^{-1})t + 2(a + a^{-1})^2$$

$$\therefore y = \{t^2 - 2(a+a^{-1})t + (a+a^{-1})^2\} + \underbrace{(a+a^{-1})^2 - 2}_{a^2+2+a^{-2}}$$

（2 で割って 2 乗）

$$= \{t - (a + a^{-1})\}^2 + a^2 + a^{-2} \quad (t \geqq 2)$$

（$y = g(t)$ は，頂点 $(a+a^{-1},\ a^2+a^{-2})$ の下に凸の放物線の 1 部 $(t \geqq 2)$ である。）

ここで，$a > 0$ かつ $a \neq 1$ より，$a + a^{-1} > 2$

（相加・相乗平均より，$a + a^{-1} \geqq 2\sqrt{a \cdot a^{-1}} = 2$ だが，等号成立条件：$a = a^{-1}$，$a^2 = 1$ より $a = 1$ となり，$a \neq 1$ をみたさない。　$\therefore a + a^{-1} > 2$）

$\therefore t = a + a^{-1}$ ……④

のとき，$y = f(x) = g(t)$ は，最小値 $a^2 + a^{-2}$ をとる。 ………(答)

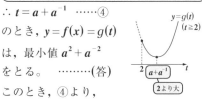

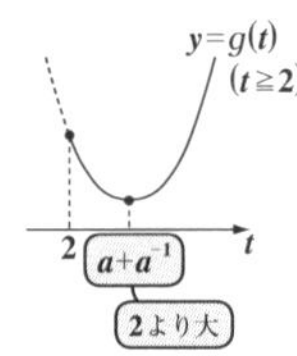

このとき，④より，

$t = a^x + a^{-x} = a + a^{-1}$　（両辺に a^x をかけた！）

$a^{2x} + 1 = (a + a^{-1})a^x$

$$(a^{2x} - a \cdot a^x) - (a^{-1} \cdot a^x - \underbrace{\boxed{1}}_{a^{-1} \cdot a}) = 0$$

$a^x(a^x - a) - a^{-1}(a^x - a) = 0$

$(a^x - a)(a^x - a^{-1}) = 0$

$\therefore a^x = a^1$，または a^{-1} より，

$x = 1$，または -1 …………………(答)

実力アップ問題 56　難易度 ★★★　CHECK 1　CHECK 2　CHECK 3

次の方程式を解け。

(1) $x^{\log_{10}x}=1000x^2$ (京都産大)

(2) $\begin{cases} 8\cdot3^x-3^y=-27 \\ \log_2(x+1)-\log_2(y+3)=-1 \end{cases}$ (早稲田大)

ヒント！ (1) 両辺は正より，この両辺の常用対数 (底 10 の対数) をとる。(2) 第 2 式から，y を x の式で表し，それを第 1 式に代入すればいいんだよ。

(1) $x^{\log_{10}x}=1000x^2$ ……①

注意！
$x^{\log_x 10}$ ならば，公式：$p^{\log_p q}=q$ から，$x^{\log_x 10}=10$ とできるが，①の左辺は $x^{\log_{10}x}$ より，底 10 の対数をとる。

真数条件より，$x>0$

よって①の両辺は正より，①の両辺の常用対数 (底 10 の対数) をとって，

$\log_{10}x^{\log_{10}x}=\log_{10}(1000x^2)$

$(\log_{10}x)^2=\log_{10}10^3+\log_{10}x^2$

$(\log_{10}x)^2=3+2\log_{10}x$

ここで，$\log_{10}x=t$ とおくと，

$t^2-2t-3=0$

$(t-3)(t+1)=0$

$t=\log_{10}x=3$ または -1

$x=10^3$ または 10^{-1}

対数の定義：$\log_a b=c \rightleftarrows b=a^c$

$\therefore x=1000$ または $\dfrac{1}{10}$ …………(答)

(これは，真数条件：$x>0$ をみたす)

(2) $\begin{cases} 8\cdot3^x-3^y=-27 & \cdots\cdots② \\ \log_2(x+1)+1=\log_2(y+3) & \cdots\cdots③ \end{cases}$

($1=\log_2 2$)

③より，

$\log_2 2(x+1)=\log_2(y+3)$

$2x+2=y+3 \quad \therefore y=2x-1$ ……④

④を②に代入して，

$8\cdot3^x-3^{2x-1}=-27$

$8\cdot3^x-(3^x)^2\cdot3^{-1}=-27$

ここで，$u=3^x$ とおくと，

$(u>0)$

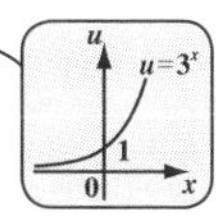

$8u-3^{-1}\cdot u^2=-27$

$24u-u^2=-81$

$u^2-24u-81=0$

$\begin{matrix}1 & & -27\\ 1 & & 3\end{matrix}$

$(u-27)(u+3)=0$

$u+3>0$ より，両辺を $u+3$ で割って，

$u-27=0 \qquad u=3^x=27=3^3$

$\therefore x=3$ 　これを④に代入して，

$y=2\cdot3-1=5$

以上より，

$x=3,\ y=5$ ……………………(答)

実力アップ問題 57　難易度 ★★★　CHECK 1　CHECK 2　CHECK 3

x, y, z は 1 と異なる正の数で，次の条件を満たしている。

$$\log_y z+\log_z x+\log_x y=\frac{7}{2} \quad \cdots\cdots①$$

$$\log_z y+\log_x z+\log_y x=\frac{7}{2} \quad \cdots\cdots②$$

$$xyz=2^{10} \quad \cdots\cdots③ \qquad x\leqq y\leqq z \quad \cdots\cdots④$$

x, y, z を求めよ。　　　　(横国大)

ヒント！ $xyz=2^{10}$ (x, y, z：1 と異なる正の数) があるので，x, y, z の底 2 の対数をそれぞれ $X=\log_2 x$, $Y=\log_2 y$, $Z=\log_2 z$ とおいて解く。

①，②を底 2 の対数に変形して，

$$\frac{\log_2 z}{\log_2 y}+\frac{\log_2 x}{\log_2 z}+\frac{\log_2 y}{\log_2 x}=\frac{7}{2} \quad \cdots\cdots①'$$

$$\frac{\log_2 y}{\log_2 z}+\frac{\log_2 z}{\log_2 x}+\frac{\log_2 x}{\log_2 y}=\frac{7}{2} \quad \cdots\cdots②'$$

③の両辺は正より，③の両辺の底 2 の対数をとって，

$$\log_2(xyz)=\boxed{\log_2 2^{10}} \ (=10)$$

$$\log_2 x+\log_2 y+\log_2 z=10 \quad \cdots\cdots③'$$

④の各辺の底 2 の対数をとって，

$$\log_2 x\leqq \log_2 y\leqq \log_2 z \quad \cdots\cdots④'$$

ここで，$X=\log_2 x$, $Y=\log_2 y$, $Z=\log_2 z$ とおくと x, y, z は 1 でない正の数より，

$X\neq 0$, $Y\neq 0$, $Z\neq 0$

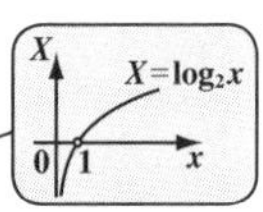

以上より，

$$\begin{cases} \dfrac{Z}{Y}+\dfrac{X}{Z}+\dfrac{Y}{X}=\dfrac{7}{2} & \cdots\cdots①' \\ \dfrac{Y}{Z}+\dfrac{Z}{X}+\dfrac{X}{Y}=\dfrac{7}{2} & \cdots\cdots②' \\ X+Y+Z=10 & \cdots\cdots③' \\ X\leqq Y\leqq Z & \cdots\cdots④' \end{cases}$$

①′より，

$$\frac{X^2Y+Y^2Z+Z^2X}{XYZ}=\frac{7}{2} \quad \cdots\cdots①''$$

②′より，

$$\frac{XY^2+YZ^2+ZX^2}{XYZ}=\frac{7}{2} \quad \cdots\cdots②''$$

①″，②″より，

$$\frac{X^2Y+Y^2Z+Z^2X}{\cancel{XYZ}}=\frac{XY^2+YZ^2+ZX^2}{\cancel{XYZ}}$$

$$X^2Y+Y^2Z+Z^2X=XY^2+YZ^2+ZX^2$$

$$(Y-Z)X^2-(Y^2-Z^2)X+Y^2Z-YZ^2=0$$

（X の 2 次式としてまとめた！）

$$(Y-Z)X^2-(Y-Z)(Y+Z)X+YZ(Y-Z)=0$$

$$(Y-Z)\{X^2-(Y+Z)X+YZ\}=0$$

$$\begin{matrix} 1 & & -Y \\ 1 & & -Z \end{matrix}$$

$$(Y-Z)(X-Y)(X-Z)=0$$

（両辺に -1 をかけた！）

$$(X-Y)(Y-Z)(Z-X)=0$$

$\therefore$ (i) $X=Y$ または (ii) $Y=Z$ または (iii) $Z=X$

これと④′より，

(i) $X=Y\leqq Z$ または (ii) $X\leqq Y=Z$ または (iii) $X=Y=Z$ の 3 通りが考えられる。

(i) $X = Y \leqq Z$ のとき，　　YにXを代入

①´，②´より，$\dfrac{Z}{X} + \dfrac{X}{Z} + 1 = \dfrac{7}{2}$

$\dfrac{X^2 + Z^2}{XZ} = \dfrac{5}{2}$

$2(X^2 + Z^2) = 5XZ$ ……⑤

③´より，$2X + Z = 10$ ← YにXを代入

$Z = -2X + 10$ ……⑥

⑥を⑤に代入して，

$2\{X^2 + (-2X+10)^2\} = 5X(-2X+10)$

$2(X^2 + 4X^2 - 40X + 100) = -10X^2 + 50X$

$5X^2 - 40X + 100 = -5X^2 + 25X$

$10X^2 - 65X + 100 = 0$

$2X^2 - 13X + 20 = 0$

2 ╲╱ −5
1 ╱╲ −4

$(2X - 5)(X - 4) = 0$

$\therefore X = \dfrac{5}{2}$ または 4

ここで，$X = 4$ のとき，⑥より，

$Z = -8 + 10 = 2$ となって，$X \leqq Z$ に反する。$\therefore X \neq 4$

$X = \dfrac{5}{2}$ のとき，⑥より，

$Z = -5 + 10 = 5$

$\therefore X = \log_2 x = \dfrac{5}{2}$　$[= \log_2 y = Y]$

$Z = \log_2 z = 5$ より，

$x = y = 2^{\frac{5}{2}} = 4\sqrt{2},\ z = 2^5 = 32$

以上より $(x,\ y,\ z) = (4\sqrt{2},\ 4\sqrt{2},\ 32)$

(ii) $X \leqq Y = Z$ のとき，

①´，②´より，$1 + \dfrac{X}{Y} + \dfrac{Y}{X} = \dfrac{7}{2}$

③´より，$X + 2Y = 10$

これは，(i)の X と Z の代わりに，Y と X が代入された方程式より，まったく同様に解いて，

$Y = \dfrac{5}{2}$ または 4

$Y = \dfrac{5}{2}$ のとき $X = 5$ となって不適。

$(\because X \leqq Y)$

$Y = 4$ のとき $X = 2$

$\therefore X = \log_2 x = 2$

$Y = \log_2 y = 4$　$[= \log_2 z = Z]$

$\therefore x = 2^2 = 4,\ y = z = 2^4 = 16$

以上より，$(x,\ y,\ z) = (4,\ 16,\ 16)$

(iii) $X = Y = Z$ のとき，

①´，②´は $1+1+1 = \dfrac{7}{2}$ となって不適。

以上(i)(ii)(iii)より，求める $(x,\ y,\ z)$ の値の組は，

$(x,\ y,\ z) = (4\sqrt{2},\ 4\sqrt{2},\ 32)$，または

$(4,\ 16,\ 16)$ ……………(答)

実力アップ問題 58　難易度 ★★★　CHECK 1　CHECK 2　CHECK 3

関係式 $x^a = y^b = z^c = xyz$ を満たす 1 とは異なる 3 つの正の実数の組 (x, y, z) が少なくとも 1 組存在するような，正の整数の組 (a, b, c) をすべて求めよ。ただし，$a \leqq b \leqq c$ とする。（名古屋大）

ヒント！ 与式$=P$ $(P>0$ かつ $P \neq 1)$ とおいて，変形してまとめると，$\frac{1}{a}+\frac{1}{b}+\frac{1}{c}=1$ が導ける。a, b, c は正の整数より，これは典型的な"範囲を押さえる"型の整数問題だ。

x, y, z は 1 とは異なる正の実数より，

$x^a = y^b = z^c = xyz = P$ …① $(P>0, P \neq 1)$ とおく。（x, y, z：1とは異なる正の実数）

①より，$xyz=P$ ……………………②

$x^a=P$ より，$a=\log_x P=\frac{1}{\log_P x}$ ……③

$y^b=P$ より，$b=\log_y P=\frac{1}{\log_P y}$ ……④

$z^c=P$ より，$c=\log_z P=\frac{1}{\log_P z}$ ……⑤

③，④，⑤の逆数をとって，その和を求めると，

$$\frac{1}{a}+\frac{1}{b}+\frac{1}{c}=\log_P x+\log_P y+\log_P z$$
$$=\log_P \underbrace{xyz}_{P}=\log_P P=1\ (②より)$$

$\therefore \frac{1}{a}+\frac{1}{b}+\frac{1}{c}=1$ …⑥ をみたす自然数の組 $(a, b, c)(a \leqq b \leqq c)$ が存在するとき，$x=P^{\frac{1}{a}}, y=P^{\frac{1}{b}}, z=P^{\frac{1}{c}}$ となる 1 とは異なる正の実数の組 (x, y, z) が存在する。

ここで，$0<a \leqq b \leqq c$ より，⑥から，

$$1=\frac{1}{a}+\frac{1}{b}+\frac{1}{c} \leqq \frac{1}{a}+\frac{1}{a}+\frac{1}{a}=\frac{3}{a}$$

よって，$1 \leqq \frac{3}{a}$ より，$a \leqq 3$ ←（範囲を押さえた）

$\therefore a$ は自然数より，$a=2, 3$

（$a=1$ のときは明らかに⑥をみたさない）

（Ⅰ）$a=2$ のとき，⑥は，

$$\frac{1}{b}+\frac{1}{c}=1-\frac{1}{2}=\frac{1}{2}\ …………⑦$$

$b \leqq c$ より，⑦から，

$$\frac{1}{2}=\frac{1}{b}+\frac{1}{c} \leqq \frac{1}{b}+\frac{1}{b}=\frac{2}{b}$$

$\frac{1}{2} \leqq \frac{2}{b}$ より，$\underset{a}{2} \leqq b \leqq 4$ ←（範囲を押さえた）

$\therefore b=3, 4$

（$b=2$ のときは明らかに⑦をみたさない）

（ⅰ）$b=3$ のとき，⑦より，$c=6$

（ⅱ）$b=4$ のとき，⑦より，$c=4$

（Ⅱ）$a=3$ のとき，⑥は，

$$\frac{1}{b}+\frac{1}{c}=1-\frac{1}{3}=\frac{2}{3}\ …………⑧$$

$b \leqq c$ より，⑧から，

$$\frac{2}{3}=\frac{1}{b}+\frac{1}{c} \leqq \frac{1}{b}+\frac{1}{b}=\frac{2}{b}$$

$\frac{2}{3} \leqq \frac{2}{b}$ より，$\underset{a}{3} \leqq b \leqq 3$

$\therefore b=3$

⑧より，$c=3$

以上（Ⅰ）（Ⅱ）より，

$(a, b, c)=(2, 3, 6), (2, 4, 4), (3, 3, 3)$ ……………………（答）

実力アップ問題 59　難易度 ★★　CHECK 1　CHECK 2　CHECK 3

次の **2** つの不等式を満足する x の値の範囲を求めよ。

$$\begin{cases} a^{2x-4}-1<a^{x+1}-a^{x-5} & \cdots\cdots\cdots\cdots\cdots\cdots\cdots\cdots① \\ 2\log_a(x-2)\geqq\log_a(x-2)+\log_a5 & \cdots\cdots② \end{cases}$$

ただし，a は正の定数で，$a\fallingdotseq 1$ とする。　　　　(京都府大)

ヒント！ 指数不等式，対数不等式の問題だね。底 a の値により，(i) $a>1$ と (ii) $0<a<1$ の場合分けが必要となる。

基本事項

1. 指数不等式

(i) $a>1$ のとき，　$a^{x_1}>a^{x_2}\rightleftarrows x_1>x_2$

(ii) $0<a<1$ のとき，$a^{x_1}>a^{x_2}\rightleftarrows x_1<x_2$

2. 対数不等式

(i) $a>1$ のとき，

$\log_a x_1>\log_a x_2\rightleftarrows x_1>x_2$

(ii) $0<a<1$ のとき，

$\log_a x_1>\log_a x_2\rightleftarrows x_1<x_2$

(I) $a^{-4}(a^x)^2-a\cdot a^x+a^{-5}\cdot a^x-1<0$ …①

$(a>0,\ a\fallingdotseq 1)$

ここで，$u=a^x$ $(u>0)$ とおくと，①は，

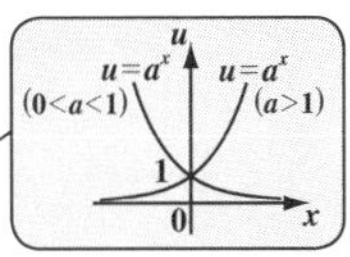

$a^{-4}u^2-au+a^{-5}u-1<0$　← a^5 を両辺にかけた

$a\cdot u^2-(a^6-1)u-a^5<0$

a ╲╱ 1

1 ╱╲ $-a^5$

$(au+1)(u-a^5)<0$ ……①′　($au+1$ は ⊕)

ここで，$a>0$，$u>0$ より $au+1>0$

よって，$au+1$ で①′の両辺を割って，

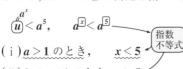

$u(=a^x)<a^5$，　$a^{x}<a^{5}$ → 指数不等式

(i) $a>1$ のとき，　$x<5$

(ii) $0<a<1$ のとき，$x>5$

(II) $\log_a(x-2)\geqq\log_a5$ ……②　($x-2$ は ⊕)

真数条件より，$x-2>0$　$\therefore x>2$

(i) $a>1$ のとき，

$x-2\geqq5$

$\therefore x\geqq7$

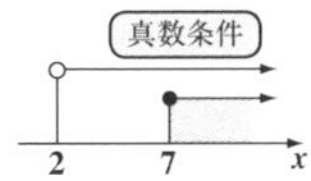

(ii) $0<a<1$ のとき，

$x-2\leqq5$

$\therefore 2<x\leqq7$

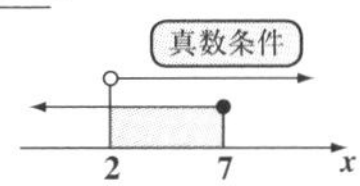

以上 (I)(II) より，

(i) $a>1$ のとき，

$x<5$ かつ $x\geqq7$ をみたす x は存在しない。

(ii) $0<a<1$ のとき，

$x>5$ かつ $2<x\leqq7$

$\therefore 5<x\leqq7$

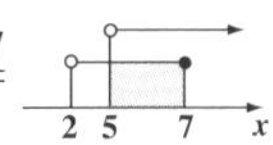

以上より，①，②を同時にみたす x の値の範囲は，

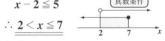

$$\begin{cases} \text{(i)}\ a>1\ \text{のとき，存在しない。} \\ \text{(ii)}\ 0<a<1\ \text{のとき，}5<x\leqq7 \end{cases} \cdots(\text{答})$$

実力アップ問題 60　難易度 ★★　CHECK 1　CHECK 2　CHECK 3

$\log_{10}2 = 0.3010$，$\log_{10}3 = 0.4771$ とする。

(1) 18^{18} は何桁の整数か。また，最高位の数字は何か。

(2) $\left(\frac{1}{45}\right)^{54}$ は小数第何位に 0 でない数が現れるか。また，その数は何か。

(立命館大＊)

ヒント！ (1) $\log_{10}X = n.\cdots$ のとき，X は $n+1$ 桁の整数である。
(2) $\log_{10}x = -n.\cdots$ のとき，小数第 $n+1$ 位に初めて 0 でない数が現れるんだね。

(1) $X = 18^{18}$ とおくと，その常用対数は，

$$\log_{10}X = \log_{10}18^{18} = 18\log_{10}(2\times3^2)$$
$$= 18(\log_{10}2 + 2\cdot\log_{10}3)$$
$$= 18(0.3010 + 2\times0.4771)$$
$$= 22.5936 \quad\cdots\cdots①$$

∴ X は，23 桁の整数である。…(答)

①より，$X = 10^{22.5936}$

$X = 10^{0.5936}\times10^{22}$

$10^{0.5936}$ ＝ $a.\cdots\cdots$（a：最高位の数）

参考

たとえば，234 の常用対数は，（2：最高位の数）

$\log_{10}234 = 2.369\cdots$ より，

$234 = 10^{2.369\cdots}$

$2.34\times10^2 = 10^{0.369}\times10^2$

$10^{0.369}$ ＝ 2.34（2：最高位の数）

これと同じ要領で解く。

X の最高位の数は $10^{0.5936}$ の第 1 位の数である。ここで，

$\log_{10}3 = 0.4771 \quad \therefore 10^{0.4771} = 3$

$\log_{10}4 = 2\cdot\log_{10}2 = 0.602 \quad \therefore 10^{0.602} = 4$

よって，$3 < 10^{0.5936} < 4$（$3 = 10^{0.4771}$，$10^{0.5936} = 3.\cdots$，$4 = 10^{0.602}$）

∴ X の最高位の数は 3 である。…(答)

(2) $x = (45^{-1})^{54} = 45^{-54}$ とおくと，その常用対数は，

$$\log_{10}x = \log_{10}45^{-54} = -54\cdot\log_{10}\left(\frac{3^2\times10}{2}\right)$$
$$= -54(2\log_{10}3 + 1 - \log_{10}2)$$
$$= -54(2\times0.4771 + 1 - 0.3010)$$
$$= -89.2728\ (=0.7272-90) \quad\cdots②$$

∴ x は，小数第 90 位に初めて 0 でない数が現れる。………………(答)

②より，$x = 10^{0.7272}\times10^{-90}$

$10^{0.7272}$ ＝ $a.\cdots\cdots$（a：小数第 90 位の数）

参考

たとえば，0.00234 の常用対数は，

$\log_{10}0.00234 = -2.630\cdots = -3 + 0.369\cdots$

$0.00234 = 10^{0.369\cdots}\times10^{-3}$

$2.34\times10^{-3} = 10^{0.369\cdots}\times10^{-3}$　この要領！

$10^{0.369\cdots}$ ＝ 2.34（2：小数第 3 位の数）

x の小数第 90 位の数は $10^{0.7272}$ の第 1 位の数である。ここで，

$$\begin{cases}\log_{10}5 = \log_{10}\frac{10}{2} = 1 - 0.301 = 0.699\\ \log_{10}6 = \log_{10}2 + \log_{10}3 = 0.7781\end{cases}$$

よって，$5 < 10^{0.7272} < 6$（$5 = 10^{0.699}$，$10^{0.7272} = 5.\cdots$，$6 = 10^{0.7781}$）

∴ x の小数第 90 位の数は 5 である。…(答)

実力アップ問題61　難易度 ★★★　CHECK 1　CHECK 2　CHECK 3

$X = 2007^{205}$ とする。(ⅰ) X の一位の数を求めよ。(ⅱ) X の桁数を求めよ。また，(ⅲ) X の最高位の数を求めよ。ただし，$\log_{10}2007 = 3.303$ とする。

(明治大＊)

ヒント！ (ⅰ)合同式を使えば，X の一位の数はすぐに求まる。(ⅱ)$\log_{10}X = n.\cdots$(n：自然数)のとき，X は $n+1$ 桁の整数になるのはいいね。(ⅲ)X の最高位の数については実力アップ問題 **60** で解説した解法パターンを利用すればいい。

(ⅰ) 整数 a，b を 10 で割った余りが等しいとき，

$a \equiv b \pmod{10}$ ……①

と表すことにする。ここで，①が成り立つとき，任意の自然数 n について，

$a^n \equiv b^n \pmod{10}$ ……②

も成り立つ。よって，①，②を利用すると，

$2007 \equiv 7 \pmod{10}$ より，

$2007^2 \equiv 7^2 \equiv 9 \pmod{10}$

$\underline{2007^4 \equiv 9^2 \equiv 1} \pmod{10}$ となる。

（これから，2007 を 4 乗する毎に一位の数は 1 となることが分かった。）

$\therefore X \equiv 2007^{205} \equiv (\underbrace{2007^4}_{1})^{51} \times \underbrace{2007}_{7}$

$\equiv 1^{51} \times 7 \equiv 7 \pmod{10}$

よって，X の一位の数は 7 …(答)

(ⅱ) $X = 2007^{205}$ の常用対数は，

$\log_{10}X = \log_{10}2007^{205} = 205 \cdot \underbrace{\log_{10}2007}_{3.303}$

$= 205 \times 3.303 = \underline{\underline{677}}.115$ …③

$\therefore X$ は，$\underset{(677+1)}{678}$ 桁の数である。…(答)

(ⅲ) $\log_{10}X = 677.115$ …③より，

$X = 10^{677.115} = \underbrace{10^{0.115}}_{a.\cdots} \times 10^{677}$

（a：最高位の数）

よって，$10^{0.115}$ の一位の数が，X の最高位の数である。

参考

本問では $\log_{10}2 = 0.3010$ は与えられていないので，これを使うことはできない。でも，$10^{0.115} < \underbrace{10^{0.3010}}_{2}$ より $10^{0.115}$ の一位の数(X の最高位の数)は 1 であることが容易にわかると思う。

よって，ここでは，

$\underbrace{10^3}_{1000} < \underbrace{2^{10}}_{1024}$ の両辺の常用対数をとると話が見えてくるはずだ。

ここで，$10^3 < 2^{10}$ が成り立ち，この両辺は正より，この両辺の常用対数をとると，

$\underbrace{\log_{10}10^3}_{3} < \underbrace{\log_{10}2^{10}}_{10 \cdot \log_{10}2}$　$\therefore \underbrace{0.3}_{\log_{10}10^{0.3}} < \log_{10}2$

これから，$\underbrace{1}_{10^0} < \underbrace{10^{0.115}}_{1.\cdots} < 10^{0.3} < 2$

以上より X の最高位の数は 1 である。

……(答)

実力アップ問題 62　難易度 ★★　CHECK 1　CHECK 2　CHECK 3

次の問いに答えよ。

(1) $\log_3 2$ は無理数であることを証明せよ。

(2) n が正の整数のとき，$\log_2 n$ が整数でない有理数となることはあるかどうか調べよ。　(千葉大)

ヒント！ (1) 背理法を使って，$\log_3 2$ が有理数と仮定して，矛盾を導く。(2) $\log_2 n$ が有理数のとき，必ず整数となることが示せるんだよ。

(1)「$\log_3 2$ は無理数である。」……(＊)

(＊)が成り立つことを，背理法により示す。$\log_3 2$ が有理数であると仮定すると，

$\log_3 2 = \dfrac{q}{p}$ ……① とおける。（既約分数）

(p, q：互いに素な正の整数)

$\left(\because \log_3 2 > \log_3 1 = 0 \text{ より } \log_3 2 \text{ は正の数。}\right)$

①より，$2 = 3^{\frac{q}{p}}$

（対数の定義 $\log_a b = c \iff b = a^c$）

この両辺を p 乗して，

$2^p = \left(3^{\frac{q}{p}}\right)^p = 3^q$

$\therefore 2^p = 3^q$ ………②

（$2^p = \underbrace{2\cdot2\cdots\cdots2}_{p\text{コ}}$，$3^q = \underbrace{3\cdot3\cdots\cdots3}_{q\text{コ}}$）

②の左辺は偶数であるが，右辺は奇数であるので，矛盾。

以上より，命題：

「$\log_3 2$ は無理数である」……(＊)

は成り立つ。……………………(終)

(2)(i) $n=1$ のとき，

$\log_2 n = \log_2 1 = 0$ となって，整数である。

(ii) n が 2 以上の整数のとき，$\log_2 n$ が整数でない有理数となることがあるかどうか調べる。

$n \geqq 2$ より，$\log_2 n > 0$

よって，これが有理数になるとき

$\log_2 n = \dfrac{q}{p}$ ……③ とおける。（既約分数）

(p, q：互いに素な正の整数)

③より，$n = 2^{\frac{q}{p}}$

この両辺を p 乗して，

$n^p = 2^q$ ……④

（$n^p = \underbrace{n\cdot n\cdots\cdots n}_{p\text{コ}}$，$2^q = \underbrace{2\cdot2\cdots\cdots2}_{q\text{コ}}$）

2 は素数で，④の右辺が 2^q より，左辺の n^p は素因数として 2 しかもたない。

$\therefore n = 2^r$ ……⑤ (r：正の整数)

> n が 2 以外の素因数，たとえば 3 をもつとすると，④の左辺は 3 で割り切れるが，右辺は 3 で割り切れない。
> $\therefore n$ は⑤の形の整数である。

⑤を④に代入して，

$(2^r)^p = 2^q$，　$2^{\boxed{rp}} = 2^{\boxed{q}}$

$rp = q$　$\therefore \dfrac{q}{p} = r$ (整数)

よって③は $\log_2 n = r$ (整数) となる。

以上(i)(ii)より，$\log_2 n$ が整数でない有理数となることはあり得ない。…(答)

実力アップ問題 63	難易度 ★★★	CHECK 1	CHECK 2	CHECK 3

(1) $\log_2 3$ は無理数であることを証明せよ。

(2) p, q を異なる自然数とするとき，$p\log_2 3$ と $q\log_2 3$ の小数部分は等しくないことを証明せよ。

(3) $\log_2 3$ の小数第 1 位の数を求めよ。　（広島大＊）

ヒント！ (1) $\log_2 3$ が有理数 $\frac{n}{m}$（m, n: 互いに素な自然数）で表されるものとして，矛盾を導けばいい。(2) $p\log_2 3$ と $q\log_2 3$ の小数部分が等しいと仮定すると，差 $p\log_2 3 - q\log_2 3$ は整数となるはずだ。これから矛盾を導ける。(3) $\log_2 3 = 1.x\cdots$（x: 小数第 1 位の数）から，xを求めよう。

(1)「$\log_2 3$ は無理数である。」……(＊)

(＊) が成り立つことを，背理法により示す。$\log_2 3$ が有理数であると仮定すると，

$\log_2 3 = \frac{n}{m}$ ……① とおける。（既約分数）

（m, n: 互いに素な正の整数）

（$\because \log_2 3 > \log_2 2 = 1$ より $\log_2 3$ は正の数。）

①より，$3 = 2^{\frac{n}{m}}$

この両辺を m 乗して，

$$3^m = 2^n \quad \cdots\cdots②$$

（$3^m = \underbrace{3\cdot3\cdot\cdots\cdot3}_{m\text{コ}}$，$2^n = \underbrace{2\cdot2\cdot\cdots\cdot2}_{n\text{コ}}$）

②の左辺は奇数であるが，右辺は偶数であるので，矛盾。

以上より，命題：

「$\log_2 3$ は無理数である」……(＊)

は成り立つ。……………………(終)

これは，実力アップ問題 62 とほとんど類似した証明だったね。

(2) p, q が異なる自然数であるとき，

「$p\log_2 3$ と $q\log_2 3$ の小数部分は等しくない。」……(＊＊)

(＊＊) が成り立つことを，背理法により示す。

$p\log_2 3$ と $q\log_2 3$ の小数部分が等しいと仮定すると，その差 $p\log_2 3 - q\log_2 3$ は整数となる。よって，これを整数 k とおくと

$p\log_2 3 - q\log_2 3 = k$ となる。

これを変形すると

$(p-q)\log_2 3 = k$　（$p-q \neq 0$）

$$\log_2 3 = \frac{k}{p-q}$$（これは有理数）

となって，$\log_2 3$ は有理数となる。

これは，(1) の結果に矛盾する。

以上より，命題(＊＊) は成り立つ。

……(終)

(3) $\underset{①}{\log_2 2} < \log_2 3 < \underset{②}{\log_2 4}$ より，

$\log_2 3$ の小数第1位の数を x とおくと，次のように表せる。

$\log_2 3 = 1.x\cdots$ ……③

よって，③を変形すると，

$\log_2 3 = 1 + 0.x\cdots$

$\log_2 3 - \underset{①}{\log_2 2} = 0.x\cdots$

$\log_2 \frac{3}{2} = 0.x\cdots$

$10\log_2 \frac{3}{2} = x.\cdots$ ←（求める数 x を1の位にもってきた）

$\log_2 \left(\frac{3}{2}\right)^{10} = x.\cdots$

よって，$\left(\frac{3}{2}\right)^{10} = 2^{x.\cdots}$

$3^{10} = 2^{10+x.\cdots}$

$\therefore 2^{10+x} < 3^{10} < 2^{11+x}$ ……④となる。

ここで，$3^{10} = (3^4)^2 \times 3^2 = 81^2 \times 9$

$= 59049$

また，$2^{10} = 1024$ ←（これは覚えておく）

$2^{11} = 2048$

$2^{12} = 4096$

$2^{13} = 8192$

$2^{14} = 16384$

$2^{15} = 32768$

$2^{16} = 65536$ より，$2^{15} < 3^{10} = 59049 < 2^{16}$

$\therefore 2^{\overset{10+x}{15}} < 3^{10} < 2^{\overset{11+x}{16}}$ ……⑤

よって，④と⑤より $\log_2 3$ の小数第1位の数 x は，

$x = 5$ ……………………………(答)

(3) の別解

$\log_2 3^2 > \log_2 2^3$ ←（$9 > 8$ より）

$2\log_2 3 > 3$

$\log_2 3 > \frac{3}{2} = 1.5$ ……㋐

考え方

$9 \fallingdotseq 8$ より $\log_2 3 \fallingdotseq 1.\underset{x}{5}$ よって小数第1位の数 $x = 5$ と見当をつけて，$\log_2 3 < \underset{\frac{8}{5}}{1.6}$ が言えないか？調べてみると，

$\log_2 3 < \frac{8}{5}$ より，$5\log_2 3 < 8$

$5\log_2 3 < 8\log_2 2$

$\log_2 \underset{243}{3^5} < \log_2 \underset{256}{2^8}$

となって，成り立つ。後はこれを答案では逆に示せばいいんだね。

また，$\underset{243}{3^5} < \underset{256}{2^8}$ より，この両辺の底2の対数をとると，

$\log_2 3^5 < \log_2 2^8$

$5\log_2 3 < 8\log_2 2$

$\log_2 3 < \frac{8}{5} = 1.6$ ……㋑

以上㋐，㋑より，

$1.5 < \underset{1.5\cdots}{\log_2 3} < 1.6$

よって，$\log_2 3$ の小数第1位の数は，5である。 ……………………………(答)

演習 exercise

5 微分法と積分法

テーマ

- ▶ 極限と微分係数と導関数 $(f'(a),\ f'(x))$
- ▶ 接線・法線の方程式, グラフ
  $\left(y=f'(t)(x-t)+f(t)\right)$
- ▶ 微分法の方程式・不等式への応用
- ▶ 不定積分と定積分
- ▶ 定積分で表された関数
- ▶ 面積と定積分(面積公式)
  $\left(S=\dfrac{|a|}{6}(\beta-\alpha)^3,\ S=\dfrac{|a|}{12}(\beta-\alpha)^4\right)$

演習5 微分法と積分法 ●公式&解法パターン

1. 微分係数と導関数の極限による定義

(1) $\frac{0}{0}$ の不定形のイメージ

(i) $\frac{0.000000001}{0.03} \longrightarrow 0$ (収束)

(ii) $\frac{0.05}{0.000000001} \longrightarrow \infty$ (発散)

(iii) $\frac{0.00001}{0.00002} \longrightarrow \frac{1}{2}$ (収束)

このように，分数関数の分子・分母が共に 0 に近づくとき，収束するか，発散するか定まらないので，$\frac{0}{0}$ の不定形という。

(2) 微分係数の定義式

$$f'(a)=\lim_{h\to0}\frac{f(a+h)-f(a)}{h}=\lim_{h\to0}\frac{f(a)-f(a-h)}{h}=\lim_{b\to a}\frac{f(b)-f(a)}{b-a}$$

この 3 つの微分係数の定義式はいずれも，$\frac{0}{0}$ の不定形になっている。
だから，この右辺が極限値をもつ(ある数値に収束する)とき，その値を $f'(a)$ とおくんだね。

(3) 導関数の定義式

$$f'(x)=\lim_{h\to0}\frac{f(x+h)-f(x)}{h}=\lim_{h\to0}\frac{f(x)-f(x-h)}{h}$$

この導関数の定義式も $\frac{0}{0}$ の不定形なので，この右辺の極限がある関数に収束するとき，それを $f'(x)$ とおくという意味だ。

2. 微分計算とその応用

(1) 微分計算の公式

(i) $(x^n)'=nx^{n-1}$　　(ii) $c'=0$

(iii) $\{kf(x)\}'=kf'(x)$　　(iv) $\{f(x)\pm g(x)\}'=f'(x)\pm g'(x)$

(v) $\{(x+a)^n\}'=n(x+a)^{n-1}$　　(vi) $\{(ax+b)^n\}'=na(ax+b)^{n-1}$

(ただし，n：自然数，c，k，a，b：実数定数，(iv) は複号同順)

(2) 接線と法線の方程式

(i) 接線：$y=f'(t)(x-t)+f(t)$　　(ii) 法線：$y=-\frac{1}{f'(t)}(x-t)+f(t)$

(3) 2 曲線の共接条件

2 曲線 $y=f(x)$ と $y=g(x)$ が $x=t$ で接する

ための条件：$\begin{cases} f(t)=g(t), & \text{かつ} \\ f'(t)=g'(t) \end{cases}$

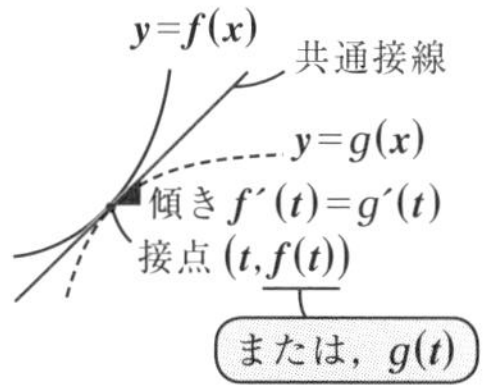

(4) 導関数 $f'(x)$ の符号と $f(x)$ の増減

(ⅰ) $f'(x)>0$ のとき，$f(x)$ は増加する。

(ⅱ) $f'(x)<0$ のとき，$f(x)$ は減少する。

これから，増減表を作って，関数 $y=f(x)$ のグラフの増減や極値（極大値，極小値）を求め，xy 座標平面上にその概形を描くことができる。

3. 微分法の方程式・不等式への応用

(1) 微分法の方程式への応用

方程式 $f(x)=a$（文字定数）の実数解の個数は，次の 2 つの関数のグラフの共有点の個数に等しい。

$$\begin{cases} y=f(x) \\ y=a \end{cases}$$

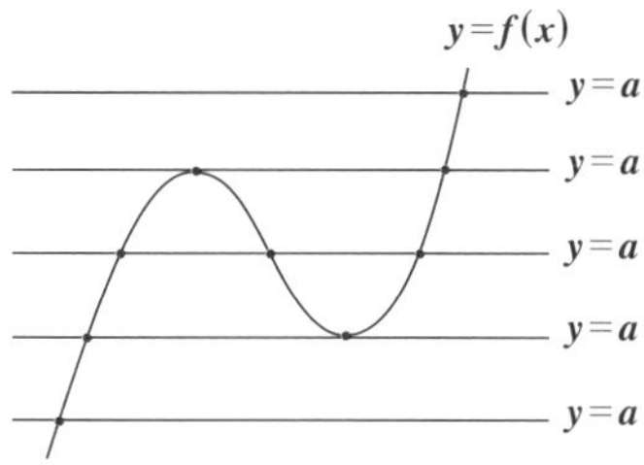

(2) 3 次方程式の実数解の個数

3 次方程式 $ax^3+bx^2+cx+d=0\ (a\neq 0)$ の実数解の個数は，

$y=f(x)=ax^3+bx^2+cx+d$ とおくと，次のように分類できる。

(Ⅰ) $y=f(x)$ が極値をもたない場合：1 実数解

(Ⅱ) $y=f(x)$ が極値をもつ場合

(ⅰ) 極値×極値 >0 のとき　：1 実数解

(ⅱ) 極値×極値 $=0$ のとき　：2 実数解

(ⅲ) 極値×極値 <0 のとき　：3 実数解

これらの結果は，$y=f(x)$ のグラフと x 軸との位置関係から導ける。

(3) 微分法の不等式への応用

たとえば，$p\leqq x\leqq q$ において不等式 $f(x)\geqq k$ が成り立つことを示したかったならば，$y=f(x)\ (p\leqq x\leqq q)$ と $y=k$ とおいて，$p\leqq x\leqq q$ における $y=f(x)$ の最小値 m を求め，$m\geqq k$ となることを示せばよい。（これもグラフを描いて考えると分かりやすい。）

4. 不定積分

(1) 不定積分の定義

$$F(x)=\int f(x)\,dx \qquad (f(x):\text{被積分関数},\ F(x):\text{不定積分},\ F'(x)=f(x))$$

(2) 積分計算の公式

(i) $\displaystyle\int x^n\,dx=\frac{1}{n+1}x^{n+1}+C$　　(ii) $\displaystyle\int kf(x)\,dx=k\int f(x)\,dx$

(iii) $\displaystyle\int\{f(x)\pm g(x)\}\,dx=\int f(x)\,dx\pm\int g(x)\,dx$　（複号同順）

(iv) $\displaystyle\int (x+a)^n\,dx=\frac{1}{n+1}(x+a)^{n+1}+C$　(v) $\displaystyle\int (ax+b)^n\,dx=\frac{1}{a(n+1)}(ax+b)^{n+1}+C$

（ただし，$n=0,1,2,\cdots$，　k,a,b：定数，C：積分定数）

5. 定積分

(1) 定積分の定義

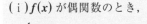

$$\int_a^b f(x)\,dx=\left[F(x)\right]_a^b=F(b)-F(a)$$ ← 定積分の結果はある値になる。

(2) 偶関数と奇関数の定積分

(i) $f(x)$ が偶関数のとき，

$\begin{cases}\cdot f(-x)=f(x)\\ \cdot\ y \text{ 軸に対称なグラフ}\end{cases}$

$$\int_{-a}^{a}f(x)\,dx=2\int_0^a f(x)\,dx$$

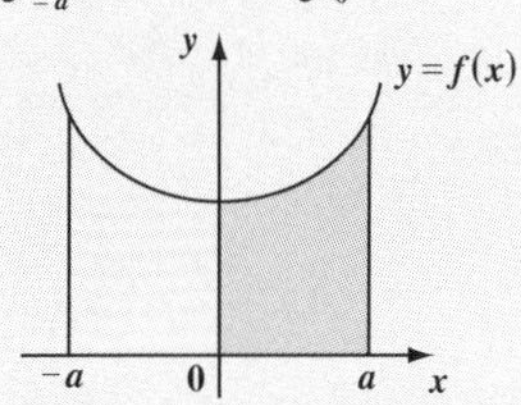

(ii) $f(x)$ が奇関数のとき，

$\begin{cases}\cdot f(-x)=-f(x)\\ \cdot\ \text{原点に対称なグラフ}\end{cases}$

$$\int_{-a}^{a}f(x)\,dx=0$$

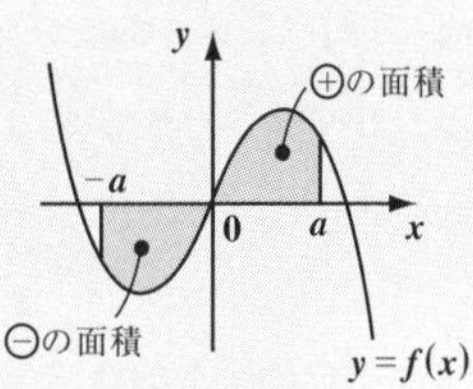

2 変数関数の積分：例として，$f(x,t)=6x^2t+2x$ の定積分について，

$\cdot\displaystyle\int_0^1(6tx^2+2x)\,dx=\left[2tx^3+x^2\right]_0^1=2t\cdot1^3+1^2=2t+1$

$\cdot\displaystyle\int_0^1(6x^2\cdot t+2x)\,dt=\left[3x^2t^2+2x\cdot t\right]_0^1=3x^2\cdot1^2+2x\cdot1=3x^2+2x$

6. 定積分で表された関数

(1) $\int_a^b f(t)\,dt$ （a，b：定数）の場合，

$\int_a^b f(t)\,dt = A$（定数）とおく。

(2) $\int_a^x f(t)\,dt$ （a：定数，x：変数）の場合，

（ⅰ）x に a を代入して，$\int_a^a f(t)\,dt = 0$

（ⅱ）x で微分して，$\left\{\int_a^x f(t)\,dt\right\}' = f(x)$

(3) 絶対値記号の付いた 2 変数関数の積分

(ex) $\int_0^a |x + a - 2|\,dx$

- x：まず変数
- $a - 2$：まず，定数扱い，積分後変数になる
- dx：x で積分

これは最終的には，a の関数 $F(a)$ になる。
（実力アップ問題 85 (P125) 参照）

7. 面積計算

(1) $a \leqq x \leqq b$ の範囲で，$y = f(x)$ と $y = g(x)$ とではさまれる図形の面積 S

$S = \int_a^b \{f(x) - g(x)\}\,dx$ （ただし，$a \leqq x \leqq b$ で，$f(x) \geqq g(x)$ とする。）

(2) $a \leqq x \leqq b$ の範囲で，$y = f(x)$ と x 軸とではさまれる図形の面積 S_1，S_2

$$\begin{cases} (\text{i})\ f(x) \geqq 0 \text{ のとき，} & S_1 = \int_a^b f(x)\,dx \\ (\text{ii})\ f(x) \leqq 0 \text{ のとき，} & S_2 = -\int_a^b f(x)\,dx \end{cases}$$

8. 面積公式

(1) 放物線 $y = ax^2 + bx + c$ と直線とで囲まれる図形の面積 S_1

$S_1 = \dfrac{|a|}{6}(\beta - \alpha)^3$ （ただし，$a \neq 0$，α, β：2 交点の x 座標 $(\alpha < \beta)$）

(2) 放物線 $y = ax^2 + bx + c$ と 2 接線とで囲まれる図形の面積 S_2

$S_2 = \dfrac{|a|}{12}(\beta - \alpha)^3$ （ただし，$a \neq 0$，α, β：2 接点の x 座標 $(\alpha < \beta)$）

(3) 3 次関数 $y = ax^3 + bx^2 + cx + d$ と接線とで囲まれる図形の面積 S_3

$S_3 = \dfrac{|a|}{12}(\beta - \alpha)^4$ （ただし，$a \neq 0$，α, β：接点と交点の x 座標 $(\alpha < \beta)$）

実力アップ問題 64　難易度 ★★　CHECK 1　CHECK 2　CHECK 3

(1) $\lim_{x\to 1}\dfrac{2x^3+ax-10}{x^2-1}=b$ （b は有限な値）のとき，a, b の値を求めよ。

（防衛大）

(2) 微分係数 $f'(1)$ が存在するとき，次の極限値を $f(1)$ と $f'(1)$ で表せ。

$\lim_{x\to 1}\dfrac{f(x)-x^3f(1)}{x-1}$

（明治大）

ヒント！ (1) 分数関数の極限の問題だ。分母が 0 に近づくにも関わらず，極限が有限な値に近づくとき，分子も 0 に近づくんだね。(2) 微分係数の定義式の問題だ。定義式：$f'(1)=\lim_{x\to 1}\dfrac{f(x)-f(1)}{x-1}$ を利用しよう。

(1) $x\to 1$ のとき，

・分母：$x^2-1\to 1-1=0$　より，

・分子：$2x^3+ax-10\to \boxed{2+a-10=0}$

$\therefore\ a=8$ ……①

注意！
分母→0 のとき，分子が 0 以外の値に近づくと，この左辺の極限は，±∞ に発散する。よって，分子→0

①より，

組立て除法

	2,	0,	8,	−10
1)	↓	2	2	10
	2	2	10	(0)

$(x-1)(2x^2+2x+10)$

与式の左辺 $=\lim_{x\to 1}\dfrac{2x^3+\boxed{8}x-10}{x^2-1}$　（$a=8$，$x^2-1=(x-1)(x+1)$）

$=\lim_{x\to 1}\dfrac{\cancel{(x-1)}(2x^2+2x+10)}{\cancel{(x-1)}(x+1)}$　← $\dfrac{0}{0}$ の要素が消えた！

$=\lim_{x\to 1}\dfrac{2x^2+2x+10}{x+1}$

$=\dfrac{2+2+10}{1+1}=\boxed{7=b}=$ 与式の右辺

$\dfrac{0.0\cdots07}{0.0\cdots01}$ のイメージ

以上より，$a=8,\ b=7$ …………(答)

(2) $f'(1)$ は存在するので，

$\lim_{x\to 1}\dfrac{f(x)-f(1)}{x-1}=f'(1)$ ……②

が成り立つ。よって，

$\lim_{x\to 1}\dfrac{f(x)-x^3f(1)}{x-1}$　← $\dfrac{0}{0}$ の不定形

$=\lim_{x\to 1}\dfrac{f(x)-f(1)+f(1)-x^3f(1)}{x-1}$

$=\lim_{x\to 1}\left\{\dfrac{f(x)-f(1)}{x-1}-\dfrac{f(1)(x^3-1)}{\cancel{x-1}}\right\}$　（$x^3-1=\cancel{(x-1)}(x^2+x+1)$）

$=\lim_{x\to 1}\left\{\dfrac{f(x)-f(1)}{x-1}-(x^2+x+1)f(1)\right\}$　（$\dfrac{f(x)-f(1)}{x-1}\to f'(1)$，$x^2+x+1\to(1^2+1+1)$）

$=f'(1)-3f(1)$ …………………(答)

（②より）

実力アップ問題 65　難易度 ★★　CHECK 1　CHECK 2　CHECK 3

導関数の定義式 $f'(x)=\lim_{h\to0}\frac{f(x+h)-f(x)}{h}$ を利用して，次の関数 $f(x)$ の導関数 $f'(x)$ を求めよ。

(1) $f(x)=x^3$　(小樽商科大)　(2) $f(x)=x^4$　(早稲田大)

(3) $f(x)=x^n$　(n は自然数)　(広島大)

ヒント！ 定義式に従って導関数を求める問題。(1) が $3x^2$，(2) が $4x^3$，(3) が nx^{n-1} となることを，導関数の定義式から導くんだよ。

基本事項

導関数の定義式

$$f'(x)=\lim_{h\to0}\frac{f(x+h)-f(x)}{h}=\lim_{h\to0}\frac{f(x)-f(x-h)}{h}$$

(1) $f(x)=x^3$ のとき，$f(x+h)=(x+h)^3$ より，

$$f'(x)=\lim_{h\to0}\frac{f(x+h)-f(x)}{h}$$

$$=\lim_{h\to0}\frac{(x+h)^3-x^3}{h}$$

$((x+h)^3=x^3+3x^2h+3xh^2+h^3)$

$$=\lim_{h\to0}\frac{h(3x^2+3xh+h^2)}{h}$$

（$\frac{0}{0}$ の要素が消えた！）

$$=\lim_{h\to0}(3x^2+3xh+h^2)$$

$(3xh\to0,\ h^2\to0)$

$=3x^2$ ……………………(答)

(2) $f(x)=x^4$ のとき，同様に，

$$f'(x)=\lim_{h\to0}\frac{f(x+h)-f(x)}{h}$$

$$=\lim_{h\to0}\frac{(x+h)^4-x^4}{h}$$

$((x+h)^4=x^4+4x^3h+6x^2h^2+4xh^3+h^4)$

$$=\lim_{h\to0}\frac{h(4x^3+6x^2h+4xh^2+h^3)}{h}$$

（$\frac{0}{0}$ の要素が消えた！）

$$=\lim_{h\to0}(4x^3+6x^2h+4xh^2+h^3)$$

$(h\to0,\ h^2\to0,\ h^3\to0)$

$=4x^3$ ……………………(答)

(3) $f(x)=x^n$ $(n=1, 2, \cdots)$ のとき，

$f(x+h)=(x+h)^n$

$={}_nC_0x^n+{}_nC_1x^{n-1}h+{}_nC_2x^{n-2}h^2+\cdots+{}_nC_nh^n$

（二項定理を使った！ $(a+b)^n={}_nC_0a^n+{}_nC_1a^{n-1}b+{}_nC_2a^{n-2}b^2+\cdots+{}_nC_nb^n$）

$=x^n+nx^{n-1}h+\frac{n(n-1)}{2}x^{n-2}h^2+\cdots+h^n$

よって，

$f(x+h)-f(x)=nx^{n-1}h+\frac{n(n-1)}{2}x^{n-2}h^2+\cdots\cdots+h^n$

以上より，

$$f'(x)=\lim_{h\to0}\frac{f(x+h)-f(x)}{h}$$

（$\frac{0}{0}$ の要素が消えた！）

$$=\lim_{h\to0}\frac{h\left\{nx^{n-1}+\frac{n(n-1)}{2}x^{n-2}h+\cdots+h^{n-1}\right\}}{h}$$

$$=\lim_{h\to0}\left\{nx^{n-1}+\frac{n(n-1)}{2}x^{n-2}h+\cdots+h^{n-1}\right\}$$

（この間の項には，それぞれ $h, h^2, h^3, \cdots, h^{n-1}$ が含まれるため 0 に収束！）

$=nx^{n-1}$ ……………………(答)

実力アップ問題 66　難易度 ★★★　CHECK 1　CHECK 2　CHECK 3

(1) 微分可能な 2 つの x の関数 $f(x)$ と $g(x)$ の積の微分が

$\{f(x)\cdot g(x)\}' = f'(x)\cdot g(x) + f(x)\cdot g'(x)$ ……(＊)　となることを示せ。

(2) n を 2 以上の整数として，x^n を $(x-1)^2$ で割ったときの余りを求めよ。

（実力アップ問題 5（P13）と同じ問題）

ヒント！ (1) 2 つの関数の積の微分公式：$(f\cdot g)' = f'\cdot g + f\cdot g'$ は，応用公式として覚えておこう。(2) では，P13 の問題を，微分を使って解いてみよう。

(1) $f(x)\cdot g(x)$ の導関数を，定義式を使って求めてみると，

$$\{f(x)\cdot g(x)\}'$$

（定義式）

$$= \lim_{h\to 0}\frac{f(x+h)\cdot g(x+h) - f(x)\cdot g(x)}{h}$$

$$= \lim_{h\to 0}\left\{\frac{f(x+h)g(x+h) - f(x)g(x+h)}{h} + \frac{f(x)g(x+h) - f(x)g(x)}{h}\right\}$$

{ } 内の分子に，$f(x)\cdot g(x+h)$ をたした分，同じものを引いた！

$$= \lim_{h\to 0}\left\{\underbrace{\frac{f(x+h) - f(x)}{h}}_{f'(x)}\cdot g(x+\underbrace{h}_{0}) + f(x)\cdot\underbrace{\frac{g(x+h) - g(x)}{h}}_{g'(x)}\right\}$$

$= f'(x)\cdot g(x) + f(x)\cdot g'(x)$ となる。

∴ (＊) の微分公式は成り立つ。…(終)

(2) x^n $(n \geqq 2)$ を 2 次式 $(x-1)^2$ で割った商を $Q(x)$ とおくと，余りは 1 次以下の式 $ax+b$ とおける。

∴ $x^n = (x-1)^2Q(x) + \underbrace{ax+b}_{余り}$ ……①

となる。

①の両辺に，$x=1$ を代入して，$a+b=1$ が得られるが，これだけでは，未知数 a，b の値は決まらない。よって，こういう場合は，①の両辺を x で微分して，その結果に $x=1$ を代入するとウマクいく！

①の両辺を x で微分すると，

$n\cdot x^{n-1} = \{(x-1)^2\cdot Q(x)\}' + a$ より，

$\{(x-1)^2\}'\cdot Q(x) + (x-1)^2\cdot Q'(x)$

$((x^2-2x+1)' = 2x-2 = 2(x-1))$

$= 2(x-1)\cdot Q(x) + (x-1)^2\cdot Q'(x)$

$= (x-1)\cdot\{2Q(x) + (x-1)Q'(x)\}$

$(f\cdot g)' = f'\cdot g + f\cdot g'$ の公式

$n\cdot x^{n-1} = (x-1)\widetilde{Q(x)} + a$ ……②

$2Q(x) + (x-1)Q'(x)$ をまとめて，何か x の関数 $\widetilde{Q(x)}$ とおいた。

①，②の両辺に $x=1$ を代入すると，

①より，$1^n = \cancel{(1-1)Q(1)} + a\cdot 1 + b$

②より，$n\cdot 1^{n-1} = \cancel{(1-1)\cdot\widetilde{Q(1)}} + a$

∴ $a+b=1$，$a=n$

よって，$b = 1-a = 1-n$

以上より，求める余りは，

$ax+b = nx+1-n$ である。……(答)

これは，P13 の結果と同じだね。

実力アップ問題 67　難易度 ★★　CHECK 1　CHECK 2　CHECK 3

x の整式 $f(x)$ が常に $f(x)+x^2f'(x)=kx^3+k^2x+1$ を満たすとき，次の問いに答えよ。ただし，k は 0 でない定数である。

(1) 整式 $f(x)$ を x の n 次式とするとき，n の値を求めよ。

(2) 整式 $f(x)$ を求めよ。　(大阪電通大)

ヒント！ (1) $f(x)$ を n 次式とおくと，与式から，$n+1=3$ が導ける。(2) (1) で $f(x)$ が x の 2 次式であることがわかるので，$f(x)=ax^2+bx+c\ (a\neq 0)$ とおく。

参考

$f(x)$ を x の n 次式 (n: 自然数) とすると，

$f(x)=ax^n+bx^{n-1}+\cdots\quad(a\neq 0)$

これを x で微分すると，

$f'(x)=nax^{n-1}+(n-1)bx^{n-2}+\cdots$

となって，x の $n-1$ 次式になる。

さらに，これに x^2 をかけると，

$x^2\cdot f'(x)=x^2\{nax^{n-1}+(n-1)bx^{n-2}+\cdots\}$

$=nax^{n+1}+(n-1)bx^n+\cdots$

となって，$n-1+2=n+1$ 次式になる。

(1) $f(x)$ を x の n 次式とすると，

$\underbrace{f(x)}_{n\text{次式}}+\underbrace{x^2f'(x)}_{2+n-1=n+1\text{次式}}=\underbrace{kx^3+k^2x+1}_{3\text{次式}}$ …①より，（左辺は $n+1$ 次式）$(k\neq 0)$

次数の方程式　$n+1=3$ ……② が成り立つ。②を解いて，$n=2$ …(答)

(2) $f(x)$ は，x の 2 次式より，

$f(x)=ax^2+bx+c\ \ (a\neq 0)$ ……③

とおける。これを x で微分して，

$f'(x)=2ax+b$ ……④

③，④を①に代入して，

$ax^2+bx+c+x^2(2ax+b)=kx^3+k^2x+1$

$\underset{k}{\boxed{2a}}x^3+(\underset{0}{\boxed{a+b}})x^2+\underset{k^2}{\boxed{b}}x+\underset{1}{\boxed{c}}=kx^3+k^2x+1$

これは x についての恒等式より，両辺の各係数を比較して，

$$\begin{cases}2a=k & \cdots\cdots⑤\\ a+b=0 & \cdots\cdots⑥\\ b=k^2 & \cdots\cdots⑦\\ c=1 & \cdots\cdots⑧\end{cases}\quad(\text{ただし，}k\neq 0)$$

⑤より，$a=\dfrac{k}{2}$ ……⑤′

⑤′と⑦を⑥に代入して，

$\dfrac{k}{2}+k^2=0\qquad \underset{\neq 0}{k}(2k+1)=0$

$k\neq 0$ より，$2k+1=0\quad\therefore k=-\dfrac{1}{2}$

$\therefore a=\dfrac{1}{2}\cdot\left(-\dfrac{1}{2}\right)=-\dfrac{1}{4}$　(⑤′より)

$b=\left(-\dfrac{1}{2}\right)^2=\dfrac{1}{4}$　(⑦より)

$c=1$　(⑧より)

以上より，求める整式 $f(x)$ は，

$f(x)=-\dfrac{1}{4}x^2+\dfrac{1}{4}x+1$ ……………(答)

実力アップ問題 68	難易度 ★★	CHECK 1	CHECK 2	CHECK 3

放物線 $y=\frac{1}{2}x^2$ 上の 2 点 $A\left(a,\ \frac{1}{2}a^2\right)$，$B\left(b,\ \frac{1}{2}b^2\right)$ における接線の交点を C とする。ただし，$a>0>b$ とする。$\angle ACB=45°$ のとき，

(1) b を a の式で表せ。

(2) $\triangle ABC$ が $\angle A$ を直角とする直角二等辺三角形であるとき，点 A の座標を求めよ。

（大阪市立大＊）

ヒント！ (1) 2 直線のなす角 θ の問題は，tan の加法定理を応用すればいい。(2) 2 直線の直交条件：(傾き)×(傾き)＝-1 を用いるんだね。

(1) $y=f(x)=\frac{1}{2}x^2$ とおくと，

$f'(x)=x$

曲線 $y=f(x)$ 上の 2 点 $A(a,f(a))$，$B(b,f(b))$ における接線をそれぞれ l_a，l_b とおき，l_a と l_b の交点を $\underline{C}$ とおく。

（この交点 C の座標が $\left(\frac{a+b}{2},\ \frac{1}{2}ab\right)$ となることも知っておくといい。(面積公式の応用)）

2 接線 l_a，l_b の傾きは，それぞれ

$$\begin{cases} f'(a)=a \\ f'(b)=b \end{cases}$$

ここで，右図のように 2 つの角 α，β をとると，

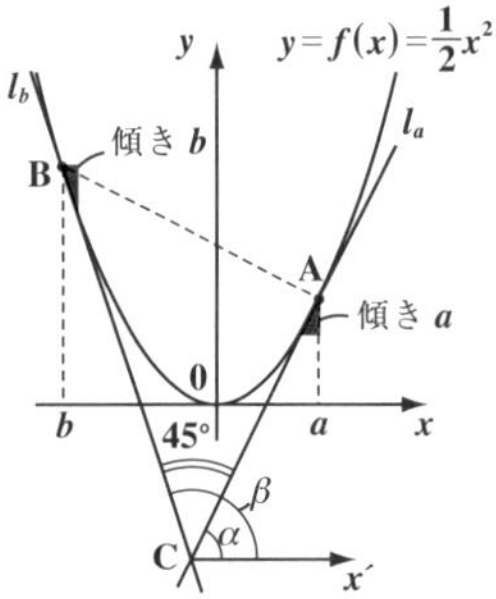

$$\begin{cases} a=\tan\alpha \\ b=\tan\beta \end{cases} \quad \cdots\cdots ①$$

$45°=\beta-\alpha$ ……② となる。

②の両辺の tan をとって，

$\tan 45°=\tan(\beta-\alpha)$

$$1=\frac{\tan\beta-\tan\alpha}{1+\tan\beta\tan\alpha} \quad \cdots\cdots ③$$

①を③に代入して，

$1=\frac{b-a}{1+b\cdot a}$　　$1+ba=b-a$

$(1-a)b=1+a$　（$a=1$ のとき，$0=2$ となって矛盾）

$\therefore\ b=\frac{1+a}{1-a}\quad (a\neq 1)$ ……④……(答)

(2) 直線 AB の傾きは，

$$\frac{f(a)-f(b)}{a-b}=\frac{\frac{1}{2}\boxed{(a^2-b^2)}}{\cancel{a-b}}=\frac{1}{2}(a+b)$$

（$(a^2-b^2)=(a+b)\cancel{(a-b)}$）

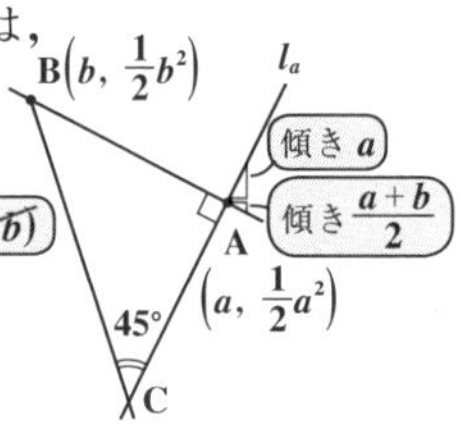

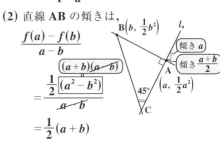

$\therefore\ \angle A=90°$ のとき　（(傾き)×(傾き)＝-1）

$\frac{1}{2}(a+b)\cdot a=-1$ ……⑤

④を⑤に代入して，

$\frac{1}{2}\left(a+\frac{1+a}{1-a}\right)a=-1$　（$\frac{a\{a(1-a)+1+a\}}{2(1-a)}=-1$，$a^2-a^3+a+a^2=-2+2a$）

$\underline{a^3-2a^2}+\underline{a-2}=0$

$\underline{a^2(a-2)}+\underline{(a-2)}=0$　　$\underset{\oplus}{(a^2+1)}(a-2)=0$

$\therefore\ a=2$　また，$f(2)=\frac{1}{2}\cdot 2^2=2$ より，

点 A の座標は，$A(2,\ 2)$ となる。

…………(答)

実力アップ問題 69　難易度 ★★★　CHECK 1　CHECK 2　CHECK 3

曲線 C : $y = x^3 - kx$ 上の点 $\mathrm{P}(a,\ a^3 - ka)$ における接線 l が，曲線 C と点 P と異なる点 Q で交わっている。点 Q における接線が直線 l と直交しているとき，次の問いに答えよ。

(1) 点 Q の座標を a と k を用いて表せ。

(2) k のとりうる値の範囲を求めよ。　　(福岡大)

ヒント！ (1) 曲線 C を $y = f(x)$ とおくと，接線 l は $y = f'(a)(x - a) + f(a)$ となる。(2) では，$a^2 = u$ とおいて，u の 2 次方程式が正の解をもつ条件を求めよう。

(1) 曲線 C : $y = f(x) = x^3 - kx$ …①

とおくと，$f'(x) = 3x^2 - k$

よって，$y = f(x)$ 上の点 $\mathrm{P}(a,\ f(a))$ における接線 l の方程式は，

$y = (3a^2 - k)(x - a) + a^3 - ka$

$[\ y = f'(a) \cdot (x - a) + f(a)\ ]$

接線 l : $y = (3a^2 - k)x - 2a^3$ …②

①，②より y を消去して，x の 3 次方程式を作る。

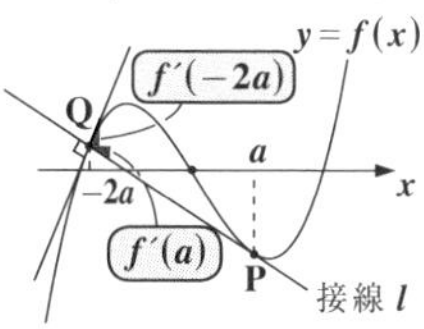

（①と②は P で接するので，これは重解 $x = a$ をもつ。）

$x^3 - kx = (3a^2 - k)x - 2a^3$

$x^3 - 3a^2x + 2a^3 = 0$

$(x - a)^2(x + 2a) = 0$

$x = a$ (重解)，$-2a$（点 Q の x 座標）

組立て除法

	1,	0,	$-3a^2$,	$2a^3$
$a)$		a	a^2	$-2a^3$
	1	a	$-2a^2$	(0)
$a)$		a	$2a^2$	
	1	$2a$	(0)	

$f(-2a) = -8a^3 + 2ka$

$\therefore$ 点 $\mathrm{Q}(-2a,\ -8a^3 + 2ka)$ …(答)

(2) 点 P における接線 l と点 Q における接線とは直交するので，

$f'(a) \times f'(-2a) = -1$　（(傾き)×(傾き)$= -1$）

$(3a^2 - k)(12a^2 - k) = -1$

$36a^4 - 15ka^2 + k^2 + 1 = 0$　……③

（a の 4 次方程式。P と Q は異なるので，$a \neq 0$。よって，$a^2 = u$ とおいて，u の 2 次方程式にし，u が正の解を少なくとも 1 つもつ条件を求める。$u > 0$ のとき，$a = \pm\sqrt{u}$ となって，a，すなわち点 P が存在するからだ！）

ここで，$a^2 = u$ とおくと，③は，

$36u^2 - 15ku + k^2 + 1 = 0$　……④

$a^2 \neq 0$ より，④の u の 2 次方程式が正の解をもつ条件を求める。ここで，

$g(u) = 36u^2 - 15ku + k^2 + 1$ とおくと，

$g(0) = k^2 + 1 > 0$ より，

$g(u) = 0$ …④が正の解をもつ条件は

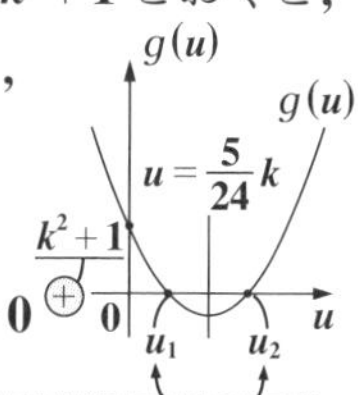

(i) 軸 $u = \dfrac{15k}{2 \times 36} > 0$

$\therefore\ k > 0$

(ii) ④の判別式を D とおくと，

$D = (-15k)^2 - 4 \times 36(k^2 + 1) \geqq 0$

（両辺を 9 で割った）

$25k^2 - 16(k^2 + 1) \geqq 0$

$9k^2 - 16 \geqq 0$　$(3k + 4)(3k - 4) \geqq 0$

$3k + 4 > 0$ より，$k \geqq \dfrac{4}{3}$　（(i) $k > 0$ かつ (ii) $k \geqq \dfrac{4}{3}$）

以上 (i)(ii) より，$k \geqq \dfrac{4}{3}$ ……(答)

実力アップ問題 70　難易度 ★★★　CHECK 1　CHECK 2　CHECK 3

2 つの放物線 C_1 : $y = -x^2$, C_2 : $y = 3(x-1)^2 + a$ (a : 定数) について次の問いに答えよ。

(1) C_1, C_2 の両方に接する直線が 2 本存在するための a の条件を求めよ。

(2) C_1, C_2 の両方に接する 2 本の直線が直交するとき，a の値を求めよ。

(3) C_1, C_2 の両方に接する 2 本の直線が，$\frac{\pi}{4}$ の角度で交わるとき，a の値を求めよ。　(熊本大)

ヒント！ (1) C_1 上の点 $(t, -t^2)$ における接線の方程式を立て，これと C_2 から y を消去した x の 2 次方程式が重解をもつ条件を求めればいいんだね。(3) では，実力アップ問題 68 と同様に，tan の加法定理 $\tan(\alpha-\beta) = \frac{\tan\alpha - \tan\beta}{1+\tan\alpha\tan\beta}$ $\left(ただし，\alpha-\beta = \frac{\pi}{4} または \frac{3}{4}\pi\right)$ を用いればいいんだね。

(1) C_1 : $y = f(x) = -x^2$ ……①

C_2 : $y = g(x) = 3(x-1)^2 + a$ …②

(a : 定数) とおく。

$f'(x) = -2x$ より，$y = f(x)$ 上の点 $(t, f(t))$ における接線の方程式は，

$y = -2t(x-t) - t^2$ より，

$[\,y = f'(t)(x-t) + f(t)\,]$

$y = -2tx + t^2$ ……③

図 (ⅰ) のように，③は，C_2 とも接する。よって，②，③から y を消去して x の 2 次方程式を導くと，

図 (ⅰ)

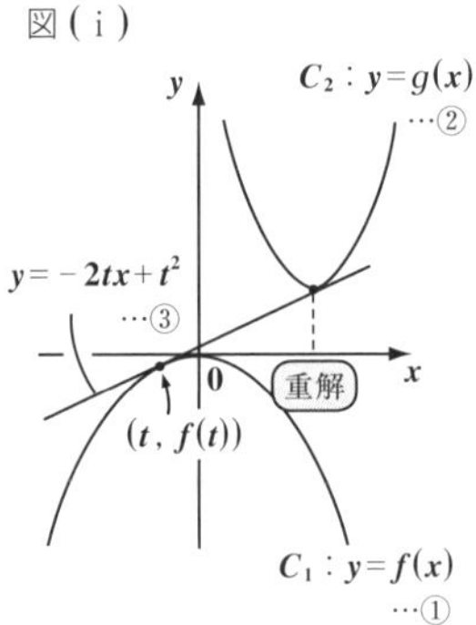

$\underline{3(x-1)^2} + a = -2tx + t^2$
$\quad (3x^2 - 6x + 3)$

$3x^2 + 2(t-3)x + a - t^2 + 3 = 0$ …④

となり，これは重解をもつ。

よって，④の判別式を D とおくと，

$\frac{D}{4} = \underline{(t-3)^2} - 3(a - t^2 + \cancel{3}) = 0$
$\quad (t^2 - 6t + \cancel{9})$

$4t^2 - 6t - 3a = 0$ ……⑤

C_1, C_2 の両方に接する接線が 2 本存在する条件は，図 (ⅱ) に示すように，⑤の t の 2 次方程式が相異なる 2 実数解 t_1, t_2 を

図 (ⅱ)

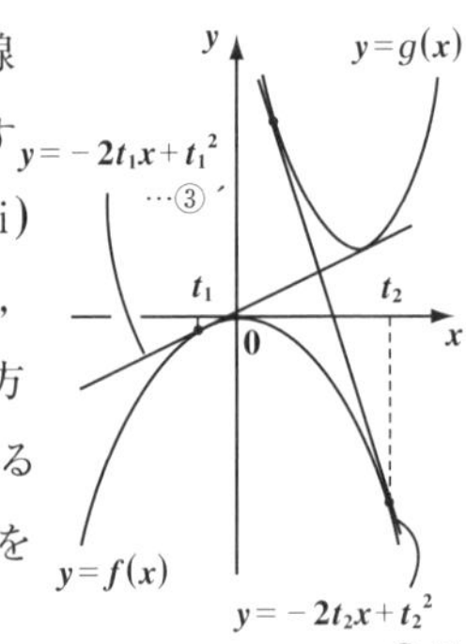

もつことである。よって，⑤の判別式を D_t とおくと，

$$\frac{D_t}{4}=(-3)^2-4(-3a)>0$$

$9+12a>0$　　∴ $a>-\frac{3}{4}$ ……(答)

(2) ③より，C_1, C_2 の両方に接する 2 接線を

$$\begin{cases} y=-2t_1x+t_1^2 \text{ ……③}' \\ y=-2t_2x+t_2^2 \text{ ……③}'' \end{cases}$$ と

おくと，これらが直交する条件は，

$-2t_1\times(-2t_2)=-1$ ←((傾き)×(傾き)$=-1$)

∴ $t_1\cdot t_2=-\frac{1}{4}$ ……⑥

また，⑤の解が t_1, t_2 より，解と係数の関係を用いると，

$t_1+t_2=\frac{3}{2}$ …⑦，$t_1t_2=-\frac{3}{4}a$ …⑦′

⑥，⑦′より，$-\frac{3}{4}a=-\frac{1}{4}$

∴ $a=\frac{1}{3}$ ……………………………(答)

（これは，$a>-\frac{3}{4}$ をみたす。）

(3) ここで，$t_1<t_2$ とおき，さらに，

図(iii)

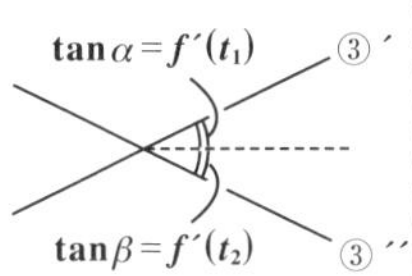

・$f'(t_1)=-2t_1$
　$=\tan\alpha$ ……⑧

・$f'(t_2)=-2t_2$
　$=\tan\beta$ ……⑨

$(\alpha>\beta)$ とおく。このとき，

$\alpha-\beta=\frac{\pi}{4}$，または $\frac{3}{4}\pi$ ……⑩

となる a の値を求める。

⑩の両辺の tan をとって，

$$\tan(\alpha-\beta)=\underbrace{\tan\frac{\pi}{4}}_{1}\text{，または }\underbrace{\tan\frac{3}{4}\pi}_{-1}$$

$$\frac{\tan\alpha-\tan\beta}{1+\tan\alpha\tan\beta}=\pm1$$

$$\underbrace{\tan\alpha}_{-2t_1}-\underbrace{\tan\beta}_{(-2t_2)}=\pm(1+\underbrace{\tan\alpha\tan\beta}_{4t_1t_2\text{（⑧，⑨より）}})$$

この両辺に⑧，⑨を代入して，

$$-2(t_1-t_2)=\pm(1+4t_1t_2)$$

この両辺を 2 乗して，

$$4\underbrace{(t_1-t_2)^2}_{(t_1+t_2)^2-4t_1t_2}=(1+4t_1t_2)^2$$

$$4\{\underbrace{(t_1+t_2)}_{\frac{3}{2}}{}^2-4\underbrace{t_1t_2}_{\left(-\frac{3}{4}a\right)}\}=(1+4\underbrace{t_1t_2}_{\left(-\frac{3}{4}a\right)\text{（⑦，⑦′より）}})^2$$

これに⑦と⑦′を代入して，

$$4\left(\frac{9}{4}+3a\right)=(1-3a)^2$$

$$9+12a=9a^2-6a+1$$

$$9a^2-18a-8=0$$

（$\sqrt{81+72}=\sqrt{9\times17}=3\sqrt{17}$）

$$∴\ a=\frac{9\pm\sqrt{81+72}}{9}$$

$$=\frac{3\pm\sqrt{17}}{3}\text{ ……………………(答)}$$

（これは，$a>-\frac{3}{4}$ をみたす。）

実力アップ問題 71　難易度 ★★　CHECK 1　CHECK 2　CHECK 3

a, b を実数の定数とする。2 つの曲線 C_1 : $y = x^3 + ax + 3$ と C_2 : $y = x^2 + b$ は第 1 象限内の 1 点で接線を共有し，その接線 L は点 $(0, -a)$ を通る。このとき，a, b の値と接線の方程式を求めよ。（早稲田大）

ヒント！ 2 曲線の共接条件の問題。2 曲線 $y = f(x)$ と $y = g(x)$ が $x = t$ で接するものとして，$f(t) = g(t)$，$f'(t) = g'(t)$ にもち込もう。

基本事項

2 曲線の共接条件

2 つの曲線 $y=f(x)$ と $y=g(x)$ が $x=t$ で接するとき，次式が成り立つ。

$f(t) = g(t)$，$f'(t) = g'(t)$

$$\begin{cases} \text{曲線 } C_1 : y = f(x) = x^3 + ax + 3 \\ \text{曲線 } C_2 : y = g(x) = x^2 + b \end{cases}$$ とおく。

$(a, b$: 実数定数$)$

$$\begin{cases} f'(x) = 3x^2 + a \\ g'(x) = 2x \end{cases}$$

2 曲線 C_1，C_2 が，$x = t$ $(t > 0)$ で接するものとすると，（接点は第 1 象限）

$$\begin{cases} t^3 + at + 3 = t^2 + b \quad \cdots\cdots ① \quad [f(t) = g(t)] \\ 3t^2 + a = 2t \quad \cdots\cdots ② \quad [f'(t) = g'(t)] \end{cases}$$

また，この共通接線

$y = 2t(x - t) + t^2 + b$

（$y = g'(t)\cdot(x-t) + g(t)$）

が，点 $(0, -a)$ を通るので，

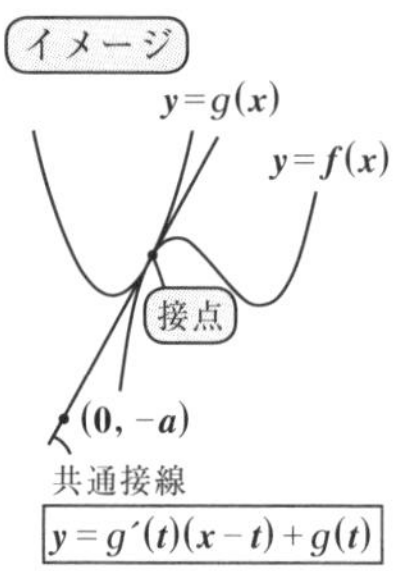

$-a = -2t^2 + t^2 + b$

$b = t^2 - a \quad \cdots\cdots ③$

②より，

$a = 2t - 3t^2 \quad \cdots\cdots ②'$

②′ を③に代入して

$b = t^2 - (2t - 3t^2) = 4t^2 - 2t \quad \cdots\cdots ③'$

②′，③′ を①に代入して，

$t^3 + (2t - 3t^2)t + 3 = t^2 + 4t^2 - 2t$

$t^3 + 2t^2 - 3t^3 + 3 = 5t^2 - 2t$

$2t^3 + 3t^2 - 2t - 3 = 0$

$t^2(2t + 3) - (2t + 3) = 0$

$(2t + 3)(t^2 - 1) = 0$

$(2t + 3)(t + 1)(t - 1) = 0$

ここで $t > 0$ より，$(2t+3)(t+1) > 0$ だから

$t - 1 = 0 \quad \therefore t = 1$

これを②′，③′ に代入して，

$$\begin{cases} a = 2 - 3 = -1 \\ b = 4 - 2 = 2 \end{cases}$$

$g(1) = 1^2 + 2 = 3$ より，

接点 $(1, g(1)) = (1, 3)$ は，第 1 象限の点である。

以上より，

$a = -1$，$b = 2$ ……………………………（答）

このときの共通接線の方程式は，

$y = 2\cdot1\cdot(x - 1) + 1^2 + 2$

（$y = g'(1)\cdot(x-1) + g(1)$）

$\therefore y = 2x + 1$ ……………………………（答）

実力アップ問題 72　難易度 ★★　CHECK 1　CHECK 2　CHECK 3

3 次関数 $f(x) = x^3 + ax^2 + 2bx$ が，$0 < x < 2$ の範囲で極大値と極小値をもつような実数 a, b の条件を求め，それを ab 座標平面上に図示せよ。（千葉大＊）

ヒント！ 3 次関数 $f(x)$ が，$0 < x < 2$ の範囲に極大値・極小値をもつための条件は，2 次方程式 $f'(x) = 0$ の解の範囲の問題に帰着するんだよ。

$y = f(x) = x^3 + ax^2 + 2bx$ ……①

①を x で微分して，

$f'(x) = 3x^2 + 2ax + 2b$ ← 下に凸の放物線

3 次関数 $y = f(x)$ が，$0 < x < 2$ の範囲に極大値と極小値をもつための条件は，図 1 に示すように，2 次方程式 $f'(x) = 0$ が，$0 < x < 2$ の範囲に，相異なる 2 実数解をもつことである。

図 1

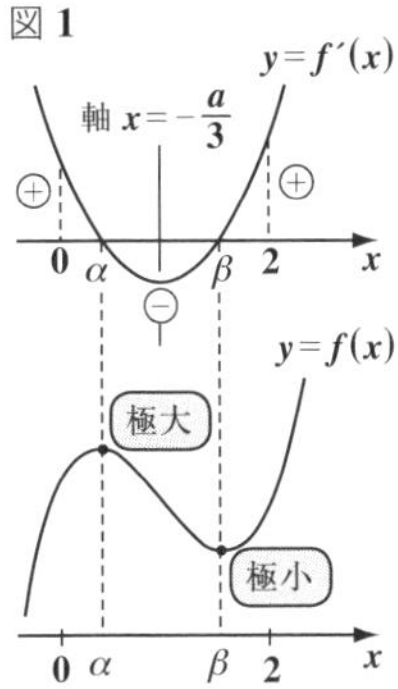

← $f'(x) = 0$

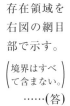

2 次方程式 $3x^2 + 2ax + 2b = 0$ ……②

の判別式を D とおくと，この条件は，

(i) $\frac{D}{4} = \boxed{a^2 - 3 \cdot 2b > 0}$

$\therefore b < \frac{1}{6}a^2$

(ii) $0 <$ 軸 $-\frac{a}{3} < 2$

$\therefore -6 < a < 0$

(iii) $f'(0) = \boxed{2b > 0}$

$\therefore b > 0$

(iv) $f'(2) = \boxed{12 + 4a + 2b > 0}$

$\therefore b > -2a - 6$

以上 (i) ～ (iv) より，求める条件は

$b < \frac{1}{6}a^2$　かつ　$-6 < a < 0$　かつ

$b > 0$　かつ　$b > -2a - 6$　　……(答)

これらの条件をすべてみたす点 (a, b) の存在領域を右図の網目部で示す。

（境界はすべて含まない。）

……(答)

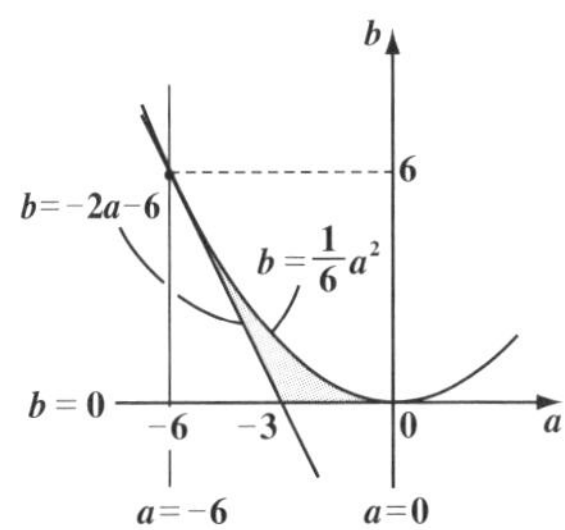

参考

$b = \frac{1}{6}a^2$ と $b = -2a - 6$ から b を消去して，

$\frac{1}{6}a^2 = -2a - 6$　　$a^2 + 12a + 36 = 0$

$(a + 6)^2 = 0$　$\therefore a = -6$ (重解) となるので，$b = \frac{1}{6}a^2$ と $b = -2a - 6$ は上図のように $a = -6$ で接する。

実力アップ問題 73　難易度 ★★★　CHECK 1　CHECK 2　CHECK 3

$f(x)=2(\sin^3x-\cos^3x)+2a\sin x\cos x\quad(a>0)$ とする。$0°\leqq x\leqq 90°$ のとき，次の問いに答えよ。

(1) $t=\sin x-\cos x$ とおいて，$f(x)$ を t の関数 $g(t)$ で表せ。

(2) $g(t)$ の最大値と最小値，およびそのときの t の値を求めよ。(立命館大＊)

ヒント！ (1) $\sin x\cos x$ も t で表す。(2) まず，t の定義域を押さえる。$g(t)$ は t の3次関数となるので，微分して，その最大値･最小値を求めよう。

$$f(x)=2(\underbrace{\sin x-\cos x}_{t})(\underbrace{\sin^2x+\cos^2x}_{1}+\underbrace{\sin x\cos x}_{\frac{1-t^2}{2}})+2a\underbrace{\sin x\cos x}_{\frac{1-t^2}{2}}\ \cdots①$$

$(0°\leqq x\leqq 90°)$

(1) $t=\sin x-\cos x$ ……②とおく。

②の両辺を2乗して，

$t^2=(\sin x-\cos x)^2$

$t^2=\underbrace{\sin^2x+\cos^2x}_{1}-2\sin x\cos x$

$\therefore\ \sin x\cos x=\dfrac{1-t^2}{2}$ ……③

②, ③を①に代入して，さらに，

$f(x)=g(t)$ とおくと，

$f(x)=g(t)=2t\left(1+\dfrac{1-t^2}{2}\right)+a(1-t^2)$

$=2t+t-t^3+a-at^2$

$\therefore\ g(t)=-t^3-at^2+3t+a$ ……(答)

t^3 の係数が負より，$y=g(t)$ のグラフの大体のイメージは右のようになる。

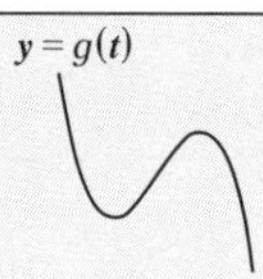

(2) ②より，

$t=\underset{\sim}{1}\cdot\sin x-\underline{1}\cdot\cos x$

$=\sqrt{2}\left(\underbrace{\dfrac{1}{\sqrt{2}}}_{\cos45°}\sin x-\underbrace{\dfrac{1}{\sqrt{2}}}_{\sin45°}\cos x\right)$

$\therefore\ t=\sqrt{2}\sin(x-45°)$ ← 三角関数の合成

ここで，$0°\leqq x\leqq 90°$ より，

$-45°\leqq x-45°\leqq 45°$

$-\dfrac{1}{\sqrt{2}}\leqq\sin(x-45°)\leqq\dfrac{1}{\sqrt{2}}$

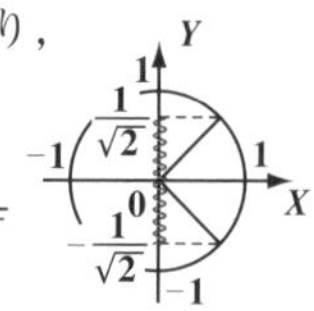

$\therefore\ -1\leqq\underbrace{t}_{\sqrt{2}\sin(x-45°)}\leqq 1$

以上より，

$y=g(t)=-t^3-at^2+3t+a$ ……④

$(-1\leqq t\leqq 1)\ (a>0)$

④を t で微分して，

$g'(t)=-3t^2-2at+3$ ← 上に凸の放物線

$g'(t)=0$ のとき，$-3t^2-2at+3=0$ より

$3t^2+2at-3=0$

$t=\dfrac{-a\pm\sqrt{a^2+9}}{3}$

ここで，$\alpha=\dfrac{-a-\sqrt{a^2+9}}{3}$,

$\beta=\dfrac{-a+\sqrt{a^2+9}}{3}$

とおく。

$\begin{cases} g'(-1) = \cancel{-3}+2a\cancel{+3}=2a>0 \\ g'(1) = \cancel{-3}-2a\cancel{+3}=-2a<0\ (\because a>0) \end{cases}$

よって，
$\alpha<-1<\beta<1$
となる。
$y=g(t)$ の増減表を下に示す。

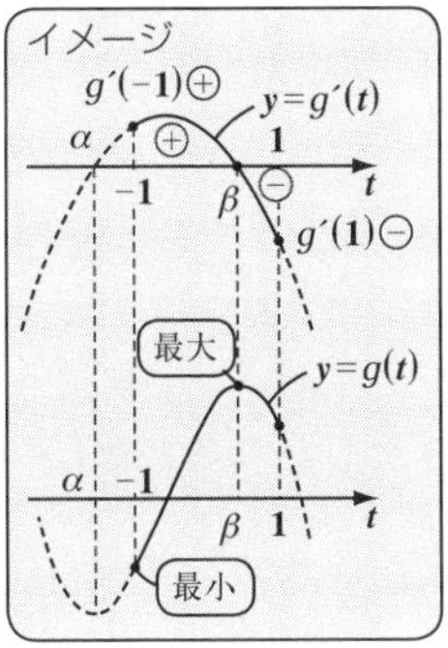

増減表 $(-1\leqq t\leqq 1)$

t	-1		β		1
$g'(t)$		$+$	0	$-$	
$g(t)$	-2	↗	極大	↘	2

$\begin{cases} g(-1)=1\cancel{-a}-3\cancel{+a}=-2 \\ g(1)=-1\cancel{-a}+3\cancel{+a}=2 \end{cases}$

参考

最大値 $g(\beta)=g\left(\dfrac{-a+\sqrt{a^2+9}}{3}\right)$ は，直接求めてもよいが，β が，$g'(t)=-3t^2-2at+3=0$ の解より，$g(t)$ をまず $g'(t)$ で割った余りから求める方法をとる。

$$\begin{array}{r} \boxed{\frac{1}{3}t+\frac{1}{9}a} \leftarrow \text{商} \\ g'(t)\ \ -3t^2-2at+3 \,\big)\, -t^3-\ at^2+\ 3t+a \leftarrow g(t) \\ -t^3-\frac{2}{3}at^2+\ \ t \qquad \\ \hline -\frac{1}{3}at^2+\ 2t+a \\ -\frac{1}{3}at^2-\frac{2}{9}a^2t+\frac{a}{3} \\ \hline \boxed{\left(\frac{2}{9}a^2+2\right)t+\frac{2}{3}a} \leftarrow \text{余り} \end{array}$$

ここで，

$$g(t)=(-3t^2-2at+3)\left(\frac{1}{3}t+\frac{1}{9}a\right)+\left(\frac{2}{9}a^2+2\right)t+\frac{2}{3}a$$

これに $t=\beta$ を代入して，

$$g(\beta)=\underbrace{\cancel{(-3\beta^2-2a\beta+3)}}_{g'(\beta)=0}\underbrace{\left(\frac{1}{3}\beta+\frac{1}{9}a\right)}_{\text{商}}+\underbrace{\left(\frac{2}{9}a^2+2\right)\beta+\frac{2}{3}a}_{\text{余り}}$$

$$=\frac{2a^2+18}{9}\cdot\underbrace{\boxed{\frac{-a+\sqrt{a^2+9}}{3}}}_{\beta}+\frac{2}{3}a$$

$$=\frac{2}{27}\{(a^2+9)(-a+\sqrt{a^2+9})+9a\}$$

$$=\frac{2}{27}\{-a^3+(a^2+9)\sqrt{a^2+9}\}$$

以上より，

- $t=\beta=\dfrac{-a+\sqrt{a^2+9}}{3}$ のとき，
  最大値 $g(\beta)=\dfrac{2}{27}\{-a^3+(a^2+9)\sqrt{a^2+9}\}$ ……………………(答)
- $t=-1$ のとき，
  最小値 $g(-1)=-2$ ………………(答)

実力アップ問題 74	難易度 ★★	CHECK 1	CHECK 2	CHECK 3

x, y, z は $x=1-y-z$, $x^2=1+yz$ を満たす実数とする。

(1) x の取り得る値の範囲を求めよ。

(2) $x^3+y^3+z^3$ を x を用いて表せ。

(3) $x^3+y^3+z^3$ の最大値・最小値を求めよ。 (名城大)

ヒント！ (1) $y+z=1-x$, $yz=x^2-1$ として，y と z を解にもつ 2 次方程式にもち込めばいい。(2)(3) は，最終的に x の 3 次関数の最大値・最小値問題になる。

(1) 実数 x, y, z が

$$\begin{cases} y+z=1-x & \cdots\cdots① \\ y\cdot z=x^2-1 & \cdots\cdots② \end{cases}$$

（y と z の基本対称式）

をみたすので，

y と z を解にもつ t の 2 次方程式は

$t^2-(1-x)t+x^2-1=0$ …③ となる。

（$t^2-(y+z)t+yz=(t-y)(t-z)=0$）

y, z は実数より，③は実数解をもつ。

よって，③の判別式を D とおくと，

$D=(1-x)^2-4(x^2-1)\geqq 0$ 　（$(1-x)^2=x^2-2x+1$）

$-3x^2-2x+5\geqq 0$ 　　$3x^2+2x-5\leqq 0$

（たすきがけ：3 と 5，1 と -1）

$(x-1)(3x+5)\leqq 0$

$\therefore -\dfrac{5}{3}\leqq x\leqq 1$ ……………………(答)

(2) $P=f(x)=x^3+(y^3+z^3)$ …④ とおく。 （$y^3+z^3=(y+z)^3-3yz(y+z)$）

（最終的に P は x の関数になるからね。）

$P=f(x)=x^3+(y+z)^3-3yz(y+z)$

（$y+z=1-x$，$yz=x^2-1$，$y+z=1-x$）

これに①，②を代入してまとめると，

$P=f(x)=x^3-(x-1)^3+3(x^2-1)(x-1)$

（$(x-1)^3=x^3-3x^2+3x-1$，$(x^2-1)(x-1)=x^3-x^2-x+1$）

$=3x^2-3x+1+3(x^3-x^2-x+1)$

$=3x^3-6x+4$ ……………………(答)

(3) $f(x)=3x^3-6x+4$ $\left(-\dfrac{5}{3}\leqq x\leqq 1\right)$

より，$f'(x)=9x^2-6$

$f'(x)=0$ のとき，$x=\pm\sqrt{\dfrac{6}{9}}=\pm\dfrac{\sqrt{6}}{3}$ （$\sqrt{6}=2.449\cdots$）

よって，$P=f(x)$ の増減表は，次のようになる。

x	$-\frac{5}{3}$		$-\frac{\sqrt{6}}{3}$		$\frac{\sqrt{6}}{3}$		1
$f'(x)$		$+$	0	$-$	0	$+$	
$f(x)$	$\frac{1}{9}$	↗	極大	↘	極小	↗	1

（$\frac{1}{9}$：最小値，極大：最大値）

$f\left(-\dfrac{\sqrt{6}}{3}\right)=-3\cdot\dfrac{6\sqrt{6}}{27}+2\sqrt{6}+4=\dfrac{12+4\sqrt{6}}{3}$ （最大値）

$f\left(\dfrac{\sqrt{6}}{3}\right)=3\cdot\dfrac{6\sqrt{6}}{27}-2\sqrt{6}+4=\dfrac{12-4\sqrt{6}}{3}$

$f\left(-\dfrac{5}{3}\right)=-\dfrac{125}{9}+10+4=\dfrac{1}{9}$ （最小値）

$f(1)=3-6+4=1$

以上より，$f(x)$，すなわち $x^3+y^3+z^3$ の最大値は $\dfrac{12+4\sqrt{6}}{3}$，最小値は $\dfrac{1}{9}$ である。 ……………………(答)

実力アップ問題 75

難易度 ★★　CHECK 1　CHECK 2　CHECK 3

単位円 $x^2+y^2=1$ に直線 $px+qy=1$ $(p>0,\ q>0)$ が接しているとする。この接線と x 軸，y 軸とで囲まれた三角形を y 軸の周りに 1 回転してできる回転体の体積を V とする。接線をいろいろ変えたときの V の最小値を求めよ。また，そのときの接点の座標を求めよ。（京都大）

ヒント！ 円 $x^2+y^2=1$ に接する接線が $px+qy=1$ から，これは，円周上の点 (p,q) における接線であることがわかるはずだ。

円 $x^2+y^2=1$ に接する接線が

$px+qy=1$ ……① $(p>0,\ q>0)$ より，

①は，第 1 象限における円周上の点 $A(p,q)$ における円の接線である。

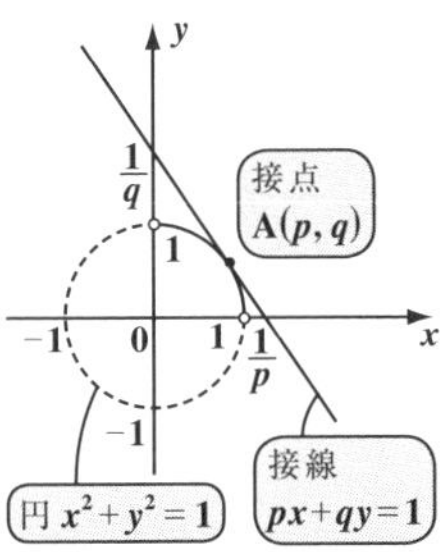

よって，

$p^2+q^2=1$ …②

また，

・$y=0$ のとき，①より，$x=\dfrac{1}{p}$

・$x=0$ のとき，①より，$y=\dfrac{1}{q}$

①の接線と，x 軸 y 軸で囲まれた図形を y 軸のまわりに回転してできる円すいの体積を V とおくと，

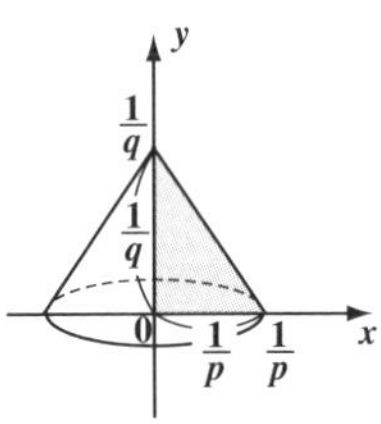

$$V=\frac{1}{3}\cdot\pi\left(\frac{1}{p}\right)^2\cdot\frac{1}{q}$$
（$\pi\left(\frac{1}{p}\right)^2$：底面積，$\frac{1}{q}$：高さ）

$$=\frac{\pi}{3}\cdot\frac{1}{p^2\cdot q}=\frac{\pi}{3}\cdot\frac{1}{q(1-q^2)}\ \cdots\cdots③$$
（$p^2=1-q^2$（②より），V：最小，$q(1-q^2)$：最大）

$(\because ②)$

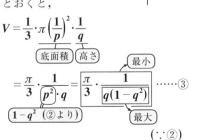

ここで，$f(q)=q(1-q^2)$ $(0<q<1)$ とおくと，$f(q)$ が最大のとき，体積 V は最小になる。

$f(q)=-q^3+q$
$(0<q<1)$

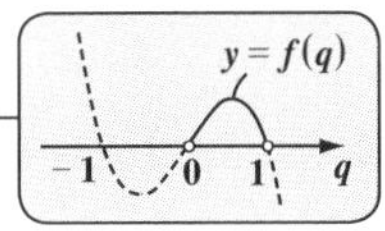

$f'(q)=-3q^2+1$　　$f'(q)=0$ のとき，

$-3q^2+1=0$　　$q=\dfrac{1}{\sqrt{3}}$ $(\because 0<q<1)$

右の増減表より，$q=\dfrac{1}{\sqrt{3}}$ のとき，$f(q)$ は最大となる。

増減表 $(0<q<1)$

q	(0)		$\frac{1}{\sqrt{3}}$		(1)
$f'(q)$	／	$+$	0	$-$	／
$f(q)$	／	↗	最大	↘	／

以上より，$q=\dfrac{1}{\sqrt{3}}$ のとき，

$$最小値\ V=\frac{\pi}{3}\cdot\frac{1}{\frac{1}{\sqrt{3}}\cdot\left(1-\frac{1}{3}\right)}=\frac{\pi}{3}\cdot\frac{1}{\frac{2}{3\sqrt{3}}}$$

$$=\frac{\sqrt{3}}{2}\pi\ \cdots\cdots（答）$$

②より，$p^2=1-\left(\dfrac{1}{\sqrt{3}}\right)^2=\dfrac{2}{3}$　$\therefore p=\sqrt{\dfrac{2}{3}}=\dfrac{\sqrt{6}}{3}$

以上より，V が最小となるときの接点 A の座標は，$A\left(\dfrac{\sqrt{6}}{3},\ \dfrac{\sqrt{3}}{3}\right)$ ……（答）

実力アップ問題 76	難易度 ★★	CHECK 1	CHECK 2	CHECK 3

(1) 方程式 $2x^3-12x^2+18x+k=0$ が異なる 3 つの実数解をもつための定数 k の値の範囲を求めよ。

(2) 方程式 $x^3+px+q=0$ (ただし，p と q は実数) が，3 つの互いに異なる実数解をもつための必要十分条件を求めよ。 (慶応大)

ヒント！ 3 次方程式と実数解の個数の問題。(1) 文字定数 k を分離する。(2) 左辺の 3 次関数について，(極値)×(極値)<0 となる条件を求める。

(1) $2x^3-12x^2+18x+k=0$ ……① より

$-2x^3+12x^2-18x=k$ ← 文字定数 k を分離

これを分解して，

$$\begin{cases} y=f(x)=-2x^3+12x^2-18x \\ y=k \end{cases}$$

↑ $y=f(x)$ と $y=k$ の共有点の x 座標が①の実数解

$$f'(x)=-6x^2+24x-18$$
$$=-6(x^2-4x+3)$$
$$=-6(x-1)(x-3)$$

$f'(x)=0$ のとき，$x=1,\ 3$

・極小値 $f(1)=-8$

・極大値 $f(3)=0$

増減表

x		1		3	
$f'(x)$	$-$	0	$+$	0	$-$
$f(x)$	↘	-8	↗	0	↘

右の $y=f(x)$ と $y=k$ のグラフより，① が相異なる 3 実数解をもつための k の値の範囲は，

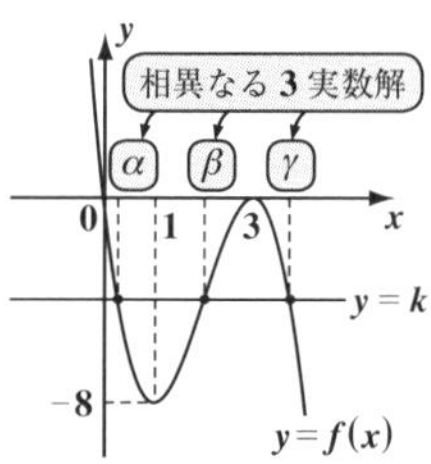

$-8<k<0$ ……………………………(答)

(2) 方程式 $x^3+px+q=0$ ……②

($p,\ q$：実数) について，

文字定数が p, q 2 つもあるので，文字定数を分離することはできない！

②を分解して，

$$\begin{cases} y=g(x)=x^3+px+q \\ y=0\ \ [x\text{ 軸}] \end{cases}$$ とおく。

↑ $y=g(x)$ と $y=0$ の共有点の x 座標が②の実数解

$g'(x)=3x^2+p$ $g'(x)=0$ のとき，

$x^2=-\dfrac{p}{3}$ ← ⊕にする

まず，$y=g(x)$ が極値をもつための条件は，

$p<0$

$x=\pm\sqrt{-\dfrac{p}{3}}$ のとき，$y=g(x)$ は極値をもつ。

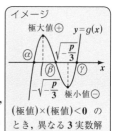

イメージ

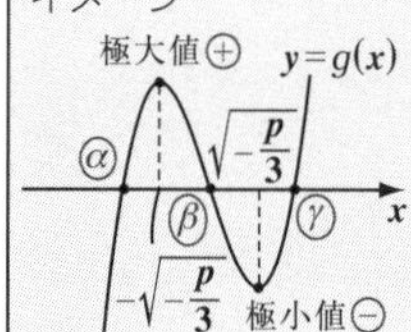

(極値)×(極値)<0 のとき，異なる 3 実数解 α, β, γ が存在する。

∴②が互いに異なる 3 実数解をもつための必要十分条件は，

$$g\left(\sqrt{-\frac{p}{3}}\right)\cdot g\left(-\sqrt{-\frac{p}{3}}\right)<0$$ ← (極値)×(極値)<0

$$\left(-\frac{p}{3}\sqrt{-\frac{p}{3}}+p\sqrt{-\frac{p}{3}}+q\right)\left(\frac{p}{3}\sqrt{-\frac{p}{3}}-p\sqrt{-\frac{p}{3}}+q\right)<0$$

$$\left(q+\frac{2p}{3}\sqrt{-\frac{p}{3}}\right)\left(q-\frac{2p}{3}\sqrt{-\frac{p}{3}}\right)<0$$

$$q^2-\frac{4p^2}{9}\left(-\frac{p}{3}\right)<0 \quad \therefore q^2+\frac{4}{27}p^3<0 \ \cdots(\text{答})$$

$q^2\geqq 0$ より，$\dfrac{4}{27}p^3<0$

∴ $p<0$ の条件は，これに含まれる。

実力アップ問題 77　難易度 ★★★　CHECK 1　CHECK 2　CHECK 3

実数 a, b, c が $a<b<c$, $a+b+c=0$, $bc+ca+ab=-3$ を満たすとき，不等式

$$-2<a<-1<b<1<c<2$$

が成り立つことを示せ。　(学習院大)

ヒント！ 3 次方程式の実数解の個数の問題。$abc=k$ とおくと，a, b, c は 3 次方程式 $x^3-0\cdot x^2-3x-k=0$ の解になるんだね。

実数 a, b, c は，

$a<b<c$

$$\begin{cases} a+b+c=0 & \cdots\cdots①\\ ab+bc+ca=-3 & \cdots\cdots② \end{cases}$$

をみたす。このとき，

$-2<a<-1<b<1<c<2$　……(＊)

が成り立つことを示す。

ここで，$abc=k$　……③とおくと，

①，②，③より，a, b, c は，次の x の 3 次方程式の相異なる 3 実数解になる。

$x^3-0\cdot x^2-3\cdot x-k=0$

> $x^3-(a+b+c)x^2+(ab+bc+ca)x-abc=0$
> $(x-a)(x-b)(x-c)=0$
> $\therefore x=a,\ b,\ c$ を解にもつ。

$x^3-3x-k=0$　……④

> 今回は，文字定数を分離しない方が証明しやすい。

④を分解して，

$$\begin{cases} y=f(x)=x^3-3x-k\\ y=0\ \ [x\text{ 軸}] \end{cases}$$

> $y=f(x)$ と x 軸との共有点の x 座標が異なる実数解 a, b, c になる。

$f'(x)=3x^2-3=3(x+1)(x-1)$

$f'(x)=0$ のとき，

$x=-1,\ 1$

•極大値

$f(-1)=-1+3-k$

$\quad=2-k$

•極小値

$f(1)=1-3-k$

$\quad=-2-k$

増減表

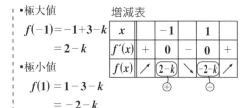

x		-1		1	
$f'(x)$	$+$	0	$-$	0	$+$
$f(x)$	↗	$2-k$ (⊕)	↘	$-2-k$ (⊖)	↗

④は，相異なる 3 実数解 a, b, c をもつので，

極大値 $f(-1)=\boxed{2-k>0}$　より，$k<2$

極小値 $f(1)=\boxed{-2-k<0}$　より，$-2<k$

$\therefore -2<k<2$

ここで，

$f(-2)=-8+6-k$

$\quad=-2-k<0$

$\quad(\because k>-2)$

$f(2)=8-6-k$

$\quad=2-k>0$

$\quad(\because k<2)$

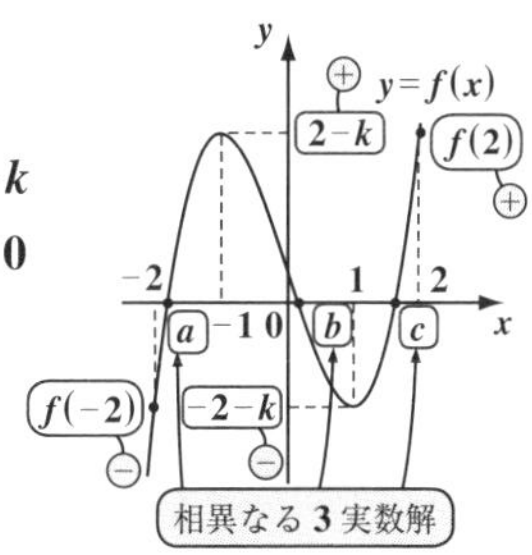

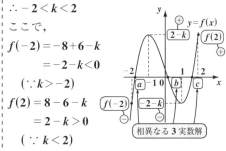

よって，右上のグラフからわかるように，

・$f(-2)<0$, $f(-1)>0$ より $-2<a<-1$

・$f(-1)>0$, $f(1)<0$ より　$-1<b<1$

・$f(1)<0$,　$f(2)>0$ より　　$1<c<2$

$\therefore -2<a<-1<b<1<c<2$ ……(＊)

は成り立つ。……………………………(終)

実力アップ問題 78　難易度 ★★★　CHECK 1　CHECK 2　CHECK 3

$y=\frac{1}{2}x^2$ を表す放物線を C とする。

(1) 曲線 C 上の点 $\left(t,\ \frac{t^2}{2}\right)$（ただし，$t \neq 0$）における C の法線の方程式を求めよ。

(2) 点 $\left(\frac{1}{4},\ \frac{5}{4}\right)$ を通る曲線 C の法線がいくつ存在するか答えよ。

(3) 点 $(a,\ a+1)$ を通る曲線 C の法線が 3 つ存在するような a の値の範囲を求めよ。　（茨城大）

ヒント！ (1) は公式通り，法線の方程式を求めればいいね。(2) では，この法線が点 $\left(\frac{1}{4},\ \frac{5}{4}\right)$ を通るとき，t の 3 次方程式が導かれるので，この 3 次方程式の実数解の個数を調べればいい。(3) も同様の考え方で解けばいいよ。

(1) $C: y=f(x)=\frac{1}{2}x^2$ とおく。

$f'(x)=x$ より，曲線上の点 $(t,\ f(t))$（ただし，$t \neq 0$）における法線の方程式は，

$y=-\frac{1}{t}(x-t)+\frac{1}{2}t^2$ より，

$\left[y=-\frac{1}{f'(t)}(x-t)+f(t)\right]$

$y=-\frac{1}{t}x+\frac{1}{2}t^2+1$ ……① ……(答)

(2) ①の法線が点 $\left(\frac{1}{4},\ \frac{5}{4}\right)$ を通るとき，（$\frac{1}{4}$ が x，$\frac{5}{4}$ が y）

これを①に代入して，

$\frac{5}{4}=-\frac{1}{t}\cdot\frac{1}{4}+\frac{1}{2}t^2+1$

両辺に $4t$ をかけてまとめると，

$5t=-1+2t^3+4t$

$2t^3-t-1=0$

$(t-1)(\underbrace{2t^2+2t+1}_{\oplus})=0$ ……②

$2t^3-t-1$ の t に 1 を代入すると 0 より

組立て除法

	2	0	−1	−1
1)	↓	2	2	1
	2	2	1	(0)

商 $(2t^2+2t+1)$

ここで，$2t^2+2t+1$

$=2\left(t+\frac{1}{2}\right)^2+\frac{1}{2}>0$ より，

t の 3 次方程式②の実数解は

$t=1$（t_1）のみである。

よって，点 $\left(\frac{1}{4}, \frac{5}{4}\right)$ を通る曲線 C の法線は 1 つのみである。 ………(答)

参考

この図形的な意味をグラフで示そう。

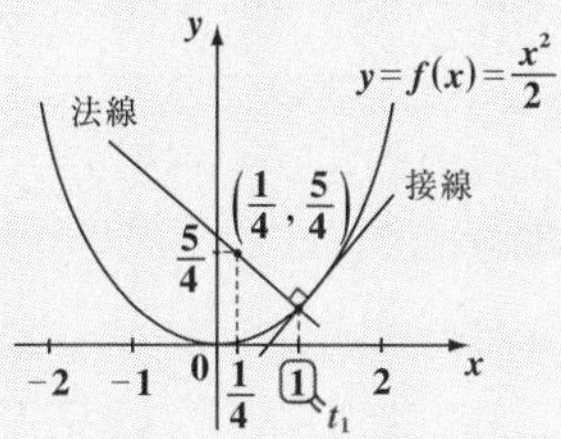

このように，t の 3 次方程式がただ 1 つの実数解 $t_1=1$ のみしかないので，点 $\left(\frac{1}{4}, \frac{5}{4}\right)$ を通る C の法線は 1 つのみであることがグラフよりわかるはずだ。

(3) ①の法線が点 $(\underset{x}{a}, \underset{y}{a+1})$ を通るとき，

これを①に代入して，

$$a+1=-\frac{1}{t}\cdot a+\frac{1}{2}t^2+1$$

両辺に $2t$ をかけてまとめると，

$$2(a+1)t=-2a+t^3+2t$$

$$t^3-2at-2a=0 \quad \cdots\cdots③$$

③の t の 3 次方程式が，相異なる 3 実数解 t_1, t_2, t_3 をもつとき，点 $(a, a+1)$ を通る C の法線は 3 つ存在する。

ここで，

$y=g(t)=t^3-2at-2a$ とおくと，

（これが，極値（極大値と極小値）をもち（極値）×（極値）<0 となればいい。）

$$g'(t)=3t^2-2a$$

$g'(t)=0$ のとき　$t^2=\frac{2}{3}a$

ここで，$y=g(t)$ は極値をもつので，$a>0$

よって，$t=\pm\sqrt{\frac{2}{3}a}$

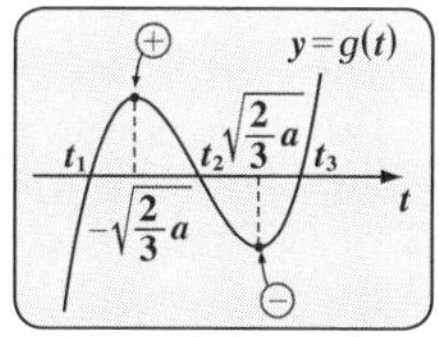

さらに，

（極値）・（極値）<0

のとき，③は異なる

3 実数解 t_1, t_2, t_3 を

もつので，

$$g\left(-\sqrt{\frac{2}{3}a}\right)\times g\left(\sqrt{\frac{2}{3}a}\right)<0$$

$$\left\{\left(-\frac{2\sqrt{2}}{3\sqrt{3}}+\frac{2\sqrt{2}}{\sqrt{3}}\right)a^{\frac{3}{2}}-2a\right\}\left\{\left(\frac{2\sqrt{2}}{3\sqrt{3}}-\frac{2\sqrt{2}}{\sqrt{3}}\right)a^{\frac{3}{2}}-2a\right\}<0$$

（$\frac{-2\sqrt{6}+6\sqrt{6}}{9}=\frac{4\sqrt{6}}{9}$）　（$\frac{-4\sqrt{6}}{9}$）

$$\left(2a-\frac{4\sqrt{6}}{9}a^{\frac{3}{2}}\right)\left(2a+\frac{4\sqrt{6}}{9}a^{\frac{3}{2}}\right)<0$$

（それぞれの（ ）に -1 をかけた。）

$$4a^2-\frac{96}{81}a^3<0$$

$$\underset{⊕}{a^2}\left(4-\frac{32}{27}a\right)<0$$

両辺を $a^2(>0)$ で割って，

$$4-\frac{32}{27}a<0, \quad a>4\times\frac{27}{32}$$

$\therefore\ a>\frac{27}{8}$ ………………………………(答)

参考

3 本の法線が引けるときのイメージ

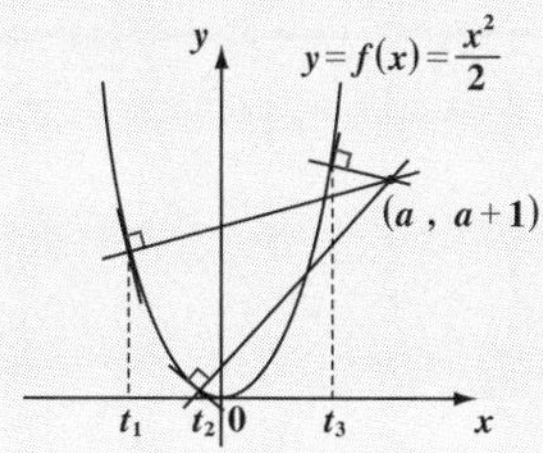

実力アップ問題 79	難易度 ★★★	CHECK 1	CHECK 2	CHECK 3

$f(x) = x^3 - 3x$ とし，C を曲線 $y = f(x)$ とする。

(1) 曲線 C のグラフの概形を描け。

(2) xy 平面上の点 $P(a, b)$ から，曲線 C にただ **1** 本の接線が引けるとき，a，b の条件を求め，それをみたす領域を ab 座標平面上に図示せよ。（小樽商大）

ヒント！ (2) $y = f(x)$ 上の点 $(t, f(t))$ における接線が点 $P(a, b)$ を通ることから，t の 3 次方程式を導き，これが 1 実数解をもつ条件を求めるんだよ。

(1) 曲線 C：$y = f(x) = x^3 - 3x$

$f'(x) = 3x^2 - 3 = 3(x+1)(x-1)$

$f'(x) = 0$ のとき，

$x = \pm 1$

増減表

x		-1		1	
$f'(x)$	$+$	0	$-$	0	$+$
$f(x)$	↗	2	↘	-2	↗

・極大値

$f(-1)$

$= -1 + 3 = 2$

・極小値

$f(1) = 1 - 3$

$= -2$

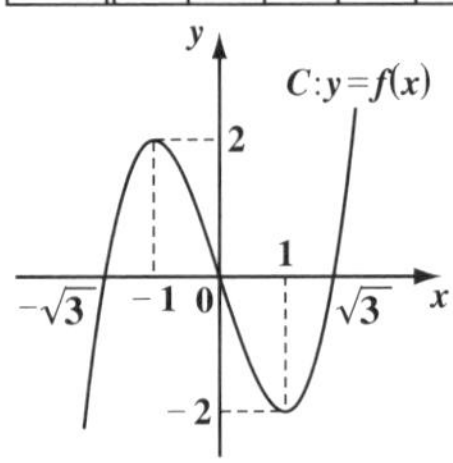

以上より，曲線 C：$y = f(x)$ のグラフの概形を右図に示す。……………………(答)

(2) 点 $(t, f(t))$ における曲線 $y = f(x)$ の接線の方程式は，

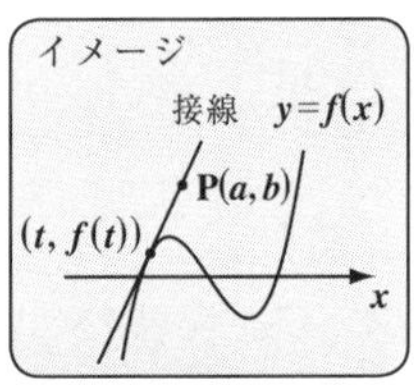

$y = (3t^2 - 3)(x - t) + t^3 - 3t$

$[y = \ f'(t) \ \cdot (x - t) + \ f(t) \ ]$

$y = (3t^2 - 3)x - 2t^3$

これが点 $P(a, b)$ を通るとき，この座標を代入して，

$b = (3t^2 - 3)a - 2t^3$

$2t^3 - 3at^2 + 3a + b = 0$ ……①

①の t の 3 次方程式が，ただ 1 つの実数解をもつとき，点 P から $y = f(x)$ にただ 1 本の接線が引ける。

①を分解して，

$\begin{cases} y = g(t) = 2t^3 - 3at^2 + 3a + b \\ y = 0 \ [t \text{ 軸}] \end{cases}$ とおく。

$g'(t) = 6t^2 - 6at = 6t(t - a)$

$g'(t) = 0$ のとき，$t = 0$，a

(ⅰ) $a = 0$ のとき，← 極値なし

$g'(t) = 6t^2 \geqq 0$

よって，$y = g(t)$ は単調増加関数より，①はただ 1 つの実数解をもつ。

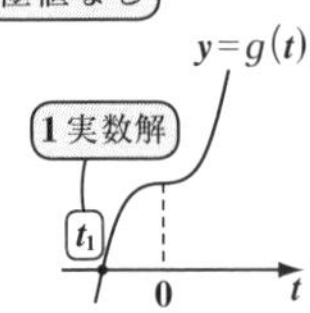

$\therefore a = 0$ ……② は適する。

(ⅱ) $a \neq 0$ のとき，条件は，

極値あり

$g(0) \times g(a) > 0$

(極値)×(極値)>0

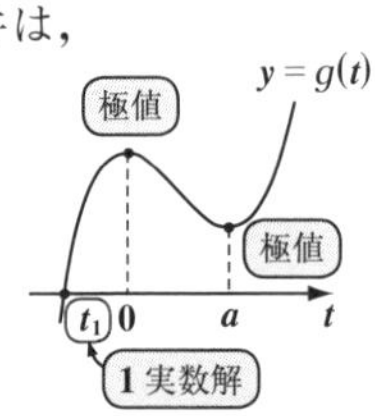

$\begin{cases} g(0) = 3a + b \\ g(a) = 2a^3 - 3a^3 + 3a + b \\ \qquad = b - a^3 + 3a \end{cases}$

よって，

$(3a + b)(b - a^3 + 3a) > 0$ ……③

この領域の境界線は,

$3a+b=0$, $b-a^3+3a=0$ より,

$$\begin{cases} b=-3a \\ b=f(a)=a^3-3a \end{cases}$$

これは, 曲線 $b=f(a)$ の原点における接線

参考

(ⅰ) ab 座標平面上で, $a=0$ …② は, 右図のように, b 軸を表す。

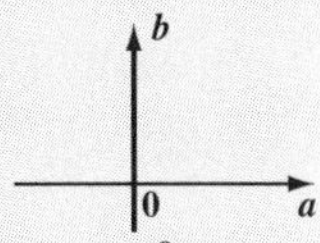

$a=0$

(ⅱ) ③の境界線上にない点, たとえば $(a, b)=(1, 0)$ を③に代入すると,

$3\times(-1+3)>0$

となって成り立つ。

∴③の表す領域は図の網目部のようになる。(境界線と b 軸 $[a\neq0]$ は含まない。)

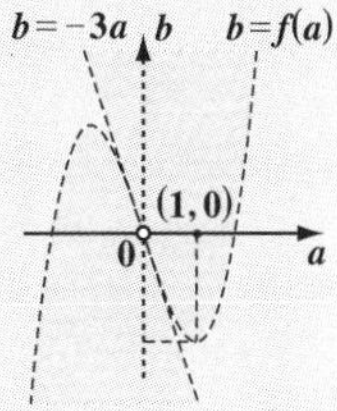

以上(ⅰ)(ⅱ)の2つの領域を合わせたものが, 求める点 $P(a, b)$ の存在領域になる。

(右図参照)

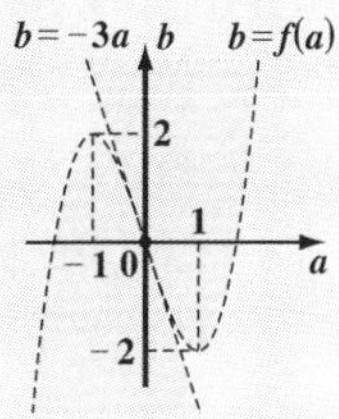

以上(ⅰ)(ⅱ)より, 点 $P(a, b)$ の存在領域を下図に網目部で示す。(ただし, 境界は, 原点を含み, それ以外はすべて含まない。) ……………………………(答)

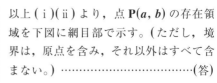

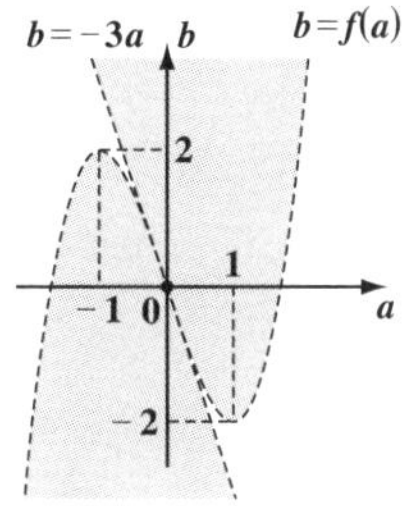

実力アップ問題 80	難易度 ★★★	CHECK 1	CHECK 2	CHECK 3

曲線 $y = x^3 - 6x^2 + ax + b$ に原点からちょうど 2 本の接線が引けるとする。ただし，$b < 0$ である。

(1) b の値を求めよ。

(2) 2 本の接線が直交するとき，a の値を求めよ。　　　(大阪市立大)

ヒント！ 3 次関数の接線の本数の問題は，3 次方程式の実数解の個数の問題に帰着する。b を文字定数と考えて，今回は分離すればいいね。

(1) $y = f(x) = x^3 - 6x^2 + ax + b$

とおく。

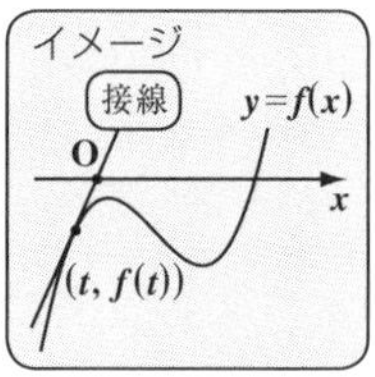

$f'(x) = 3x^2 - 12x + a$

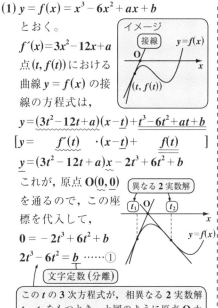

点 $(t, f(t))$ における曲線 $y = f(x)$ の接線の方程式は，

$y = (3t^2 - 12t + a)(x - t) + t^3 - 6t^2 + at + b$

$[y = \quad f'(t) \quad \cdot (x - t) + \quad f(t) \quad]$

$y = (3t^2 - 12t + a)x - 2t^3 + 6t^2 + b$

これが，原点 $O(0, 0)$ を通るので，この座標を代入して，

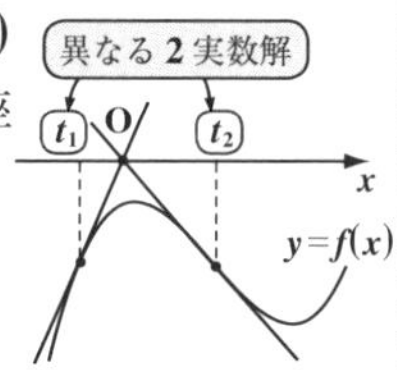

$0 = -2t^3 + 6t^2 + b$

$2t^3 - 6t^2 = b$ ……①

文字定数 (分離)

このtの 3 次方程式が，相異なる 2 実数解 t_1，t_2 をもつとき，上図のように原点 O から異なる 2 接線が引ける。

①を分解して，

$$\begin{cases} y = g(t) = 2t^3 - 6t^2 \\ y = b \quad (b < 0) \quad \text{とおく。} \end{cases}$$

$y = g(t)$ と $y = b$ の共有点の t 座標が実数解

$g'(t) = 6t^2 - 12t = 6t(t - 2)$

$g'(t) = 0$ のとき，$t = 0, 2$

$$\begin{cases} \text{極大値 } g(0) = 0 \\ \text{極小値 } g(2) = 16 - 24 = -8 \end{cases}$$

$y = g(t)$ と $y = b$ のグラフより，①が，異なる 2 実数解 t_1，t_2 をもつときの b (< 0) の値は，

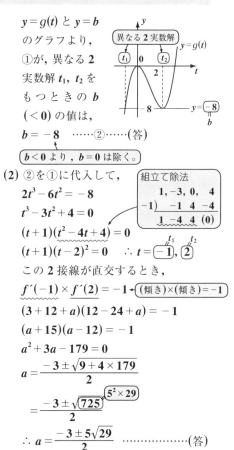

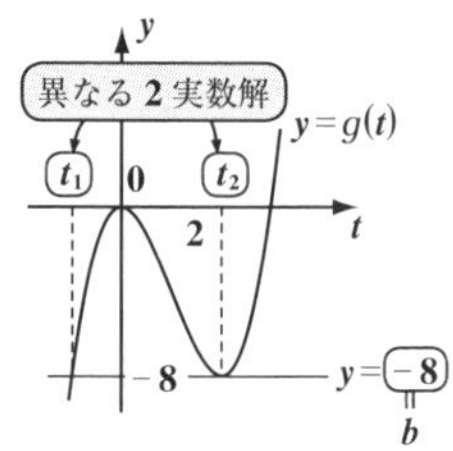

$b = -8$ ……②……(答)

$b < 0$ より，$b = 0$ は除く。

(2) ②を①に代入して，

$2t^3 - 6t^2 = -8$

$t^3 - 3t^2 + 4 = 0$

$(t + 1)(t^2 - 4t + 4) = 0$

組立て除法

	1,	−3,	0,	4
−1)		−1	4	−4
	1	−4	4	(0)

$(t + 1)(t - 2)^2 = 0 \quad \therefore t = -1, 2$ （$t_1 = -1$，$t_2 = 2$）

この 2 接線が直交するとき，

$f'(-1) \times f'(2) = -1$ ←(傾き)×(傾き)＝−1

$(3 + 12 + a)(12 - 24 + a) = -1$

$(a + 15)(a - 12) = -1$

$a^2 + 3a - 179 = 0$

$a = \dfrac{-3 \pm \sqrt{9 + 4 \times 179}}{2}$

$= \dfrac{-3 \pm \sqrt{725}}{2}$ （$725 = 5^2 \times 29$）

$\therefore a = \dfrac{-3 \pm 5\sqrt{29}}{2}$ ………………(答)

実力アップ問題81　難易度 ★★　CHECK 1　CHECK 2　CHECK 3

次の問いに答えよ。

(1) 任意の実数 c に対して，$\int_0^3 (x+c)f(x)\,dx = 9$ をみたす 1 次関数 $f(x)$ を求めよ。（上智大）

(2) $\int_{-1}^1 f(x-t)\,dt = x^2 + f(x)$ をみたす 2 次関数 $f(x)$ を求めよ。（工学院大）

ヒント！ (1) は $f(x)=ax+b$ と，また (2) では $f(x)=ax^2+bx+c$ $(a \neq 0)$ とおいて解けばいい。(1) は c の恒等式，(2) は x の恒等式になることに気を付けよう。

(1) 1 次関数 $f(x)$ を

$f(x)=ax+b$ ……① $(a \neq 0)$ とおく。

このとき，与式の左辺は，

$$\int_0^3 (x+c)(ax+b)\,dx$$

$$=\int_0^3 \{ax^2+(ac+b)x+bc\}\,dx$$

$$=\left[\frac{1}{3}ax^3+\frac{1}{2}(ac+b)x^2+bcx\right]_0^3$$

$$=9a+\frac{9}{2}(ac+b)+3bc$$ となる。

よって，与式は，

$$9a+\frac{9}{2}(ac+b)+3bc=9$$

両辺に $\frac{2}{3}$ をかけて，c でまとめると，

$$6a+3(ac+b)+2bc=6$$

$$\underbrace{(3a+2b)}_{0}\cdot c+3\underbrace{(2a+b-2)}_{0}=0$$

これは，任意の c について成り立つ，つまり c についての恒等式より，

$3a+2b=0$ かつ $2a+b-2=0$

これを解いて，$a=4$，$b=-6$

$\therefore f(x)=4x-6$ ……………………(答)

(2) 2 次関数 $f(x)$ を

$f(x)=ax^2+bx+c$ …② $(a \neq 0)$ とおく。

$$f(x-t)=a(x-t)^2+b(x-t)+c$$
$$=at^2-(2ax+b)t+ax^2+bx+c$$

（t の 2 次関数としてまとめて t で積分する）

以上より，与式は，

（定数扱い）

$$\int_{-1}^1 \{\boxed{a}t^2-(\boxed{2ax+b})t+(\boxed{ax^2+bx+c})\}\,dt$$

（偶関数）（奇関数）（偶関数）（t で積分）

$$=x^2+ax^2+bx+c$$

$$2\int_0^1 \{at^2+(ax^2+bx+c)\}\,dt$$
$$=(a+1)x^2+bx+c$$

$$2\left[\frac{1}{3}at^3+(ax^2+bx+c)t\right]_0^1$$
$$=(a+1)x^2+bx+c$$

$$2\left(\frac{1}{3}a+ax^2+bx+c\right)=(a+1)x^2+bx+c$$

$$2ax^2+2bx+\left(\frac{2}{3}a+2c\right)=(a+1)x^2+bx+c$$

これは x についての恒等式より，両辺の係数を比較して，

$2a=a+1$ かつ $2b=b$ かつ $\frac{2}{3}a+2c=c$

$\therefore a=1$，$b=0$，$c=-\frac{2}{3}$ より，②から求める $f(x)$ は，

$$f(x)=x^2-\frac{2}{3}$$ ……………………(答)

実力アップ問題 82	難易度 ★★	CHECK 1	CHECK 2	CHECK 3

x の整式 $f(x)$，$g(x)$ が次の条件を満たしている。

$$\int_1^x f(t)\,dt = xg(x) + ax + 1 \quad (a\text{ は定数}),\ g(x) = x^2 - x\int_0^1 f(t)\,dt - 1$$

このとき，a の値と $f(x)$，$g(x)$ を求めよ。 （慶応大）

ヒント！ 定積分で表された関数の問題。パターン通りに解ける。

基本事項

定積分で表された関数

（Ⅰ）$\int_a^b f(t)\,dt$ （a，b：定数）の場合

$\int_a^b f(t)\,dt = A$ （定数）とおく。

（Ⅱ）$\int_a^x f(t)\,dt$ （a：定数，x：変数）の場合

（ⅰ）$x=a$ を代入 $\int_a^a f(t)\,dt=0$

（ⅱ）x で微分 $\left\{\int_a^x f(t)\,dt\right\}' = f(x)$

$$\begin{cases} \int_1^x f(t)\,dt = x\cdot g(x) + ax + 1 & \cdots\cdots① \\ g(x) = x^2 - x\cdot \underset{A(\text{定数})}{\boxed{\int_0^1 f(t)\,dt}} - 1 & \cdots\cdots② \end{cases}$$

（a：定数）

- $A = \int_0^1 f(t)\,dt$ ……③ とおくと，

②は，

$g(x) = x^2 - Ax - 1$ ……④

（A の値がわかれば，$g(x)$ は決まる！）

④を①に代入して，

$\int_1^x f(t)\,dt = x(x^2 - Ax - 1) + ax + 1$

（（ⅰ）$x=1$ を代入 （ⅱ）x で微分）

$\int_1^x f(t)\,dt = x^3 - Ax^2 + (a-1)x + 1$ …①′

- ①′ の両辺に $x=1$ を代入して，

$\underset{0}{\boxed{\int_1^1 f(t)\,dt}} = 1 - A + a - \cancel{1} + \cancel{1}$

$0 = 1 - A + a \quad \therefore A = a + 1$ ………⑤

- ①′ の両辺を x で微分して，

$\underset{f(x)}{\boxed{\left\{\int_1^x f(t)\,dt\right\}'}} = 3x^2 - 2\overset{(a+1)(⑤より)}{\boxed{A}}x + a - 1$

$\therefore f(x) = 3x^2 - 2(a+1)x + a - 1$ ……⑥ （∵⑤）

⑤，⑥を③に代入して，

$$a + 1 = \int_0^1 \{3t^2 - 2(a+1)t + a - 1\}\,dt$$
$$= \left[t^3 - (a+1)t^2 + (a-1)t\right]_0^1$$
$$= \cancel{1} - (\cancel{a} + \cancel{1}) + \cancel{a} - 1 = -1$$

$\therefore a + 1 = -1$ より，

$a = -2$ ……………⑦ ……………（答）

⑤より，$A = -1$ ……⑧

⑦を⑥に代入して，求める $f(x)$ は，

$f(x) = 3x^2 + 2x - 3$ ………………（答）

⑧を④に代入して，求める $g(x)$ は，

$g(x) = x^2 + x - 1$ …………………（答）

実力アップ問題 83

難易度 ★★　CHECK 1　CHECK 2　CHECK 3

関数 $f(x)$ が条件 $\int_0^1 f(x)\,dx = 1$, $\int_0^1 xf(x)\,dx = 3$ を満たすとする。そのとき，$\int_0^1 \{f(x) - (ax+b)\}^2 dx$ を最小にする a および b の値を求めよ。　(山形大)

ヒント！　与えられた x での定積分を $I(a,\ b)$ とおく。$I(a,\ b)$ は a と b の 2 次式で表わされるので，完全平方式の和の形にもち込むことがポイント。

$$\begin{cases} \int_0^1 f(x)\,dx = 1 & \cdots\cdots ① \\ \int_0^1 xf(x)\,dx = 3 & \cdots\cdots ② \end{cases}$$

このとき，与式を $I(a,\ b)$ とおく。

$$I(a,\ b) = \int_0^1 \{f(x) - ax - b\}^2 dx$$

（x の式を x で積分した結果，x には 1 と 0 が代入されて，引き算されるので，x は消去される。最終的に残るのは a, b の 2 つより，この定積分は a と b の関数になる。よって，$I(a, b)$ とおいた。）

$$= \int_0^1 \left[\{f(x)\}^2 + a^2x^2 + b^2 - 2axf(x) + 2abx - 2bf(x)\right] dx$$

$$= \underbrace{\int_0^1 \{f(x)\}^2 dx}_{A\,(\text{定数})} + a^2 \underbrace{\int_0^1 x^2 dx}_{\left[\frac{1}{3}x^3\right]_0^1 = \frac{1}{3}} + b^2 \underbrace{\int_0^1 1\,dx}_{[x]_0^1 = 1} - 2a \underbrace{\int_0^1 xf(x)\,dx}_{3\,(②より)} + 2ab \underbrace{\int_0^1 x\,dx}_{\left[\frac{1}{2}x^2\right]_0^1 = \frac{1}{2}} - 2b \underbrace{\int_0^1 f(x)\,dx}_{1\,(①より)}$$

よって，$A = \int_0^1 \{f(x)\}^2 dx$ とおくと，

$$I(a,\ b) = \underline{A} + \frac{1}{3}a^2 + b^2 - 6a + ab - 2b$$

（a, b の 2 次式）

（今回は，$I(a, b)$ の最小値ではなく，これが最小となるときの a, b を求めるので，これはある定数 A ということで十分！）

$$= \left\{b^2 + (a-2)b + \frac{(a-2)^2}{4}\right\} + \frac{1}{3}a^2 - 6a - \frac{(a-2)^2}{4} + A$$

（2 で割って 2 乗）

$$= \left(b + \frac{a-2}{2}\right)^2 + \frac{1}{12}a^2 - 5a + A - 1$$

$$= \left(b + \frac{a-2}{2}\right)^2 + \frac{1}{12}(a^2 - 60a + 900) + A - 1 - 75$$

（2 で割って 2 乗）

$$= \underbrace{\frac{1}{12}(a-30)^2}_{0\,以上} + \underbrace{\left(b + \frac{a-2}{2}\right)^2}_{0\,以上} + \underbrace{A - 76}_{最小値}$$

（$\underbrace{X^2}_{0\,以上} + \underbrace{Y^2}_{0\,以上} + m \geqq \underbrace{m}_{最小値}$ の形にした！）

よって，$a = 30$, $b = -\frac{a-2}{2} = -14$ のとき，$I(a,\ b)$ は最小になる。

$\therefore\ a = 30,\ b = -14$ ……………………(答)

実力アップ問題 84　難易度 ★★★　CHECK 1　CHECK 2　CHECK 3

$1 \leqq x \leqq 2$ における関数 $f(x)=\int_0^1 |2t^2-3xt+x^2|\,dt$ を求めよ。

(群馬大＊)

ヒント！ 絶対値のついた **2** 変数関数の定積分の問題。今回は t で積分するので，x はまず定数と考えることがポイントだ。

$$f(x)=\int_0^1 |2t^2-3x\cdot t+x^2|\,dt \quad (1 \leqq x \leqq 2)$$

（t：まず，変数　$3x$, x^2：まず，定数扱い → 積分後，変数　dt：t で積分）

（t の関数を t で積分した結果，その t には **1** と **0** が代入されて，引き算されるので t は消去される。最終的には x が残るので，x の関数 $f(x)$ となる。）

ここで，$y=g(t)=2t^2-3xt+x^2$ とおくと

$2 \quad -x$
$1 \quad -x$

$$y=g(t)=(t-x)(2t-x)$$ （下に凸の放物線）

$g(t) \geqq 0$ のとき，$t \leqq \frac{x}{2}$，$x \leqq t$

よって，$y=|g(t)|=\begin{cases} g(t) & \left(t \leqq \frac{x}{2},\ x \leqq t\right) \\ -g(t) & \left(\frac{x}{2} \leqq t \leqq x\right) \end{cases}$

ここで，$1 \leqq x \leqq 2$ より，$\frac{1}{2} \leqq \frac{x}{2} \leqq 1$

よって，$0 < \frac{x}{2} \leqq 1 \leqq x$

以上より，

$y=|g(t)|$

のグラフを右図に示す。

$y=|g(t)|$のグラフ

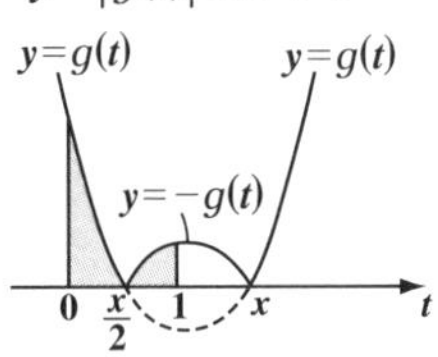

ここで，$G(t)=\int g(t)\,dt$ とおくと，

$$G(t)=\int (2t^2-3x\cdot t+x^2)\,dt$$

（2, $3x$, x^2：定数扱い）

$$=\frac{2}{3}t^3-\frac{3}{2}x\cdot t^2+x^2\cdot t+C$$

（定積分では，この C は無視！）

（この種の問題では，$g(t)$ の不定積分 $G(t)$ を予め求めておく方が，計算が楽になる。）

以上より，求める関数 $f(x)$ は，

$$f(x)=\int_0^1 |g(t)|\,dt$$

$$=\int_0^{\frac{x}{2}} g(t)\,dt+\int_{\frac{x}{2}}^1 \{-g(t)\}\,dt$$

$$=[G(t)]_0^{\frac{x}{2}}-[G(t)]_{\frac{x}{2}}^1$$

$$=2\cdot G\left(\frac{x}{2}\right)-G(0)-G(1)$$

$$=2\left(\frac{2}{3}\cdot\frac{x^3}{8}-\frac{3}{2}x\cdot\frac{x^2}{4}+x^2\cdot\frac{x}{2}\right)-0-\left(\frac{2}{3}-\frac{3}{2}x+x^2\right)$$

$$=2\left(\frac{1}{12}-\frac{3}{8}+\frac{1}{2}\right)x^3-x^2+\frac{3}{2}x-\frac{2}{3}$$

$$\therefore f(x)=\frac{5}{12}x^3-x^2+\frac{3}{2}x-\frac{2}{3} \quad \cdots\cdots(答)$$

実力アップ問題 85　難易度 ★★★　CHECK 1　CHECK 2　CHECK 3

$F(a)=\int_0^a |x+a-2|\,dx \quad \left(\frac{1}{2} \leqq a \leqq 2\right)$ とするとき，次の問いに答えよ。

(1) $F(a)$ を求めよ。

(2) $F(a)$ の最小値を求めよ。　(千葉大)

ヒント！ 絶対値の付いた 2 変数関数の定積分の問題。a と $2-a$ の大小により，2 通りの場合分けが必要になる。

(1) $F(a)=\int_0^a |x+a-2|\,dx \quad \left(\frac{1}{2} \leqq a \leqq 2\right)$

（x：まず変数，a：まず定数扱い，dx：xで積分）

$g(x)=x+a-2$ とおくと，

$$y=|g(x)|=\begin{cases} x+a-2 & (x \geqq 2-a) \\ -(x+a-2) & (x \leqq 2-a) \end{cases}$$

ここで，$\frac{1}{2} \leqq a \leqq 2$ より，$2-a \geqq 0$

$y=|g(x)|$のグラフ

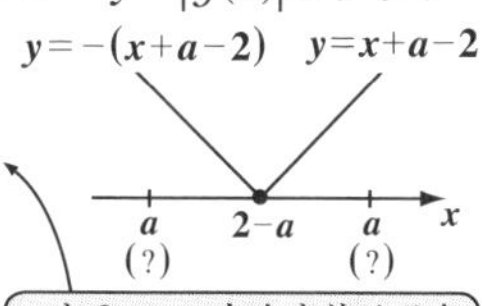

$a \leqq 2-a$ のとき，

$a \leqq 1$

（a と $2-a$ の大小を決める！）

よって，

(ⅰ) $\frac{1}{2} \leqq a \leqq 1$ （$a \leqq 2-a$）と (ⅱ) $1 \leqq a \leqq 2$ （$2-a \leqq a$）の各場合について $F(a)$ を求める。

(ⅰ) $\frac{1}{2} \leqq a \leqq 1$ のとき，$(a \leqq 2-a)$

$$F(a)=-\int_0^a (x+a-2)\,dx$$

$$=-\left[\frac{1}{2}x^2+(a-2)x\right]_0^a$$

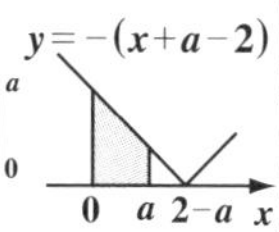

$$=-\frac{1}{2}a^2-a(a-2)$$

$$=-\frac{3}{2}a^2+2a$$

(ⅱ) $1 \leqq a \leqq 2$ のとき，$(2-a \leqq a)$

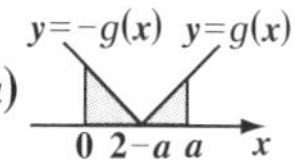

$$F(a)=-\int_0^{2-a} g(x)\,dx+\int_{2-a}^a g(x)\,dx$$

$$=\frac{1}{2}(2-a)^2+\frac{1}{2}(2a-2)^2$$

$$=\frac{5}{2}a^2-6a+4$$

（2つの直角二等辺三角形の面積の和）

以上(ⅰ)(ⅱ)より，

$$-\frac{3}{2}\left(a^2-\frac{4}{3}a+\frac{4}{9}\right)+\frac{2}{3}=-\frac{3}{2}\left(a-\frac{2}{3}\right)^2+\frac{2}{3}$$

$$F(a)=\begin{cases} -\frac{3}{2}a^2+2a & \left(\frac{1}{2} \leqq a \leqq 1\right) \\ \frac{5}{2}a^2-6a+4 & (1 \leqq a \leqq 2) \end{cases} \quad \cdots(\text{答})$$

$$\frac{5}{2}\left(a^2-\frac{12}{5}a+\frac{36}{25}\right)+4-\frac{18}{5}=\frac{5}{2}\left(a-\frac{6}{5}\right)^2+\frac{2}{5}$$

(2) • $\frac{1}{2} \leqq a \leqq 1$ のとき，

$$F(a)=-\frac{3}{2}\left(a-\frac{2}{3}\right)^2+\frac{2}{3}$$

• $1 \leqq a \leqq 2$ のとき，

$$F(a)=\frac{5}{2}\left(a-\frac{6}{5}\right)^2+\frac{2}{5}$$

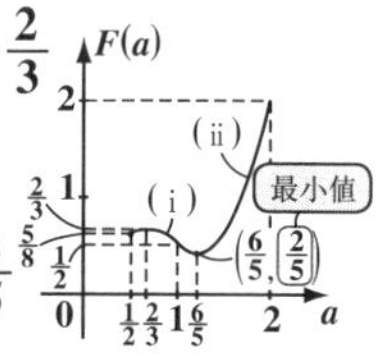

$F\left(\frac{1}{2}\right)=\frac{5}{8}$，$F(1)=\frac{1}{2}$，$F(2)=2$

グラフより，$a=\frac{6}{5}$ のとき，

最小値 $F\left(\frac{6}{5}\right)=\frac{2}{5}$ ………………(答)

実力アップ問題 86	難易度 ★★★	CHECK 1	CHECK 2	CHECK 3

x の関数 $f(x)=\int_{x-2}^{x+2}|y(y-5)|\,dy$ の $2 \leqq x$ における最小値を求めよ。

（千葉大）

ヒント！ $z=|y(y-5)|$ のグラフの形から，$7<x$ のとき $f(x)$ は単調増加することが分かるはずだ。よって，$2 \leqq x \leqq 7$ の範囲に $f(x)$ の最小値は存在するんだね。この範囲をさらに，(i) $2 \leqq x \leqq 3$ と (ii) $3<x \leqq 7$ に場合分けして $f(x)$ を求めて調べればいい。頑張ろう！

yz 座標平面において，

$z=g(y)=y(y-5)=y^2-5y$ ……①

とおくと，

$f(x)=\int_{x-2}^{x+2}|g(y)|\,dy$ ……②　$(2 \leqq x)$

となる。よって，

$x-2>5$

すなわち $7<x$ のとき，右図から明らかに，x の増加とともに，網目部の面積である $f(x)$ も増加する。

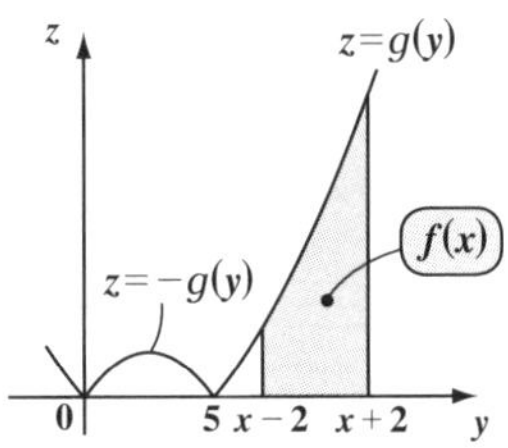

つまり，$7<x$ のとき，$f(x)$ は単調増加関数となるので，この範囲に $f(x)$ の最小値は存在しないことが分かる。

よって，$f(x)$ の最小値は $2 \leqq x \leqq 7$ の範囲に存在する。

ここで，①より，さらに，

$G(y)=\int g(y)\,dy=\int (y^2-5y)\,dy$

$\therefore\ G(y)=\dfrac{1}{3}y^3-\dfrac{5}{2}y^2+C$ ……③

後にこれは定積分になるので，この C は無視

この種の問題では，同様の定積分が何回も出てくるので，予め $g(y)$ の不定積分として③を求めておく方が計算が早くなる。

図 (i), (ii) に示すように，関数 $f(x)$ は，$2 \leqq x \leqq 7$ の範囲をさらに (i) $2 \leqq x \leqq 3$ と (ii) $3<x \leqq 7$ に場合分けして調べる必要がある。

(i) $2 \leqq x \leqq 3$ のとき，

図 (i) に示すように，

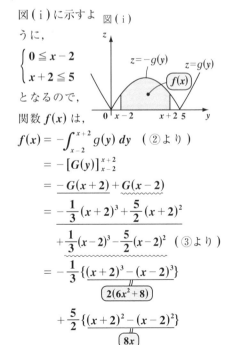

$\begin{cases} 0 \leqq x-2 \\ x+2 \leqq 5 \end{cases}$

となるので，関数 $f(x)$ は，

図 (i)

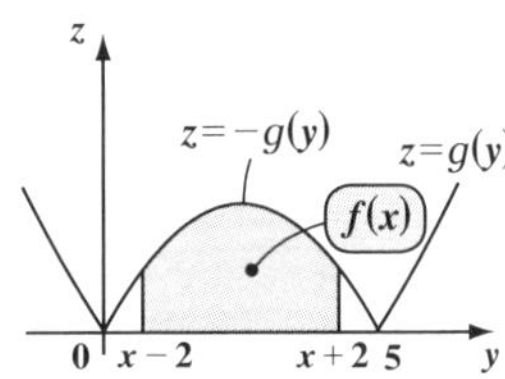

$f(x)=-\int_{x-2}^{x+2}g(y)\,dy$　（②より）

$=-[G(y)]_{x-2}^{x+2}$

$=-G(x+2)+G(x-2)$

$=-\dfrac{1}{3}(x+2)^3+\dfrac{5}{2}(x+2)^2$

$+\dfrac{1}{3}(x-2)^3-\dfrac{5}{2}(x-2)^2$　（③より）

$=-\dfrac{1}{3}\{\underbrace{(x+2)^3-(x-2)^3}_{2(6x^2+8)}\}$

$+\dfrac{5}{2}\{\underbrace{(x+2)^2-(x-2)^2}_{8x}\}$

よって，$2 \leqq x \leqq 3$ のとき，

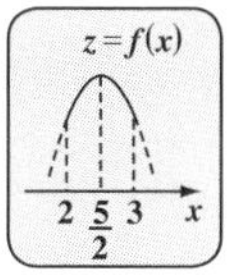

$$f(x) = -\frac{2}{3}(6x^2+8)+\frac{5}{2}\cdot 8x$$

$$= -4x^2+20x-\frac{16}{3}$$

$$= -4\left(x^2-5x+\frac{25}{4}\right)-\frac{16}{3}+25$$

2で割って2乗

$$= -4\left(x-\frac{5}{2}\right)^2+\frac{59}{3}$$ ← 上に凸の2次関数

また，

$$f(2)=f(3)=-16+40-\frac{16}{3}=\frac{56}{3}$$

(ii) $3 < x \leqq 7$ のとき，

図(ii)に示すように，

$x-2 \leqq 5 < x+2$

となるので，

関数 $f(x)$ は，

図(ii)

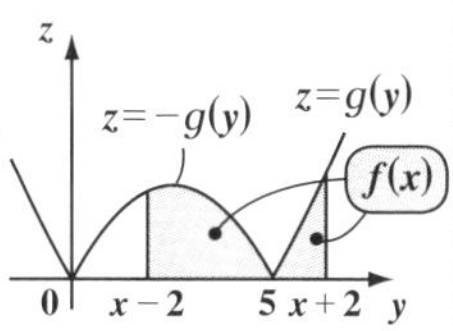

$$f(x) = -\int_{x-2}^{5} g(y)\,dy + \int_{5}^{x+2} g(y)\,dy \quad (②より)$$

$$= -[G(y)]_{x-2}^{5}+[G(y)]_{5}^{x+2}$$

$$= G(x+2)+G(x-2)-2G(5)$$

$$\frac{125}{3}-\frac{125}{2}=-\frac{125}{6}$$

$$\frac{1}{3}\{(x+2)^3+(x-2)^3\}-\frac{5}{2}\{(x+2)^2+(x-2)^2\}$$
$$=\frac{1}{3}\cdot 2(x^3+12x)-\frac{5}{2}\cdot 2(x^2+4)$$

$$= \frac{2}{3}(x^3+12x)-5(x^2+4)+\frac{125}{3}$$

(③より)

$$= \frac{2}{3}x^3-5x^2+8x+\frac{65}{3}$$ ← N字型の3次関数

$$f'(x) = 2x^2-10x+8 = 2(x^2-5x+4)$$

$$= 2(x-1)(x-4)$$

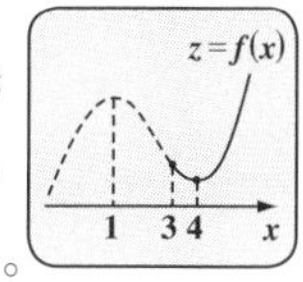

よって，$3 < x \leqq 7$ において，$f'(x)=0$ となるのは，$x=4$ のときである。

また，極小値 $f(4)$ は，

$$f(4)=\frac{128}{3}-80+32+\frac{65}{3}=\frac{49}{3}$$

以上(i)(ii)より，$x \geqq 2$ における $f(x)$ の増減表は次のようになる。

増減表 $(2 \leqq x)$

x	2		$\frac{5}{2}$		3		4	
$f'(x)$		$+$	0	$-$		$-$	0	$+$
$f(x)$	$\frac{56}{3}$	↗	$\frac{59}{3}$	↘	$\frac{56}{3}$	↘	$\frac{49}{3}$	↗

極大　　極小であり，かつ最小

以上より，$x=4$ のとき $f(x)$ は

最小値 $f(4)=\dfrac{49}{3}$ をとる。 ………(答)

$u=f(x)$ のグラフのイメージ

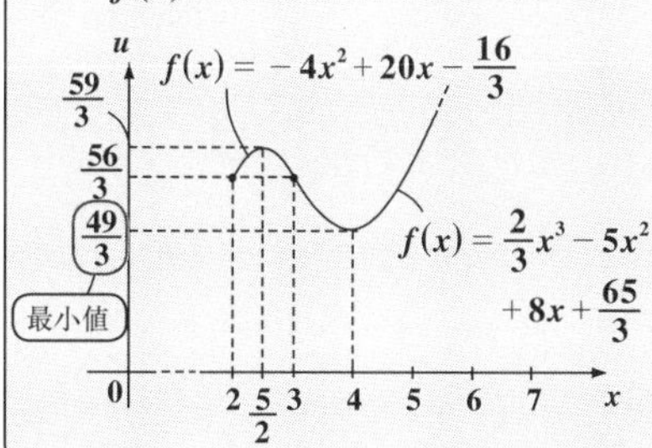

実力アップ問題 87　難易度 ★★★　CHECK 1　CHECK 2　CHECK 3

1 次式 $f_n(x)$ $(n=1, 2, 3, \cdots)$ が

$$f_1(x)=x+1,\ x^2f_{n+1}(x)=x^3+x^2+\int_0^x tf_n(t)\,dt \quad (n=1, 2, 3, \cdots)$$

をみたすとき，$f_n(x)$ を求めよ。　(小樽商大)

ヒント！ 1 次式 $f_n(x)$ は n の式でもあるので，傾きと y 切片が n の式 (数列)，すなわち $f_n(x)=a_nx+b_n$ $(n=1, 2, \cdots)$ の形になると考えよう。

1 次式 $f_n(x)=a_nx+b_n$ …① $(n=1, 2, \cdots)$ とおく。

2 つの数列 $\{a_n\}$, $\{b_n\}$ の漸化式にもち込んで，一般項を求めて，①に代入する。

$$\begin{cases} f_1(x)=\boxed{1}\cdot x+\boxed{1} & \cdots\cdots② \\ x^2f_{n+1}(x)=x^3+x^2+\int_0^x t\cdot f_n(t)\,dt & \cdots③ \end{cases}$$

(a_1), (b_1); $f_{n+1}(x)=(a_{n+1}x+b_{n+1})$, $f_n(t)=(a_nt+b_n)$ $(n=1, 2, \cdots)$

②より，$a_1=1$, $b_1=1$

①を③に代入して，

$$x^2(a_{n+1}x+b_{n+1})$$
$$=x^3+x^2+\int_0^x t(a_nt+b_n)\,dt$$
$$=x^3+x^2+\left[\frac{a_n}{3}t^3+\frac{b_n}{2}t^2\right]_0^x$$
$$=x^3+x^2+\frac{1}{3}a_nx^3+\frac{1}{2}b_nx^2$$
$$=\left(\frac{1}{3}a_n+1\right)x^3+\left(\frac{1}{2}b_n+1\right)x^2$$

以上より，

$$a_{n+1}x^3+b_{n+1}x^2=\left(\frac{1}{3}a_n+1\right)x^3+\left(\frac{1}{2}b_n+1\right)x^2$$

これは x についての恒等式より，両辺の係数を比較して，

$$a_{n+1}=\frac{1}{3}a_n+1,\quad b_{n+1}=\frac{1}{2}b_n+1$$

・$\begin{cases} a_1=1 \\ a_{n+1}=\frac{1}{3}a_n+1 \quad \cdots④ \quad (n=1, 2, \cdots) \end{cases}$

特性方程式：$x=\frac{1}{3}x+1$　$\therefore x=\frac{3}{2}$

④より，

$$a_{n+1}-\frac{3}{2}=\frac{1}{3}\left(a_n-\frac{3}{2}\right) \quad \left[F(n+1)=\frac{1}{3}F(n)\right]$$

$$a_n-\frac{3}{2}=\left(\overset{1}{a_1}-\frac{3}{2}\right)\cdot\left(\frac{1}{3}\right)^{n-1} \quad \left[F(n)=F(1)\cdot\left(\frac{1}{3}\right)^{n-1}\right]$$

$$a_n=\frac{3}{2}-\frac{1}{2}\left(\frac{1}{3}\right)^{n-1}=\frac{1}{2}\left(3-\frac{1}{3^{n-1}}\right) \quad \cdots\cdots⑤$$

・$\begin{cases} b_1=1 \\ b_{n+1}=\frac{1}{2}b_n+1 \quad \cdots⑥ \quad (n=1, 2, \cdots) \end{cases}$

$x=\frac{1}{2}x+1$　$\therefore x=2$

⑥より，

$$b_{n+1}-2=\frac{1}{2}(b_n-2) \quad \left[G(n+1)=\frac{1}{2}G(n)\right]$$

$$b_n-2=(\overset{1}{b_1}-2)\cdot\left(\frac{1}{2}\right)^{n-1} \quad \left[G(n)=G(1)\cdot\left(\frac{1}{2}\right)^{n-1}\right]$$

$$b_n=2-\left(\frac{1}{2}\right)^{n-1}=2-\frac{1}{2^{n-1}} \quad \cdots\cdots⑦$$

以上⑤，⑦を①に代入して，求める $f_n(x)$ は

$$f_n(x)=\frac{1}{2}\left(3-\frac{1}{3^{n-1}}\right)x+2-\frac{1}{2^{n-1}} \quad \cdots\cdots(答)$$
$$(n=1, 2, \cdots)$$

漸化式の解法を知らない人は，先に，演習 6 “数列” を勉強して下さい。

実力アップ問題 88　難易度 ★★　CHECK 1　CHECK 2　CHECK 3

2 次方程式 $x^2+ax+b=0$ は，2 つの実数解 α，β $(\alpha<\beta)$ をもつとする。

(1) $\displaystyle\int_\alpha^\beta(x^2+ax+b)\,dx=-\frac{1}{6}(\beta-\alpha)^3$ ……$(*)$ であることを示せ。

(2) $\displaystyle\int_\gamma^\beta(x^2+ax+b)\,dx=0$ となる γ $(\gamma<\beta)$ を，α，β を用いて表せ。（静岡大）

ヒント！ (1) 放物線と直線とで囲まれる部分の面積公式の証明問題。

基本事項

放物線と直線とで囲まれる部分の面積 S は，

$$S=\frac{|a|}{6}(\beta-\alpha)^3$$

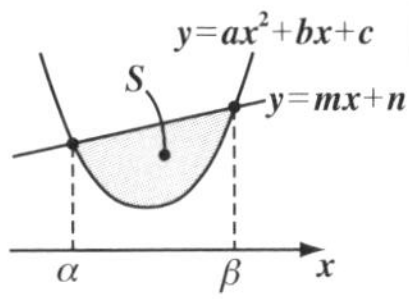

(1) 題意より，

$f(x)=x^2+ax+b$
$\quad=(x-\alpha)(x-\beta)$

$(\alpha<\beta)$ とおける。

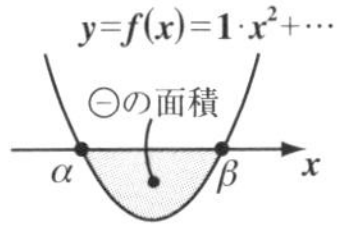

$\alpha\leqq x\leqq\beta$ で $f(x)\leqq 0$ より $(*)$ の積分は負の面積となる。

$\displaystyle\int_\alpha^\beta \underset{(x^2+ax+b)}{f(x)}\,dx$

$\displaystyle=\int_\alpha^\beta(x-\alpha)(x-\beta)\,dx$

$\displaystyle=\int_\alpha^\beta(x-\alpha)\{(x-\alpha)+(\alpha-\beta)\}\,dx$

$\displaystyle=\int_\alpha^\beta(x-\alpha)^2dx+(\alpha-\beta)\int_\alpha^\beta(x-\alpha)\,dx$

$\displaystyle=\frac{1}{3}\Big[(x-\alpha)^3\Big]_\alpha^\beta+(\alpha-\beta)\cdot\frac{1}{2}\Big[(x-\alpha)^2\Big]_\alpha^\beta$

積分公式：$\displaystyle\int(x-a)^n\,dx=\frac{1}{n+1}(x-a)^{n+1}+C$

$\displaystyle=\frac{1}{3}(\beta-\alpha)^3-\frac{1}{2}(\beta-\alpha)^3$

$\displaystyle=-\frac{1}{6}(\beta-\alpha)^3$

$\therefore$ $(*)$ は成り立つ。 ……………(終)

(2) $\displaystyle\int_\gamma^\beta f(x)\,dx$

イメージ

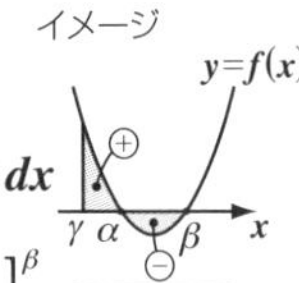

$\displaystyle=\int_\gamma^\beta\{x^2-(\alpha+\beta)x+\alpha\beta\}\,dx$

$\displaystyle=\left[\frac{1}{3}x^3-\frac{\alpha+\beta}{2}x^2+\alpha\beta x\right]_\gamma^\beta$

⊕，⊖の面積で打ち消し合って 0 となる。

$\displaystyle=\frac{1}{3}(\underbrace{\beta^3-\gamma^3}_{(\beta-\gamma)(\beta^2+\beta\gamma+\gamma^2)})$

$\displaystyle\quad-\frac{\alpha+\beta}{2}(\underbrace{\beta^2-\gamma^2}_{(\beta-\gamma)(\beta+\gamma)})+\alpha\beta(\beta-\gamma)$

$\displaystyle=\underbrace{(\beta-\gamma)}_{\neq 0}\Big\{\frac{1}{3}(\beta^2+\beta\gamma+\gamma^2)$

$\displaystyle\quad-\frac{1}{2}(\alpha+\beta)(\beta+\gamma)+\alpha\beta\Big\}=0$

ここで，$\beta-\gamma\neq 0$ より，

$\displaystyle\frac{1}{3}(\beta^2+\beta\gamma+\gamma^2)-\frac{1}{2}(\alpha+\beta)(\beta+\gamma)+\alpha\beta=0$

$2(\beta^2+\beta\gamma+\gamma^2)-3(\alpha+\beta)(\beta+\gamma)+6\alpha\beta=0$

$2\gamma^2-(3\alpha+\beta)\gamma+\beta(3\alpha-\beta)=0$　← γ でまとめた

2	$-(3\alpha-\beta)$
1	$-\beta$

$\underbrace{(\gamma-\beta)}_{\neq 0}(2\gamma-3\alpha+\beta)=0$

$\gamma-\beta\neq 0$ より，

$2\gamma-3\alpha+\beta=0$

$\displaystyle\therefore\gamma=\frac{3\alpha-\beta}{2}$ ……………………(答)

実力アップ問題 89　難易度 ★★★　CHECK 1　CHECK 2　CHECK 3

関数 $f(x)=x^3-(2m+1)x^2+m^2x$ (m：正の定数) について，次の問いに答えよ。

(1) 方程式 $f(x)=0$ は 0 以外に相異なる正の 2 実数解 α, β $(0<\alpha<\beta)$ をもつことを示せ。また，$\alpha+\beta$ および $\alpha\beta$ を m を用いて表せ。

(2) 曲線 $y=f(x)$ と x 軸で囲まれた図形について，$y\geqq 0$ の範囲にある部分の面積と $y\leqq 0$ の範囲にある部分の面積が等しいとき，m, α, β の値を求めよ。 (長崎大＊)

ヒント！ (1) $f(x)=x\{x^2-(2m+1)x+m^2\}=0$ のとき，$x=0$ または $x^2-(2m+1)x+m^2=0$ より，この 2 次方程式が相異なる正の解 α, β をもつことを示せばいい。(2) の積分は，$\int_0^\beta f(x)\,dx=0$ の形にまとめられる。頑張ろう！

(1) $f(x)=0$ ……①，すなわち

$x\{x^2-(2m+1)x+m^2\}=0$

$(m>0)$ より，

$$\begin{cases} x=0 \text{ または,} \\ x^2-(2m+1)x+m^2=0 \cdots ② \end{cases}$$ となる。

②の判別式を D とおくと，

$D=\underbrace{(2m+1)^2}_{4m^2+4m+1}-4m^2=4\underset{\oplus}{m}+1>0$ $(\because m>0)$

となって，②は相異なる 2 実数解 α, β $(\alpha<\beta)$ をもつ。

さらに，解と係数の関係より，

$$\begin{cases} \alpha+\beta=2m+1 \ (>0) \cdots\cdots ③ \\ \alpha\beta=m^2 \ (>0) \cdots\cdots ④ \end{cases}$$ となる。

………(答)

ここで，$m>0$ より，

$\alpha+\beta>0$ かつ $\alpha\beta>0$ である。

よって，α と β は共に正である。

以上より，方程式 $f(x)=0$ …①は 0 以外に相異なる正の 2 実数解 α, β $(0<\alpha<\beta)$ をもつ。 ……………(終)

(2) (1) の結果より，関数 $y=f(x)$ は右図に示すように，$x=0$, α, β で x 軸と交わる N 字型の 3 次関数である。

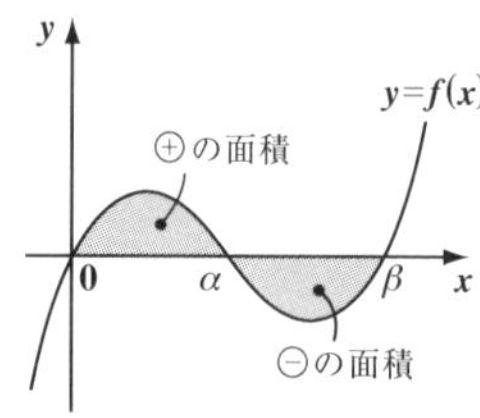

ここで，$y=f(x)$ と x 軸とで囲まれる 2 つの部分の面積

$\int_0^\alpha \underbrace{f(x)}_{0\text{以上}}dx$ と $-\int_\alpha^\beta \underbrace{f(x)}_{0\text{以下}}dx$ が等しいとき，

$\int_0^\alpha f(x)\,dx=-\int_\alpha^\beta f(x)\,dx$ より，

$\underbrace{\int_0^\alpha f(x)\,dx+\int_\alpha^\beta f(x)\,dx}_{\int_0^\beta f(x)\,dx}=0$

$\therefore \int_0^\beta f(x)\,dx=0$ ……⑤となる。

このとき，m，α，β の値を求める。

$$(⑤左辺)=\int_0^{\beta}\{x^3-(2m+1)x^2+m^2x\}\,dx$$

$$=\left[\frac{1}{4}x^4-\frac{1}{3}(2m+1)x^3+\frac{1}{2}m^2x^2\right]_0^{\beta}$$

$$=\frac{1}{4}\beta^4-\frac{1}{3}(2m+1)\beta^3+\frac{1}{2}m^2\beta^2=\underset{(⑤の右辺)}{\underline{0}}$$

よって，両辺に 12 をかけて，

$$3\beta^4-4(2m+1)\beta^3+6m^2\beta^2=0$$

この両辺を $\beta^2\,(>0)$ で割って，

$$3\beta^2-(8m+4)\beta+6m^2=0 \quad \cdots\cdots⑥$$

β は②の解より，$x=\beta$ を②に代入して，

$$\beta^2-(2m+1)\beta+m^2=0 \quad \cdots\cdots⑦$$

⑦ $\times 3-$ ⑥により，β^2 を消去すると，

$$(2m+1)\beta-3m^2=0$$

$$\therefore\ \beta=\frac{3m^2}{2m+1} \quad \cdots\cdots⑧$$

（β を m で表した。）

⑧を③に代入して，α も m で表すと，

$$\alpha=2m+1-\beta=2m+1-\frac{3m^2}{2m+1}$$

$$=\frac{(2m+1)^2-3m^2}{2m+1}$$

$$\therefore\ \alpha=\frac{m^2+4m+1}{2m+1} \quad \cdots\cdots⑨$$

⑧，⑨を④に代入して，

$$\frac{m^2+4m+1}{2m+1}\cdot\frac{3m^2}{2m+1}=m^2$$

$$3m^2(m^2+4m+1)=m^2(2m+1)^2$$

両辺を $m^2\,(>0)$ で割って，

$$3m^2+12m+3=4m^2+4m+1$$

$$m^2-8m-2=0$$

これを解いて，

$$m=4\pm\sqrt{16+2}=4\pm3\underset{}{\sqrt{2}}\quad(\sqrt{2}=1.414\cdots)$$

ここで，$m>0$ より，$m=4+3\sqrt{2}$ …⑩

⑩を⑧に代入して，

$$\beta=\frac{3(4+3\sqrt{2})^2}{2(4+3\sqrt{2})+1}=\frac{3(34+24\sqrt{2})}{9+6\sqrt{2}}$$

$$=\frac{2(17+12\sqrt{2})}{3+2\sqrt{2}}=\frac{2(17+12\sqrt{2})(3-2\sqrt{2})}{(3+2\sqrt{2})(3-2\sqrt{2})}$$

（$(3+2\sqrt{2})(3-2\sqrt{2})=9-8=1$）

$$=2(51-34\sqrt{2}+36\sqrt{2}-48)$$

$$=6+4\sqrt{2}$$

③より，α は，

$$\alpha=\underset{(9+6\sqrt{2})}{\underline{2m+1}}-\underset{(6+4\sqrt{2})}{\beta}=9+6\sqrt{2}-(6+4\sqrt{2})$$

$$=3+2\sqrt{2}$$

以上より，

$m=4+3\sqrt{2}$，$\alpha=3+2\sqrt{2}$，$\beta=6+4\sqrt{2}$

………(答)

実力アップ問題 90	難易度 ★★★	CHECK 1	CHECK 2	CHECK 3

放物線 $C: y = x^2 + 2x + a$ と直線 $l: y = mx + 1$ を考える。

(1) どのような m に対しても，放物線 C と直線 l が異なる 2 点で交わるための a の値の範囲を求めよ。

(2) a が (1) で求めた範囲にあるとする。放物線 C と直線 l とで囲まれる領域の面積が最小となる m の値を求めよ。 (岐阜大＊)

ヒント！ 放物線と直線とで囲まれる部分の面積公式の問題。(1) すべての m に対して，判別式 >0 の条件を求める。(2) 面積公式を使うんだね。

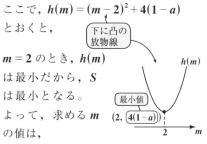

$$\begin{cases} \text{放物線 } C: y = f(x) = x^2 + 2x + a & \cdots\cdots ① \\ \text{直線 } l: y = g(x) = mx + 1 & \cdots\cdots ② \end{cases}$$

とおく。

(1) ①，②より y を消去して，

$x^2 + 2x + a = mx + 1$

$x^2 + (2-m)x + a - 1 = 0$ …③

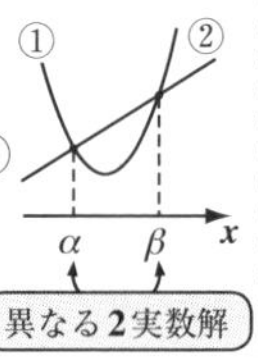

①，②が異なる 2 点で交わるとき，x の 2 次方程式③は相異なる 2 実数解 $\alpha, \beta\ (\alpha < \beta)$ をもつ。

この判別式を D とおくと，

$D = (2-m)^2 - 4(a-1) > 0$

$4a < (m-2)^2 + 4$

$a < \frac{1}{4}(m-2)^2 + 1$ ……………④　（1以上）（0以上）

すべての実数 m に対して，④の右辺は 1 以上となる。従って，どんな m に対しても，$D>0$，すなわち④が成り立つための条件は，$a < 1$ である。 ……(答)

(2) ③の相異なる 2 実数解 $\alpha, \beta\ (\alpha < \beta)$ は，

$$\alpha = \frac{m-2-\sqrt{D}}{2},\ \beta = \frac{m-2+\sqrt{D}}{2}$$
$$(D = (m-2)^2 + 4(1-a))$$

以上より，題意の領域の面積 S は，

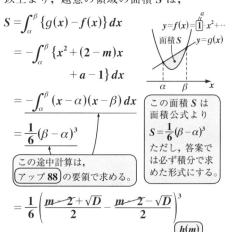

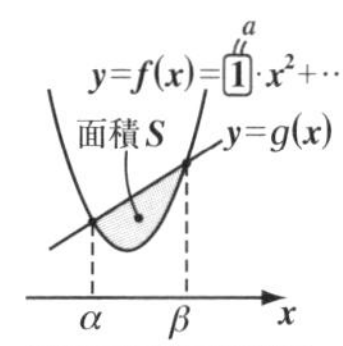

$$S = \int_\alpha^\beta \{g(x) - f(x)\}dx$$
$$= -\int_\alpha^\beta \{x^2 + (2-m)x + a - 1\}dx$$
$$= -\int_\alpha^\beta (x-\alpha)(x-\beta)dx$$
$$= \frac{1}{6}(\beta-\alpha)^3$$

この途中計算は，アップ 88 の要領で求める。

この面積 S は面積公式より $S = \frac{1}{6}(\beta-\alpha)^3$ ただし，答案では必ず積分で求めた形式にする。

$$= \frac{1}{6}\left(\frac{m-2+\sqrt{D}}{2} - \frac{m-2-\sqrt{D}}{2}\right)^3$$
$$= \frac{1}{6}(\sqrt{D})^3 = \frac{1}{6}\{(m-2)^2 + 4(1-a)\}^{\frac{3}{2}}$$

（$h(m)$）（$\oplus\ (\because a<1)$）

ここで，$h(m) = (m-2)^2 + 4(1-a)$ とおくと，（下に凸の放物線）

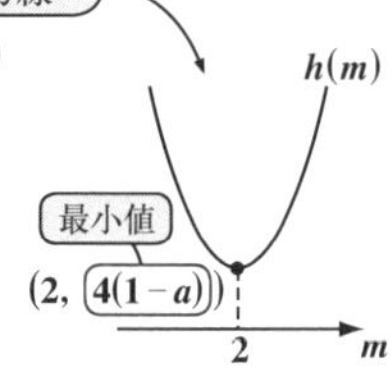

$m = 2$ のとき，$h(m)$ は最小だから，S は最小となる。

よって，求める m の値は，

$m = 2$ ……………………………(答)

別解

面積 $S=\frac{1}{6}(\beta-\alpha)^3$ を，m と a の式で表わすとき，次のように解と係数の関係から求める手法も，よく使われるので練習しておくといい。

$$\underset{a}{\boxed{1}}\cdot x^2+(\underset{b}{\boxed{2-m}})x+\underset{c}{\boxed{a-1}}=0 \quad \cdots ③$$

の異なる2実数解が α，β より，
解と係数の関係から，

$$\begin{cases}\alpha+\beta=m-2\\ \alpha\cdot\beta=a-1\end{cases} \quad \cdots\cdots ㋐ \qquad \leftarrow \boxed{\alpha+\beta=-\frac{b}{a},\ \alpha\cdot\beta=\frac{c}{a}}$$

（基本対称式）

注意！

ここで，$S=\frac{1}{6}(\beta-\alpha)^3$ は，α，β の対称式ではないが，これを

$S=\frac{1}{6}\{(\beta-\alpha)^2\}^{\frac{3}{2}}$ と変形して，（対称式）

{ } 内を対称式の形にもち込む。

$$S=\frac{1}{6}(\beta-\alpha)^3$$

（対称式）

$$=\frac{1}{6}\{\boxed{(\beta-\alpha)^2}\}^{\frac{3}{2}}$$

$(\alpha-\beta)^2=(\alpha+\beta)^2-4\alpha\beta$

$$=\frac{1}{6}\{(\alpha+\beta)^2-4\alpha\beta\}^{\frac{3}{2}}$$

（基本対称式）

これに㋐を代入して，

$$S=\frac{1}{6}\{(m-2)^2-4\cdot(a-1)\}^{\frac{3}{2}}$$

$$=\frac{1}{6}\{\boxed{(m-2)^2+4(1-a)}\}^{\frac{3}{2}}$$

$h(m)$

となって，同じ結果が導かれる。
以下，{ } 内を $h(m)$ とおいて同様に解けばいい。

実力アップ問題 91	難易度 ★★★	CHECK 1	CHECK 2	CHECK 3

放物線 $P_1: y = x^2$ と $P_2: y = -(x-t)^2 + t + 1$ (t は実数) について以下の問いに答えよ。

(1) P_1 と P_2 が相異なる 2 点で交わるような t の範囲を求めよ。

(2) t が (1) で求めた範囲にあるとき，P_1 と P_2 で囲まれた領域の面積を t の式で表せ。

(3) t が (1) で求めた範囲にあるとき，(2) の面積の最大値を求めよ。

(お茶の水女子大)

ヒント！「2 つの放物線」で囲まれる部分の面積は「放物線と直線」とで囲まれる部分の面積公式の問題に帰着する。これも重要ポイントだよ。

$$\begin{cases} P_1: y = f(x) = x^2 & \cdots\cdots① \\ P_2: y = g(x) = -(x-t)^2 + t + 1 & \cdots② \end{cases}$$

(1) ①，②より y を消去して，

$$x^2 = -(x-t)^2 + t + 1$$

$$2x^2 - 2tx + t^2 - t - 1 = 0 \quad \cdots\cdots③$$

①と②が相異なる 2 点で交わるとき，③は異なる 2 実数解 α, β $(\alpha < \beta)$ をもつ。③の判別式を D とおくと

$$\frac{D}{4} = \boxed{t^2 - 2(t^2 - t - 1) > 0}$$

$$-t^2 + 2t + 2 > 0,\ t^2 - 2t - 2 < 0$$

$$\therefore\ 1 - \sqrt{3} < t < 1 + \sqrt{3} \quad \cdots\cdots(答)$$

参考

題意の面積 S は

$$S = \int_\alpha^\beta \{\underbrace{g(x) - f(x)}_{h(x)}\} dx$$

図ア

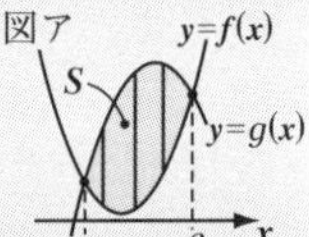

ここで，$h(x) = g(x) - f(x)$ とおくと，

$h(x) = -2x^2 + \cdots$

図イ

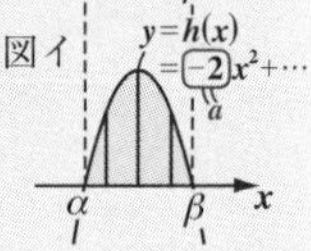

となり，S は図イのように放物線 $y = h(x)$ と直線 [x 軸] とで囲まれる部分の面積に等しい。

$$\therefore\ S = \frac{|\overset{a}{-2}|}{6}(\beta - \alpha)^3 = \frac{1}{3}(\beta - \alpha)^3$$

(2) ③の解 α, β は，

$$\alpha = \frac{t - \sqrt{-t^2 + 2t + 2}}{2},\ \beta = \frac{t + \sqrt{-t^2 + 2t + 2}}{2}$$

求める P_1 と P_2 で囲まれた部分の面積 S は，

$$S = \int_\alpha^\beta \{g(x) - f(x)\} dx$$

$$= \int_\alpha^\beta \{-2x^2 + 2tx - (t^2 - t - 1)\} dx$$

$$= \frac{1}{3}(\beta - \alpha)^3$$

実際は，もう少し，ていねいに積分してみせた方がいい。

$$= \frac{1}{3}\left(\frac{t + \sqrt{-t^2 + 2t + 2}}{2} - \frac{t - \sqrt{-t^2 + 2t + 2}}{2}\right)^3$$

$$= \frac{1}{3}(-t^2 + 2t + 2)^{\frac{3}{2}} \quad \cdots\cdots(答)$$

$$(1 - \sqrt{3} < t < 1 + \sqrt{3})$$

(3) $S = \dfrac{1}{3}\{\boxed{-(t-1)^2 + 3}\}^{\frac{3}{2}}$

$u(t)$ とおく。

ここで，

$$u(t) = -(t-1)^2 + 3$$

$$(1 - \sqrt{3} < t < 1 + \sqrt{3})$$

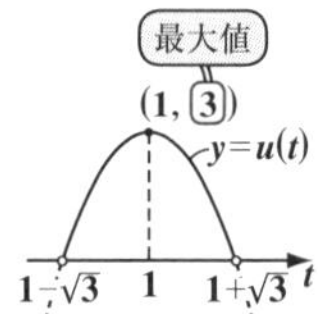

とおくと，右図より，$u(t)$ は $t=1$ のとき最大値 3 をとる。

$\therefore\ t = 1$ のとき，

$$最大値\ S = \frac{1}{3} \cdot 3^{\frac{3}{2}} = \sqrt{3} \quad \cdots\cdots(答)$$

実力アップ問題 92	難易度 ★★★	CHECK 1	CHECK 2	CHECK 3

数列 $\{a_n\}$ は $a_1=3$, $a_n<a_{n+1}$ $(n=1,2,\cdots\cdots)$ を満たしている。各 n に対して，直線 $y=a_{n+1}x+1$ と放物線 $y=x^2+a_nx+1$ で囲まれた図形の面積が $\dfrac{1}{6}(2n+3)^3$ となるとき，

(1) 一般項 a_n を求めよ。

(2) すべての n に対して，$\dfrac{1}{a_1}+\dfrac{1}{a_2}+\cdots\cdots+\dfrac{1}{a_n}<\dfrac{3}{4}$ が成り立つことを示せ。

(東京学芸大)

ヒント！ 放物線と直線で囲まれる部分の面積を面積公式で求めると，階差数列型の漸化式が導ける。最後は部分分数型の Σ 計算も使うことになるよ。

(1) $a_1=3,\ a_n<a_{n+1}\ (n=1,2,\cdots)$

$$\begin{cases} y=a_{n+1}x+1 & \cdots\cdots① \\ y=x^2+a_nx+1 & \cdots\cdots② \end{cases}$$

①, ②より y を消去して，

$x^2+a_nx+1=a_{n+1}x+1$

$x(x-a_{n+1}+a_n)=0$

$\therefore x=0,\ a_{n+1}-a_n\ (>0)\ (\because a_n<a_{n+1})$

よって，①の直線と②の放物線とで囲まれる図形の面積を S とおくと，

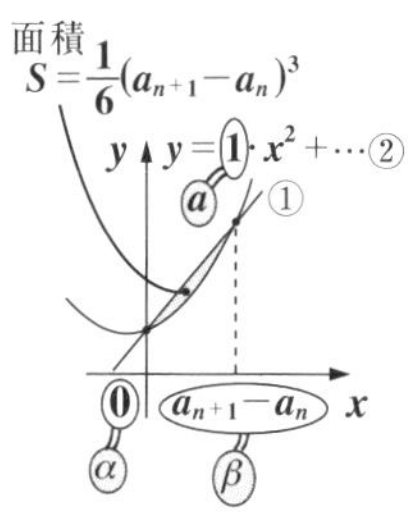

$$S=\int_0^{a_{n+1}-a_n}\{a_{n+1}x+1-(x^2+a_nx+1)\}dx$$

$$=\left[-\frac{1}{3}x^3+\frac{1}{2}(a_{n+1}-a_n)x^2\right]_0^{a_{n+1}-a_n}$$

$$=\frac{1}{6}(a_{n+1}-a_n)^3$$

ここで，$S=\dfrac{1}{6}(2n+3)^3$ より

$$\frac{1}{6}(a_{n+1}-a_n)^3=\frac{1}{6}(2n+3)^3$$

よって，
$$\begin{cases} a_1=3 \\ a_{n+1}-a_n=2n+3 \cdots③ \\ \quad (n=1,2,\cdots) \end{cases}$$
階差数列型の漸化式

$n\geqq 2$ のとき，③より，

$$a_n=a_1+\sum_{k=1}^{n-1}(2k+3)$$

$$=3+2\cdot\frac{1}{2}n(n-1)+3(n-1)$$

$\therefore a_n=n^2+2n\ (n=1,2,\cdots)\cdots④$ (答)

(これは $n=1$ のとき $a_1=3$ をみたす。)

(2) $\dfrac{1}{a_1}+\dfrac{1}{a_2}+\cdots+\dfrac{1}{a_n}=\displaystyle\sum_{k=1}^{n}\frac{1}{a_k}$

$$=\sum_{k=1}^{n}\frac{1}{k(k+2)}\quad(④より)$$

$$=\frac{1}{2}\sum_{k=1}^{n}\left(\frac{1}{k}-\frac{1}{k+2}\right)$$
部分分数分解型の Σ 計算

$$=\frac{1}{2}\left\{\left(\frac{1}{1}-\frac{1}{3}\right)+\left(\frac{1}{2}-\frac{1}{4}\right)+\left(\frac{1}{3}-\frac{1}{5}\right)+\cdots+\left(\frac{1}{n-1}-\frac{1}{n+1}\right)+\left(\frac{1}{n}-\frac{1}{n+2}\right)\right\}$$

$$=\frac{3}{4}-\frac{1}{2}\left(\frac{1}{n+1}+\frac{1}{n+2}\right)<\frac{3}{4}$$
⊕の数

∴与不等式は成り立つ。……(終)

数列の知識がない人は，先に，演習 6 "数列" を勉強して下さい。

実力アップ問題 93　難易度 ★★★　CHECK 1　CHECK 2　CHECK 3

xy 平面上で，$y = x$ のグラフと $y = \left|\dfrac{3}{4}x^2 - 3\right| - 2$ のグラフによって囲まれる図形の面積を求めよ。　(京都大・理)

ヒント！ グラフを描けば，求める面積が，複数の放物線と直線で囲まれる図形の面積のたし算と引き算により計算できることが分かるはずだ。

$y = f(x) = \dfrac{3}{4}|x^2 - 4| - 2$ とおくと，

$\begin{cases} \cdot\ x \leqq -2,\ 2 \leqq x \text{ のとき}, x^2 - 4 \\ \cdot\ -2 < x < 2 \text{ のとき}, -(x^2 - 4) \end{cases}$

$$f(x) = \begin{cases} \dfrac{3}{4}(x^2 - 4) - 2 = \dfrac{3}{4}x^2 - 5 \quad \cdots\cdots\text{①} \\ \qquad (x \leqq -2,\ 2 \leqq x \text{ のとき}) \\ -\dfrac{3}{4}(x^2 - 4) - 2 = -\dfrac{3}{4}x^2 + 1 \quad \cdots\text{②} \\ \qquad (-2 < x < 2 \text{ のとき}) \end{cases}$$

(i) $x \leqq -2,\ 2 \leqq x$ のとき，

$y = x$ …③と①との共有点の x 座標を求めると，

$\dfrac{3}{4}x^2 - 5 = x,\quad 3x^2 - 4x - 20 = 0$

1 ╲╱ 2
3 ╱╲ −10

$(x + 2)(3x - 10) = 0 \quad \therefore x = -2,\ \dfrac{10}{3}$

(ii) $-2 < x < 2$ のとき，

$y = x$ …③と②との共有点の x 座標を求めると，

$-\dfrac{3}{4}x^2 + 1 = x,\quad 3x^2 + 4x - 4$

1 ╲╱ 2
3 ╱╲ −2

$(x + 2)(3x - 2) = 0 \quad \therefore x = \dfrac{2}{3}$

$x = -2$ は，$-2 < x < 2$ をみたさない。

よって，$y = x$ と $y = f(x)$ とで囲まれる図形は，右図の網目部で表される。この面積を S とおくと，

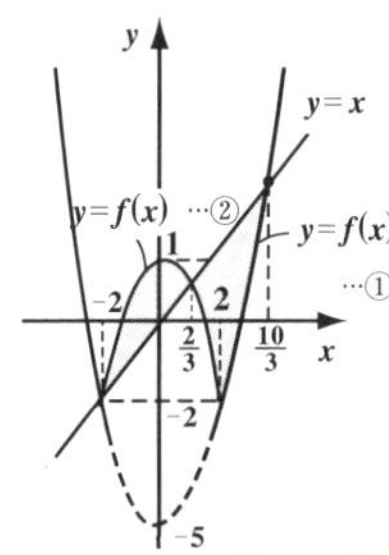

$$S = \int_{-2}^{\frac{2}{3}} \Big(\underbrace{-\frac{3}{4}x^2 + 1}_{f(x)\ \cdots②} - x\Big) dx$$

$$+ \int_{\frac{2}{3}}^{2} \Big\{x - \Big(\underbrace{-\frac{3}{4}x^2 + 1}_{f(x)\ \cdots②}\Big)\Big\} dx$$

$$+ \int_{2}^{\frac{10}{3}} \Big\{x - \Big(\underbrace{\frac{3}{4}x^2 - 5}_{f(x)\ \cdots①}\Big)\Big\} dx$$

………④

となる。

この④の3つの定積分をまともに解いてももちろんいいが，ここでは，放物線と直線で囲まれる3つの図形の面積を面積公式で求めて，そのたし算・引き算により簡潔に答えを求めることにしよう。

（ⅰ）$y=f(x)=\frac{3}{4}x^2-5$ …① と $y=x$ …③

とで囲まれる図形の面積を S_1 とおくと，

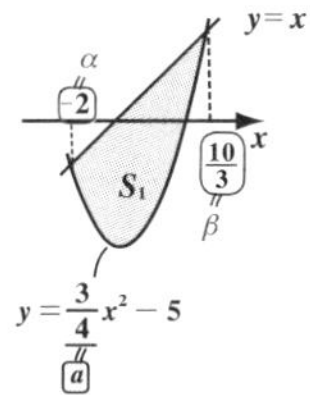

$$S_1=\frac{|a|}{6}(\beta-\alpha)^3$$

$$=\frac{\frac{3}{4}}{6}\left(\frac{10}{3}+2\right)^3$$

$$=\frac{1}{8}\cdot\left(\frac{16}{3}\right)^3=\frac{2^9}{27}=\frac{512}{27}$$

（ⅱ）$y=f(x)=\frac{3}{4}x^2-5$ …① と $y=-2$

とで囲まれる図形の面積を S_2 とおくと，

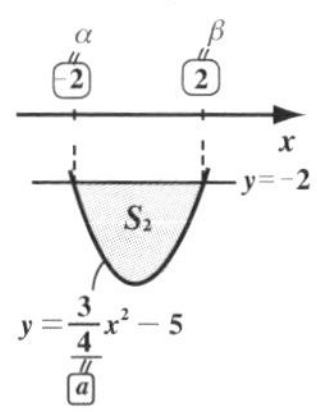

$$S_2=\frac{|a|}{6}(\beta-\alpha)^3$$

$$=\frac{\frac{3}{4}}{6}(2+2)^3=8$$

（ⅲ）$y=f(x)=-\frac{3}{4}x^2+1$ …② と $y=x$

とで囲まれる図形の面積を S_3 とおくと，

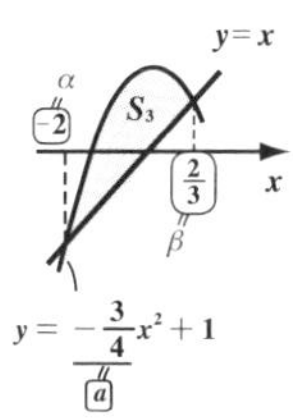

$$S_3=\frac{|a|}{6}(\beta-\alpha)^3$$

$$=\frac{\frac{3}{4}}{6}\left(\frac{2}{3}+2\right)^3$$

$$=\frac{1}{8}\cdot\left(\frac{8}{3}\right)^3=\frac{64}{27}$$

以上の S_1, S_2, S_3 を用いると，求める面積 S は

$$S=S_1-2S_2+2S_3$$

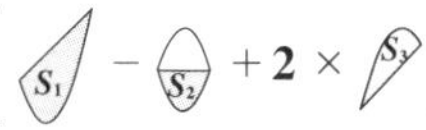

$$=\frac{512}{27}-2\times8+2\times\frac{64}{27}$$

$$=\frac{512-432+128}{27}$$

$$=\frac{208}{27}$$ ……………………………(答)

以上で答えは求まっているが，これを④の積分計算の結果として，次のように答案に書いてもよい。

$$S=\left[-\frac{1}{4}x^3-\frac{1}{2}x^2+x\right]_{-2}^{\frac{2}{3}}$$

$$+\left[\frac{1}{4}x^3+\frac{1}{2}x^2-x\right]_{\frac{2}{3}}^{2}$$

$$+\left[-\frac{1}{4}x^3+\frac{1}{2}x^2+5x\right]_{2}^{\frac{10}{3}}$$

$$=\frac{208}{27}$$ …………………………(答)

実力アップ問題 94　難易度 ★★　CHECK 1　CHECK 2　CHECK 3

2 曲線 $y = x^2 + x - 1$ ……①, $y = x^2 - 9x + 24$ ……② が与えられている。直線 l は曲線①の接線であり，かつ曲線②の接線でもある。

(1) 直線 l の方程式を求めよ。

(2) 直線 l と曲線①および②によって囲まれた部分の面積を求めよ。

(室蘭工大)

ヒント！ 2 つの放物線の x^2 の係数が 1 で等しいので，2 つの放物線と共通接線とで囲まれる部分の面積公式が使えるね。

基本事項

2 つの放物線とその共通接線とで囲まれる部分の面積 S は，

$$S = \frac{|a|}{12}(\beta - \alpha)^3$$

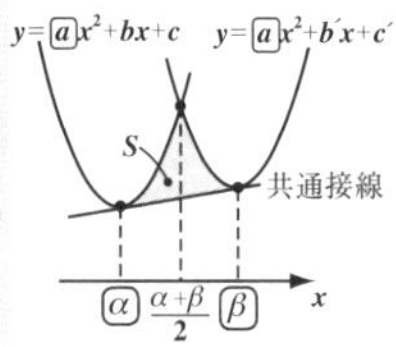

(1) $\begin{cases} y = f(x) = x^2 + x - 1 & \cdots\cdots\cdots ① \\ y = g(x) = x^2 - 9x + 24 & \cdots\cdots ② \end{cases}$

$f'(x) = 2x + 1$ より，共通接線 l が，点 $(t, f(t))$ における曲線 $y = f(x)$ の接線とすると，

$$y = (2t+1)(x - t) + t^2 + t - 1$$

$$[\, y = f'(t)\ (x - t) + f(t) \,]$$

$$y = (2t+1)x - t^2 - 1 \quad \cdots\cdots ③$$

③は，②の接線でもあるので，②，③から y を消去した x の 2 次方程式：

$$x^2 - 9x + 24 = (2t+1)x - t^2 - 1$$

$$x^2 - 2(t+5)x + t^2 + 25 = 0 \quad \cdots\cdots ④$$

は重解をもつ。この判別式を D とおくと，

$$\frac{D}{4} = \boxed{(t+5)^2 - (t^2 + 25) = 0}$$

$$10t = 0 \quad \therefore\ t = \boxed{0} \quad \cdots\cdots ⑤$$

（①，③の接点の x 座標）

⑤を③に代入して，l の方程式は，

$l : y = x - 1$ ……………………(答)

(2) ⑤を④に代入して，

$$x^2 - 10x + 25 = 0$$

$$(x-5)^2 = 0$$

$$\therefore\ x = \boxed{5}$$

（②，③の接点の x 座標）

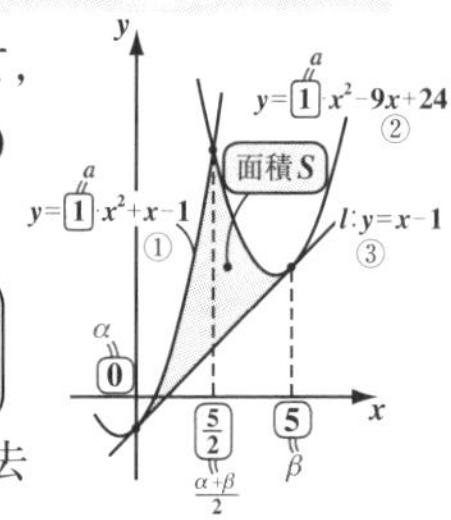

①，②より y を消去して，

$$x^2 + x - 1 = x^2 - 9x + 24$$

$$10x = 25$$

$$\therefore\ x = \frac{5}{2}$$

以上より，求める図形の面積 S は，

> 求める面積 S は公式より，
> $S = \frac{1}{12}(5 - 0)^3 = \frac{125}{12}$ であることはすぐにわかる。

$$S = \int_0^{\frac{5}{2}} \{f(x) - (x-1)\}\,dx + \int_{\frac{5}{2}}^{5} \{g(x) - (x-1)\}\,dx$$

$$= \int_0^{\frac{5}{2}} x^2\,dx + \int_{\frac{5}{2}}^{5} (x-5)^2\,dx$$

$$= \frac{1}{3}\left[x^3\right]_0^{\frac{5}{2}} + \frac{1}{3}\left[(x-5)^3\right]_{\frac{5}{2}}^{5}$$

公式：$\int (x-a)^2\,dx = \frac{1}{3}(x-a)^3 + C$

$$= \frac{1}{3}\left(\frac{5}{2}\right)^3 - \frac{1}{3}\left(-\frac{5}{2}\right)^3$$

$$= 2 \cdot \frac{1}{3}\left(\frac{5}{2}\right)^3 = \frac{125}{12} \quad \cdots\cdots\cdots\cdots\cdots (答)$$

実力アップ問題 95　難易度 ★★　CHECK 1　CHECK 2　CHECK 3

点 $(1,\ 2)$ から，曲線 $y=x^3-3x^2-x+3$ に引いた接線と，この曲線とで囲まれた部分の面積を求めよ。

ヒント！ 3次関数のグラフとその接線とで囲まれる部分の面積公式を使う。3次関数の積分は範囲外ではあるが，受験では出題される可能性があるので，練習しておこう。

基本事項

3次関数のグラフとその接線とで囲まれる部分の面積 S は，

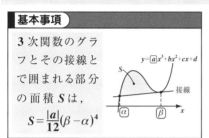

$$S=\frac{|a|}{12}(\beta-\alpha)^4$$

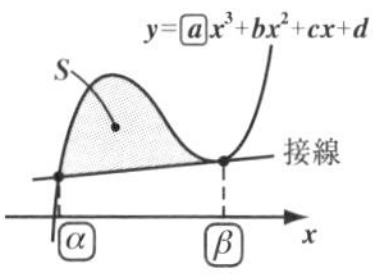

$y=f(x)=x^3-3x^2-x+3$ …① とおく。

（$f(1)=1-3-1+3=0$ より，点 $(1,\ 2)$ は曲線 $y=f(x)$ 上の点ではない。）

$f'(x)=3x^2-6x-1$

点 $(t,\ f(t))$ における曲線 $y=f(x)$ の接線の方程式は，

$$y=(3t^2-6t-1)(x-t)+t^3-3t^2-t+3$$

$[y=\ f'(t)\cdot(x-t)+\ f(t)\ ]$

$$y=(3t^2-6t-1)x-2t^3+3t^2+3\ \cdots②$$

これが，曲線外の点 $(1,\ 2)$ を通るので，この座標を②に代入して

$$2=3t^2-6t-1-2t^3+3t^2+3$$

$$2t^3-6t^2+6t=0$$

$$t^3-3t^2+3t=0$$

イメージ

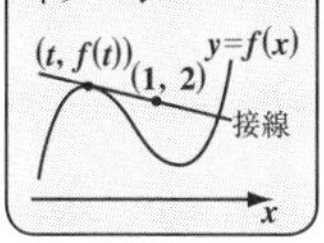

$$t(t^2-3t+3)=0$$

（$t^2-3t+3=0$ の判別式 $D=(-3)^2-4\cdot3<0$ よって，これは実数解をもたない。）

$\therefore\ t=0$ …………③

③を②に代入して，点 $(1,\ 2)$ から曲線 $y=f(x)$ に引いた接線の方程式は

$$y=-x+3\ \cdots\cdots④$$

①，④より，y を消去して

$$x^3-3x^2-x+3=-x+3$$

$$x^2(x-3)=0$$

$$x=0(\text{重解}),\ 3$$

以上より，求める部分の面積 S は，

$$S=\int_0^3\{-x+3-f(x)\}dx$$

$$=\int_0^3(-x^3+3x^2)dx$$

$$=\left[-\frac{1}{4}x^4+x^3\right]_0^3$$

$$=-\frac{81}{4}+27=\frac{-81+108}{4}$$

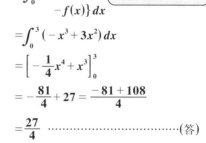

$$=\frac{27}{4}\ \cdots\cdots\cdots\cdots\cdots\text{(答)}$$

イメージ

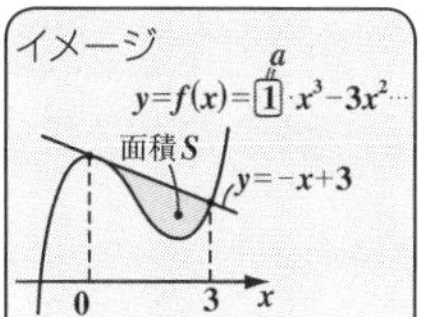

求める面積 S は，面積公式から，

$$S=\frac{1}{12}(3-0)^4=\frac{3^4}{12}=\frac{27}{4}$$

と，すぐにわかる。答案では，これを積分で示す。

実力アップ問題 96	難易度 ★★	CHECK 1	CHECK 2	CHECK 3

(1) 原点を中心とする半径 $r\ (r>0)$ の円 $x^2+y^2=r^2$ 上の点 $A(a,\ b)$ における接線の方程式は $ax+by=r^2$ で与えられることを示せ。

(2) 円 $x^2+y^2=1$ と放物線 $C:y=x^2+1$ の両方に接する直線は **3** 本ある。これら接線の方程式を求めよ。

(3) **(2)** における **3** 本の接線のうち，x 軸の正の部分と交わる接線を l_1，x 軸に平行な接線を l_2 とする。接線 $l_1,\ l_2$ および放物線 C とで囲まれる部分の面積を求めよ。 （九州大）

ヒント！ **(3)** 放物線と **2** 接線とで囲まれる部分の面積公式の問題になる。ただし，答案では積分計算をした形で算出することがコツだ。

基本事項

放物線と **2** 接線とで囲まれる部分の面積 S は，

$$S=\frac{|a|}{12}(\beta-\alpha)^3$$

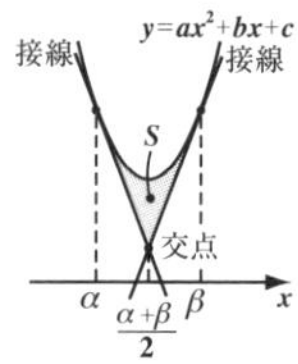

※ 放物線の **2** 接線の交点 P に関しては，特に放物線が $y=ax^2$ のとき，

$P\left(\frac{\alpha+\beta}{2},\ a\alpha\beta\right)$ となる。

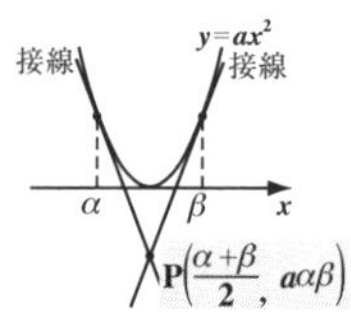

(1) 円 $:x^2+y^2=r^2$ $(r>0)$ の周上に点 $A(a,\ b)$ をとるので，

$a^2+b^2=r^2$ …①

点 A における円の接線を L とおくと，

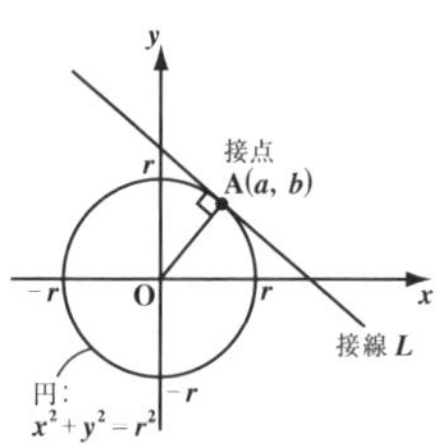

$L\perp\overrightarrow{OA}$ より，L は点 $A(a,\ b)$ を通り，$\overrightarrow{OA}=(a,\ b)$ を法線ベクトルにもつ直線となるので，

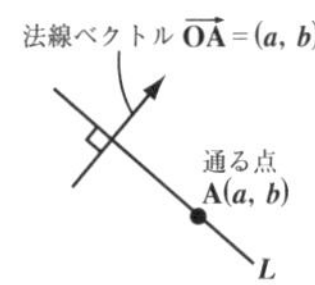

通る点 $A(a,\ b)$

$a(x-a)+b(y-b)=0$

$\overrightarrow{OA}=(a,\ b)$　　r^2（①より）

$ax+by=a^2+b^2$

$\therefore\ ax+by=r^2$ （$\because$①） ………（終）

(2) $\begin{cases}円:x^2+y^2=1 & \cdots\cdots② \\ 放物線\ C:y=f(x)=x^2+1 & \cdots\cdots③\end{cases}$

とおく。

$f'(x)=2x$

②と③の共通接線が，$y=f(x)$ 上の点 $(t,\ f(t))$ における接線とすると，

$y=2t(x-t)+t^2+1$

$[\,y=f'(t)(x-t)+f(t)\,]$

$y=2tx-t^2+1$ ………④

$2tx-1\cdot y+1-t^2=0$ ………④´

②と④´も接するので，中心 $O(0,\ 0)$ と④´との間の距離 h は円の半径 **1** に等しい。

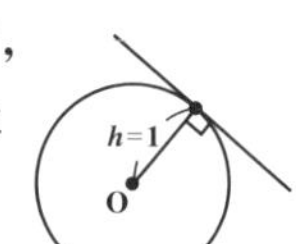

$\therefore\ h = \boxed{\dfrac{|2t\cdot 0 - 1\cdot 0 + 1 - t^2|}{\sqrt{(2t)^2 + (-1)^2}} = 1}$

$|1 - t^2| = \sqrt{4t^2 + 1}$

この両辺を **2** 乗して，

$(1 - t^2)^2 = 4t^2 + 1$

$1 - 2t^2 + t^4 = 4t^2 + 1$

$t^4 - 6t^2 = 0$

$t^2(t + \sqrt{6})(t - \sqrt{6}) = 0$

$\therefore\ t = 0,\ \pm\sqrt{6}$

これを④に代入して，求める②と③の共通接線の方程式は，

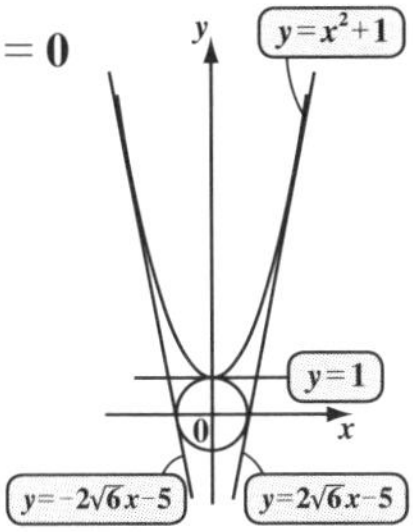

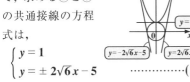

$\begin{cases} y = 1 \\ y = \pm 2\sqrt{6}x - 5 \end{cases}$ ……………(答)

参考

この出題者は，**(1)** を導入として使うことを考えていたようだが，上述の解法の方が，**(3)** とのつながりもよくなる。しかし，**(1)** の導入に従う解法も簡単に示しておこう。

②上の点 $(a,\ b)$ における接線の方程式は，

$ax + by = 1$ ………㋐

また，$a^2 + b^2 = 1$ ……㋑

㋐が③と接するとき，

㋐ − b × ③ $ax = 1 - b(x^2 + 1)$

$bx^2 + ax + b - 1 = 0 \quad (b \neq 0)$

これは重解をもつので判別式 D は，

$D = \boxed{a^2 - 4b(b - 1) = 0}$

$a^2 - 4b^2 + 4b = 0$

$\boxed{a^2 + b^2} - 5b^2 + 4b = 0$ として，（a^2+b^2 は 1（㋑より））

b，次に㋑より a を求める。

(3) 題意より，

$C: y = x^2 + 1$ と

$l_1: y = 2\sqrt{6}x - 5$ と

$l_2: y = 1$ とで囲まれる部分の面積 S を求める。

$$S = \int_0^{\frac{\sqrt{6}}{2}} (x^2 + 1 - 1)\,dx + \int_{\frac{\sqrt{6}}{2}}^{\sqrt{6}} \{x^2 + 1 - (2\sqrt{6}x - 5)\}\,dx$$

$$= \int_0^{\frac{\sqrt{6}}{2}} x^2\,dx + \int_{\frac{\sqrt{6}}{2}}^{\sqrt{6}} (x - \sqrt{6})^2\,dx$$

$$= \frac{1}{3}\Big[x^3\Big]_0^{\frac{\sqrt{6}}{2}} + \frac{1}{3}\Big[(x - \sqrt{6})^3\Big]_{\frac{\sqrt{6}}{2}}^{\sqrt{6}}$$

$$= \frac{1}{3}\cdot\left(\frac{\sqrt{6}}{2}\right)^3 + \frac{1}{3}\left(\frac{\sqrt{6}}{2}\right)^3$$

$$= \frac{2}{3}\cdot\frac{6\sqrt{6}}{8} = \frac{\sqrt{6}}{2}$$ ………………(答)

この面積 S は面積公式を使って，

$S = \dfrac{1}{12}(\sqrt{6} - 0)^3$

$= \dfrac{\sqrt{6}}{2}$

とすぐ求まるが，答案では積分した形にする。

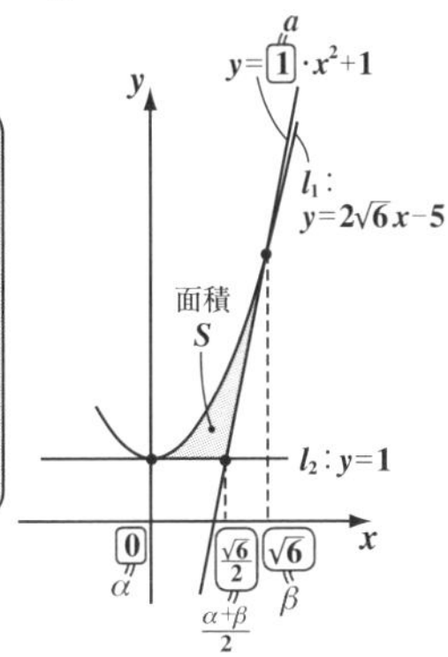

実力アップ問題 97	難易度 ★★★	CHECK 1	CHECK 2	CHECK 3

放物線 $C: y = x^2$ 上の異なる 2 点 P, Q をとる。2 点 P, Q における接線をそれぞれ l_1, l_2 とし，その交点を R とおく。放物線 C と 2 接線 l_1, l_2 とで囲まれる部分の面積が一定値 $\frac{1}{12}$ をとるとき，交点 R の描く曲線の方程式を求めよ。 (東工大＊)

ヒント！ 放物線と 2 接線とで囲まれる部分の面積の応用問題。2 接線の交点 R の座標に着目して，最終的には軌跡の問題になるんだね。

放物線 $C: y = f(x) = x^2$ とおく。

$f'(x) = 2x$

$y = f(x)$ 上の 2 点 P, Q を

$P(\alpha, f(\alpha))$

$Q(\beta, f(\beta))$ とおく。

$(\alpha < \beta)$

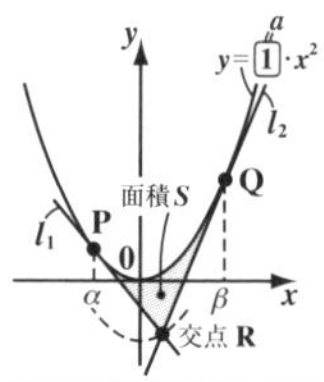

面積 S は
$S = \frac{1}{12}(\beta - \alpha)^3$
交点 R は
$R\left(\frac{\alpha+\beta}{2}, \alpha\beta\right)$
となることはすぐわかる。
答案では，これを計算してみせる。

- 点 P における接線 l_1 の方程式は，
  $y = 2\alpha(x - \alpha) + \alpha^2$
  $y = 2\alpha x - \alpha^2$ …①
- 点 Q における接線 l_2 も同様に，
  $y = 2\beta x - \beta^2$ …②

①, ②より y を消去して，

$2\alpha x - \alpha^2 = 2\beta x - \beta^2$

$2(\alpha - \beta)x = (\alpha + \beta)(\alpha - \beta)$

$x = \frac{\alpha + \beta}{2}$

これを①に代入して，

$y = 2\alpha \cdot \frac{\alpha + \beta}{2} - \alpha^2 = \alpha\beta$

$\therefore$ 交点 $R\left(\frac{\alpha + \beta}{2}, \alpha\beta\right)$

ここで，$R(x, y)$ とおくと，

$\begin{cases} \alpha + \beta = 2x & \cdots\cdots③ \\ \alpha\beta = y & \cdots\cdots\cdots④ \end{cases}$ となる。

放物線 C と 2 接線 l_1, l_2 とで囲まれる部分の面積を S とおくと，

$$S = \int_\alpha^{\frac{\alpha+\beta}{2}} \{x^2 - (2\alpha x - \alpha^2)\}dx + \int_{\frac{\alpha+\beta}{2}}^\beta \{x^2 - (2\beta x - \beta^2)\}dx$$

$$= \int_\alpha^{\frac{\alpha+\beta}{2}} (x - \alpha)^2 dx + \int_{\frac{\alpha+\beta}{2}}^\beta (x - \beta)^2 dx$$

$$= \frac{1}{3}\left[(x - \alpha)^3\right]_\alpha^{\frac{\alpha+\beta}{2}} + \frac{1}{3}\left[(x - \beta)^3\right]_{\frac{\alpha+\beta}{2}}^\beta$$

$$= \frac{1}{3}\left(\frac{\beta - \alpha}{2}\right)^3 - \frac{1}{3}\left(\frac{\alpha - \beta}{2}\right)^3$$

$$= \frac{1}{3} \cdot \frac{(\beta - \alpha)^3}{8} + \frac{1}{3} \cdot \frac{(\beta - \alpha)^3}{8}$$

$$= \frac{1}{12}(\beta - \alpha)^3$$

ここで，$S = \frac{1}{12}$ より，

$\frac{1}{12}(\beta - \alpha)^3 = \frac{1}{12}$ 　 $(\beta - \alpha)^3 = 1$

$\beta - \alpha = 1$ 　 両辺を 2 乗して，

$(\beta - \alpha)^2 = 1$

対称式 $(\alpha - \beta)^2 = (\alpha + \beta)^2 - 4\alpha\beta$

$(\alpha + \beta)^2 - 4\alpha\beta = 1$ ……⑤

⑤に③, ④を代入して，

$(2x)^2 - 4 \cdot y = 1$

以上より，交点 R の描く軌跡の方程式は

$y = x^2 - \frac{1}{4}$ ……………………………(答)

演習
exercise

6 数列

テーマ

▶ 等差数列・等比数列（3項問題）

$\left(a_n = a_1 + (n-1)d,\quad a_n = a_1 \cdot r^{n-1}\right)$

▶ Σ 計算とその応用

$\left(\sum_{k=1}^{n}(I_k - I_{k+1}) = I_1 - I_{n+1}\right)$

▶ 漸化式

$\left(F(n+1) = r \cdot F(n)\right.$ のとき，$\left.F(n) = F(1) \cdot r^{n-1}\right)$

▶ 数学的帰納法

（ドミノ倒し理論）

演習6 数列 ●公式＆解法パターン

1. 等差数列と等比数列

(1) 等差数列 $\{a_n\}$：初項 a_1，公差 d

(ⅰ) 一般項 $a_n = a_1 + (n-1)d$

(ⅱ) 数列の和 $S_n = \sum_{k=1}^{n} a_k = \frac{n(a_1 + a_n)}{2} = \frac{n\{2a_1 + (n-1)d\}}{2}$

(2) 等比数列 $\{a_n\}$：初項 a_1，公比 r

(ⅰ) 一般項 $a_n = a_1 \cdot r^{n-1}$

(ⅱ) 数列の和 $S_n = \sum_{k=1}^{n} a_k = \begin{cases} \frac{a_1(1-r^n)}{1-r} & (r \neq 1 \text{ のとき}) \\ na_1 & (r = 1 \text{ のとき}) \end{cases}$

(3) 3項問題

(ⅰ) a，b，c がこの順に等差数列をなすとき，

$2b = a + c$

(ⅱ) a，b，c がこの順に等比数列をなすとき，

$b^2 = ac$

2. Σ 計算

(1) Σ 計算の性質

(ⅰ) $\sum_{k=1}^{n} ca_k = c\sum_{k=1}^{n} a_k$ (c：定数)　(ⅱ) $\sum_{k=1}^{n}(a_k \pm b_k) = \sum_{k=1}^{n} a_k \pm \sum_{k=1}^{n} b_k$ (複号同順)

(2) 基本公式

(ⅰ) $\sum_{k=1}^{n} k = \frac{1}{2}n(n+1)$　(ⅱ) $\sum_{k=1}^{n} k^2 = \frac{1}{6}n(n+1)(2n+1)$

(ⅲ) $\sum_{k=1}^{n} k^3 = \frac{1}{4}n^2(n+1)^2$　(ⅳ) $\sum_{k=1}^{n} c = nc$ (c：定数)

(ⅴ) $\sum_{k=1}^{n} ar^{k-1} = \frac{a(1-r^n)}{1-r}$ (ただし，$r \neq 1$)　(ⅵ) $\sum_{k=1}^{n}(I_k - I_{k+1}) = I_1 - I_{n+1}$

Σ 計算は格子点数や群数列の問題など，様々な問題で威力を発揮する。

(3) S_n から a_n を求めるパターン

S_n が $S_n = f(n)$ で与えられたとき，($S_n = a_1 + a_2 + \cdots\cdots + a_n$)

(ⅰ) $a_1 = S_1$　(ⅱ) $n \geqq 2$ で，$a_n = S_n - S_{n-1}$

3. 漸化式の解法

(1) 等差・等比・階差数列の漸化式と解法

(ⅰ) 等差数列

$a_{n+1}=a_n+d$ のとき,
$a_n=a_1+(n-1)d$

(ⅱ) 等比数列

$a_{n+1}=r\cdot a_n$ のとき,
$a_n=a_1\cdot r^{n-1}$

(ⅲ) 階差数列

$a_{n+1}-a_n=b_n$ のとき,
$a_n=a_1+\sum_{k=1}^{n-1}b_k\ (n\geqq 2)$

(2) 等比関数列型漸化式と解法

$F(n+1)=r\cdot F(n)$ のとき, $F(n)=F(1)\cdot r^{n-1}$

(ex1) $a_{n+1}=4a_n-6$ のとき,

$a_{n+1}-\underline{\underline{2}}=4\cdot(a_n-\underline{\underline{2}})$ より, ←

特性方程式
$x=4x-6$ より,
$3x=6\quad\therefore x=\underline{\underline{2}}$

$[F(n+1)=4\cdot\ F(n)\ ]$

$a_n-2=(a_1-2)\cdot 4^{n-1}$ と変形して解く。

$[F(n)=\ F(1)\ \cdot 4^{n-1}]$

(ex2) $a_{n+2}-4a_{n+1}+3a_n=0$ のとき,

特性方程式
$x^2-4x+3=0$
$(x-1)(x-3)=0$
$\therefore x=1,\ 3$

$$\begin{cases} a_{n+2}-1\cdot a_{n+1}=\underline{\underline{3}}(a_{n+1}-1\cdot a_n) \\ [\ F(n+1)\ =3\cdot\ F(n)\ ] \\ a_{n+2}-\underline{\underline{3}}a_{n+1}=1\cdot(a_{n+1}-\underline{\underline{3}}a_n)\ \text{より,} \\ [\ G(n+1)\ =1\cdot\ G(n)\ ] \end{cases}$$

$$\begin{cases} a_{n+1}-a_n=(a_2-a_1)\cdot 3^{n-1} \\ [\ F(n)\ =\ F(1)\ \cdot 3^{n-1}] \\ a_{n+1}-3a_n=(a_2-3a_1)\cdot 1^{n-1}\quad \text{と変形して解く。} \\ [\ G(n)\ =\ G(1)\ \cdot 1^{n-1}] \end{cases}$$

4. 数学的帰納法

(自然数 n の入った命題)…(＊)の証明法

(ⅰ) $n=1$ のとき, (＊)が成り立つことを示す。

(ⅱ) $n=k$ $(k=1,\ 2,\ \cdots)$ のとき(＊)が

成り立つと仮定して,

$n=k+1$ のときも, (＊)が成り立つことを示す。

以上(ⅰ)(ⅱ)より, 任意の自然数 n に対して

(＊)は成り立つ。

ドミノ倒し理論
(ⅰ)1番目のドミノを倒す。
(ⅱ) k 番目のドミノが倒れるとしたら, $k+1$ 番目のドミノも倒れる。
この(ⅰ)(ⅱ)により, 1番目から順にすべてのドミノを倒せる。

実力アップ問題 98　難易度 ★★　CHECK 1　CHECK 2　CHECK 3

次の問いに答えよ。

(1) 第 **3** 項が **7**，第 **6** 項が **13** である等差数列の第 **1** 項から第 n 項までの和が **100** 以上となる最小の n の値を求めよ。（立教大）

(2) 初項 **70** の等差数列 $\{a_n\}$ の第 **10** 項から第 **20** 項までの和が **0** であるとする。このとき，この等差数列の公差を求めよ。（愛知工大）

ヒント！ (1) 初項 a，公差 d とおくと，$a_3 = a + 2d = 7$，$a_6 = a + 5d = 13$ から，a，d を求める。(2) a_{10} から a_{20} までの項数は **11** であることに気を付けて，和を求める。

基本事項

等差数列 $\{a_n\}$　（初項 a，公差 d）

(1) 一般項 $a_n = a + (n-1)d$

(2) 和 $S_n = \dfrac{n(a_1 + a_n)}{2}$（項数・初項・末項）

$= \dfrac{n\{2a + (n-1)d\}}{2}$

(1) 等差数列 $\{a_n\}$ の初項を a，公差を d とおくと，条件より，

$a_3 = a + 2d = 7$ …………①

$a_6 = a + 5d = 13$ …………②

②−①より，　$3d = 6$　∴ $d = 2$

これを①に代入して，

$a + 4 = 7$　∴ $a = 3$

よって，一般項は，

$a_n = 3 + (n-1)\cdot 2 = 2n + 1$（$a=3$，$d=2$）

この等差数列の初項から第 n 項までの和 S_n は，

$S_n = \sum_{k=1}^{n} a_k = \dfrac{n(a_1 + a_n)}{2}$（項数 n，初項3，末項 $2n+1$）

（$S_n = \sum_{k=1}^{n}(2k+1)$ と計算してもいい）

$= \dfrac{n(3 + 2n + 1)}{2} = n(n+2)$

$S_n \geqq 100$ のとき，

$n(n+2) \geqq 100$

これをみたす最小の n は **10** ………（答）

注意！

$S_n = n(n+2)$ は n について単調に増加するので，$n = 9, 10$ を S_n に代入して，初めて **100** 以上となる n を捜せばいい。$S_9 = 99$，$S_{10} = 120$ より，この n は **10** とわかる。

(2) 等差数列 $\{a_n\}$ の初項が $a = 70$ であり，この公差を d とおくと，

一般項 $a_n = 70 + (n-1)d$

よって，$\begin{cases} a_{10} = 70 + 9d \\ a_{20} = 70 + 19d \end{cases}$

a_{10} から a_{20} までの数列の和を S とおくと，

$S = \sum_{k=10}^{20} a_k = \dfrac{11(a_{10} + a_{20})}{2}$（項数 11，初項 $70+9d$，末項 $70+19d$）

（$a_{10}, a_{11}, a_{12}, \cdots\cdots, a_{20}$ の項数は　最初の数 10，最後の数 20　$20 - 10 + 1 = 11$ となる！）

$= \dfrac{11(70 + 9d + 70 + 19d)}{2}$

$= 11(14d + 70)$

条件より，$S = 11(14d + 70) = 0$

∴ $14d + 70 = 0$ より，　$d = -5$

よって，求める公差 $d = -5$ …（答）

実力アップ問題 99　難易度 ★★　CHECK 1　CHECK 2　CHECK 3

次の問いに答えよ。

(1) 等比数列の第 n 項までの和を S_n とおく。$9S_3 = S_6 = 7$ となるとき，初項と公比を求めよ。 (成蹊大)

(2) ある等比数列の初項から第 n 項までの和が 54，初項から第 $2n$ 項までの和が 63 であるとき，この等比数列の初項から第 $3n$ 項までの和を求めよ。 (摂南大)

ヒント！ (1) 等比数列の和の公式から，$9S_3=S_6$ を計算すると r が求まるね。(2) これも等比数列の和の問題で，初項 a を求めなくても，S_{3n} は求まる。

基本事項

等比数列 $\{a_n\}$ （初項 a，公比 r）

(1) 一般項 $a_n = a \cdot r^{n-1}$

(2) 和 $S_n = \begin{cases} \dfrac{a(1-r^n)}{1-r} & (r \neq 1) \\ na & (r = 1) \end{cases}$

(1) 求める等比数列の初項を a，公比を r とおく。$r = 1$ とすると，

（$r=1$ か $r \neq 1$ かで，和 S_n は異なる！）

$S_3 = 3a$，$S_6 = 6a$

となり，条件式より，（背理法）

$9 \cdot S_3 = \boxed{27a = 7}$，$S_6 = \boxed{6a = 7}$

となって矛盾する。

よって，$r \neq 1$

このとき，

$$S_3 = \frac{a(1-r^3)}{1-r},\quad S_6 = \frac{a(1-r^6)}{1-r}$$

$9S_3 = S_6$ より，

（$1^2-(r^3)^2=(1-r^3)(1+r^3)$）

$$9 \cdot \frac{a(1-r^3)}{1-r} = \frac{a(1-r^6)}{1-r}$$

$$9 \cdot \frac{a(1-r^3)}{1-r} = \frac{a(1-r^3)}{1-r} \cdot (1+r^3)$$

$\therefore 9 = 1 + r^3$，$r^3 = 8$　$\therefore r = 2$

ここで，$9S_3 = 7$ より，

$$9 \cdot \frac{a(1-2^3)}{1-2} = 7,\quad 9 \times 7a = 7$$

$$\therefore a = \frac{1}{9}$$

以上より，$a = \dfrac{1}{9}$，公比 $r = 2$ ……(答)

(2) 題意の等比数列の初項を a，公比を r とおく。$r = 1$ とすると，

$$\begin{cases} a_1 + a_2 + \cdots + a_n = \boxed{na = 54} \\ a_1 + a_2 + \cdots + a_{2n} = \boxed{2na = 63} \end{cases}$$

（これも背理法）

となって，矛盾する。

よって，$r \neq 1$

このとき，

$$\begin{cases} a_1 + a_2 + \cdots + a_n = \dfrac{a(1-r^n)}{1-r} = 54 & \cdots① \\ a_1 + a_2 + \cdots + a_{2n} = \dfrac{a(1-r^{2n})}{1-r} = 63 & \cdots② \end{cases}$$

②より，$\dfrac{a(1-r^n)(1+r^n)}{1-r} = 63$　（$\dfrac{a(1-r^n)}{1-r}$ は 54（①より））

これに①を代入して，

$54(1+r^n) = 63$，　$1 + r^n = \dfrac{7}{6}$

$$\therefore r^n = \frac{1}{6}$$

以上より，求める a_1 から a_{3n} までの和は，

（$1^3-(r^n)^3=(1-r^n)(1+r^n+r^{2n})$）

$$a_1 + a_2 + \cdots\cdots + a_{3n} = \frac{a(1-r^{3n})}{1-r}$$

（$\alpha^3-\beta^3=(\alpha-\beta)(\alpha^2+\alpha\beta+\beta^2)$ の利用）

$$= \frac{a(1-r^n)(1+r^n+r^{2n})}{1-r}$$

（$\dfrac{a(1-r^n)}{1-r} = 54$，$r^n = \dfrac{1}{6}$，$r^{2n} = \left(\dfrac{1}{6}\right)^2$）

$$= 54 \times \frac{36+6+1}{36} = \frac{129}{2}$$ ………(答)

実力アップ問題 100	難易度 ★★★	CHECK 1	CHECK 2	CHECK 3

数列 $\{a_n\}$ は，初項 a，公差 d の等差数列であり，$a_3=12$，かつ $S_8>0$，$S_9\leqq 0$ を満たす。ただし，$S_n=a_1+a_2+\cdots+a_n$ である。

(1) 公差 d のとる値の範囲を求めよ。

(2) a_n $(n>3)$ がとる値の範囲を，n を用いて表せ。

(3) $a_n>0$，$a_{n+1}\leqq 0$ となる n の値を求めよ。

(4) S_n が最大となるときの n の値をすべて求めよ。また，そのときの S_n を d の式で表せ。 （早稲田大）

ヒント！ (1)，(2) では，$a_3=12$ と $S_8>0$，$S_9\leqq 0$ の条件から，d と $a_n(n>3)$ の値の範囲は求まる。(3)，(4) について，数列 $\{a_n\}$ は初項 $a_1>0$ で公差 $d<0$ の等差数列なので，a_1，a_2，a_3，…と，正の値を段々小さくしながら，やがて負の値に転ずることになる。よって，数列 $\{a_n\}$ が負に転ずる前までの数列の和を求めれば，それが，S_n の最大値になるんだね。

(1) 数列 $\{a_n\}$ は，初項 a，公差 d の等差数列より，

一般項 $a_n=a+(n-1)d$ …………①

数列の和 $S_n=\dfrac{n}{2}\{2a+(n-1)d\}$ …②

$(n=1,\ 2,\ 3,\ \cdots)$ となる。

(ⅰ) ここで，条件 $a_3=12$ より，①は，

$a_3=\boxed{a+2d=12}$

よって，$a=12-2d$ ……③

③を②に代入して，

$$S_n=\frac{n}{2}\{2(12-2d)+(n-1)d\}$$

$$=\frac{n}{2}\{24+(n-5)d\}\cdots\cdots②'$$

(ⅱ) 条件：$S_8>0$ より，②′は，

$S_8=\boxed{4(24+3d)>0}$

$24+3d>0$ $\therefore\ d>-8$

(ⅲ) 条件：$S_9\leqq 0$ より，②′は，

$$S_9=\frac{9}{2}(24+4d)\leqq 0$$

$24+4d\leqq 0$ $\therefore\ d\leqq -6$

以上 (ⅱ)(ⅲ) より，求める公差 d のとる値の範囲は，

$-8<d\leqq -6$ ……④………(答)

(2) ③を①に代入して，

$a_n=12-2d+(n-1)d$

$=12+(n-3)\cdot d$ ……①′

$(n-3)$：⊕（$\because\ n>3$）　d：⊖（-8 より大，-6 以下）

ここで，$n > 3$ より，$n - 3 > 0$

また，公差 d は④より，$-8 < d \leqq -6$

よって，この各辺に $n-3(>0)$ をかけて，

$$-8(n-3) < (n-3)\cdot d \leqq -6\cdot(n-3)$$

各辺に 12 をたして，

$$12 - 8(n-3) < \underbrace{12 + (n-3)d}_{a_n(\text{①}'\text{より})} \leqq 12 - 6(n-3)$$

∴ $n > 3$ のとき a_n のとる値の範囲は，

$36 - 8n < a_n \leqq 30 - 6n$ …⑤ …(答)

$(n = 4,\ 5,\ 6,\ \cdots)$

(3) ⑤に $n = 4$ を代入して，

$4 < \underbrace{a_4}_{⊕} \leqq 6$

⑤に $n = 5$ を代入して，

$-4 < \underbrace{a_5}_{0\text{以下}} \leqq 0$

この数列 $\{a_n\}$ は初項 $a_1 > 0$（∵ $a_1 > a_3 = 12$）かつ公差 d が負の等差数列であり，$a_4 > 0$，$a_5 \leqq 0$ より，

$a_1 > a_2 > a_3 > a_4 > 0 \geqq a_5 > a_6 > \cdots\cdots$

となる。（等号は，$d = -6$ のとき成り立つ）

よって，$a_n > 0$，$a_{n+1} \leqq 0$ となる n の値は，

$n = 4$ である。 …………………(答)

(4) (3) の結果より，数列の和 S_n は，初項から $a_n \geqq 0$ である限りたしていけば最大となる。よって，

(ⅰ) $d = -6$ のとき，

$a_1 > a_2 > a_3 > a_4 > \boxed{a_5} > a_6 > \cdots$（$a_5 = 0$）

より，

$S_1 < S_2 < S_3 < \underbrace{S_4 = S_5}_{\text{最大値}} > S_6 > S_7 > \cdots$

となるので，$n = 4$，または 5 のとき S_n は最大となる。②′ より，

$$\text{最大値 } S_4 = S_5 = \frac{5}{2}\{24 + (5-5)\cdot(-6)\}$$

$$= 60 \quad \cdots\cdots\cdots\cdots\cdots\cdots(\text{答})$$

(ⅱ) $-8 < d < -6$ のとき，

$a_1 > a_2 > a_3 > a_4 > 0 > a_5 > a_6 > \cdots$

より，

$S_1 < S_2 < S_3 < \underbrace{S_4}_{\text{最大値}} > S_5 > S_6 > \cdots$

となるので，$n = 4$ のとき S_n は最大となる。②′ より，

$$\text{最大値 } S_4 = \frac{4}{2}\{24 + (4-5)d\}$$

$$= 2(24 - d) \quad \cdots\cdots\cdots(\text{答})$$

実力アップ問題 101　難易度 ★★　CHECK 1　CHECK 2　CHECK 3

数列 $\{a_n\}$ は，初項 $a_1 = -1$，公差 d の等差数列で，数列 $\{b_n\}$ は初項 $b_1 = 2000$，公比 r の等比数列である。ただし，$d \neq 0$, $r \neq 0$ とする。これらの数列が，

$a_{n+1}b_n + 3b_{n+1}a_n - 2b_n = 0$ ……① $(n = 1, 2, 3, \cdots)$ をみたすものとする。

(1) $\{a_n\}$ と $\{b_n\}$ の一般項を求めよ。

(2) $|b_n| < |a_n|$ となる最小の n の値を求めよ。　（岩手大＊）

ヒント！ $\{b_n\}$ は等比数列より，$b_{n+1} = r \cdot b_n$ をみたす。よって，$b_n (\neq 0)$ で①の両辺を割れば，a_n と a_{n+1} の関係式 ($\{a_n\}$ の漸化式) が得られるんだね。

(1) 題意より，等差数列 $\{a_n\}$ と等比数列 $\{b_n\}$ の一般項は，

$$\begin{cases} a_n = -1 + (n-1) \cdot d & \cdots\cdots ② \ (d \neq 0) \\ b_n = 2000 \cdot r^{n-1} & \cdots\cdots ③ \ (r \neq 0) \end{cases}$$

$(n = 1, 2, 3, \cdots)$ とおける。

ここで，$\{b_n\}$ の漸化式は，

$b_{n+1} = r \cdot b_n$ ……④より，

$\dfrac{b_{n+1}}{b_n} = r$ ……④′　（③より $b_n \neq 0$）

①の両辺を b_n で割ると，

$$a_{n+1} + 3\frac{b_{n+1}}{b_n} \cdot a_n - 2 = 0$$

（$\dfrac{b_{n+1}}{b_n}$ は r（④′より））

$\therefore a_{n+1} = -3r\,a_n + 2$ …… ⑤

（$-3r$ は 1，2 は d）

ここで $\{a_n\}$ は，公差 d の等差数列よりその漸化式は，

$a_{n+1} = 1 \cdot a_n + d$ …… ⑤′

⑤と⑤′の右辺を比較して，

$d = 2$ ……⑥，　$r = -\dfrac{1}{3}$ …… ⑦

⑥を②に代入して

$a_n = -1 + (n-1) \cdot 2$

$= 2n - 3$ …… ⑧

$(n = 1, 2, \cdots)$（答）

⑦を③に代入して

$b_n = 2000 \cdot \left(-\dfrac{1}{3}\right)^{n-1}$ ……⑨

$(n = 1, 2, \cdots)$（答）

(2) $|b_n| < |a_n|$ ……⑩に

⑧，⑨を代入して

$$\left|2000 \cdot \left(-\frac{1}{3}\right)^{n-1}\right| < |2n-3|$$

$$2000 \cdot \frac{1}{3^{n-1}} < |2n-3|$$

$$2000 < 3^{n-1}|2n-3| \quad \cdots\cdots ⑪$$

⑪の右辺は，$n = 1, 2, 3, \cdots$ と n が増加するにつれて単調に増加する。

よって，⑪の右辺について，

・$n = 3$ のとき，$3^2 \cdot 3 = 27$

・$n = 4$ のとき，$3^3 \cdot 5 = 135$

・$n = 5$ のとき，$3^4 \cdot 7 = 567$

・$n = 6$ のとき，$3^5 \cdot 9 = 2187$

（$567 < 2000 < 2187$）

以上より，⑪すなわち⑩をみたす最小の自然数 n は，

$n = 6$ である。……………………（答）

実力アップ問題 102 難易度 ★★★ CHECK 1 CHECK 2 CHECK 3

次の問いに答えよ。

(1) $x, 12, y$ が等比数列になっており，$68, y, x$ が等差数列になっている。

$0 < x < y$ のとき，x, y の値を求めよ。 (旭川大)

(2) 三角形 ABC の 3 辺 BC, CA, AB の長さがこの順に等比数列をなすとき，

∠B の最大値を求めよ。 (岡山理科大)

ヒント！ (1) 等差数列と等比数列の 3 項問題なので，公式を使って x, y の値を求める。(2) 等比数列の 3 項問題と，余弦定理，相加・相乗平均の融合問題になっている。

基本事項

3 項問題

(1) a, b, c がこの順に等差数列をなすとき，

$$2b = a + c$$

(2) a, b, c がこの順に等比数列をなすとき，

$$b^2 = a \cdot c$$

(1) (i) $x, 12, y$ がこの順に等比数列より，

$$12^2 = x \cdot y$$

$$\therefore xy = 144 \quad \cdots\cdots ①$$

(ii) $68, y, x$ がこの順に等差数列より，

$$2y = 68 + x$$

$$\therefore x = 2(y - 34) \quad \cdots\cdots ②$$

②を①に代入して

$$2(y - 34)y = 144 \quad (72)$$

$$y^2 - 34y - 72 = 0$$

$$(y - 36)(y + 2) = 0$$

ここで $y > 0$ より，$y = 36$ ……③

③を②に代入して，

$$x = 2(36 - 34) = 4$$

これは $0 < x < y$ をみたす。

以上より，$x = 4$，$y = 36$ ………(答)

(2) 右図に示すように，

$$\begin{cases} BC = a \\ CA = b \\ AB = c \end{cases}$$

とおく。

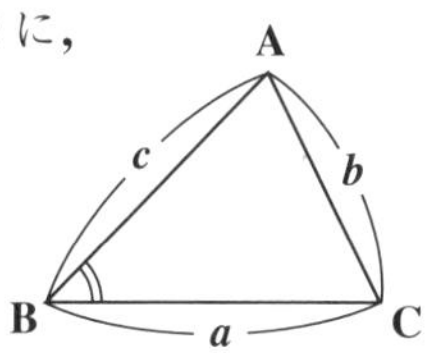

3 辺 a, b, c がこの順に等比数列をなすので，

$$b^2 = c \cdot a \quad \cdots\cdots ④$$

余弦定理より，

$$\cos B = \frac{c^2 + a^2 - b^2}{2ca} \quad \cdots\cdots ⑤$$

(b^2 → ca)

④を⑤に代入して，

$$\cos B = \frac{c^2 + a^2 - ca}{2ca}$$

$$= \frac{1}{2}\left(\frac{c}{a} + \frac{a}{c} - 1\right) \quad \cdots\cdots ⑥$$

ここで c, a は正の数より，相加・相乗平均の不等式を用いると，

$$\frac{c}{a} + \frac{a}{c} \geqq 2\sqrt{\frac{c}{a} \cdot \frac{a}{c}} = 2 \quad \cdots\cdots ⑦$$

公式：$A + B \geqq 2\sqrt{AB}$ (等号成立条件：$A = B$)

⑥，⑦より，

$$\cos B = \frac{1}{2}\left(\frac{c}{a} + \frac{a}{c} - 1\right) \geqq \frac{1}{2}(2 - 1)$$

$$\therefore \cos B \geqq \frac{1}{2} \quad (\text{等号成立条件：} c = a)$$

($\frac{1}{2}$：cosB の最小値) ($c = a$：$\frac{c}{a} = \frac{a}{c}$ より)

右図より，$\cos B$ が最小値 $\frac{1}{2}$ をとるとき ∠B は最大値 60° をとる。………(答)

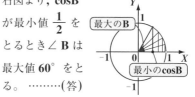

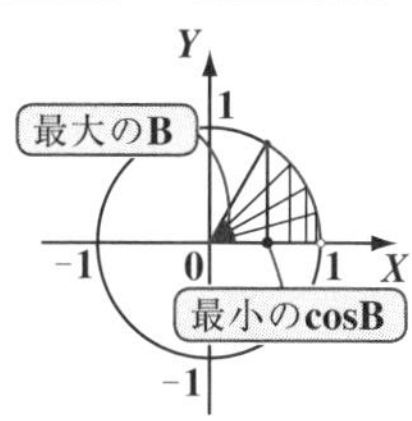

実力アップ問題 103　難易度 ★★　CHECK 1　CHECK 2　CHECK 3

初項 a, 公比 $r\ (<0)$ の等比数列 $\{a_n\}$ において, a_1, a_2, a_3 の順番を入れ替えると等差数列になる。更に, $a_4 = 8$ とする。このとき, a, r の値を求めよ。

ヒント! 等比数列 a_1, a_2, a_3 を並べ替えて等差数列になるとき, 2 番目の項に着目すれば, 実質的には 2 通りと考えればいいことがわかるはずだ。

等比数列 $\{a_n\}$ の初項が a, 公比が $r(<0)$ より,

$a_1 = a,\ a_2 = ar,\ a_3 = ar^2$ となる。

また, 与条件より,

$a_4 = \boxed{ar^3 = 8}$ ……①

ここで, a_1, a_2, a_3, すなわち a, ar, ar^2 の順番を入れ替えて, 等差数列になるとき, 次の 2 つの場合を考えれば十分である。

(i) $ar^2, \underline{\underline{a}}, ar$　(または $ar, \underline{\underline{a}}, ar^2$)

(ii) $a, \underline{\underline{ar^2}}, ar$　(または $ar, \underline{\underline{ar^2}}, a$)

注意!

等差数列, 等比数列の 3 項問題でポイントとなるのは, 第 2 項である。たとえば, $1, \underline{\underline{3}}, 5$ の 3 項は, 公差 2 の等差数列である。この 2 番目の項 3 は固定して, その両側の 1 と 5 を入れ替えると, $5, \underline{\underline{3}}, 1$ となって公差は -2 になるが, 等差数列であることに変わりはない。

したがって, $r < 0$ より, 第 2 項に着目すれば, 等比数列 a, ar, ar^2 を並べ替えて等差数列になるとき, a, r の値を求めるためには,

(i) $ar^2, \underline{\underline{a}}, ar$ ← 第 2 項が a

(ii) $a, \underline{\underline{ar^2}}, ar$ ← 第 2 項が ar^2

の 2 つの場合を考えるだけでいい。

(i) $ar^2, \underline{\underline{a}}, ar$ がこの順に等差数列となるとき,

$$2a = ar + ar^2$$

($a=0$ とすると $a_4=8$ に矛盾する)

$a \neq 0$ より, 両辺を a で割って,

$2 = r + r^2,\ r^2 + r - 2 = 0$

$(r+2)(r-1) = 0$

ここで, $r < 0$ より, $r = -2$

これを①に代入して,

$a(-2)^3 = 8 \quad \therefore a = -1$

以上より,

$a = -1,\ r = -2$ ……………(答)

(ii) $a, \underline{\underline{ar^2}}, ar$ がこの順に等差数列となるとき,

$$2ar^2 = a + ar$$

$a \neq 0$ より, 両辺を a で割って,

$2r^2 = 1 + r,\quad 2r^2 - r - 1 = 0$

$\begin{matrix} 2 & & 1 \\ 1 & & -1 \end{matrix}$ (たすきがけ)

$(2r+1)(r-1) = 0$

ここで, $r < 0$ より, $r = -\dfrac{1}{2}$

これを①に代入して,

$a \cdot \left(-\dfrac{1}{2}\right)^3 = 8 \quad \therefore a = -64$

以上より,

$a = -64,\ r = -\dfrac{1}{2}$ …………(答)

実力アップ問題 104 　難易度 ★★★ 　CHECK 1 　CHECK 2 　CHECK 3

p は正の実数とする。x についての 3 次方程式

$x^3 - 2x^2 + (p+1)x - p = 0$ …① が 3 つの異なる実数解 x_1, x_2, x_3 をもち，さらにこれらの解 x_1, x_2, x_3 からなる数列が等比数列であるとする。このとき，p の値を求めよ。また，この数列のとりうる公比の最大値を求めよ。 （早稲田大）

ヒント！ ①は，$(x-1)(x^2-x+p)=0$ と変形できるので，$x^2-x+p=0$ の解を α, $\beta(\alpha<\beta)$ とおくと，$0<\alpha<\beta<1$ の関係が成り立つ。

①を変形すると，

$(x-1)(x^2-x+p)=0$ …①′ となる。

> $f(x)=x^3-2x^2+(p+1)x-p$ とおくと，
> $f(1)=1-2+p+1-p=0$ より，
> 組立て除法を使った。
>
> | | 1 | −2 | $p+1$ | $-p$ |
> |---|---|---|---|---|
> | 1) | | 1 | −1 | p |
> | | 1 | −1 | p | (0) |

ここで，$x^2-x+p=0$ …② は相異なる 2 実数解 $\alpha, \beta(\alpha<\beta)$ をもつものとすると，$0<p$ より，$0<p<\dfrac{1}{4}$ となる。

> 判別式 $D=(-1)^2-4p>0$ より，$p<\dfrac{1}{4}$

よって，①の 3 次方程式の異なる 3 つの解 α, β, 1 の間には，右図から明らかに

$0<\underset{⊕}{\alpha}<\underset{⊕}{\beta}<1$

の大小関係が存在する。

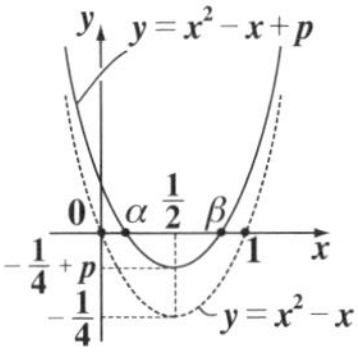

よって，$\underset{(小)}{\alpha}$, $\underset{(大)}{\beta}$, 1 または 1, $\underset{(大)}{\beta}$, $\underset{(小)}{\alpha}$ の順に等比数列になるが，この公比 r を最大にするものは，α, β, 1 の順の等比数列である。よって，

$1=r\cdot\beta$ ……③，$\beta^2=\alpha\cdot 1$ ……④

（r：公比）（④：等比数列の 3 項問題の公式）

また，α, β は②の解より，解と係数の関係から，

$\alpha+\beta=1$ ……⑤，$\alpha\beta=p$ ……⑥

④を⑤に代入して，$\beta^2+\beta-1=0$

$\therefore \beta=\dfrac{\sqrt{5}-1}{2}$ 　$(\because 0<\beta<1)$

④を⑥に代入して，β の値を代入すると

$p=\beta^2\cdot\beta=\left(\dfrac{\sqrt{5}-1}{2}\right)^3=\dfrac{8\sqrt{5}-16}{8}$

$=\sqrt{5}-2$ ……………………………(答)

また，公比の最大値 r は，③より，

$r=\dfrac{1}{\beta}=\dfrac{2}{\sqrt{5}-1}=\dfrac{2(\sqrt{5}+1)}{(\sqrt{5}-1)(\sqrt{5}+1)}$

$=\dfrac{2(\sqrt{5}+1)}{4}=\dfrac{\sqrt{5}+1}{2}$ …………(答)

実力アップ問題 105　難易度 ★★　CHECK 1　CHECK 2　CHECK 3

n を自然数とする。

(1) $S_n = 1^2 + 3^2 + 5^2 + \cdots\cdots + (2n-1)^2$ を求めよ。

(2) $T_n = \dfrac{1}{S_1} + \dfrac{2}{S_2} + \dfrac{3}{S_3} + \cdots\cdots + \dfrac{n}{S_n}$ を求めよ。　(東北学院大)

ヒント！ (1) 公式：$\sum k^2$, $\sum k$, $\sum c$ を使って求めればいいんだね。
(2) 部分分数分解型の Σ 計算：$\sum (I_k - I_{k+1})$ の形にして解く。

(1) $S_n = 1^2 + 3^2 + 5^2 + \cdots\cdots + (2n-1)^2$

$$= \sum_{k=1}^{n} (2k-1)^2$$

$$= \sum_{k=1}^{n} (4k^2 - 4k + 1)$$

$$= 4\sum_{k=1}^{n} k^2 - 4\sum_{k=1}^{n} k + \sum_{k=1}^{n} 1$$

$\sum_{k=1}^{n} k^2 = \frac{1}{6}n(n+1)(2n+1)$, $\sum_{k=1}^{n} k = \frac{1}{2}n(n+1)$, $\sum_{k=1}^{n} 1 = n \cdot 1$　公式通り！

$$= \frac{2}{3}n(n+1)(2n+1) - 2n(n+1) + n$$

$$= \frac{n}{3}\{2(n+1)(2n+1) - 6(n+1) + 3\}$$

$$= \frac{n}{3}(4n^2 - 1)$$

$$= \frac{1}{3}n(2n-1)(2n+1) \cdots\cdots\cdots\cdots (答)$$

(2) (1)の結果より，

$$\frac{n}{S_n} = \frac{n}{\frac{1}{3}n(2n-1)(2n+1)}$$

$$= \frac{3}{(2n-1)(2n+1)}$$

部分分数に分解！

$$= \frac{3}{2}\left(\frac{1}{2n-1} - \frac{1}{2n+1}\right)$$

$$\frac{1}{2n-1} - \frac{1}{2n+1} = \frac{2n+1-(2n-1)}{(2n-1)(2n+1)} = \frac{2}{(2n-1)(2n+1)}$$

この両辺に $\frac{3}{2}$ をかける！

これを用いて，求める T_n は，

$$T_n = \frac{1}{S_1} + \frac{2}{S_2} + \frac{3}{S_3} + \cdots\cdots + \frac{n}{S_n}$$

$$= \sum_{k=1}^{n} \frac{k}{S_k}$$

$$= \frac{3}{2}\sum_{k=1}^{n}\left(\frac{1}{2k-1} - \frac{1}{2k+1}\right)$$

$I_k = \dfrac{1}{2k-1}$ とおくと，

$I_{k+1} = \dfrac{1}{2(k+1)-1} = \dfrac{1}{2k+1}$ となる。

$$= \frac{3}{2}\left\{\left(\frac{1}{1} - \frac{1}{3}\right) + \left(\frac{1}{3} - \frac{1}{5}\right) + \left(\frac{1}{5} - \frac{1}{7}\right) + \cdots\cdots + \left(\frac{1}{2n-1} - \frac{1}{2n+1}\right)\right\}$$

途中がバサバサバサ…と消える！

$$= \frac{3}{2}\left(1 - \frac{1}{2n+1}\right)$$

$$= \frac{3}{2} \cdot \frac{2n+1-1}{2n+1}$$

$$= \frac{3n}{2n+1} \cdots\cdots\cdots\cdots (答)$$

実力アップ問題 106　難易度 ★★★　CHECK 1　CHECK 2　CHECK 3

複素数 $z = \dfrac{-1+\sqrt{3}i}{2}$ について，

(1) z^2 と z^3 を求めよ。

(2) 複素数の和 $z + 2z^2 + 3z^3 + \cdots\cdots + 20z^{20}$ を求めよ。　(群馬大)

ヒント！ ω 計算 (実力アップ問題 **10 (P18)**) と $\sum$ 計算の融合問題だ。**(1)** はそのまま計算すればいい。**(2)** の $\sum$ 計算では (等差数列)×(等比数列) の和になっていることに注意して解いていこう。

(1) $z = \dfrac{-1+\sqrt{3}i}{2}$ のとき，

（z は ω より，(i) $z^2+z+1=0$，(ii) $z^3=1$ をみたす。）

・$z^2 = \left(\dfrac{-1+\sqrt{3}i}{2}\right)^2 = \dfrac{1-2\sqrt{3}i+(\sqrt{3}i)^2}{4}$　（$3i^2=-3$）

$= \dfrac{-2-2\sqrt{3}i}{4} = \dfrac{-1-\sqrt{3}i}{2}$ …(答)

・$z^3 = z\cdot z^2 = \dfrac{-1+\sqrt{3}i}{2}\cdot\dfrac{-1-\sqrt{3}i}{2}$

$= \dfrac{(-1)^2-(\sqrt{3}i)^2}{4}$

$= \dfrac{1-3\cdot(-1)}{4} = \dfrac{4}{4} = 1$ ……① …(答)

(2) $T = 1\cdot z + 2\cdot z^2 + 3\cdot z^3 + \cdots + 20\cdot z^{20}$ ……②

（等差数列）（等比数列）

とおく。

②の両辺に z をかけて，

$z\cdot T = 1\cdot z^2 + 2\cdot z^3 + \cdots + 19\cdot z^{20} + 20\cdot z^{21}$ ……③

（公比）

参考

$T = \sum_{k=1}^{20} k\cdot z^k$ の場合，

（等差数列）（等比数列）

$T - z\cdot T$ を求めると等比数列の和が現われる。

（公比）

②－③より，

$T - z\cdot T = z + z^2 + z^3 + \cdots + z^{20} - 20\cdot z^{21}$

（初項 $a=z$，公比 $r=z$，項数 20 の等比数列の和）

$(1-z)T = \dfrac{z\cdot(1-z^{20})}{1-z} - 20\cdot z^{21}$

$= \dfrac{z-(z^3)^7}{1-z} - 20(z^3)^7$　（$z^3=1$）

$= \dfrac{z-1}{1-z} - 20$　($\because z^3=1$ …①)

$= -\dfrac{1-z}{1-z} - 20 = -21$

よって，両辺を $1-z$ で割って，

$T = -\dfrac{21}{1-z} = -\dfrac{21}{1-\dfrac{-1+\sqrt{3}i}{2}}$

$= -\dfrac{21}{\dfrac{2+1-\sqrt{3}i}{2}} = -\dfrac{42}{3-\sqrt{3}i}$

$= -\dfrac{42(3+\sqrt{3}i)}{(3-\sqrt{3}i)(3+\sqrt{3}i)}$　（$3^2-(\sqrt{3}i)^2 = 9-3\cdot(-1) = 12$）

$= -\dfrac{42}{12}(3+\sqrt{3}i)$　（$\dfrac{42}{12}=\dfrac{7}{2}$）

$= -\dfrac{21}{2} - \dfrac{7\sqrt{3}}{2}i$ ……………………(答)

実力アップ問題 107

難易度 ★★★ CHECK 1 CHECK 2 CHECK 3

(1) 一般項が $a_n = an^3 + bn^2 + cn$ で表される数列 $\{a_n\}$ について，
$n^2 = a_{n+1} - a_n$ ……① $(n = 1, 2, 3, \cdots)$ が成り立つように，定数 a, b, c を定めよ。

(2)(1) の結果を用いて，$\sum_{k=1}^{n} k^2 = \frac{1}{6}n(n+1)(2n+1)$ となることを示せ。

(3) 1, 2, …, n の相異なる 2 数の積のすべての和を $S(n)$ とする。例えば，$S(3) = 1\times2 + 1\times3 + 2\times3 = 11$ である。$S(n)$ を n の 4 次式で表せ。

（筑波大）

ヒント！ (1)，(2) は，Σ 計算の公式を導く問題で，誘導に従って解いていけばいい。(3) の $S(n)$ を求めるためには，計算のイメージが湧くとわかりやすい。

(1) $a_n = an^3 + bn^2 + cn$ より，

$a_{n+1} = a(n+1)^3 + b(n+1)^2 + c(n+1)$

これらを，$n^2 = a_{n+1} - a_n$ ……① に代入して，

$$n^2 = a\underbrace{(n+1)^3}_{(n^3+3n^2+3n+1)} + b\underbrace{(n+1)^2}_{(n^2+2n+1)} + c(n+1) - an^3 - bn^2 - cn$$

$= a(3n^2+3n+1) + b(2n+1) + c$

よって，

$$1\cdot n^2 = \underbrace{3a}_{1}n^2 + (\underbrace{3a+2b}_{0})n + \underbrace{a+b+c}_{0}$$

これは，自然数 $n(=1, 2, 3, \cdots)$ についての恒等式なので，左右両辺の各係数を比較して，

$3a = 1,\ 3a + 2b = 0,\ a + b + c = 0$

$\therefore\ a = \frac{1}{3},\ b = -\frac{1}{2},\ c = \frac{1}{6}$ …(答)

(2)(1) の結果より，

$a_n = \frac{1}{3}n^3 - \frac{1}{2}n^2 + \frac{1}{6}n$ ……②

のとき，

$n^2 = a_{n+1} - a_n$ ……① $(n = 1, 2, \cdots)$

が成り立つ。よって，①の両辺の Σ 計算を行うと，

$\sum_{k=1}^{n} k^2 = \sum_{k=1}^{n}(a_{k+1} - a_k)$ より，

$$-\sum_{k=1}^{n}(a_k - a_{k+1})$$
$$= -\{(a_1 - a_2) + (a_2 - a_3) + \cdots + (a_{n-1} - a_n) + (a_n - a_{n+1})\}$$
$$= -a_1 + a_{n+1}$$

部分分数分解型の Σ 計算

$$\sum_{k=1}^{n} k^2 = \underline{a_{n+1}} - \underline{a_1}$$

a_1: $\frac{1}{3} - \frac{1}{2} + \frac{1}{6} = 0$

a_{n+1}: $\frac{1}{3}(n+1)^3 - \frac{1}{2}(n+1)^2 + \frac{1}{6}(n+1)$

$$= \frac{1}{6}(n+1)\{2(n+1)^2 - 3(n+1) + 1\}$$

$$= \frac{1}{6}(n+1)(2n^2 + n)$$

∴ Σ 計算の公式：

$\sum_{k=1}^{n} k^2 = \frac{1}{6}n(n+1)(2n+1)$ が成り立つ。

……(終)

参考

例として，

$S(4) = 1\times2 + 1\times3 + 1\times4$
$\quad + 2\times3 + 2\times4$
$\quad + 3\times4$ について，

これを，下図の表のイメージで考えてみよう。

	1	2	3	4
1	1^2	1×2	1×3	1×4
2	2×1	2^2	2×3	2×4
3	3×1	3×2	3^2	3×4
4	4×1	4×2	4×3	4^2

S(4)　S(4)　中骨

この表のマス目のすべての数値の和は，

$(1+2+3+4)^2$ と表せる。

これから，中骨の $1^2+2^2+3^2+4^2$ を引くと，

$2\times S(4)$ が残るんだね。

以上のイメージを元に式を立てると，

$$2S(4) = (1+2+3+4)^2 - (1^2+2^2+3^2+4^2)$$

となる。

$S(n)$ についても同様に計算すればいい。

(3) 1，2，3，…，n の相異なる 2 数の積のすべての総和を $S(n)$ とおくと，$2\cdot S(n)$ は次のように求まる。

$$2\cdot S(n) = (1+2+\cdots+n)^2 - (1^2+2^2+\cdots+n^2)$$

$$= \left(\sum_{k=1}^{n} k\right)^2 - \sum_{k=1}^{n} k^2$$

$\sum_{k=1}^{n} k = \frac{1}{2}n(n+1)$, $\sum_{k=1}^{n} k^2 = \frac{1}{6}n(n+1)(2n+1)$

$$= \frac{1}{4}n^2(n+1)^2 - \frac{1}{6}n(n+1)(2n+1)$$

$$= \frac{1}{12}n(n+1)\{3n(n+1) - 2(2n+1)\}$$

$$= \frac{1}{12}n(n+1)(3n^2 - n - 2)$$

3 ╲╱ 2
1 ╱╲ −1

∴求める $S(n)$ は，

$$S(n) = \frac{1}{24}n(n+1)(n-1)(3n+2)$$

$(n = 1, 2, 3, \cdots)$ ………(答)

実力アップ問題 108　難易度 ★★★　CHECK 1　CHECK 2　CHECK 3

(1) 2 以上の整数 n に対し，

$$\frac{1}{1\cdot2\cdot3}+\frac{1}{2\cdot3\cdot4}+\frac{1}{3\cdot4\cdot5}+\cdots\cdots+\frac{1}{(n-1)n(n+1)}$$ を求めよ。

(2) 任意の正の整数 n に対し，

$$\frac{1}{1^3}+\frac{1}{2^3}+\frac{1}{3^3}+\cdots\cdots+\frac{1}{n^3}<\frac{5}{4}$$ が成り立つことを示せ。

（一橋大）

ヒント！ (1) 分数式をうまく分解して，部分分数分解型の Σ 計算にもち込む。(2) $k^3>(k-1)k(k+1)=k^3-k$ を利用して，与不等式を証明できる。

(1) $S=\frac{1}{1\cdot2\cdot3}+\frac{1}{2\cdot3\cdot4}+\frac{1}{3\cdot4\cdot5}+\cdots\cdots$

$\cdots+\frac{1}{(n-1)n(n+1)}$ とおくと，

$(n=2,\ 3,\ 4,\ \cdots\cdots)$

> $n=1$ のとき，$\frac{1}{(n-1)n(n+1)}=\frac{1}{0}$ となって，定義できない。よって，n は 2 スタート！

$$S=\sum_{k=2}^{n}\frac{1}{(k-1)k(k+1)}$$

（部分分数に分解！）

$$=\frac{1}{2}\sum_{k=2}^{n}\left\{\frac{1}{(k-1)k}-\frac{1}{k(k+1)}\right\}$$

（I_k，I_{k+1}）

> $\frac{1}{(k-1)k}-\frac{1}{k(k+1)}=\frac{k+1-(k-1)}{(k-1)k(k+1)}$
> $=\frac{2}{(k-1)k(k+1)}$ より，両辺を 2 で割る。
> また，$I_k=\frac{1}{(k-1)k}$ とおくと，
> $I_{k+1}=\frac{1}{\{(k+1)-1\}(k+1)}=\frac{1}{k(k+1)}$ となる。

$$=\frac{1}{2}\left\{\left(\frac{1}{1\cdot2}-\frac{1}{2\cdot3}\right)+\left(\frac{1}{2\cdot3}-\frac{1}{3\cdot4}\right)+\cdots+\left(\frac{1}{(n-1)n}-\frac{1}{n(n+1)}\right)\right\}$$

$$=\frac{1}{2}\left\{\frac{1}{2}-\frac{1}{n(n+1)}\right\}\ \cdots\cdots①$$

$$=\frac{1}{2}\cdot\frac{n(n+1)-2}{2n(n+1)}$$

$$=\frac{n^2+n-2}{4n(n+1)}$$

$$=\frac{(n-1)(n+2)}{4n(n+1)}\ \cdots\cdots\cdots\cdots（答）$$

(2) $k=2,\ 3,\ 4,\ \cdots\cdots,\ n$ のとき明らかに

$k^3>\underline{(k-1)k(k+1)}\cdots②$ が成り立つ。（$=k^3-k$）

②の逆数をとって，

$$\frac{1}{k^3}<\frac{1}{(k-1)k(k+1)}\quad(k=2,3,\cdots,n)$$

$k=2,\ 3,\ \cdots\cdots,\ n$ のとき，この不等式は成り立つので，その総和をとると，

$$\sum_{k=2}^{n}\frac{1}{k^3}<\sum_{k=2}^{n}\frac{1}{(k-1)k(k+1)}$$

（左辺 $=\frac{1}{2^3}+\frac{1}{3^3}+\cdots+\frac{1}{n^3}$，右辺 $=S=\frac{1}{2}\left\{\frac{1}{2}-\frac{1}{n(n+1)}\right\}$）

この右辺に①を代入して，

$$\frac{1}{2^3}+\frac{1}{3^3}+\cdots+\frac{1}{n^3}<\frac{1}{2}\left\{\frac{1}{2}-\frac{1}{n(n+1)}\right\}<\frac{1}{2}\cdot\frac{1}{2}$$

> 正の数 $\frac{1}{n(n+1)}$ を引かない方が，数は大きくなる。

$$\therefore\ \frac{1}{2^3}+\frac{1}{3^3}+\cdots\cdots+\frac{1}{n^3}<\frac{1}{4}$$

この両辺に $1\left(=\frac{1}{1^3}\right)$ を加えて，

$$\frac{1}{1^3}+\frac{1}{2^3}+\frac{1}{3^3}+\cdots+\frac{1}{n^3}<\frac{5}{4}\ \cdots（終）$$

実力アップ問題 109　難易度 ★★　CHECK 1　CHECK 2　CHECK 3

初項が -100 で公差が 5 の等差数列 $\{a_n\}$ がある。この数列を,

$|\, a_1 \,|\, a_2, a_3 \,|\, a_4, a_5, a_6, a_7 \,|\, a_8, a_9, \cdots$ のように, 1 個, 2 個, 2^2 個, 2^3 個, …

の項よりなる群に分ける。

(1) 一般項 a_n を求めよ。また, m 番目の群の最初の項を b_m とおくとき,

　b_8 を求めよ。

(2) $b_1 + b_2 + \cdots + b_8$ を求めよ。　　　　(東京薬科大 *)

レクチャー　◆群数列(Ⅰ)◆

第 m 番目の最初の項 $b_m = a_l$ とおいて, l を m の式で表せるといい。

a_1,	a_2, a_3,	a_4, a_5, a_6, a_7,	$a_8, \cdots\cdots, a_\triangle$,	…	$a_\square, \cdots\cdots, a_\bigcirc$,	$\underset{b_m}{(a_l)}, \cdots$
第1群	第2群	第3群	第4群	…	第 $m-1$ 群	第 m 群
(1項)	(2^1 項)	(2^2 項)	(2^3 項)		(2^{m-2} 項)	(2^{m-1} 項)

$1 = 2^0$

$m-1$ 群までの項数 $= 1 + 2 + 2^2 + 2^3 + \cdots + 2^{m-2}$

よって, $b_m = a_l$ とおくと, これは $1 + 2 + 2^2 + 2^3 + \cdots + 2^{m-2} + \underline{1}$ 番目の項となるので,

$l = 1 + 2 + 2^2 + 2^3 + \cdots + 2^{m-2} + 1$ となるんだね。

(1) 数列 $\{a_n\}$ は初項 $a = -100$, 公差 $d = 5$ の等差数列より, 一般項 a_n は,

$a_n = -100 + (n-1)\cdot 5$ ← 公式: $a_n = a + (n-1)d$ を使った。

$= 5(n-21)$ …① (答)

$(n = 1, 2, \cdots)$

次に, 第 m 番目の群の最初の項を b_m とおき, さらに $b_m = a_l$ とおくと,

第 $m-1$ 群までの項数は [項数 $(m-2)-0+1$]

$1 + 2 + 2^2 + 2^3 + \cdots + 2^{m-2} = \dfrac{1\cdot(1-2^{m-1})}{1-2}$　($1 = 2^0$)

$= 2^{m-1} - 1$

よって, $l = 2^{m-1} - 1 + \underline{1} = 2^{m-1}$

以上より, b_m は

$b_m = a_l = a_{2^{m-1}}$

$= 5(2^{m-1} - 21)$ ……② (∵①)

$\therefore\ b_8 = 5(2^{8-1} - 21)$　[$2^7 = 128$]

$= 5 \times 107 = 535$　……………(答)

(2) ②より,

$b_k = 5(2^{k-1} - 21)$

$(k = 1, 2, 3, \cdots)$

よって, 求める数列の和は,

$b_1 + b_2 + \cdots + b_8 = \sum_{k=1}^{8} b_k$

$= \sum_{k=1}^{8} 5(2^{k-1} - 21)$

$= 5\left(\sum_{k=1}^{8} 2^{k-1} - \sum_{k=1}^{8} 21\right)$　[$1 + 2 + \cdots + 2^7$]　[定数 c とみる]

$= 5\left\{\dfrac{1\cdot(1-2^8)}{1-2} - 8 \times 21\right\}$　[項数]

$= 5(256 - 1 - 168)$

$= 5 \times 87 = 435$　………………(答)

実力アップ問題 110　難易度 ★★★　CHECK 1　CHECK 2　CHECK 3

3 の累乗を分母とする **1** より小さい正の既約分数を次のように並べる。

$\frac{1}{3},\ \frac{2}{3},\ \frac{1}{9},\ \frac{2}{9},\ \frac{4}{9},\ \frac{5}{9},\ \frac{7}{9},\ \frac{8}{9},\ \frac{1}{27},\ \frac{2}{27},\ \cdots\cdots$

(1) 20 番目に並んでいる数は [ア] である。

(2) 分母が **3** のものは **2** 個，分母が **9** のものは **6** 個，分母が 3^n のものは [イ] 個である。したがって，$\frac{1}{3^{n+1}}$ は [ウ] 番目に並んでいる。

(3) 90 番目に並んでいる数は **3** の [エ] 乗が分母である数の [オ] 番目にあって，その数は [カ] である。　(関西大)

レクチャー　◆群数列(Ⅱ)◆

第1群	第2群	第3群	第4群
$a_1,\ a_2,$	$a_3,\ a_4,\ a_5,\ a_6,\ a_7,\ a_8,$	$a_9,\ a_{10},\ a_{11},\ \cdots$	
$\frac{1}{3},\ \frac{2}{3},$	$\frac{1}{9},\ \frac{2}{9},\ \frac{4}{9},\ \frac{5}{9},\ \frac{7}{9},\ \frac{8}{9},$	$\frac{1}{27},\ \frac{2}{27},\ \frac{4}{27},\ \cdots,\ \frac{26}{27},$	$\frac{1}{81},\ \frac{2}{81},\ \cdots$
第 1 群 (2 項) $= 3^1-3^0$	第 2 群 (6 項) $= 3^2-3^1$	第 3 群 (18 項) $= 3^3-3^2$	第 4 群 (54 項) $= 3^4-3^3$

与えられた数列は，上に示すように，分母が $3^1,\ 3^2,\ 3^3,\ \cdots\cdots$ より，群に分けて考えると，わかりやすい。これらは，既約分数の数列なので，分子が $3,\ 6,\ 9,\ 12,\ \cdots\cdots$ と **3** の倍数になるものは除かれる。よって，

(ⅰ) 第 **1** 群には $3^1-3^0=2$ 項
　(3^1：分子 1, 2, 3 の内)　(3^0：3 を除く)

(ⅱ) 第 **2** 群には $3^2-3^1=6$ 項
　(3^2：分子 1, 2, 3, …, 9 の内)　(3^1：3, 6, 9 を除く)

(ⅲ) 第 **3** 群には $3^3-3^2=18$ 項
　(3^3：分子 1, 2, 3, …, 27 の内)　(3^2：3, 6, 9, …, 27 を除く)

同様に考えて，第 n 群には

$3^n-3^{n-1}=3\cdot3^{n-1}-3^{n-1}=(3-1)3^{n-1}=2\cdot3^{n-1}$ 項

が存在する。

以上を基に，各問いに答えていこう。

この数列を, 次のように群に分けて考える。

$a_1,\ a_2,$	$a_3,\ a_4,\ a_5,\ a_6,\ a_7,\ a_8,$	$a_9, \cdots$
$\frac{1}{3},\ \frac{2}{3},$	$\frac{1}{9},\ \frac{2}{9},\ \frac{4}{9},\ \frac{5}{9},\ \frac{7}{9},\ \frac{8}{9},$	$\frac{1}{27}, \cdots$
第1群	第2群	第3群

(1) 第 **1** 群に **2** 項, 第 **2** 群に **6** 項, 第 **3** 群に **18** 項の数列が含まれるので, **20** 番目の項 a_{20} は第 **3** 群の **12** 番目の数になる。

$a_9,$	$a_{10},$	$a_{11},$	$a_{12},$	$\cdots,$	$a_{19},$	$\boxed{a_{20}}$,	$\cdots$
$\frac{1}{27},$	$\frac{2}{27},$	$\frac{4}{27},$	$\frac{5}{27},$	$\cdots,$	$\frac{16}{27},$	$\boxed{\frac{17}{27}}$,	$\cdots$
第 3 群							

$\therefore\ a_{20} = \frac{17}{27}$ ……………(ア)(答)

(2) ・分母が 3^1 のもの, すなわち第 **1** 群の項数は,

$3^1 - 3^0 = 2$ 項

・分母が 3^2 のもの, すなわち第 **2** 群の項数は,

$3^2 - 3^1 = 6$ 項

よって, 分母が 3^n のもの, すなわち第 n 群の項数は,

$$3^n - 3^{n-1} = 3^{n-1}\cdot(3-1) = 2\cdot 3^{n-1}$$

……………(イ)(答)

$a_1,\ \cdots\cdots\cdots,\ a_{N-1},$	$a_N,$	$\cdots$
$\frac{1}{3},\ \cdots\cdots\cdots,\ \frac{3^n-1}{3^n},$	$\frac{1}{3^{n+1}},$	$\cdots$
	第 $n+1$ 群	

上図のように $a_N = \frac{1}{3^{n+1}}$ とおくと, a_N は第 $n+1$ 群の **1** 番目の数になる。

よって,

$$N = \underbrace{\overset{2\cdot 3^0}{②} + \overset{2\cdot 3^1}{⑥} + \overset{2\cdot 3^2}{⑱} + \cdots + 2\cdot 3^{n-1}}_{\text{第 } n \text{ 群までの項数の総和}} + 1$$

$$= \underbrace{2\cdot 3^{\boxed{0}} + 2\cdot 3^1 + 2\cdot 3^2 + \cdots + 2\cdot 3^{\boxed{n-1}}}_{} + 1$$

(最初の数: $\boxed{0}$, 最後の数: $\boxed{n-1}$)

初項 $a=2$, 公比 $r=3$, 項数 $\boxed{n-1} - \boxed{0} + 1 = n$ (最後の数, 最初の数)

$$= \frac{2(1-3^n)}{1-3} + 1 = 3^n - 1 + 1 = 3^n$$

$\therefore\ \frac{1}{3^{n+1}}$ は 3^n 番目に並ぶ。 ……(ウ)(答)

(第 $n+1$ 群の **1** 番目の数)

(3) a_{90} が第 m 群に属するものとすると,

$\cdots$	$a_{3^{m-1}},\ \cdots,\ a_{90},\ \cdots,$	$a_{3^m},\ \cdots$
$\cdots$	$\frac{1}{3^m},\ \cdots\cdots\cdots\cdots$	$\frac{1}{3^{m+1}},\ \cdots$
	第 m 群	第 $m+1$ 群

上図より, $3^{m-1} \leqq 90 < 3^m$

これをみたす m は,

$m = 5$

($3^4 = 81$, $3^5 = 243$)

$\therefore\ 90 - 3^{m-1} + 1 = 90 - 3^4 + 1 = 10$

より, a_{90} は第 **5** 群の **10** 番目の数になる。

$a_{81},$	$a_{82},$	$a_{83},$	$\cdots,$	$a_{88},$	$a_{89},$	$\boxed{a_{90}}$,	$\cdots$
$\frac{1}{243},$	$\frac{2}{243},$	$\frac{4}{243},$	$\cdots,$	$\frac{11}{243},$	$\frac{13}{243},$	$\boxed{\frac{14}{243}}$,	$\cdots$
第 5 群							

以上より, a_{90} は分母が **3** の **5** 乗である数の **10** 番目にあって, その数は

$a_{90} = \frac{14}{243}$ である。……(エ, オ, カ)(答)

実力アップ問題 111　難易度 ★★★　CHECK 1　CHECK 2　CHECK 3

座標平面上の点 (m, n) は，m と n がともに整数のとき，格子点と呼ぶ。座標平面上で，原点から出発してすべての格子点を 1 回ずつ通る図のような折れ線を C とし，原点から格子点 (m, n) までの折れ線 C の長さを $s(m, n)$ で表す。例えば，$s(0, 0)=0$, $s(1, 0)=1$, $s(1, 1)=2$, …である。

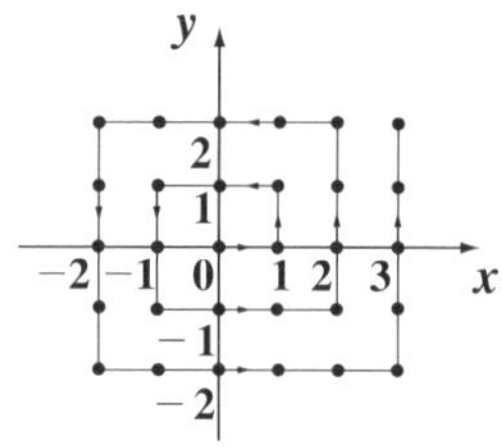

このとき，次の問いに答えよ。

(1) $s(n+1, n+1)-s(n, n)$ を n の式で表せ。

(2) $s(n, n)$ $(n=1, 2, \cdots)$ を n の式で表せ。　(大阪府立大*)

ヒント！ $a_n=s(n, n)$ とおくと，$s(n+1, n+1)-s(n, n)=(n$ の式$)$ は階差数列型の漸化式 $a_{n+1}-a_n=b_n$ にもち込めるので，後はこれを解けばいいね。

(1) 点 (n, n) から点 $(n+1, n+1)$ に至るまでの道のり $s(n+1, n+1)-s(n, n)$ を下図から求めると，

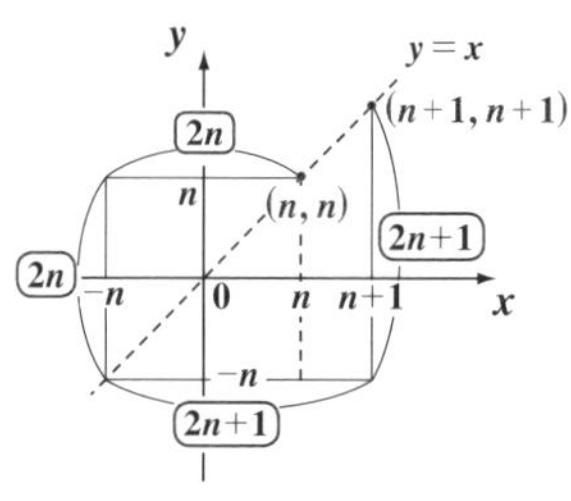

$$s(n+1, n+1)-s(n, n)$$
$$=2\times 2n+2\times(2n+1)$$
$$=8n+2 \quad \cdots\cdots ① \cdots\cdots\cdots\cdots (答)$$
$$(n=1, 2, 3, \cdots)$$

(2) $a_n=s(n, n)$ とおくと，

$a_{n+1}=s(n+1, n+1)$

また，$a_1=s(1, 1)=2$

よって，①より，数列 $\{a_n\}$ は次の漸化式をみたす。

$$\begin{cases} a_1=2 \\ a_{n+1}-a_n=\underbrace{8n+2}_{b_n} \ (n=1, 2, \cdots) \end{cases} \cdots ②$$

基本事項

階差数列型 漸化式

$a_{n+1}-a_n=b_n$ のとき，

$n\geqq 2$ で，

$$a_n=a_1+\sum_{k=1}^{n-1} b_k$$

②より，$n\geqq 2$ のとき，

$$a_n=\underset{2}{a_1}+\sum_{k=1}^{n-1}(8k+2)$$
$$=2+8\underbrace{\sum_{k=1}^{n-1}k}_{\frac{1}{2}(n-1)(n-1+1)}+\underbrace{\sum_{k=1}^{n-1}2}_{(n-1)\cdot 2}$$

公式
$\sum_{k=1}^{n} k=\frac{1}{2}n(n+1)$
$\sum_{k=1}^{n} c=n\cdot c$
の n に $n-1$ を代入

$$=2+4n(n-1)+2(n-1)$$
$$=4n^2-2n$$

これは $n=1$ のときもみたす。

以上より，

$$a_n=s(n, n)=4n^2-2n \cdots\cdots\cdots\cdots (答)$$
$$(n=1, 2, \cdots)$$

実力アップ問題 112　難易度 ★★★　CHECK 1　CHECK 2　CHECK 3

数列 $\{a_n\}$ $(n=1,2,3,\cdots)$ の，初項から第 n 項までの和を S_n $(n=1,2,3,\cdots)$ とおく。いま，a_n と S_n が関係式 $S_n=2a_n{}^2+\dfrac{1}{2}a_n-\dfrac{3}{2}$ を満たし，かつ，すべての項 a_n は同符号である。

(1) a_n の満たす漸化式 (a_{n+1} と a_n の関係式) を求めよ。

(2) 一般項 a_n を求めよ。　(早稲田大＊)

ヒント！ $S_n=a_1+a_2+\cdots\cdots+a_n$ から，一般項 a_n を求める問題では，公式：$S_{n+1}-S_n=a_{n+1}$ を使う。今回は等差数列の漸化式が得られるよ。

基本事項

$S_n=f(n)$ のとき，

$S_{n+1}=a_1+a_2+\cdots\cdots+a_n+a_{n+1}$ …㋐

$S_n=a_1+a_2+\cdots\cdots+a_n$ ………㋑

㋐－㋑ より，

$S_{n+1}-S_n=a_{n+1}$

(1) $S_n=a_1+a_2+\cdots+a_n$ について，

$S_n=2a_n{}^2+\dfrac{1}{2}a_n-\dfrac{3}{2}$ ……………①

$(n=1,2,3,\cdots)$

が成り立つとき，①より，

$S_{n+1}=2a_{n+1}{}^2+\dfrac{1}{2}a_{n+1}-\dfrac{3}{2}$ ……②

$(n=0,1,2,\cdots)$

①の n に $n+1$ を代入しているので，$n+1=1,2,3,\cdots$ より，$n=0,1,2,\cdots$ と0スタートになる。

②－①より，

$\underbrace{S_{n+1}-S_n}_{a_{n+1}}=2(a_{n+1}{}^2-a_n{}^2)+\dfrac{1}{2}(a_{n+1}-a_n)$

$(n=1,2,3,\cdots)$

①を使ったので n は1スタート

$a_{n+1}=2a_{n+1}{}^2-2a_n{}^2+\dfrac{1}{2}a_{n+1}-\dfrac{1}{2}a_n$

$4a_{n+1}{}^2-a_{n+1}-4a_n{}^2-a_n=0$

a_{n+1} を未知数 x とみて，2次方程式を解くと考える。

$4a_{n+1}{}^2-a_{n+1}-a_n(4a_n+1)=0$

$4 \quad -(4a_n+1) \longrightarrow -4a_n-1$

$1 \quad a_n \longrightarrow 4a_n$

たすきがけ

$(4a_{n+1}-4a_n-1)(a_{n+1}+a_n)=0$

ここで，a_{n+1} と a_n は同符号より，

$a_{n+1}+a_n\neq0$ ← ⊕＋⊕＝⊕，⊖＋⊖＝⊖

よって，$4a_{n+1}=4a_n+1$ より，

$a_{n+1}=a_n+\boxed{\dfrac{1}{4}}$（公差 d） $(n=1,2,\cdots)$ …③ …(答)

(2) ③より，数列 $\{a_n\}$ は公差 $d=\dfrac{1}{4}$ の等差数列。

基本事項

等差数列型の漸化式と一般項

$a_{n+1}=a_n+d$ のとき，$a_n=a_1+(n-1)d$

$n=1$ のとき，①は $\underset{a_1}{\boxed{S_1}}=2a_1{}^2+\dfrac{1}{2}a_1-\dfrac{3}{2}$

$4a_1{}^2-a_1-3=0$

$4 \quad 3$

$1 \quad -1$

$(4a_1+3)(a_1-1)=0$

$\therefore a_1=1$

$a_1=-\dfrac{3}{4}$ とすると，$a_5=-\dfrac{3}{4}+(5-1)\cdot\dfrac{1}{4}=-\dfrac{3}{4}+1=\dfrac{1}{4}$ となり，a_1 と a_5 は異符号。∴不適

以上より，求める一般項 a_n は，

$a_n=\underset{a_1}{\boxed{1}}+(n-1)\underset{d}{\boxed{\dfrac{1}{4}}}=\dfrac{1}{4}n+\dfrac{3}{4}$ …(答)

実力アップ問題 113　難易度 ★★　CHECK 1　CHECK 2　CHECK 3

次の漸化式を解いて，一般項 a_n を求めよ。

(1) $a_1 = 5$，$a_{n+1} = 3a_n + 2^{n+1}$　$(n = 1, 2, 3, \cdots)$　(関西学院大)

(2) $a_1 = 0$，$a_{n+1} = 2a_n + n^2$　$(n = 1, 2, 3, \cdots)$　(同志社大)

ヒント！ (1), (2) 共に，自分で設計して，$F(n+1) = r \cdot F(n)$ の形にもち込もう。(1) は，$a_{n+1} + \alpha \cdot 2^{n+1} = 3(a_n + \alpha \cdot 2^n)$ をみたす α の値を求める。(2)は，$a_{n+1} + \alpha(n+1)^2 + \beta(n+1) + \gamma = 2(a_n + \alpha n^2 + \beta n + \gamma)$ をみたす α, β, γ を求める。

(1) $\begin{cases} a_1 = 5 \\ a_{n+1} = 3a_n + 2^{n+1} \cdots ① \ (n = 1, 2, \cdots) \end{cases}$　（2^n の式）

①を変形して，次式になるものとする。

$$a_{n+1} + \alpha \cdot 2^{n+1} = 3(a_n + \alpha \cdot 2^n) \cdots\cdots ②$$

> ①から 2^n が関係していることがわかるので，
> $F(n) = a_n + \alpha \cdot 2^n$ とおくと，
> $F(n+1) = a_{n+1} + \alpha \cdot 2^{n+1}$ ← n の代わりに $n+1$
> となる。公比 3 はそのまま活かす！
> これから，$F(n+1) = 3 \cdot F(n)$ の式を作る。
> 後は，これをみたす α を求める。

②より，

$$a_{n+1} = 3a_n + 3\alpha \cdot 2^n - 2\alpha \cdot 2^n$$

$$a_{n+1} = 3a_n + \underset{2}{\alpha} \cdot 2^n \cdots\cdots ③ \quad (2 \cdot 2^n = 2^{n+1})$$

①と③を比較して，$\alpha = 2$

よって，②は

$$a_{n+1} + 2 \cdot 2^{n+1} = 3(a_n + 2 \cdot 2^n)$$

$$[\ F(n+1) = 3 \cdot F(n)\ ]$$

$$a_n + 2 \cdot 2^n = (\underset{5}{a_1} + 2 \cdot 2^1) \cdot 3^{n-1}$$

$$[\ F(n) = F(1) \cdot 3^{n-1}]$$

$$a_n = 9 \cdot 3^{n-1} - 2 \cdot 2^n$$

$$\therefore\ a_n = 3^{n+1} - 2^{n+1}\ (n = 1, 2, \cdots) \cdots(答)$$

(2) $\begin{cases} a_1 = 0 \\ a_{n+1} = 2a_n + n^2 \cdots ④ \ (n = 1, 2, \cdots) \end{cases}$　（n の2次式）（2 はこれは活かす！）

> ④から，n の2次式 $\alpha n^2 + \beta n + \gamma$ が関係しているることが分かるので，（1次と定数の項も加える）
> $F(n) = a_n + \alpha n^2 + \beta n + \gamma$
> $F(n+1) = a_{n+1} + \alpha(n+1)^2 + \beta(n+1) + \gamma$
> とおいて，α, β, γ の値を求める。

④を変形して，次式になるものとする。

$$a_{n+1} + \alpha(n+1)^2 + \beta(n+1) + \gamma$$
$$= 2(a_n + \alpha n^2 + \beta n + \gamma) \cdots\cdots ⑤$$

⑤より，

$$a_{n+1} = 2a_n + 2\alpha n^2 + 2\beta n + 2\gamma$$
$$- \alpha(n^2 + 2n + 1) - \beta(n+1) - \gamma$$

$$a_{n+1} = 2a_n + \underset{1}{\alpha} n^2 + (\underset{0}{\beta - 2\alpha})n + (\underset{0}{\gamma - \alpha - \beta}) \cdots ⑥$$

④と⑥の各係数を比較して，

$$\alpha = 1,\ \beta - 2\underset{1}{\alpha} = 0,\ \gamma - \underset{1}{\alpha} - \underset{2}{\beta} = 0$$

$$\therefore\ \alpha = 1,\ \beta = 2,\ \gamma = 3$$

よって，⑤は，

$$a_{n+1} + (n+1)^2 + 2(n+1) + 3 = 2(a_n + n^2 + 2n + 3)$$

$$[\ F(n+1) = 2 \cdot F(n)\ ]$$

$$a_n + n^2 + 2n + 3 = (\underset{0}{a_1} + 1^2 + 2 \cdot 1 + 3) \cdot 2^{n-1}$$

$$[\ F(n) = F(1) \cdot 2^{n-1}]$$

$$a_n = 3 \cdot 2^n - n^2 - 2n - 3 \cdots\cdots\cdots\cdots(答)$$

$$(n = 1, 2, 3, \cdots)$$

実力アップ問題 114　難易度 ★★　CHECK 1　CHECK 2　CHECK 3

次の漸化式を解いて，一般項 a_n を求めよ。

(1) $a_1=1,\ a_2=4,\ a_{n+2}-3a_{n+1}+2a_n=0\ (n=1,2,\cdots)$　(同志社大)

(2) $a_1=0,\ a_2=2,\ a_{n+2}-4a_{n+1}+4a_n=0\ (n=1,2,\cdots)$

ヒント！ 3項間の漸化式 $a_{n+2}+pa_{n+1}+qa_n=0$ では，特性方程式 $x^2+px+q=0$ の解 α,β を使って，$F(n+1)=rF(n)$ の形の式を作るんだね。

基本事項

$a_{n+2}+pa_{n+1}+qa_n=0$ の漸化式の解法

特性方程式：$x^2+px+q=0$ の解 α,β を用いて，

$$\begin{cases} a_{n+2}-\alpha a_{n+1}=\beta(a_{n+1}-\alpha a_n) \\ [\ F(n+1)=\beta\cdot F(n)\ ] \\ a_{n+2}-\beta a_{n+1}=\alpha(a_{n+1}-\beta a_n) \\ [\ G(n+1)=\alpha\cdot G(n)\ ] \end{cases}$$

の形にもち込んで解く。

(1) $\begin{cases} a_1=1,\ a_2=4 \\ a_{n+2}-3a_{n+1}+2a_n=0\cdots① \ (n=1,2,\cdots) \end{cases}$

（特性方程式：$x^2-3x+2=0$
$(x-1)(x-2)=0 \quad \therefore x=1,\ 2$）

①を変形して，

$$\begin{cases} a_{n+2}-1\cdot a_{n+1}=2(a_{n+1}-1\cdot a_n) \\ [\ F(n+1)=2\cdot F(n)\ ] \\ a_{n+2}-2\cdot a_{n+1}=1\cdot(a_{n+1}-2a_n) \\ [\ G(n+1)=1\cdot G(n)\ ] \end{cases}$$

よって，

$$\begin{cases} a_{n+1}-a_n=(\overset{4}{a_2}-\overset{1}{a_1})\cdot 2^{n-1}=3\cdot 2^{n-1} \\ [\ F(n)=F(1)\cdot 2^{n-1}] \\ a_{n+1}-2a_n=(\overset{4}{a_2}-2\overset{1}{a_1})\cdot 1^{n-1}=2 \\ [\ G(n)=G(1)\cdot 1^{n-1}] \end{cases}$$

$\therefore \begin{cases} a_{n+1}-a_n=3\cdot 2^{n-1}\cdots\cdots② \\ a_{n+1}-2a_n=2\cdots\cdots\cdots\cdots③ \end{cases}$

②－③より，

$a_n=3\cdot 2^{n-1}-2\ (n=1,2,\cdots)$ …(答)

(2) $\begin{cases} a_1=0,\ a_2=2 \\ a_{n+2}-4a_{n+1}+4a_n=0\cdots④ \ (n=1,2,\cdots) \end{cases}$

（特性方程式：$x^2-4x+4=0$
$(x-2)^2=0 \quad \therefore x=2$(重解) ← $\alpha=2,\ \beta=2$ のこと！）

④を変形して，（この1式だけ）

$a_{n+2}-2\cdot a_{n+1}=2(a_{n+1}-2\cdot a_n)$
$[\ F(n+1)=2\cdot F(n)\ ]$

よって，

$a_{n+1}-2a_n=(\overset{2}{a_2}-2\overset{0}{a_1})\cdot 2^{n-1}=2^n$
$[\ F(n)=F(1)\cdot 2^{n-1}]$

$\therefore \begin{cases} a_1=0 \\ a_{n+1}=2a_n+2^n\cdots⑤ \ (n=1,2,\cdots) \end{cases}$

注意！

今回は $a_{n+1}+\alpha\cdot 2^{n+1}=2(a_n+\alpha\cdot 2^n)$ とおいても，$\alpha\cdot 2^{n+1}$ と $2\alpha\cdot 2^n$ が打ち消しあって α が決まらず，うまくいかない！

⑤の両辺を 2^{n+1} で割って，

$$\underset{b_{n+1}}{\frac{a_{n+1}}{2^{n+1}}}=\underset{b_n}{\frac{a_n}{2^n}}+\underset{d\,(公差)}{\frac{1}{2}}$$

ここで $b_n=\dfrac{a_n}{2^n}$ とおくと，数列 $\{b_n\}$ は

初項 $b_1=\dfrac{a_1}{2^1}=0$，公差 $d=\dfrac{1}{2}$

の等差数列となる。

$\therefore b_n=\overset{b_1}{0}+(n-1)\cdot\overset{d}{\frac{1}{2}}\ \left(=\dfrac{a_n}{2^n}\right)$

以上より，求める一般項 a_n は，

$a_n=(n-1)\cdot 2^{n-1}\ (n=1,2,\cdots)$ …(答)

実力アップ問題 115　難易度 ★★★　CHECK 1　CHECK 2　CHECK 3

数列 $\{x_n\}$ が，$x_1 = \frac{1}{3}$，$x_2 = \frac{1}{7}$ と関係式 $x_{n+2} = \frac{x_{n+1}x_n}{4x_{n+1}x_n - 6x_{n+1} + 5x_n}$

$(n = 1, 2, 3, \cdots)$ を満たしているとき，次の問いに答えよ。

(1) $y_n = \frac{1}{x_n} + a$ とおいたとき，関係式 $y_{n+2} = by_{n+1} + cy_n \quad (n = 1, 2, 3, \cdots)$

が得られた。このような定数 a, b, c の値を求めよ。

(2) x_n を n の式で表せ。　　(横浜国立大)

ヒント！ 与えられた漸化式の逆数をとると，3 項間の漸化式の形が見えてくる。ただし，今回はこれに定数項が加わるので，(1) の導入に従って解くんだよ。

$$\begin{cases} x_1 = \frac{1}{3},\ x_2 = \frac{1}{7} \\ x_{n+2} = \frac{x_{n+1}x_n}{4x_{n+1}x_n - 6x_{n+1} + 5x_n} \cdots\cdots ① \end{cases}$$

$(n = 1, 2, \cdots)$

(1) ①の両辺は，明らかに 0 でないので，①の両辺の逆数をとって，

(これをきちんと示すには，数学的帰納法が必要！)

$$\frac{1}{x_{n+2}} = \frac{4x_{n+1}x_n - 6x_{n+1} + 5x_n}{x_{n+1}x_n}$$

$$= 4 - \frac{6}{x_n} + \frac{5}{x_{n+1}}$$

$$\therefore \frac{1}{x_{n+2}} = \frac{5}{x_{n+1}} - \frac{6}{x_n} + 4 \quad \cdots\cdots ②$$

注意！

②の定数項 4 がなければ，$a_n = \frac{1}{x_n}$とおいて3 項間の漸化式にもち込める。今回はこの定数項の処理がポイントになる！

ここで，$y_n = \frac{1}{x_n} + a \cdots\cdots ③$とおくと，②は，

$y_{n+2} = by_{n+1} + cy_n \cdots\cdots ④$になるので，

③より④は，

$$\frac{1}{x_{n+2}} + a = b\left(\frac{1}{x_{n+1}} + a\right) + c\left(\frac{1}{x_n} + a\right)$$

$$\frac{1}{x_{n+2}} = \frac{\overset{5}{b}}{x_{n+1}} + \frac{\overset{-6}{c}}{x_n} + \overset{4}{(ab + ac - a)} \cdots ⑤$$

②，⑤の各係数を比較して，

$$b = 5,\ c = -6,\ a(\overset{5}{b} + \overset{-6}{c} - 1) = 4$$

$$\therefore a = -2,\ b = 5,\ c = -6 \quad \cdots\cdots (答)$$

(2) $y_n = \frac{1}{x_n} \overset{a}{(-2)}$ より，

$$y_1 = \overset{3}{\frac{1}{x_1}} - 2 = 1,\ y_2 = \overset{7}{\frac{1}{x_2}} - 2 = 5$$

④より，$y_{n+2} = 5y_{n+1} - 6y_n \cdots\cdots ④'$

$$\left(\begin{array}{l} 特性方程式：t^2 = 5t - 6 \\ (t-2)(t-3) = 0 \quad \therefore t = 2, 3 \end{array}\right)$$

④′を変形して，

$$\begin{cases} y_{n+2} - 2y_{n+1} = 3(y_{n+1} - 2y_n) \\ y_{n+2} - 3y_{n+1} = 2(y_{n+1} - 3y_n) \end{cases}$$

よって，

$$\begin{cases} y_{n+1} - 2y_n = (\overset{5}{y_2} - 2\overset{1}{y_1}) \cdot 3^{n-1} = 3^n \cdots ⑥ \\ y_{n+1} - 3y_n = (\overset{5}{y_2} - 3\overset{1}{y_1}) \cdot 2^{n-1} = 2^n \cdots ⑦ \end{cases}$$

⑥－⑦より，$y_n = 3^n - 2^n \quad \left(= \frac{1}{x_n} - 2\right)$

$$\therefore x_n = \frac{1}{3^n - 2^n + 2} \quad (n = 1, 2, \cdots)$$

$\cdots\cdots\cdots (答)$

実力アップ問題 116　難易度 ★★★　CHECK 1　CHECK 2　CHECK 3

2つの数列 $\{a_n\}$, $\{b_n\}$ が次のように定義される。

$a_1 = 1,\ b_1 = 2$

$$\begin{cases} a_{n+1} = a_n + 6b_n \\ b_{n+1} = a_n - 4b_n \quad (n = 1, 2, 3, \cdots) \end{cases}$$

このとき，一般項 a_n, b_n を求めよ。　(電通大*)

ヒント！ 非対称形の連立漸化式の問題だね。この場合，まず，$a_{n+1} + \alpha b_{n+1} = \beta(a_n + \alpha b_n)$ をみたす α, β の値を求めて解くんだよ。

基本事項

非対称形の連立漸化式の解法

$$\begin{cases} a_{n+1} = pa_n + qb_n \\ b_{n+1} = ra_n + sb_n \end{cases}$$ のとき，

$a_{n+1} + \alpha b_{n+1} = \beta(a_n + \alpha b_n)$ をみたす

$[\ F(n+1) = \beta \cdot F(n)\ ]$

α, β の値を求めて解く。

$a_1 = 1,\ b_1 = 2$

$$\begin{cases} a_{n+1} = a_n + 6b_n \cdots ① \\ b_{n+1} = a_n - 4b_n \cdots ② \ (n = 1, 2, 3, \cdots) \end{cases}$$

ここで，次式が成り立つものとする。

$a_{n+1} + \alpha b_{n+1} = \beta(a_n + \alpha b_n)$ ……③

$[\ F(n+1) = \beta \cdot F(n)\ ]$　自分で設計する！

①，②を③に代入して，

$a_n + 6b_n + \alpha(a_n - 4b_n) = \beta a_n + \alpha\beta b_n$

左辺をまとめて，

$(1+\alpha)a_n + (6-4\alpha)b_n = \beta a_n + \alpha\beta b_n$

両辺の a_n, b_n の各係数を比較して，

$$\begin{cases} 1 + \alpha = \beta \quad \cdots\cdots ④ \\ 6 - 4\alpha = \alpha\beta \quad \cdots\cdots ⑤ \end{cases}$$

④を⑤に代入して β を消去すると，

$6 - 4\alpha = \alpha(1+\alpha)$

$\alpha^2 + 5\alpha - 6 = 0$

$(\alpha - 1)(\alpha + 6) = 0 \quad \therefore \alpha = 1,\ -6$

(i) $\alpha = 1$ のとき，④より，$\beta = 2$

(ii) $\alpha = -6$ のとき，④より，$\beta = -5$

以上(i)(ii)より，③は，

$$\begin{cases} a_{n+1} + 1 \cdot b_{n+1} = 2(a_n + 1 \cdot b_n) \\ [\ F(n+1) = 2 \cdot F(n)\ ] \\ a_{n+1} - 6 \cdot b_{n+1} = -5(a_n - 6 \cdot b_n) \\ [\ G(n+1) = -5 \cdot G(n)\ ] \end{cases}$$

よって，

$$\begin{cases} a_n + b_n = (a_1 + b_1) \cdot 2^{n-1} \quad (a_1 = 1,\ b_1 = 2) \\ [\ F(n) = F(1) \cdot 2^{n-1}\ ] \\ a_n - 6b_n = (a_1 - 6b_1) \cdot (-5)^{n-1} \quad (a_1 = 1,\ b_1 = 2) \\ [\ G(n) = G(1) \cdot (-5)^{n-1}\ ] \end{cases}$$

これから，

$$\begin{cases} a_n + b_n = 3 \cdot 2^{n-1} \quad \cdots\cdots ⑥ \\ a_n - 6b_n = -11 \cdot (-5)^{n-1} \quad \cdots\cdots ⑦ \end{cases}$$

⑥×6＋⑦より，

$7a_n = 18 \cdot 2^{n-1} - 11 \cdot (-5)^{n-1}$

$\therefore a_n = \dfrac{1}{7}\{9 \cdot 2^n - 11 \cdot (-5)^{n-1}\}$ ……(答)

⑥－⑦より，

$7b_n = 3 \cdot 2^{n-1} + 11 \cdot (-5)^{n-1}$

$\therefore b_n = \dfrac{1}{7}\{3 \cdot 2^{n-1} + 11 \cdot (-5)^{n-1}\}$ …(答)

$(n = 1, 2, \cdots)$

実力アップ問題 117　難易度 ★★★　CHECK 1　CHECK 2　CHECK 3

数列 $\{a_n\}$ を

$$a_1 = 2,\ a_{n+1} = \frac{4a_n + 1}{2a_n + 3}\ (n = 1, 2, 3, \cdots)$$ で定める。

(1) 2 つの実数 α と β に対して，$b_n = \dfrac{a_n + \beta}{a_n + \alpha}\ (n = 1, 2, 3, \cdots)$ とおく。

$\{b_n\}$ が等比数列となるような α と $\beta(\alpha > \beta)$ を 1 組求めよ。

(2) 数列 $\{a_n\}$ の一般項 a_n を求めよ。　(東北大)

ヒント！ 分数型漸化式の問題で，これは漸化式の逆数をとってもうまくいかない。(1) で定義された数列 $\{b_n\}$ について，$b_{n+1} = r\cdot b_n$ の形になるように，α と β の値を決定すればいいんだね。

$$\begin{cases} a_1 = 2 \\ a_{n+1} = \dfrac{4a_n + 1}{2a_n + 3} \quad \cdots\cdots① \end{cases}$$

$(n = 1, 2, 3, \cdots)$

注意！

たとえば，$a_1 = 2$，$a_{n+1} = \dfrac{4a_n}{2a_n + 3}$ であったならば，両辺の逆数をとって，

$\dfrac{1}{a_{n+1}} = \dfrac{2a_n + 3}{4a_n} = \dfrac{3}{4}\dfrac{1}{a_n} + \dfrac{1}{2}$ より，

$\dfrac{1}{a_n} = b_n$ とおけば，見慣れた 2 項間の漸化式になる。

しかし，今回の場合，逆数をとっても解決しない本格的な分数形式の漸化式の問題になっている。この場合にも実は特性方程式が存在して，その解を利用して一般項を求める解法のパターンは存在する。

でも，それを覚える必要はないと思う。この問題のように，導入がついてくるので，それに従って解いていけば，一般項を求めることができるからだ。

(1) $b_n = \dfrac{a_n + \beta}{a_n + \alpha}$ …② $(n = 1, 2, 3, \cdots)$

とおく。数列 $\{b_n\}$ が等比数列となるような，定数 α, β の値を求める。

（つまり，$b_{n+1} = r\cdot b_n$ の形にする。）

②より，（n に $n+1$ を代入）

$$b_{n+1} = \frac{a_{n+1} + \beta}{a_{n+1} + \alpha}\ (n = \underline{0}, 1, 2, \cdots)$$

（0 スタート）

これに①を代入して，

$$b_{n+1} = \frac{\dfrac{4a_n + 1}{2a_n + 3} + \beta}{\dfrac{4a_n + 1}{2a_n + 3} + \alpha}\ (n = \underline{1}, 2, 3, \cdots)$$

（①を使ったので，n は 1 スタート）

$$= \frac{4a_n + 1 + \beta(2a_n + 3)}{4a_n + 1 + \alpha(2a_n + 3)}$$

（これを，$r\cdot b_n = r\cdot\dfrac{a_n + \beta}{a_n + \alpha}$ の形に変形する。）

$$b_{n+1}=\frac{(2\beta+4)a_n+3\beta+1}{(2\alpha+4)a_n+3\alpha+1}$$

$$=\boxed{\frac{2\beta+4}{2\alpha+4}}\cdot\frac{a_n+\boxed{\frac{3\beta+1}{2\beta+4}}}{a_n+\boxed{\frac{3\alpha+1}{2\alpha+4}}}\ \cdots\cdots③$$

（$\frac{2\beta+4}{2\alpha+4}$ ＝ r，$\frac{3\beta+1}{2\beta+4}$ ＝ β，$\frac{3\alpha+1}{2\alpha+4}$ ＝ α）

③より，$\frac{3\alpha+1}{2\alpha+4}=\alpha$ かつ $\frac{3\beta+1}{2\beta+4}=\beta$

のとき，

$r=\frac{2\beta+4}{2\alpha+4}$ とおけば，

$b_{n+1}=r\cdot b_n$ となって，$\{b_n\}$ は等比数列になる。

よって，α と β は，方程式 $\frac{3x+1}{2x+4}=x$

の異なる2解であるので，これを解いて，

$3x+1=x(2x+4)$

$2x^2+x-1=0$

$(2x-1)(x+1)=0$

$\therefore\ x=-1,\ \frac{1}{2}$

ここで，$\alpha>\beta$ より，

$\alpha=\frac{1}{2},\ \beta=-1$ ……④ ………(答)

(2) ④を②と③に代入すると，

$$b_n=\frac{a_n-1}{a_n+\frac{1}{2}}\ \cdots\cdots②'$$

$$b_{n+1}=\boxed{\frac{-2+4}{1+4}}\cdot\boxed{\frac{a_n-1}{a_n+\frac{1}{2}}}=\frac{2}{5}b_n\ \cdots③'$$

（$\frac{-2+4}{1+4}$ ＝ r，$\frac{a_n-1}{a_n+\frac{1}{2}}$ ＝ b_n）

②′より，$b_1=\frac{a_1-1}{a_1+\frac{1}{2}}=\frac{2-1}{2+\frac{1}{2}}=\frac{2}{5}$

以上より，$\{b_n\}$ は初項 $b_1=\frac{2}{5}$，公比 $r=\frac{2}{5}$ の等比数列より，

$$b_n=b_1\cdot r^{n-1}=\frac{2}{5}\cdot\left(\frac{2}{5}\right)^{n-1}=\frac{2^n}{5^n}\ \cdots⑤$$

⑤を②′に代入すると，

$$\frac{2^n}{5^n}=\frac{a_n-1}{a_n+\frac{1}{2}}$$

$$2^n\left(a_n+\frac{1}{2}\right)=5^n(a_n-1)$$

$$2^na_n+2^{n-1}=5^na_n-5^n$$

$$(5^n-2^n)a_n=5^n+2^{n-1}$$

$$\therefore\ a_n=\frac{5^n+2^{n-1}}{5^n-2^n}$$ となる。……(答)

$(n=1,\ 2,\ 3,\ \cdots)$

実力アップ問題 118　難易度 ★★　CHECK 1　CHECK 2　CHECK 3

$a_n = \dfrac{1}{2!} + \dfrac{2}{3!} + \dfrac{3}{4!} + \cdots + \dfrac{n}{(n+1)!}$ とする。

(1) $n = 1, 2, 3$ に対して，a_n を求めよ。

(2) 数列 $\{a_n\}$ の一般項を推定し，その推定が正しいことを数学的帰納法により証明せよ。　(小樽商大)

ヒント！ a_1, a_2, a_3 を求めて，a_n を推定する。これがすべての自然数 n について成り立つことを示すには，数学的帰納法を用いるんだね。

基本事項

数学的帰納法

(n の命題)……(∗) の証明

(ⅰ) $n=1$のとき，成り立つことを示す。

(ⅱ) $n=k$のとき成り立つと仮定して，$n=k+1$ のときも成り立つことを示す。

$$a_n = \frac{1}{2!} + \frac{2}{3!} + \frac{3}{4!} + \cdots + \frac{n}{(n+1)!} \quad \cdots\cdots\text{①} \quad (n = 1, 2, \cdots)$$

(1) (ⅰ) $n = 1$ のとき，

$$a_1 = \frac{1}{2!} = \frac{1}{\boxed{2}} \quad \cdots\cdots(\text{答}) \quad (2 = 2!)$$

(ⅱ) $n = 2$ のとき，

$$a_2 = \frac{1}{2!} + \frac{2}{3!} = \frac{1}{2} + \frac{1}{3} = \frac{5}{\boxed{6}} \quad \cdots(\text{答}) \quad (6 = 3!)$$

(ⅲ) $n = 3$ のとき，

$$a_3 = \frac{1}{2!} + \frac{2}{3!} + \frac{3}{4!} = \frac{1}{2} + \frac{1}{3} + \frac{1}{8}$$

$$= \frac{12+8+3}{24} = \frac{23}{\boxed{24}} \quad \cdots\cdots(\text{答}) \quad (24 = 4!)$$

(2) (1) の結果より，

$$a_1 = \frac{1}{2!} = \frac{2!-1}{2!} = 1 - \frac{1}{2!}$$

$$a_2 = \frac{5}{3!} = \frac{3!-1}{3!} = 1 - \frac{1}{3!}$$

$$a_3 = \frac{23}{4!} = \frac{4!-1}{4!} = 1 - \frac{1}{4!}$$

以上より，一般項 a_n は

$$a_n = 1 - \frac{1}{(n+1)!} \quad \cdots(*)$$ と推定される。

(∗)がすべての自然数 n について成り立つことを，数学的帰納法により示す。

(ⅰ) $n = 1$ のとき，明らかに成り立つ。

（$n=1$ のとき成り立つことは確認済み）

(ⅱ) $n = k$ のとき成り立つと仮定すると，

$$a_k = 1 - \frac{1}{(k+1)!} \quad \cdots\cdots\cdots\cdots\text{②}$$

このとき，$n = k+1$ の場合について調べる。

①より，

$$a_{k+1} = \boxed{\frac{1}{2!} + \frac{2}{3!} + \cdots + \frac{k}{(k+1)!}} + \frac{k+1}{(k+2)!} \quad \left(\boxed{} = a_k = 1 - \frac{1}{(k+1)!}\ (\text{②})\right)$$

$$= 1 - \boxed{\frac{1}{(k+1)!}} + \frac{k+1}{(k+2)!} \quad (\because \text{②})$$

（$\dfrac{1}{(k+1)!} = \dfrac{k+2}{(k+2)!}$：分子・分母に $k+2$ をかけた！）

$$= 1 - \frac{k+2-(k+1)}{(k+2)!} = 1 - \frac{1}{(k+2)!}$$

（(∗)のnに$k+1$を代入したもの）

∴ $n = k+1$ のときも成り立つ。

以上 (ⅰ)(ⅱ) より，任意の自然数 n に対して (∗) は成り立つ。………(終)

実力アップ問題 119　難易度★★　CHECK 1　CHECK 2　CHECK 3

数列 $\{a_n\}$ を $a_n = \dfrac{1+\sqrt{2}+\cdots+\sqrt{n}}{\sqrt{n}}$ ……① で定める。
このとき，すべての自然数 n について，不等式 $\dfrac{2n}{3} < a_n$ ……($*$)
が成り立つことを数学的帰納法により示せ。　　（信州大）

ヒント！ ($*$) の不等式は，$2n\sqrt{n} < 3(1+\sqrt{2}+\cdots+\sqrt{n})$ …($*$)′ と同値なので，($*$)′ を数学的帰納法によって証明すればいいんだね。

$$a_n = \frac{1+\sqrt{2}+\sqrt{3}+\cdots+\sqrt{n}}{\sqrt{n}} \quad \cdots\cdots①$$

$$\frac{2n}{3} < a_n \quad \cdots\cdots(*) \quad (n=1,\ 2,\ 3,\ \cdots)$$

①を ($*$) に代入して，

$$\frac{2n}{3} < \frac{1+\sqrt{2}+\sqrt{3}+\cdots+\sqrt{n}}{\sqrt{n}}$$

両辺に $3\sqrt{n}\ (>0)$ をかけて，

$$2n\sqrt{n} < 3(1+\sqrt{2}+\cdots+\sqrt{n}) \quad \cdots\cdots(*)'$$

($*$) と ($*$)′ は同値なので，すべての自然数 n について ($*$) が成り立つことを示す代わりに，($*$)′ が成り立つことを数学的帰納法によって示せばよい。

(i) $n=1$ のとき，
($*$)′ の左辺 $= 2\cdot 1\cdot\sqrt{1} = 2$
($*$)′ の右辺 $= 3\cdot 1 = 3$
∴ ($*$)′ は成り立つ。

(ii) $n=k\ (k=1,\ 2,\ 3,\ \cdots)$ のとき

$$2k\sqrt{k} < 3(1+\sqrt{2}+\cdots+\sqrt{k}) \quad \cdots\cdots②$$

が成り立つと仮定して，$n=k+1$ のときについて調べる。
②の両辺に $3\sqrt{k+1}$ をたして，

$$2k\sqrt{k}+3\sqrt{k+1} < 3(1+\sqrt{2}+\cdots+\sqrt{k}+\sqrt{k+1}) \quad \cdots\cdots③$$

参考

$n=k+1$ のとき，($*$)′ は，
$2(k+1)\sqrt{k+1} < 3(1+\sqrt{2}+\cdots+\sqrt{k+1})$
より，これが成り立つことを示すには，③から，
$2(k+1)\sqrt{k+1} < 2k\sqrt{k}+3\sqrt{k+1}$
が成り立つことを示せばよい。

③より，$n=k+1$ のとき，($*$)′ が成り立つことを示すには，次式が成り立つことを示せばよい。

$$2(k+1)\sqrt{k+1} < 2k\sqrt{k}+3\sqrt{k+1} \quad \cdots④$$

よって，これを調べると，

$$\begin{aligned}
&(\text{右辺})-(\text{左辺})\\
&= 2k\sqrt{k}+3\sqrt{k+1}-2k\sqrt{k+1}-2\sqrt{k+1}\\
&= \sqrt{k+1}-2k(\sqrt{k+1}-\sqrt{k})\\
&= \sqrt{k+1}-2k\cdot\frac{1}{\sqrt{k+1}+\sqrt{k}}\\
&= \frac{k+1+\sqrt{k^2+k}-2k}{\sqrt{k+1}+\sqrt{k}}\\
&= \frac{(\sqrt{k^2+k}-k)+1}{\sqrt{k+1}+\sqrt{k}} > 0
\end{aligned}$$

となって，

（$\sqrt{k+1}+\sqrt{k}$ を分子・分母にかけた。）

④は成り立つ。
∴ $n=k+1$ のときも ($*$)′ は成り立つ。

以上 (i)(ii) より，($*$)′ は成り立つので，すべての自然数 n に対して ($*$) は成り立つ。 ……………………(終)

実力アップ問題 120　難易度 ★★★　CHECK 1　CHECK 2　CHECK 3

数列 $\{a_n\}$ は，$a_1=1$，任意の自然数 n に対して $a_n>0$ および

$6\sum_{k=1}^{n}a_k{}^2=a_na_{n+1}(2a_{n+1}-1)$ を満たす。

(1) a_2, a_3 の値を求めよ。

(2) 一般項 a_n の値を推測し，それが正しいことを数学的帰納法を用いて証明せよ。　(早稲田大)

ヒント！ $a_n=n\ (n=1, 2, \cdots)$ はすぐに推定できる。これを数学的帰納法を使って証明する際に，Σ の入った式があるので，工夫が必要となるんだよ。

$$\begin{cases} a_1=1,\ a_n>0 \\ 6\sum_{k=1}^{n}a_k{}^2=a_na_{n+1}(2a_{n+1}-1) \quad \cdots\cdots① \end{cases} \quad (n=1, 2, \cdots)$$

(1)(i) $n=1$ のとき，①は，

$$6\boxed{\sum_{k=1}^{1}a_k{}^2}=\boxed{a_1}\cdot a_2\cdot(2a_2-1)$$

（$\sum_{k=1}^{1}a_k{}^2=a_1{}^2=1^2=1$，$a_1=1$）

$6=a_2(2a_2-1)$

$2a_2{}^2-a_2-6=0$

$\begin{matrix}2 & & 3\\ 1 & & -2\end{matrix}$

$(a_2-2)(2a_2+3)=0$

$a_2>0$ より，$a_2=2$ …………(答)

(ii) $n=2$ のとき，①は，

$$6\boxed{\sum_{k=1}^{2}a_k{}^2}=\boxed{a_2}\cdot a_3\cdot(2a_3-1)$$

（$\sum_{k=1}^{2}a_k{}^2=a_1{}^2+a_2{}^2=1^2+2^2=5$，$a_2=2$）

$30=2a_3(2a_3-1)$

$4a_3{}^2-2a_3-30=0$

$2a_3{}^2-a_3-15=0$

$\begin{matrix}2 & & 5\\ 1 & & -3\end{matrix}$

$(a_3-3)(2a_3+5)=0$

$a_3>0$ より，$a_3=3$ …………(答)

(2) $a_1=1$，$a_2=2$，$a_3=3$ より，

一般項 $a_n=n$ ……(*)　$(n=1, 2, \cdots)$

と推定できる。

(*) が成り立つことを数学的帰納法により示す。

(i) $n=1$ のとき，明らかに成り立つ。

(ii) $n=k\ (k=1, 2, 3, \cdots, m)$ のとき

$a_k=k$ ……② が成り立つと仮定

（$a_1=1, a_2=2, \cdots, a_m=m$ が成り立つと仮定した！）

して，$n=m+1$ のときについて調べる。

①の n に m を代入して，

$$6\boxed{\sum_{k=1}^{m}a_k{}^2}=\boxed{a_m}\cdot a_{m+1}(2a_{m+1}-1)$$

（$a_m=m$）

$$\sum_{k=1}^{m}a_k{}^2=a_1{}^2+a_2{}^2+\cdots+a_m{}^2=1^2+2^2+\cdots+m^2=\frac{1}{6}m(m+1)(2m+1)$$

$\cancel{m}(m+1)(2m+1)=\cancel{m}a_{m+1}(2a_{m+1}-1)$

$2a_{m+1}{}^2-a_{m+1}-(m+1)(2m+1)=0$

$\begin{matrix}2 & & 2m+1\\ 1 & & -(m+1)\end{matrix}$

$(a_{m+1}-m-1)(2a_{m+1}+2m+1)=0$

ここで，$a_{m+1}>0$ より，

$a_{m+1}=m+1$

∴ $n=m+1$ のときも成り立つ。

以上(i)(ii)より，任意の自然数 n に対して (*) は成り立つ。 ……(終)

演習 exercise

7 平面ベクトル

テーマ

▶ 平面ベクトル（分点公式，内積など）

（ $\overrightarrow{\mathbf{OP}}=(\mathbf{1}-t)\overrightarrow{\mathbf{OA}}+t\overrightarrow{\mathbf{OB}}$ ）

▶ ベクトル方程式（円，直線，線分など）

（ $|\overrightarrow{\mathbf{OP}}-\overrightarrow{\mathbf{OA}}|=r$ ）

演習7 平面ベクトル ●公式&解法パターン

1. 平面ベクトルの基本

(1) まわり道の原理

(i) たし算形式 $\overrightarrow{AB}=\overrightarrow{A\otimes}+\overrightarrow{\otimes B}$

(ii) 引き算形式 $\overrightarrow{AB}=\overrightarrow{\otimes B}-\overrightarrow{\otimes A}$

(2) 内分点の公式

(i) 点 **P** が線分 **AB** を $m:n$ に内分するとき，

$$\overrightarrow{OP}=\frac{n\overrightarrow{OA}+m\overrightarrow{OB}}{m+n}$$

(ii) 点 **P** が線分 **AB** を $t:1-t$ に内分するとき，

$$\overrightarrow{OP}=(1-t)\overrightarrow{OA}+t\overrightarrow{OB}$$

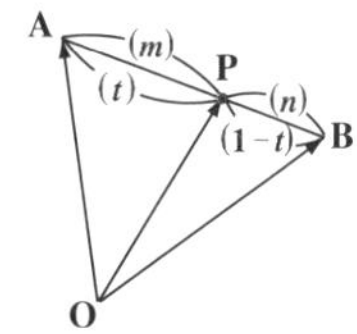

(3) 外分点の公式

点 **Q** が線分 **AB** を $m:n$ に外分するとき，

$$\overrightarrow{OQ}=\frac{-n\overrightarrow{OA}+m\overrightarrow{OB}}{m-n}$$

(i) $m>n$ のとき

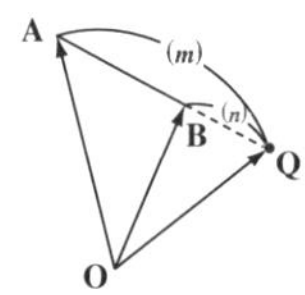

(ii) $m<n$ のとき

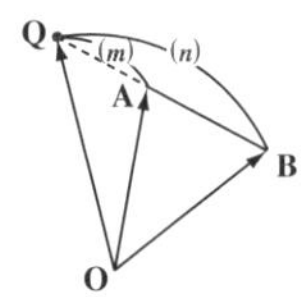

△**ABC** の重心 **G** については，公式 $\overrightarrow{OG}=\frac{1}{3}\left(\overrightarrow{OA}+\overrightarrow{OB}+\overrightarrow{OC}\right)$ が成り立つが，(i)**O** が **A** に一致するとき $\overrightarrow{AG}=\frac{1}{3}\left(\overrightarrow{AB}+\overrightarrow{AC}\right)$ となるし，(ii)**O** が **G** と一致するとき $\overrightarrow{GA}+\overrightarrow{GB}+\overrightarrow{GC}=\vec{0}$ となることにも注意しよう！

(4) ベクトルの成分表示

(i) $\vec{a}=(x_1,\ y_1)$ ← 始点を原点 **0** においたときの終点の座標

(ii) $\vec{a}$ の大きさ $|\vec{a}|=\sqrt{x_1{}^2+y_1{}^2}$

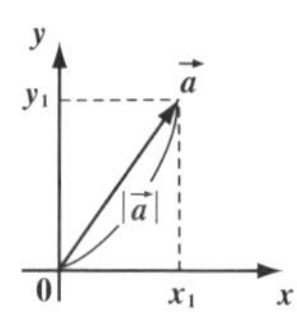

(5) ベクトルの内積

(i) $\vec{a}$ と $\vec{b}$ の内積：

$\vec{a}\cdot\vec{b}=|\vec{a}||\vec{b}|\cdot\cos\theta$ （θ：$\vec{a}$ と $\vec{b}$ のなす角）

(ii) $\vec{a}\perp\vec{b}$ のとき，$\vec{a}\cdot\vec{b}=0$

(iii) $\vec{a}\cdot\vec{a}=|\vec{a}|^2$ ⟶ $(ex)\ |2\vec{a}+\vec{b}|^2=4|\vec{a}|^2+4\vec{a}\cdot\vec{b}+|\vec{b}|^2$

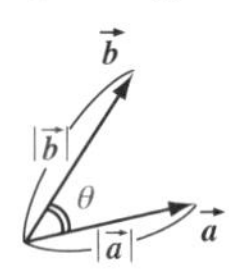

(6) 内積の成分表示

$\vec{a}=(x_1,\ y_1)$，$\vec{b}=(x_2,\ y_2)$ のとき，$\vec{a}\cdot\vec{b}=x_1x_2+y_1y_2$

よって，$\cos\theta=\frac{\vec{a}\cdot\vec{b}}{|\vec{a}||\vec{b}|}$ より，$\cos\theta=\frac{x_1x_2+y_1y_2}{\sqrt{x_1{}^2+y_1{}^2}\sqrt{x_2{}^2+y_2{}^2}}$ となる。

(7) ベクトルの平行条件と直交条件

(ⅰ) $\vec{a}/\!/\vec{b} \iff \vec{a}=k\vec{b}$　　　(ⅱ) $\vec{a}\perp\vec{b} \iff \vec{a}\cdot\vec{b}=0$

> $\vec{a}=(x_1,\ y_1)$，$\vec{b}=(x_2,\ y_2)$ のとき，
> (ⅰ) $\vec{a}/\!/\vec{b} \iff x_1 : x_2 = y_1 : y_2$，(ⅱ) $\vec{a}\perp\vec{b} \iff x_1x_2+y_1y_2=0$

(8) 3 点 A，B，C が同一直線上にある条件

$\overrightarrow{AB}=k\overrightarrow{AC}$　　(k：実数定数)

(9) △ABC の面積 S

$$S=\frac{1}{2}\sqrt{|\overrightarrow{AB}|^2|\overrightarrow{AC}|^2-(\overrightarrow{AB}\cdot\overrightarrow{AC})^2}$$

$\overrightarrow{AB}=(x_1,\ y_1)$，$\overrightarrow{AC}=(x_2,\ y_2)$ のとき，

$$S=\frac{1}{2}|x_1y_2-x_2y_1|$$

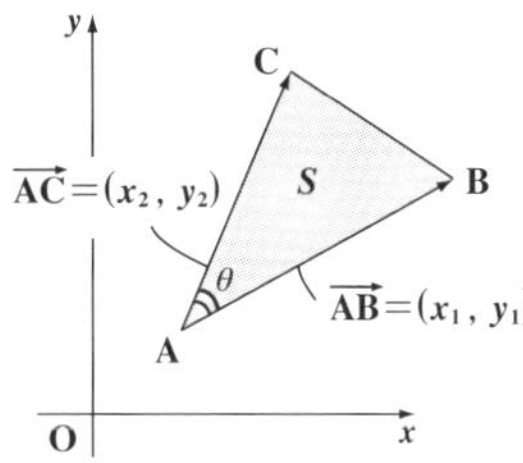

2. ベクトル方程式

(1) 円：$\left|\overrightarrow{OP}-\overrightarrow{OA}\right|=r$　(中心 A，半径 r)

(2) 直線：$\overrightarrow{OP}=\overrightarrow{OA}+t\vec{d}$　(通る点 A，方向ベクトル $\vec{d}$)

(3) 直線，線分，三角形

$\overrightarrow{OP}=\alpha\overrightarrow{OA}+\beta\overrightarrow{OB}$

(ⅰ) 直線 AB

$\alpha+\beta=1$

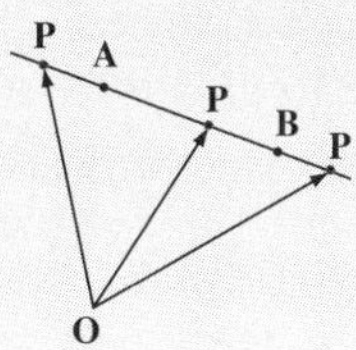

(ⅱ) 線分 AB

$\begin{cases}\alpha+\beta=1\\ \alpha\geqq 0,\ \beta\geqq 0\end{cases}$

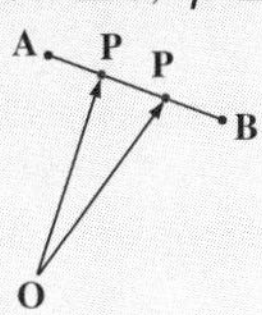

(ⅲ) △OAB の内部と周

$\begin{cases}\alpha+\beta\leqq 1\\ \alpha\geqq 0,\ \beta\geqq 0\end{cases}$

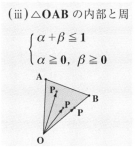

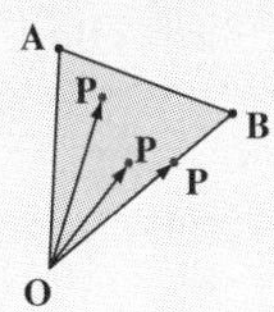

実力アップ問題 121	難易度 ★★	CHECK 1	CHECK 2	CHECK 3

次の問いに答えよ。

(1) ベクトル $\vec{a}$, $\vec{b}$ について, $|\vec{a}|=5$, $|\vec{b}|=2$, $|\vec{a}-4\vec{b}|=4$ とする。

(i) $\vec{a}$, $\vec{b}$ のなす角を θ とするとき, $\cos\theta$ の値を求めよ。

(ii) t を実数として, $\vec{a}-2t\vec{b}$ と $\vec{a}+\vec{b}$ が垂直になるとき, t の値を求めよ。

(日本大)

(2) 平面上に **2** つのベクトル $\vec{a}$, $\vec{b}$ があって, そのなす角は $30°$ であり, かつ, ベクトル $5\vec{a}-\vec{b}$ と $\vec{a}-\vec{b}$ とは直交するという。このとき, 比 $\dfrac{|\vec{a}|}{|\vec{b}|}$ の値を求めよ。

ヒント! ベクトルの内積の基本問題。**(1)** 絶対値内にベクトルの式があるときは **2** 乗して展開する。**(2)** 内積の演算は整式の展開と同様だ。

基本事項

ベクトルの内積

$$\vec{a}\cdot\vec{b}=|\vec{a}||\vec{b}|\cdot\cos\theta$$

(θ : $\vec{a}$ と $\vec{b}$ のなす角)

($\vec{a}\neq\vec{0}$, $\vec{b}\neq\vec{0}$ のとき, $\vec{a}\perp\vec{b} \iff \vec{a}\cdot\vec{b}=0$)

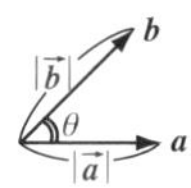

(1) $|\vec{a}|=5$, $|\vec{b}|=2$,

$|\vec{a}-4\vec{b}|=4$ ……① ← (ベクトルの式の場合, 2 乗して展開する)

(i) ①の両辺を **2** 乗して,

$|\vec{a}-4\vec{b}|^2=16$ ← (整式の展開と同じ)

$|\vec{a}|^2-8\vec{a}\cdot\vec{b}+16|\vec{b}|^2=16$

($\vec{a}\cdot\vec{b}=|\vec{a}||\vec{b}|\cdot\cos\theta$)

ここで, $\vec{a}$ と $\vec{b}$ のなす角を θ とおくと,

$|\vec{a}|^2-8|\vec{a}||\vec{b}|\cos\theta+16|\vec{b}|^2=16$

($|\vec{a}|^2=5^2$, $|\vec{a}|=5$, $|\vec{b}|=2$, $|\vec{b}|^2=2^2$)

$25-80\cos\theta+64=16$

$80\cos\theta=73$ $\therefore \cos\theta=\dfrac{73}{80}$ (答)

(ii) $(\vec{a}-2t\vec{b})\perp(\vec{a}+\vec{b})$ より,

$(\vec{a}-2t\vec{b})\cdot(\vec{a}+\vec{b})=0$ ← (整式の展開と同じ)

$|\vec{a}|^2+(1-2t)\vec{a}\cdot\vec{b}-2t|\vec{b}|^2=0$

($|\vec{a}|^2=5^2$, $\vec{a}\cdot\vec{b}=5\cdot2\cdot\dfrac{73}{80}$, $|\vec{b}|^2=2^2$)

$25+\dfrac{73}{8}(1-2t)-8t=0$

$200+73(1-2t)-64t=0$

$210t=273$ $\therefore t=\dfrac{273}{210}=\dfrac{13}{10}$ …(答)

(2) $\vec{a}$ と $\vec{b}$ のなす角は $30°$, かつ,

$(5\vec{a}-\vec{b})\perp(\vec{a}-\vec{b})$ より,

$(5\vec{a}-\vec{b})\cdot(\vec{a}-\vec{b})=0$ ← (整式の展開と同じ)

$5|\vec{a}|^2-6\vec{a}\cdot\vec{b}+|\vec{b}|^2=0$

($\vec{a}\cdot\vec{b}=|\vec{a}||\vec{b}|\cdot\cos30°=\dfrac{\sqrt{3}}{2}|\vec{a}||\vec{b}|$)

$5|\vec{a}|^2-3\sqrt{3}|\vec{a}||\vec{b}|+|\vec{b}|^2=0$ ……②

ここで, $|\vec{b}|\neq0$ より, ②の両辺を $|\vec{b}|^2$ で割って $\dfrac{|\vec{a}|}{|\vec{b}|}=X$ とおくと,

($|\vec{b}|=0$ と仮定すると, “$\vec{a}$ と $\vec{b}$ のなす角が $30°$” に矛盾する。)

$5\dfrac{|\vec{a}|^2}{|\vec{b}|^2}-3\sqrt{3}\cdot\dfrac{|\vec{a}|}{|\vec{b}|}+1=0$

$5X^2-3\sqrt{3}X+1=0$

$X=\dfrac{3\sqrt{3}\pm\sqrt{(3\sqrt{3})^2-4\cdot5\cdot1}}{10}$

$\therefore \dfrac{|\vec{a}|}{|\vec{b}|}=\dfrac{3\sqrt{3}\pm\sqrt{7}}{10}$ ………………(答)

実力アップ問題 122 難易度 ★★ CHECK 1 CHECK 2 CHECK 3

次の問いに答えよ。

(1) $\vec{a}=(4,\ 3)$, $\vec{b}=(x,\ -4)$ とする。このとき, $3\vec{a}+2\vec{b}$ と $2\vec{a}+\vec{b}$ が平行になるときの x の値と, 垂直になるときの x の値を求めよ。 (独協医大)

(2) $\vec{a}=(2,\ 1)$, $\vec{b}=(1,\ 1)$, 点 O を原点とする。

(i) $\vec{p}=(x,\ y)$ を $\vec{p}=s\vec{a}+t\vec{b}$ の形に表すとき, s, t を x, y の式で表せ。

(ii) $\overrightarrow{OP}=s\vec{a}+t\vec{b}$ とおく。s, t が条件 $4s^2+4st+t^2+s=0$ を満たしながら変化するとき, 点 P の描く図形の方程式を求めよ。 (小樽商大)

ヒント! 成分表示されたベクトルの基本問題。(1) 2つのベクトルの直交条件は,「内積 $=0$」だね。(2)(ii) $\overrightarrow{OP}=(x,\ y)$ とおいて, x と y の関係式を求める。

基本事項

ベクトルの平行・直交条件

$\vec{a}=(x_1,\ y_1)$, $\vec{b}=(x_2,\ y_2)$ のとき,

(i) $\vec{a}/\!/\vec{b}$ (平行) となる条件は,

$\dfrac{x_1}{x_2}=\dfrac{y_1}{y_2}$ (ただし, $x_2\neq 0$, $y_2\neq 0$)

(ii) $\vec{a}\perp\vec{b}$ (垂直) となる条件は,

$\vec{a}\cdot\vec{b}=x_1x_2+y_1y_2=0$

(1) $\vec{a}=(4,\ 3)$, $\vec{b}=(x,\ -4)$ より,

• $3\vec{a}+2\vec{b}=3(4,\ 3)+2(x,\ -4)$
$=(2x+12,\ 1)$

• $2\vec{a}+\vec{b}=2(4,\ 3)+(x,\ -4)$
$=(x+8,\ 2)$

(i) $(3\vec{a}+2\vec{b})/\!/(2\vec{a}+\vec{b})$ のとき,

$\dfrac{2x+12}{x+8}=\dfrac{1}{2}$

$2(2x+12)=x+8$

$3x=-16$ $\therefore x=-\dfrac{16}{3}$ …(答)

(ii) $(3\vec{a}+2\vec{b})\perp(2\vec{a}+\vec{b})$ のとき,

$(3\vec{a}+2\vec{b})\cdot(2\vec{a}+\vec{b})$

$=(2x+12)\times(x+8)+1\times 2$

$=\boxed{2x^2+28x+98=0}$

$x^2+14x+49=0$ $(x+7)^2=0$

$\therefore x=-7$ ……………………………(答)

(2) $\vec{a}=(2,\ 1)$, $\vec{b}=(1,\ 1)$

(i) $\vec{p}=(x,\ y)=s\vec{a}+t\vec{b}$

$=s(2,\ 1)+t(1,\ 1)$

$=(2s+t,\ s+t)$

$\therefore \begin{cases} x=2s+t & \cdots\cdots ① \\ y=s+t & \cdots\cdots ② \end{cases}$

①－②より, $s=x-y$ ……③

①－②×2 より,

$x-2y=-t$

$\therefore t=-x+2y$ ……………(答)

(ii) $\overrightarrow{OP}=s\vec{a}+t\vec{b}$ について, s, t が

$4s^2+4st+t^2+s=0$

$(2s+t)^2+s=0$ ……④

をみたすとき, $\overrightarrow{OP}=(x,\ y)$ とおいて, x と y の関係式 (点 P の軌跡の方程式) を求める。

①, ③を④に代入して,

$x^2+x-y=0$

∴求める点 P の軌跡の方程式は,

$y=x^2+x$ ……………………(答)

実力アップ問題 123　難易度 ★★★　CHECK 1　CHECK 2　CHECK 3

$\triangle \mathbf{ABC}$ の内部に点 $\mathbf{P}$ を，$2\overrightarrow{\mathbf{PA}}+\overrightarrow{\mathbf{PB}}+2\overrightarrow{\mathbf{PC}}=\vec{0}$ を満たすようにとる。直線 $\mathbf{AP}$ と辺 $\mathbf{BC}$ との交点を $\mathbf{D}$ とし，$\triangle \mathbf{PAB}$，$\triangle \mathbf{PBC}$，$\triangle \mathbf{PCA}$ の重心をそれぞれ $\mathbf{E}$，$\mathbf{F}$，$\mathbf{G}$ とする。

(1) $\overrightarrow{\mathbf{PD}}$ を $\overrightarrow{\mathbf{PB}}$ および $\overrightarrow{\mathbf{PC}}$ を用いて表せ。

(2) $\overrightarrow{\mathbf{EF}}=k\overrightarrow{\mathbf{AC}}$ (k は実数) であることを示せ。

(3) $\triangle \mathbf{EFG}$ と $\triangle \mathbf{PDC}$ の面積の比を求めよ。　(秋田大)

ヒント！ **(1)** 与式の各ベクトルを $\mathbf{A}$ を始点とするベクトルに書き変える。**(2)** 三角形の重心の公式をうまく利用する。**(3)** $\triangle \mathbf{ABC} \backsim \triangle \mathbf{FGE}$ を利用する。

(1) $2\overrightarrow{\mathbf{PA}}+\overrightarrow{\mathbf{PB}}+2\overrightarrow{\mathbf{PC}}=\vec{0}$ ……①

（点 $\mathbf{P}$ の位置を知るために，①を $\mathbf{A}$ 始点の式に変形する。）

①を変形して，

$$-2\overrightarrow{\mathbf{AP}}+\overrightarrow{\mathbf{AB}}-\overrightarrow{\mathbf{AP}}+2(\overrightarrow{\mathbf{AC}}-\overrightarrow{\mathbf{AP}})=\vec{0}$$

$$5\overrightarrow{\mathbf{AP}}=\overrightarrow{\mathbf{AB}}+2\overrightarrow{\mathbf{AC}}$$

$$\overrightarrow{\mathbf{AP}}=\frac{3}{5}\cdot\boxed{\frac{\overrightarrow{\mathbf{AB}}+2\overrightarrow{\mathbf{AC}}}{2+1}}\ (=\overrightarrow{\mathbf{AD}})$$

図 1

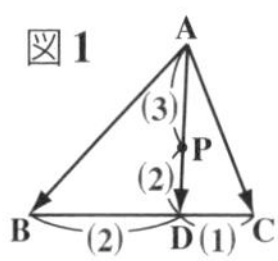

ここで，$\overrightarrow{\mathbf{AD}}=\dfrac{1\cdot\overrightarrow{\mathbf{AB}}+2\overrightarrow{\mathbf{AC}}}{2+1}$ とおくと，

$\overrightarrow{\mathbf{AP}}=\dfrac{3}{5}\overrightarrow{\mathbf{AD}}$ より，

線分 $\mathbf{BC}$ を $2:1$ に内分する点が $\mathbf{D}$ で，さらに線分 $\mathbf{AD}$ を $3:2$ に内分する点が $\mathbf{P}$ である。

(図 1 参照)

図 2

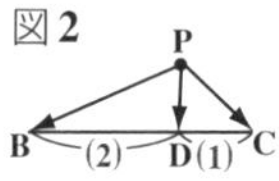

図 2 より，内分点の公式を使って，

$$\overrightarrow{\mathbf{PD}}=\frac{1\cdot\overrightarrow{\mathbf{PB}}+2\overrightarrow{\mathbf{PC}}}{2+1}=\frac{1}{3}\overrightarrow{\mathbf{PB}}+\frac{2}{3}\overrightarrow{\mathbf{PC}}$$

……(答)

基本事項

重心の公式

$\triangle \mathbf{ABC}$ の重心 $\mathbf{G}$ について，

(i) $\overrightarrow{\mathbf{OG}}=\dfrac{1}{3}(\overrightarrow{\mathbf{OA}}+\overrightarrow{\mathbf{OB}}+\overrightarrow{\mathbf{OC}})$

(ii) $\overrightarrow{\mathbf{AG}}=\dfrac{1}{3}(\overrightarrow{\mathbf{AB}}+\overrightarrow{\mathbf{AC}})$

((i) で，$\mathbf{O}$ を $\mathbf{A}$ に一致させた場合)

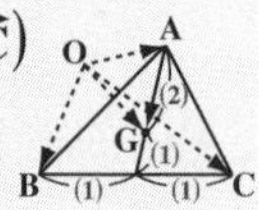

(2) • $\triangle \mathbf{PAB}$ の重心が $\mathbf{E}$ より，（重心の公式）

$$\overrightarrow{\mathbf{PE}}=\frac{1}{3}(\overrightarrow{\mathbf{PA}}+\overrightarrow{\mathbf{PB}})$$

• $\triangle \mathbf{PBC}$ の重心が $\mathbf{F}$ より，

$$\overrightarrow{\mathbf{PF}}=\frac{1}{3}(\overrightarrow{\mathbf{PB}}+\overrightarrow{\mathbf{PC}})\ \leftarrow\text{（重心の公式）}$$

図 3

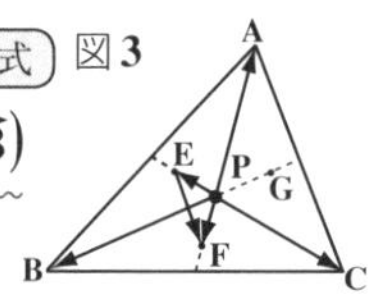

$$\therefore\ \overrightarrow{\mathbf{EF}}=\overrightarrow{\mathbf{PF}}-\overrightarrow{\mathbf{PE}}$$

$$=\frac{1}{3}(\overrightarrow{\mathbf{PB}}+\overrightarrow{\mathbf{PC}})-\frac{1}{3}(\overrightarrow{\mathbf{PA}}+\overrightarrow{\mathbf{PB}})$$

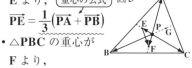

$$=\frac{1}{3}(\overrightarrow{\mathbf{PC}}-\overrightarrow{\mathbf{PA}})=\boxed{\frac{1}{3}}\overrightarrow{\mathbf{AC}}\ (\tfrac{1}{3}=k)\ \cdots(\text{終})$$

(3) $\overrightarrow{EF}=\frac{1}{3}\overrightarrow{AC}$

同様に，

$\overrightarrow{FG}=\frac{1}{3}\overrightarrow{BA}$

$\overrightarrow{GE}=\frac{1}{3}\overrightarrow{CB}$

図4

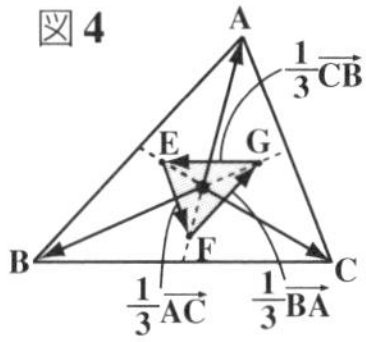

$\therefore \triangle EFG \backsim \triangle CAB$ で，相似比は 1：3 より，△ABC の面積を△ABC などと表わすと，

面積比＝(相似比)^2

$\triangle EFG=\left(\frac{1}{3}\right)^2\cdot\triangle ABC=\frac{1}{9}\triangle ABC$ ……②

次に，図5より，

$\triangle PBC=\frac{2}{5}\cdot\triangle ABC$ ……③

図5

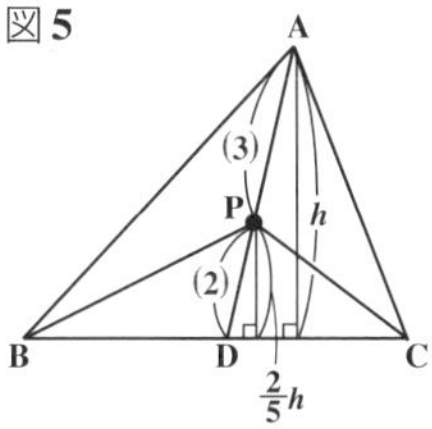

また，図6より，

$\triangle PDC=\frac{1}{3}\cdot\triangle PBC$ ……④

③を④に代入して，

$\triangle PDC=\frac{1}{3}\times\frac{2}{5}\cdot\triangle ABC$

$=\frac{2}{15}\triangle ABC$ ……⑤

②，⑤より，

$\triangle EFG:\triangle PDC=\frac{1}{9}\triangle ABC:\frac{2}{15}\triangle ABC$

$=\frac{1}{9}:\frac{2}{15}=5:6$ …(答)

図6

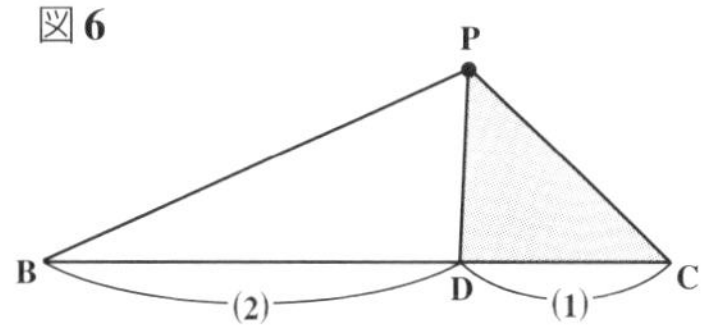

実力アップ問題 124	難易度 ★★	CHECK 1	CHECK 2	CHECK 3

△**ABC** の内部に点 **P** があって，$l\overrightarrow{AP}+m\overrightarrow{BP}+n\overrightarrow{CP}=\vec{0}$ ……①を満たす。
ただし，l，m，n は正の数とする。

(1) $\overrightarrow{AP}$ を $\overrightarrow{AB}$ と $\overrightarrow{AC}$ を用いて表せ。

(2) △**ABC** の面積を **1** とするとき，△**BCP**，△**CAP**，△**ABP** の面積をそれぞれ求めよ。 (群馬大)

ヒント！ **(1)** まわり道の原理を用いて，①を **A** を始点とするベクトルに変形すればいい。**(2)** は **(1)** の結果から，**P** の位置が分かれば，すぐ求まるハズだ。

(1) $l\overrightarrow{AP}+m\underbrace{\overrightarrow{BP}}_{(\overrightarrow{AP}-\overrightarrow{AB})}+n\underbrace{\overrightarrow{CP}}_{(\overrightarrow{AP}-\overrightarrow{AC})}=\vec{0}$ ……①

を **A** を始点とするベクトルの式に書き換えると，

$$l\overrightarrow{AP}+m(\overrightarrow{AP}-\overrightarrow{AB})+n(\overrightarrow{AP}-\overrightarrow{AC})=\vec{0}$$

$$(l+m+n)\overrightarrow{AP}=m\overrightarrow{AB}+n\overrightarrow{AC}$$

$$\therefore\ \overrightarrow{AP}=\frac{1}{l+m+n}(m\overrightarrow{AB}+n\overrightarrow{AC})\cdots②$$

……(答)

(2) $\overrightarrow{AD}=\dfrac{m\overrightarrow{AB}+n\overrightarrow{AC}}{n+m}$ とおき，②を変形すると，

$$\overrightarrow{AP}=\frac{m+n}{l+m+n}\cdot\underbrace{\frac{m\overrightarrow{AB}+n\overrightarrow{AC}}{n+m}}_{\overrightarrow{AD}}$$

$$=\frac{m+n}{l+m+n}\cdot\overrightarrow{AD}$$ となる。

よって，右図に示すように，線分 **BC** を $n:m$ に内分する点が **D** であり，さらに線分 **AD** を $m+n:l$ に内分する点が **P** である。

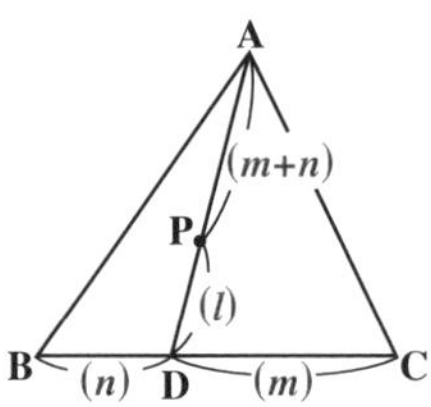

よって，△**ABC** の面積を△**ABC** = **1** とおくと，

(i) △**BCP** は，右図より

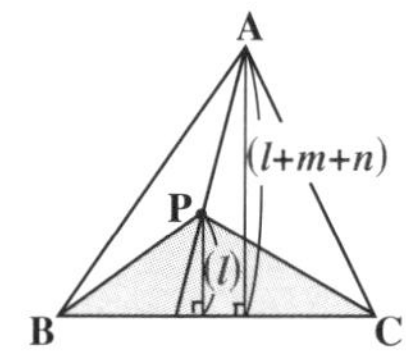

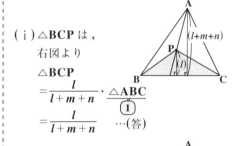

$$\triangle BCP=\frac{l}{l+m+n}\cdot\underbrace{\triangle ABC}_{1}$$

$$=\frac{l}{l+m+n}\quad\cdots(答)$$

(ii) △**CAP** は，右図より

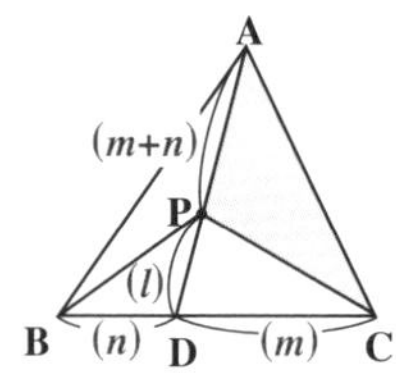

$$\triangle CAP=\frac{m+n}{l+m+n}\cdot\triangle ADC$$

$$=\frac{\cancel{m+n}}{l+m+n}\cdot\frac{m}{\cancel{m+n}}\cdot\underbrace{\triangle ABC}_{1}$$

$$=\frac{m}{l+m+n}\quad\cdots(答)$$

(iii) △**ABP** は，右図より

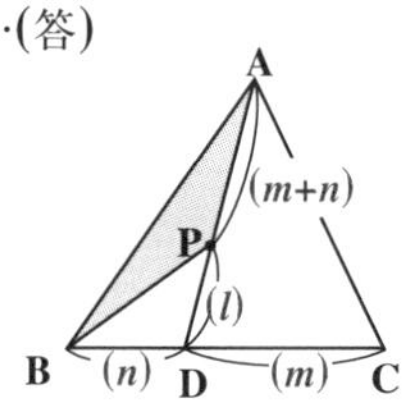

$$\triangle ABP=\frac{m+n}{l+m+n}\cdot\triangle ABD$$

$$=\frac{\cancel{m+n}}{l+m+n}\cdot\frac{n}{\cancel{m+n}}\cdot\underbrace{\triangle ABC}_{1}$$

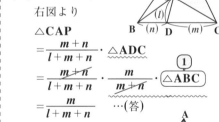

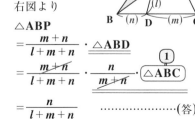

$$=\frac{n}{l+m+n}\quad\cdots\cdots(答)$$

実力アップ問題 125	難易度 ★★	CHECK 1	CHECK 2	CHECK 3

$\triangle$**ABC** の内心を **I** とする。$\mathrm{BC}=a$，$\mathrm{CA}=b$，$\mathrm{AB}=c$ として，$\overrightarrow{\mathrm{AB}}=\vec{p}$，$\overrightarrow{\mathrm{AC}}=\vec{q}$ とすると，$\overrightarrow{\mathrm{AI}}=\dfrac{bc}{a+b+c}\left(\dfrac{1}{c}\vec{p}+\dfrac{1}{b}\vec{q}\right)$ と表されることを示せ。

(芝浦工大)

ヒント！ 三角形の内心の問題。三角形の内心は，**3** つの頂角の **2** 等分線の交点になる。内分点の公式をうまく使うのがポイントになるよ。

基本事項

内分点の公式

点 **P** が線分 **AB** を $m:n$ に内分するとき，

$$\overrightarrow{\mathrm{OP}}=\frac{n\overrightarrow{\mathrm{OA}}+m\overrightarrow{\mathrm{OB}}}{m+n}$$

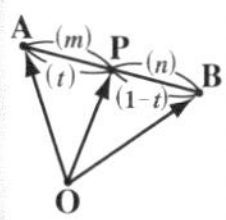

$\left(\begin{array}{l} m:n=t:1-t \text{ とおくと，} \\ \overrightarrow{\mathrm{OP}}=(1-t)\overrightarrow{\mathrm{OA}}+t\overrightarrow{\mathrm{OB}} \end{array}\right)$

$\triangle$**ABC** の内心 **I** は，頂角 **C** の **2** 等分線上にある。この **2** 等分線と辺 **AB** との交点を **D** とおくと，

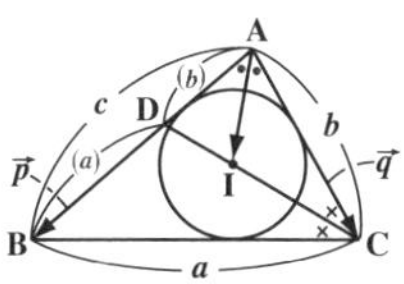

$\mathrm{AD}:\mathrm{DB}=\mathrm{CA}:\mathrm{CB}=b:a$ ← 角の **2** 等分線の定理

$\therefore\ \overrightarrow{\mathrm{AD}}=\dfrac{b}{a+b}\overrightarrow{\mathrm{AB}}$ ……①

①より，

$$\mathrm{AD}=|\overrightarrow{\mathrm{AD}}|=\left|\frac{b}{a+b}\overrightarrow{\mathrm{AB}}\right|=\frac{b}{a+b}\underbrace{|\overrightarrow{\mathrm{AB}}|}_{c}$$

$$=\frac{bc}{a+b} \quad \cdots\cdots②$$

内心 **I** は，頂角 **A** の **2** 等分線上にもあるので，$\triangle$**ADC** で考えると，

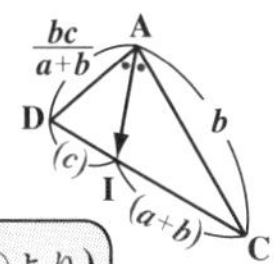

$$\mathrm{DI}:\mathrm{IC}=\underbrace{\mathrm{AD}}_{\frac{bc}{a+b}\ (②より)}:\mathrm{AC}$$ ← 角の **2** 等分線の定理

$$=\frac{bc}{a+b}:b \quad (\because ②)$$

$$=c:(a+b)$$ ← b で割って $a+b$ をかける

以上より，内分点の公式を用いて，

$$\overrightarrow{\mathrm{AI}}=\frac{(a+b)\overbrace{\overrightarrow{\mathrm{AD}}}^{\frac{b}{a+b}\overrightarrow{\mathrm{AB}}\ (①より)}+c\overrightarrow{\mathrm{AC}}}{c+(a+b)}$$

$$=\frac{\cancel{(a+b)}\cdot\dfrac{b}{\cancel{a+b}}\overbrace{\overrightarrow{\mathrm{AB}}}^{\vec{p}}+c\overbrace{\overrightarrow{\mathrm{AC}}}^{\vec{q}}}{a+b+c} \quad (\because ①)$$

$$=\frac{1}{a+b+c}(b\vec{p}+c\vec{q})$$

$(\vec{p}=\overrightarrow{\mathrm{AB}},\ \vec{q}=\overrightarrow{\mathrm{AC}})$

$$\therefore\ \overrightarrow{\mathrm{AI}}=\frac{bc}{a+b+c}\left(\frac{1}{c}\vec{p}+\frac{1}{b}\vec{q}\right) \quad \cdots\cdots(終)$$

実力アップ問題 126	難易度 ★★	CHECK 1	CHECK 2	CHECK 3

△**ABC** において $\mathbf{BC}=4\sqrt{3}$ とし，辺 **BC** を **1 : 3** に内分する点を **D** とすると

$\mathbf{AB : AD : AC = 3 : 2 : 5}$

であるという。このとき線分 **AB** の長さと，△**ABC** の面積を求めよ。

(東京薬大)

ヒント！ $|\overrightarrow{AB}|=3k,\ |\overrightarrow{AD}|=2k,\ |\overrightarrow{AC}|=5k\ \ (k>0)$ とおいて k の値を求める。今回のポイントは，|ベクトルの式|の形がきたら **2** 乗して展開することだ。

△**ABC** について，

$BC=4\sqrt{3}$ …①

$|\overrightarrow{BC}|=|\overrightarrow{AC}-\overrightarrow{AB}|$ ← 2乗して展開

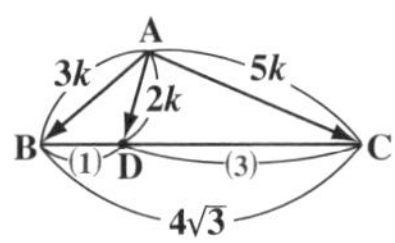

$AB : AD : AC$

$=3:2:5$ より，

$|\overrightarrow{AB}|=3k,\ |\overrightarrow{AD}|=2k,\ |\overrightarrow{AC}|=5k$

$(k>0)$ とおく。

• $BD : DC = 1 : 3$ より，内分点の公式を用いて，

$$\overrightarrow{AD}=\frac{3\overrightarrow{AB}+1\overrightarrow{AC}}{1+3}=\frac{1}{4}(3\overrightarrow{AB}+\overrightarrow{AC})$$

両辺の大きさをとると，

$$|\overrightarrow{AD}|=\frac{1}{4}|3\overrightarrow{AB}+\overrightarrow{AC}|$$

← 2乗して展開

この両辺を **2** 乗して，

$$|\overrightarrow{AD}|^2=\frac{1}{16}|3\overrightarrow{AB}+\overrightarrow{AC}|^2$$ → 整式の展開と同様

$$\underbrace{|\overrightarrow{AD}|^2}_{(2k)^2}=\frac{1}{16}(9\underbrace{|\overrightarrow{AB}|^2}_{(3k)^2}+6\overrightarrow{AB}\cdot\overrightarrow{AC}+\underbrace{|\overrightarrow{AC}|^2}_{(5k)^2})$$

$$4k^2=\frac{1}{16}(81k^2+6\overrightarrow{AB}\cdot\overrightarrow{AC}+25k^2)$$

$$6\overrightarrow{AB}\cdot\overrightarrow{AC}=(64-81-25)k^2=-42k^2$$

$$\overrightarrow{AB}\cdot\overrightarrow{AC}=-7k^2 \quad \cdots\cdots ②$$

これが終わったので，いよいよ①の両辺の **2** 乗に入る。

①より，

$$|\overrightarrow{AC}-\overrightarrow{AB}|=4\sqrt{3}$$

この両辺を **2** 乗して，

$$\underbrace{|\overrightarrow{AC}|^2}_{(5k)^2}-2\underbrace{\overrightarrow{AB}\cdot\overrightarrow{AC}}_{-7k^2(②より)}+\underbrace{|\overrightarrow{AB}|^2}_{(3k)^2}=48$$

$$25k^2-2\cdot(-7k^2)+9k^2=48 \quad (\because ②)$$

$$(25+14+9)k^2=48,\ 48k^2=48$$

$$k^2=1 \quad \therefore k=1 \quad (\because k>0)$$

以上より，

$$AB=|\overrightarrow{AB}|=3\cdot\underset{k}{1}=3 \quad \cdots\cdots\cdots\cdots\cdots(答)$$

$$AC=|\overrightarrow{AC}|=5\cdot 1=5$$

$$\overrightarrow{AB}\cdot\overrightarrow{AC}=-7\cdot 1^2=-7 \quad (\because ②)$$

よって，求める△**ABC** の面積 S は，

$$S=\frac{1}{2}\cdot\sqrt{\underbrace{|\overrightarrow{AB}|^2}_{3^2}\underbrace{|\overrightarrow{AC}|^2}_{5^2}-\underbrace{(\overrightarrow{AB}\cdot\overrightarrow{AC})^2}_{(-7)^2}}$$

$$=\frac{1}{2}\sqrt{9\times 25-49}$$

$$=\frac{1}{2}\sqrt{\underbrace{176}_{4^2\times 11}}=2\sqrt{11} \quad \cdots\cdots\cdots\cdots\cdots(答)$$

実力アップ問題 127　難易度 ★★★　CHECK 1　CHECK 2　CHECK 3

四角形 **ABCD** に対して，次の①と②が成り立つとする。

$\overrightarrow{AB}\cdot\overrightarrow{BC}=\overrightarrow{CD}\cdot\overrightarrow{DA}$ ……①　　$\overrightarrow{DA}\cdot\overrightarrow{AB}=\overrightarrow{BC}\cdot\overrightarrow{CD}$ ……②

このとき，四角形 **ABCD** は平行四辺形になることを示せ。　(鹿児島大)

ヒント！ ①＋②，①－②，および $\overrightarrow{AB}+\overrightarrow{BC}+\overrightarrow{CD}+\overrightarrow{DA}=\vec{0}$ から，**2** 組の対辺の長さが等しいことが言える。これから，▱**ABCD** が平行四辺形であることが示せるんだね。

$$\begin{cases}\overrightarrow{AB}\cdot\overrightarrow{BC}=\overrightarrow{CD}\cdot\overrightarrow{DA} & \cdots\cdots① \\ \overrightarrow{DA}\cdot\overrightarrow{AB}=\overrightarrow{BC}\cdot\overrightarrow{CD} & \cdots\cdots②\end{cases}$$

また，一般に四角形 **ABCD** について，

$\overrightarrow{AB}+\overrightarrow{BC}+\overrightarrow{CD}+\overrightarrow{DA}=\vec{0}$ ……③

が成り立つ。

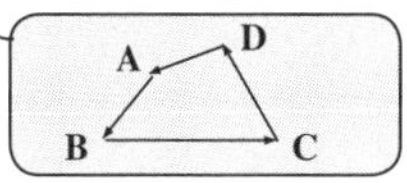

(i) ①＋②より，

$$\overrightarrow{AB}\cdot\overrightarrow{BC}+\overrightarrow{AB}\cdot\overrightarrow{DA}=\overrightarrow{CD}\cdot\overrightarrow{DA}+\overrightarrow{CD}\cdot\overrightarrow{BC}$$

$$\overrightarrow{AB}\cdot(\overrightarrow{BC}+\overrightarrow{DA})=\overrightarrow{CD}\cdot(\overrightarrow{DA}+\overrightarrow{BC})$$

$(-\overrightarrow{AB}-\overrightarrow{CD})$　$(-\overrightarrow{AB}-\overrightarrow{CD})$　③より

③より $\overrightarrow{BC}+\overrightarrow{DA}=-\overrightarrow{AB}-\overrightarrow{CD}$ なので

$$-\overrightarrow{AB}\cdot(\overrightarrow{AB}+\overrightarrow{CD})=-\overrightarrow{CD}\cdot(\overrightarrow{AB}+\overrightarrow{CD})$$

両辺に -1 をかけて展開すると，

$$|\overrightarrow{AB}|^2+\overrightarrow{AB}\cdot\overrightarrow{CD}=\overrightarrow{AB}\cdot\overrightarrow{CD}+|\overrightarrow{CD}|^2$$

$|\overrightarrow{AB}|^2=|\overrightarrow{CD}|^2$ より，$|\overrightarrow{AB}|=|\overrightarrow{CD}|$

よって，$\mathbf{AB}=\mathbf{CD}$ ……④

(ii) ①－②より，

$$\overrightarrow{AB}\cdot\overrightarrow{BC}-\overrightarrow{DA}\cdot\overrightarrow{AB}=\overrightarrow{CD}\cdot\overrightarrow{DA}-\overrightarrow{BC}\cdot\overrightarrow{CD}$$

$$\overrightarrow{BC}\cdot\overrightarrow{AB}+\overrightarrow{BC}\cdot\overrightarrow{CD}=\overrightarrow{DA}\cdot\overrightarrow{AB}+\overrightarrow{DA}\cdot\overrightarrow{CD}$$

$$\overrightarrow{BC}\cdot(\overrightarrow{AB}+\overrightarrow{CD})=\overrightarrow{DA}\cdot(\overrightarrow{AB}+\overrightarrow{CD})$$

$(-\overrightarrow{BC}-\overrightarrow{DA})$　$(-\overrightarrow{BC}-\overrightarrow{DA})$　③より

③より $\overrightarrow{AB}+\overrightarrow{CD}=-\overrightarrow{BC}-\overrightarrow{DA}$ なので

$$-\overrightarrow{BC}\cdot(\overrightarrow{BC}+\overrightarrow{DA})=-\overrightarrow{DA}\cdot(\overrightarrow{BC}+\overrightarrow{DA})$$

両辺に -1 をかけて展開すると，

$$|\overrightarrow{BC}|^2+\overrightarrow{BC}\cdot\overrightarrow{DA}=\overrightarrow{BC}\cdot\overrightarrow{DA}+|\overrightarrow{DA}|^2$$

$|\overrightarrow{BC}|^2=|\overrightarrow{DA}|^2$ より，$|\overrightarrow{BC}|=|\overrightarrow{DA}|$

よって，$\mathbf{BC}=\mathbf{DA}$ ……⑤

以上，(i)(ii) の④と⑤より，右図に示すように，**2** 組の対辺の長さが等しいことが示せた。

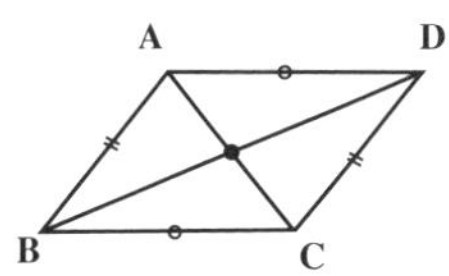

よって，四角形 **ABCD** は平行四辺形である。 ……………………………(終)

実力アップ問題 128　難易度 ★★★　CHECK 1　CHECK 2　CHECK 3

A, B, C, D を平面上の相異なる 4 点とする。

(1) 同じ平面上の点 P が

$$|\overrightarrow{PA}+\overrightarrow{PB}+\overrightarrow{PC}+\overrightarrow{PD}|^2=|\overrightarrow{PA}+\overrightarrow{PB}|^2+|\overrightarrow{PC}+\overrightarrow{PD}|^2 \quad \cdots\cdots(*)$$

を満たすとき，$\overrightarrow{PA}+\overrightarrow{PB}$ と $\overrightarrow{PC}+\overrightarrow{PD}$ の内積を求めよ。

(2) (＊) を満たす点 P の軌跡はどのような図形か。

(3) (2) で求めた図形が 1 点のみからなるとき，四角形 ACBD は平行四辺形であることを示せ。　(愛媛大)

ヒント！ (1) $\overrightarrow{PA}+\overrightarrow{PB}=\vec{x}$，$\overrightarrow{PC}+\overrightarrow{PD}=\vec{y}$ とおくと話が見えてくる。
(2) (1) の結果を利用して，点 P が円または点を描くことを示すんだね。

(1) $|\overrightarrow{PA}+\overrightarrow{PB}+\overrightarrow{PC}+\overrightarrow{PD}|^2$

$$=|\overrightarrow{PA}+\overrightarrow{PB}|^2+|\overrightarrow{PC}+\overrightarrow{PD}|^2 \quad \cdots(*)$$

ここで，$\overrightarrow{PA}+\overrightarrow{PB}=\vec{x}$，$\overrightarrow{PC}+\overrightarrow{PD}=\vec{y}$

とおくと (＊) は，

$|\vec{x}+\vec{y}|^2=|\vec{x}|^2+|\vec{y}|^2$ ← 整式の展開と同じ

$|\vec{x}|^2+2\vec{x}\cdot\vec{y}+|\vec{y}|^2=|\vec{x}|^2+|\vec{y}|^2$

$2\vec{x}\cdot\vec{y}=0$　　$\vec{x}\cdot\vec{y}=0$

$\therefore (\overrightarrow{PA}+\overrightarrow{PB})\cdot(\overrightarrow{PC}+\overrightarrow{PD})=0$ …①…(答)

参考

線分 AB の中点を M，線分 CD の中点を N とおくと，内分点の公式から

$\overrightarrow{PM}=\dfrac{\overrightarrow{PA}+\overrightarrow{PB}}{2}$，$\overrightarrow{PN}=\dfrac{\overrightarrow{PC}+\overrightarrow{PD}}{2}$

よって，$\begin{cases}\overrightarrow{PA}+\overrightarrow{PB}=2\overrightarrow{PM}\\ \overrightarrow{PC}+\overrightarrow{PD}=2\overrightarrow{PN}\end{cases}$

これを①に代入して，

$2\overrightarrow{PM}\cdot 2\overrightarrow{PN}=0$

$\overrightarrow{PM}\cdot\overrightarrow{PN}=0$

$\therefore \angle MPN=90^\circ$

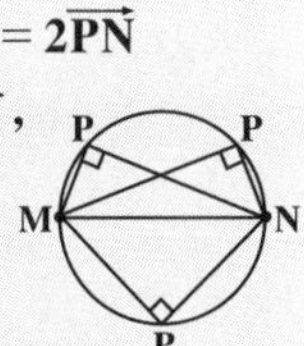

円周角 → 円の形が見えてる。

(M ≠ N かつ P ≠ M かつ P ≠ N のとき)

(2) 線分 AB，CD の中点をそれぞれ M，N とおくと，

$\overrightarrow{PA}+\overrightarrow{PB}=2\overrightarrow{PM}$ ……②

$\overrightarrow{PC}+\overrightarrow{PD}=2\overrightarrow{PN}$ ……③

②，③を①に代入して，

$2\overrightarrow{PM}\cdot 2\overrightarrow{PN}=0$

$\therefore \overrightarrow{PM}\cdot\overrightarrow{PN}=0$ …④ ← (i) M ≠ N と (ii) M = N の場合分けが必要

(i) M ≠ N のとき，④より

(ア) $\overrightarrow{PM}\perp\overrightarrow{PN}$

または

(イ) P = M または N

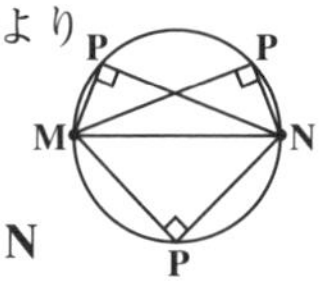

(ア)(イ) より，点 P は線分 MN を直径とする円を描く。……(答)

(ii) M = N のとき，④より

$|\overrightarrow{PM}|^2=0$　$\overrightarrow{PM}=\vec{0}$　∴ P = M

よって，点 P は点 M となる。(答)

(3) 点 P が 1 点のみからなるとき，(2) の結果より，(ii) M = N である。

このとき，AB と CD の中点が一致する。

よって，右図のように，

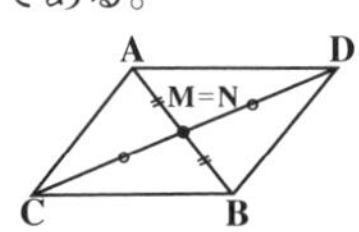

対角線が互いに他を 2 等分するので，四角形 ACBD は平行四辺形になる。

………(終)

実力アップ問題 129

難易度 ★★★　CHECK 1　CHECK 2　CHECK 3

2点 A(4, 0), B(0, 2) と円 $x^2+y^2=25$ 上の点 P(x, y) に対し，$k=\overrightarrow{AP}\cdot\overrightarrow{BP}$ とおく。$\overrightarrow{AP}\cdot\overrightarrow{BP}$ は $\overrightarrow{AP}$ と $\overrightarrow{BP}$ の内積を表す。k が最大，最小となるときの P の位置をそれぞれ C，D とする。

(1) k の最大値および最小値を求めよ。

(2) C，D の座標を求めよ。　　　　(埼玉大＊)

ヒント！ $\overrightarrow{OP}=(x,\ y)=(5\cos\theta,\ 5\sin\theta)$ $(0°\leqq\theta<360°)$ とおくと，$k=\overrightarrow{AP}\cdot\overrightarrow{BP}$ の最大・最小は，三角関数の最大・最小問題に帰着するよ。

基本事項

円周上の点の媒介変数表示

円 $x^2+y^2=r^2$ $(r>0)$ の周上の点 P は，$P(r\cos\theta,\ r\sin\theta)$ で表わされる。

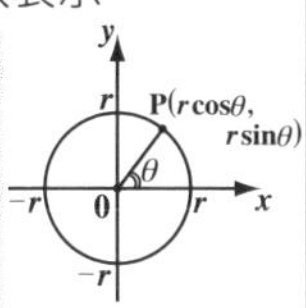

(1) A(4, 0), B(0, 2)

円 $x^2+y^2=25$ の周上の点 P を

$P(5\cos\theta,\ 5\sin\theta)$

$(0°\leqq\theta<360°)$

とおく。（1周まわれば十分）

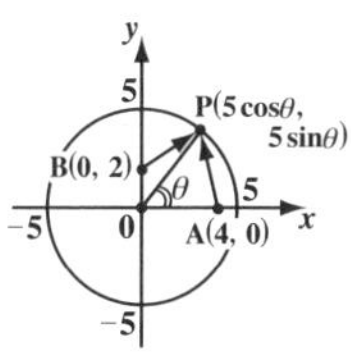

・$\overrightarrow{AP}=\overrightarrow{OP}-\overrightarrow{OA}=(5\cos\theta,\ 5\sin\theta)-(4,\ 0)$

$=(5\cos\theta-4,\ 5\sin\theta)$

・$\overrightarrow{BP}=\overrightarrow{OP}-\overrightarrow{OB}=(5\cos\theta,\ 5\sin\theta)-(0,\ 2)$

$=(5\cos\theta,\ 5\sin\theta-2)$

$\therefore\ k=\overrightarrow{AP}\cdot\overrightarrow{BP}$

$=(5\cos\theta-4)\cdot5\cos\theta+5\sin\theta(5\sin\theta-2)$

$=25(\underbrace{\cos^2\theta+\sin^2\theta}_{1})-10(\underbrace{1\cdot\sin\theta+2\cos\theta}_{})$

三角関数の合成 → $\sqrt{5}\left(\dfrac{1}{\sqrt{5}}\sin\theta+\dfrac{2}{\sqrt{5}}\cos\theta\right)$（$\dfrac{1}{\sqrt{5}}=\cos\alpha$，$\dfrac{2}{\sqrt{5}}=\sin\alpha$）$=\sqrt{5}\sin(\theta+\alpha)$

$\therefore\ k=25-10\sqrt{5}\sin(\theta+\alpha)$

（k：最大（最小），$\sin(\theta+\alpha)$：最小（最大））

$\left(\text{ただし，}\cos\alpha=\dfrac{1}{\sqrt{5}},\ \sin\alpha=\dfrac{2}{\sqrt{5}}\right)$

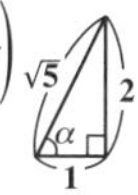

$\alpha\leqq\theta+\alpha<360°+\alpha$

（α は第1象限の角 $(0°<\alpha<90°)$）

・$\theta+\alpha=270°$ のとき，$\sin(\theta+\alpha)=-1$（sinの最小値）

$\therefore$ 最大値 $k=25-10\sqrt{5}\cdot(-1)$

$=25+10\sqrt{5}$ ……(答)

・$\theta+\alpha=90°$ のとき，$\sin(\theta+\alpha)=1$（sinの最大値）

$\therefore$ 最小値 $k=25-10\sqrt{5}\cdot1$

$=25-10\sqrt{5}$ ………(答)

(2) ・k が最大のとき，$\theta+\alpha=270°$ より

$\theta=270°-\alpha$

よって，このときの点 P，すなわち C の座標は，

$C(5\cos(270°-\alpha),\ 5\sin(270°-\alpha))$

（$\cos(270°-\alpha)=-\sin\alpha=-\dfrac{2}{\sqrt{5}}$，$\sin(270°-\alpha)=-\cos\alpha=-\dfrac{1}{\sqrt{5}}$）

$=(-2\sqrt{5},\ -\sqrt{5})$ ………(答)

・k が最小のとき，$\theta+\alpha=90°$ より

$\theta=90°-\alpha$

よって，このときの点 P，すなわち D の座標は，

$D(5\cos(90°-\alpha),\ 5\sin(90°-\alpha))$

（$\cos(90°-\alpha)=\sin\alpha=\dfrac{2}{\sqrt{5}}$，$\sin(90°-\alpha)=\cos\alpha=\dfrac{1}{\sqrt{5}}$）

$=(2\sqrt{5},\ \sqrt{5})$ ……………(答)

実力アップ問題 130　難易度 ★★　CHECK 1　CHECK 2　CHECK 3

△**OAB** がある。$\overrightarrow{OP}=\alpha\overrightarrow{OA}+\beta\overrightarrow{OB}$ で表されるベクトル $\overrightarrow{OP}$ の終点 **P** の集合は，α，β が次の条件を満たすとき，それぞれどのような図形を表すか。**O**，**A**，**B** を適当にとって図示せよ。

(1) $\dfrac{\alpha}{2}+\dfrac{\beta}{3}=1$，$\alpha\geqq0$，$\beta\geqq0$

(2) $1\leqq\alpha+\beta\leqq2$，$0\leqq\alpha\leqq1$，$0\leqq\beta\leqq1$

(3) $\beta-\alpha=1$，$\alpha\geqq0$　　　　(愛知教育大)

ヒント！ ベクトル方程式の問題。(1) 線分のベクトル方程式になる。(2) それぞれの条件を重ね合せて求める。(3) β を消去すると，半直線を描くことがわかる。

$\overrightarrow{OP}=\alpha\overrightarrow{OA}+\beta\overrightarrow{OB}$ ……① について，

(1) $\dfrac{\alpha}{2}+\dfrac{\beta}{3}=1$，$\alpha\geqq0$，$\beta\geqq0$ のとき，
（$\dfrac{\alpha}{2}=\alpha'$，$\dfrac{\beta}{3}=\beta'$）

$\dfrac{\alpha}{2}=\alpha'$，$\dfrac{\beta}{3}=\beta'$ とおくと，①は，

$$\overrightarrow{OP}=\frac{\alpha}{2}\cdot2\overrightarrow{OA}+\frac{\beta}{3}\cdot3\overrightarrow{OB}$$

$$\overrightarrow{OP}=\alpha'\cdot2\overrightarrow{OA}+\beta'\cdot3\overrightarrow{OB}$$ ← 線分の条件

$(\alpha'+\beta'=1,\ \alpha'\geqq0,\ \beta'\geqq0)$
（$\alpha'=\dfrac{\alpha}{2}$，$\beta'=\dfrac{\beta}{3}$）

∴点 **P** は，$2\overrightarrow{OA}$ と $3\overrightarrow{OB}$ の終点を結ぶ線分を描く。
(右図) ………(答)

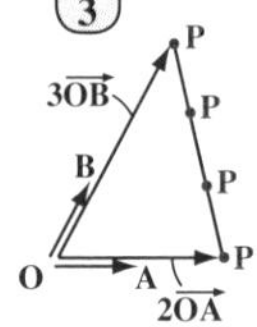

(2) (ⅰ) $1\leqq\alpha+\beta\leqq2$ のとき，
点 **P** は，図(ⅰ)の帯状の図形を描く。

図(ⅰ)

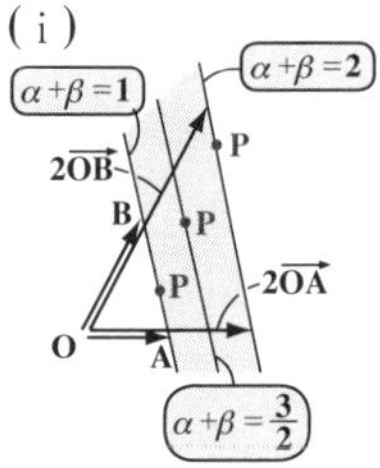

(ⅱ) $0\leqq\alpha\leqq1$，$0\leqq\beta\leqq1$ のとき，
点 **P** は図(ⅱ)の平行四辺形の周と内部を描く。

図(ⅱ)

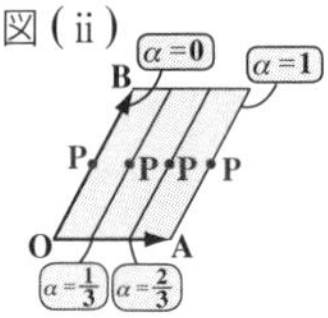

以上(ⅰ)(ⅱ)の共通部分が，点 **P** の描く図形である。
(右図の濃い網目部（境界線は含む）)
………(答)

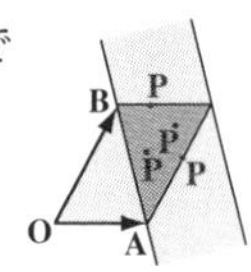

(3) $\beta=\alpha+1$，$\alpha\geqq0$ より，①は，

$$\overrightarrow{OP}=\alpha\overrightarrow{OA}+(\alpha+1)\overrightarrow{OB}$$
$$=\overrightarrow{OB}+\alpha(\overrightarrow{OA}+\overrightarrow{OB})$$

ここで，
$\overrightarrow{OA}+\overrightarrow{OB}=\overrightarrow{OC}$ とおくと，

$$\overrightarrow{OP}=\overrightarrow{OB}+\alpha\overrightarrow{OC}$$
$$(\alpha\geqq0)$$

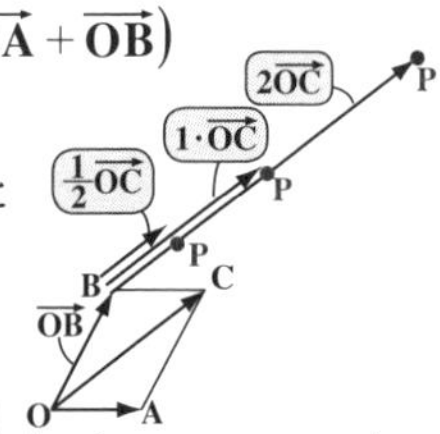

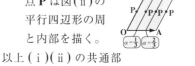

$\left(\alpha=\dfrac{1}{2},1,2\text{の様子を示す}\right)$

よって，点 **P** は点 **B** を端点として，$\overrightarrow{OC}$ の向きに伸びる半直線を描く。
(右図) ………(答)

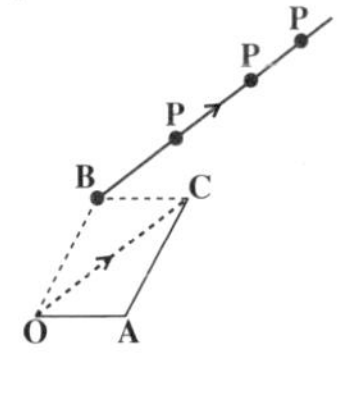

演習 exercise

8 空間ベクトル

テーマ

▶ 空間ベクトル (分点公式 , 内積など)

$\left(\overrightarrow{OP} = ((1-t)x_1 + tx_2,\ (1-t)y_1 + ty_2,\ (1-t)z_1 + tz_2) \right)$

▶ 空間ベクトルの応用

(球面 , 直線 , 平面など)

$\left(\dfrac{x-x_1}{l} = \dfrac{y-y_1}{m} = \dfrac{z-z_1}{n} \right)$

演習8 空間ベクトル ●公式＆解法パターン

1. 空間・平面ベクトルの共通点と相異点

(Ⅰ)共通点：まわり道の原理，内分点・外分点の公式，内積の定義，
内積の演算(整式と同様に計算できる)など。

(Ⅱ)相異点：空間ベクトルの任意のベクトル $\overrightarrow{\mathbf{OP}}$ を表す1次結合の式：

$$\overrightarrow{\mathbf{OP}} = \alpha\overrightarrow{\mathbf{OA}} + \beta\overrightarrow{\mathbf{OB}} + \boxed{\gamma\overrightarrow{\mathbf{OC}}}$$ ← これが，1つ増える！

($\overrightarrow{\mathbf{OA}}$，$\overrightarrow{\mathbf{OB}}$，$\overrightarrow{\mathbf{OC}}$は$\vec{0}$でなく，かつ同一平面上にないベクトル)

空間ベクトル $\vec{a}$ の成分表示：$\vec{a} = (x,\ y,\ \boxed{z})$ ← z 成分が1つ増える！

2. 空間ベクトルの大きさ

$\vec{a} = (x_1,\ y_1,\ z_1)$ のとき，$|\vec{a}| = \sqrt{x_1{}^2 + y_1{}^2 + z_1{}^2}$

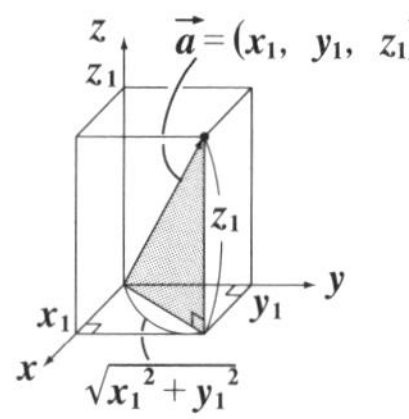

3. 内積の成分表示

$\vec{a} = (x_1,\ y_1,\ z_1)$，$\vec{b} = (x_2,\ y_2,\ z_2)$ のとき，

(1) $\vec{a}\cdot\vec{b} = x_1x_2 + y_1y_2 + z_1z_2$

(2) $\vec{a}\cdot\vec{b} = |\vec{a}||\vec{b}|\cos\theta$ より，

$$\cos\theta = \frac{\vec{a}\cdot\vec{b}}{|\vec{a}||\vec{b}|} = \frac{x_1x_2 + y_1y_2 + z_1z_2}{\sqrt{x_1{}^2 + y_1{}^2 + z_1{}^2}\sqrt{x_2{}^2 + y_2{}^2 + z_2{}^2}}$$

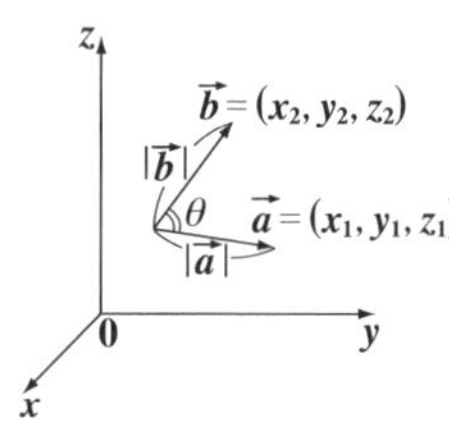

4. 内分点・外分点の公式

$\overrightarrow{\mathbf{OA}} = (x_1,\ y_1,\ z_1)$，$\overrightarrow{\mathbf{OB}} = (x_2,\ y_2,\ z_2)$ に対して，

(Ⅰ)点 **P** が線分 **AB** を $m:n$ (または，$t:1-t$) に内分するとき，

$$\overrightarrow{\mathbf{OP}} = \left(\frac{nx_1 + mx_2}{m+n},\ \frac{ny_1 + my_2}{m+n},\ \frac{nz_1 + mz_2}{m+n}\right)$$

$$\left(\text{または，}\overrightarrow{\mathbf{OP}} = ((1-t)x_1 + tx_2,\ (1-t)y_1 + ty_2,\ (1-t)z_1 + tz_2)\right)$$

(Ⅱ)点 **Q** が線分 **AB** を $m:n$ に外分するとき，

$$\overrightarrow{\mathbf{OQ}} = \left(\frac{-nx_1 + mx_2}{m-n},\ \frac{-ny_1 + my_2}{m-n},\ \frac{-nz_1 + mz_2}{m-n}\right)$$

5. 直線の方程式

(ⅰ) $\overrightarrow{OP} = \overrightarrow{OA} + t\vec{d}$

(ⅱ) $\dfrac{x - x_1}{l} = \dfrac{y - y_1}{m} = \dfrac{z - z_1}{n}$

(ただし，通る点 $A(x_1,\ y_1,\ z_1)$，
方向ベクトル $\vec{d} = (l,\ m,\ n)$ $(lmn \neq 0)$)

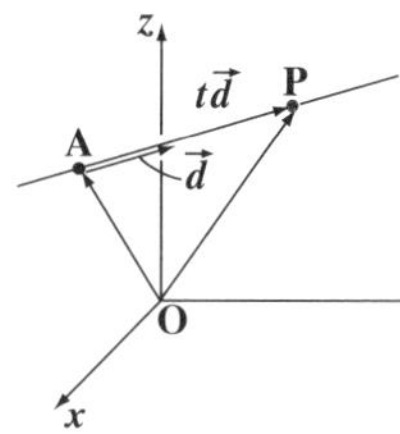

6. 球面の方程式

(ⅰ) $|\overrightarrow{OP} - \overrightarrow{OA}| = r$

(ⅱ) $(x - a)^2 + (y - b)^2 + (z - c)^2 = r^2$

(ただし，中心 $A(a,\ b,\ c)$，半径 r)

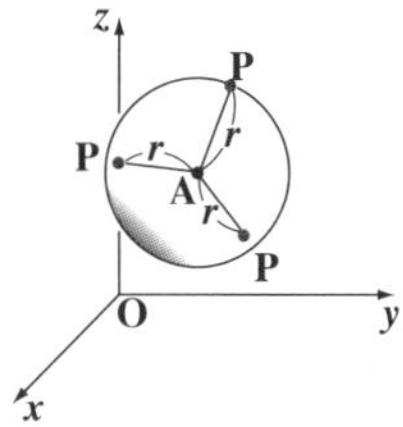

7. 平面の方程式

(ⅰ) $\overrightarrow{OP} = \overrightarrow{OA} + s\vec{d_1} + t\vec{d_2}$

(通る点 A，方向ベクトル $\vec{d_1}$，$\vec{d_2}$)

$(\vec{d_1} \nparallel \vec{d_2},\ \vec{d_1} \neq \vec{0},\ \vec{d_2} \neq \vec{0})$

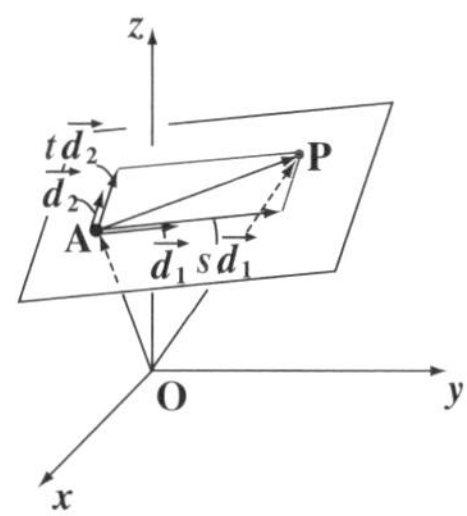

(ⅱ) $a(x - x_1) + b(y - y_1) + c(z - z_1) = 0$

(ただし，通る点 $A(x_1,\ y_1,\ z_1)$，
法線ベクトル $\vec{n} = (a,\ b,\ c)$)

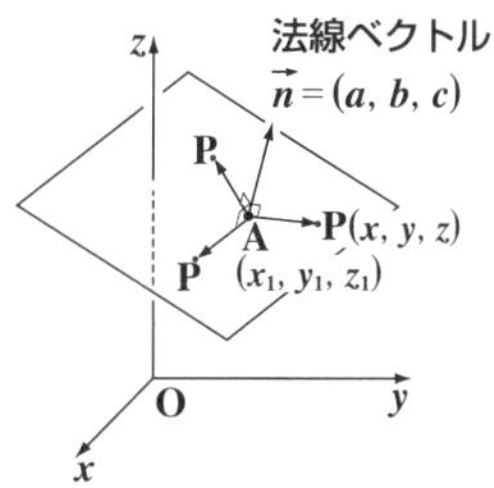

8. 点と平面の距離

点 $A(x_1,\ y_1,\ z_1)$ と平面 α：

$ax + by + cz + d = 0$ との間の距離 h は，

$$h = \frac{|ax_1 + by_1 + cz_1 + d|}{\sqrt{a^2 + b^2 + c^2}}$$

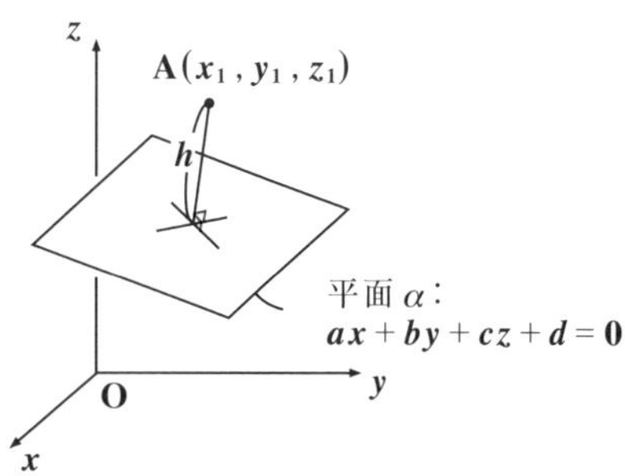

実力アップ問題 131　難易度 ★★　CHECK 1　CHECK 2　CHECK 3

空間内に **4** 点 **A, B, C, D** がある。

(1) $\overrightarrow{AB}\cdot\overrightarrow{AC}=6$, $\overrightarrow{AB}\cdot\overrightarrow{BC}=1$, $\overrightarrow{AC}\cdot\overrightarrow{BC}=3$ のとき，$\triangle ABC$の面積を求めよ。

(2) (1) の条件が成り立ち，更に $\overrightarrow{AD}\cdot\overrightarrow{AB}=\overrightarrow{AD}\cdot\overrightarrow{AC}=0$, $\overrightarrow{BD}\cdot\overrightarrow{CD}=10$ も成り立つとき，四面体 **ABCD** の体積を求めよ。　(東京都市大学)

ヒント！ (1) $\triangle ABC$ の面積計算に必要な $|\overrightarrow{AB}|^2$, $|\overrightarrow{AC}|^2$ の値を求める。(2) 底面積$\triangle ABC$ はわかっているので，高さ$|\overrightarrow{AD}|$を求める。

基本事項

$\triangle ABC$ の面積 S

$$S=\frac{1}{2}\sqrt{|\overrightarrow{AB}|^2|\overrightarrow{AC}|^2-(\overrightarrow{AB}\cdot\overrightarrow{AC})^2}$$

(この三角形の面積公式は平面ベクトル，空間ベクトルのいずれにおいても有効！)

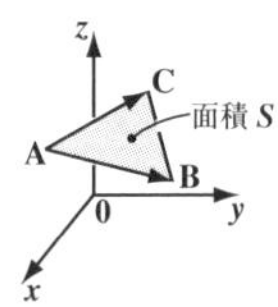

(1) 空間内の **4** 点 **A, B, C, D** について，

$$\begin{cases}\overrightarrow{AB}\cdot\overrightarrow{AC}=6 & \cdots\cdots①\\ \overrightarrow{AB}\cdot\overrightarrow{BC}=1 & \cdots\cdots②\\ \overrightarrow{AC}\cdot\overrightarrow{BC}=3 & \cdots\cdots③\end{cases}$$ が成り立つ。

$\triangle ABC$ の面積を S とおくと，

$$S=\frac{1}{2}\sqrt{|\overrightarrow{AB}|^2|\overrightarrow{AC}|^2-(\overrightarrow{AB}\cdot\overrightarrow{AC})^2}\cdots④$$

($\overrightarrow{AB}\cdot\overrightarrow{AC}$ は 6 (①より))

(これから，$|\overrightarrow{AB}|^2$, $|\overrightarrow{AC}|^2$ が求まればよい)

②より，

$$\overrightarrow{AB}\cdot(\overrightarrow{AC}-\overrightarrow{AB})=1,\ \overrightarrow{AB}\cdot\overrightarrow{AC}-|\overrightarrow{AB}|^2=1$$

($\overrightarrow{AC}-\overrightarrow{AB}=\overrightarrow{BC}$，$\overrightarrow{AB}\cdot\overrightarrow{AC}=6$ (①より))

$$6-|\overrightarrow{AB}|^2=1\quad \therefore |\overrightarrow{AB}|^2=\underline{\underline{5}}\quad\cdots\cdots⑤$$

③より，

$$\overrightarrow{AC}\cdot(\overrightarrow{AC}-\overrightarrow{AB})=3,\ |\overrightarrow{AC}|^2-\overrightarrow{AB}\cdot\overrightarrow{AC}=3$$

($\overrightarrow{AC}-\overrightarrow{AB}=\overrightarrow{BC}$，$\overrightarrow{AB}\cdot\overrightarrow{AC}=6$ (①より))

$$|\overrightarrow{AC}|^2-6=3\quad \therefore |\overrightarrow{AC}|^2=\underline{\underline{9}}\quad\cdots\cdots⑥$$

①，⑤，⑥を④に代入して，

$$S=\frac{1}{2}\sqrt{\underline{\underline{5}}\cdot\underline{\underline{9}}-6^2}=\frac{\sqrt{9}}{2}=\frac{3}{2}\cdots⑦\cdots(答)$$

(2) $$\begin{cases}\overrightarrow{AD}\cdot\overrightarrow{AB}=0\\ \overrightarrow{AD}\cdot\overrightarrow{AC}=0\end{cases}\cdots\cdots⑧$$

$$\overrightarrow{BD}\cdot\overrightarrow{CD}=10\quad\cdots\cdots⑨$$

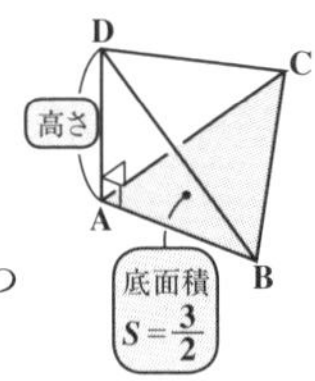

⑧より，$\overrightarrow{AD}\perp\overrightarrow{AB}$ かつ $\overrightarrow{AD}\perp\overrightarrow{AC}$

よって，四面体 **ABCD** の体積 V は，S が底面積，**AD** が高さとなるので，

$$V=\frac{1}{3}\cdot S\cdot AD=\frac{1}{2}AD\quad\cdots\cdots⑩$$

($S=\frac{3}{2}$ $(\because ⑦)$)

⑨より，

$$(\overrightarrow{AD}-\overrightarrow{AB})\cdot(\overrightarrow{AD}-\overrightarrow{AC})=10$$

($\overrightarrow{AD}-\overrightarrow{AB}=\overrightarrow{BD}$，$\overrightarrow{AD}-\overrightarrow{AC}=\overrightarrow{CD}$)

$$|\overrightarrow{AD}|^2-\overrightarrow{AC}\cdot\overrightarrow{AD}-\overrightarrow{AB}\cdot\overrightarrow{AD}+\overrightarrow{AB}\cdot\overrightarrow{AC}=10$$

(0 (⑧より))　(0 (⑧より))　(6 (①より))

$$|\overrightarrow{AD}|^2=4\quad \therefore |\overrightarrow{AD}|=AD=2\quad\cdots⑪$$

⑪を⑩に代入して，求める四面体 **ABCD** の体積 V は，

$$V=\frac{1}{2}\cdot 2=1\quad\cdots\cdots\cdots\cdots\cdots\cdots(答)$$

実力アップ問題 132 難易度 ★★ CHECK 1 CHECK 2 CHECK 3

a, c を実数とする。空間内の 4 点 $\mathrm{O}(0, 0, 0)$, $\mathrm{A}(2, 0, a)$, $\mathrm{B}(2, 1, 5)$, $\mathrm{C}(0, 1, c)$ が同一平面上にあるとき，

(1) c を a で表せ。

(2) 四角形 OABC の面積の最小値を求めよ。 (一橋大)

ヒント！ (1) 異なる 4 点 O, A, B, C が同一平面内にある条件は $\overrightarrow{\mathrm{OC}} = s\overrightarrow{\mathrm{OA}} + t\overrightarrow{\mathrm{OB}}$ をみたす s, t が存在することだね。(2) は，三角形の面積の公式が使える。

(1) $\overrightarrow{\mathrm{OA}} = (2, 0, a)$, $\overrightarrow{\mathrm{OB}} = (2, 1, 5)$

$\overrightarrow{\mathrm{OC}} = (0, 1, c)$

ここで，$\overrightarrow{\mathrm{OA}} \neq \vec{0}$, $\overrightarrow{\mathrm{OB}} \neq \vec{0}$, $\overrightarrow{\mathrm{OA}} \not\parallel \overrightarrow{\mathrm{OB}}$ より，

4 点 O, A, B, C が同一平面上にあるための条件は，

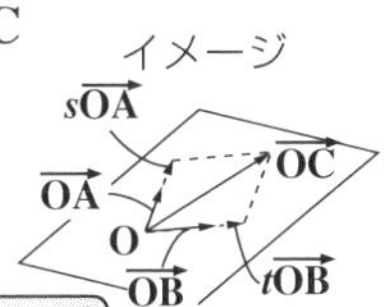

これはあくまでもイメージ

$\overrightarrow{\mathrm{OC}} = s\overrightarrow{\mathrm{OA}} + t\overrightarrow{\mathrm{OB}}$ ……①

をみたす実数 s, t が存在することである。

①より，

$(0, 1, c) = s(2, 0, a) + t(2, 1, 5)$

$= (2s + 2t, t, as + 5t)$

よって， $\begin{cases} 2s + 2t = 0 & \text{……②} \\ t = 1 & \text{……③} \\ as + 5t = c & \text{……④} \end{cases}$

②, ③より， $s = -1$, $t = 1$

これを④に代入して，

$c = -a + 5$ ……⑤ …………(答)

(2) (1) の結果より，

①は，

$\overrightarrow{\mathrm{OC}} = -\overrightarrow{\mathrm{OA}} + \overrightarrow{\mathrm{OB}}$

よって，四角形 OABC の面積を S とおくと，

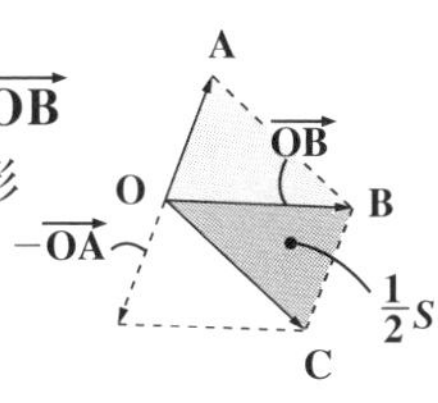

$S = 2 \cdot \triangle\mathrm{OBC}$ ←公式通り

$= 2 \cdot \dfrac{1}{2}\sqrt{|\overrightarrow{\mathrm{OB}}|^2|\overrightarrow{\mathrm{OC}}|^2 - (\overrightarrow{\mathrm{OB}} \cdot \overrightarrow{\mathrm{OC}})^2}$

（$|\overrightarrow{\mathrm{OB}}|^2 = 2^2 + 1^2 + 5^2$，$|\overrightarrow{\mathrm{OC}}|^2 = 1^2 + c^2$，$\overrightarrow{\mathrm{OB}} \cdot \overrightarrow{\mathrm{OC}} = 1 + 5c$）

$= \sqrt{30 \cdot (1 + c^2) - (1 + 5c)^2}$

$= \sqrt{5c^2 - 10c + 29}$

$= \sqrt{5(c^2 - 2c + 1) + 24}$

$\therefore\ S = \sqrt{5(c-1)^2 + 24}$

根号内を $g(c)$ とおくと，

$g(c) = 5(c-1)^2 + 24$

$\therefore\ c = 1$ のとき，$g(c)$，すなわち S は最小になる。

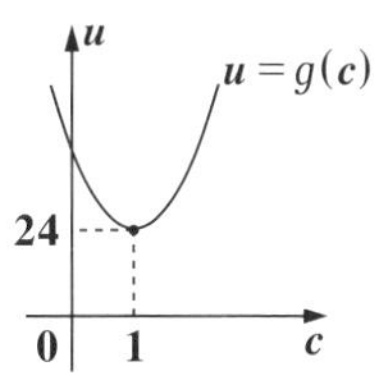

⑤より， $a = 5 - c = 4$

以上より $a = 4$, $c = 1$ のとき，

四角形 OABC の面積 S は

最小値 $\sqrt{24} = 2\sqrt{6}$ をとる。……(答)

実力アップ問題 133　難易度 ★★　CHECK 1　CHECK 2　CHECK 3

1 辺の長さ 1 の正四面体 OABC の辺 AB，OA，OC 上にそれぞれ点 D，E，F を $AD = s$，$OE = \frac{1}{2}$，$OF = t$ となるようにとる。ただし，$0 < s < 1$，$0 < t < 1$ とする。$\overrightarrow{OA} = \vec{a}$，$\overrightarrow{OB} = \vec{b}$，$\overrightarrow{OC} = \vec{c}$ とおくとき，次の問いに答えよ。

(1) $\overrightarrow{ED}$ を $\vec{a}$，$\vec{b}$，$\vec{c}$ を用いて表せ。

(2) $\overrightarrow{ED}$ と $\overrightarrow{EF}$ が直交するとき，s と t の間に成り立つ関係式を求めよ。

(3) $\overrightarrow{ED} + \overrightarrow{EF} = \overrightarrow{EG}$ として定まる点 G が辺 BC 上にあるように s，t の値を定めよ。　(広島大)

ヒント！ (1) $\overrightarrow{ED} = \overrightarrow{OD} - \overrightarrow{OE}$ を $\vec{a}$，$\vec{b}$ で表す。(2) $\overrightarrow{EF}$ を $\vec{a}$，$\vec{c}$ で表し，$\overrightarrow{ED}\cdot\overrightarrow{EF} = 0$ から，s，t の関係を求める。(3) $\overrightarrow{EG} = (1-u)\overrightarrow{EB} + u\overrightarrow{EC}$ とおく。

正四面体 OABC に，点 D, E, F を右図のようにとる。

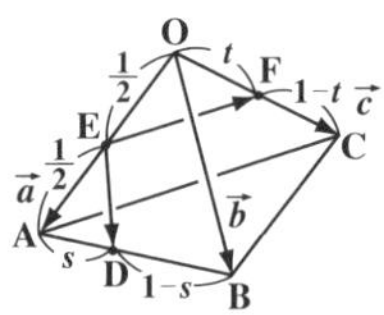

$\overrightarrow{OA} = \vec{a}$，$\overrightarrow{OB} = \vec{b}$，$\overrightarrow{OC} = \vec{c}$ とおくと，

$|\vec{a}| = |\vec{b}| = |\vec{c}| = 1$

$\vec{a}\cdot\vec{b} = \vec{b}\cdot\vec{c} = \vec{c}\cdot\vec{a} = \frac{1}{2}$

（$|\vec{a}||\vec{b}|\cos 60^\circ = 1\cdot 1\cdot\frac{1}{2}$　他も同様）

(1) $\overrightarrow{ED} = \overrightarrow{OD} - \overrightarrow{OE}$ ←（まわり道の原理）

$= (1-s)\vec{a} + s\vec{b} - \frac{1}{2}\vec{a}$ ←（内分点の公式）

$\therefore \overrightarrow{ED} = \left(\frac{1}{2} - s\right)\vec{a} + s\vec{b}$ …①　…(答)

(2) $\overrightarrow{EF} = \overrightarrow{OF} - \overrightarrow{OE} = t\vec{c} - \frac{1}{2}\vec{a}$ ……②

$\overrightarrow{ED} \perp \overrightarrow{EF}$ のとき，$\overrightarrow{ED}\cdot\overrightarrow{EF} = 0$ より，

$$\left\{\left(\frac{1}{2} - s\right)\vec{a} + s\vec{b}\right\}\cdot\left(-\frac{1}{2}\vec{a} + t\vec{c}\right) = 0$$

$$\frac{1}{2}\left(s - \frac{1}{2}\right)|\vec{a}|^2 + t\left(\frac{1}{2} - s\right)\vec{c}\cdot\vec{a} - \frac{1}{2}s\,\vec{a}\cdot\vec{b} + st\,\vec{b}\cdot\vec{c} = 0$$

（$|\vec{a}|^2 = 1^2$，$\vec{c}\cdot\vec{a} = \frac{1}{2}$，$\vec{a}\cdot\vec{b} = \frac{1}{2}$，$\vec{b}\cdot\vec{c} = \frac{1}{2}$）

両辺に 4 をかけて，

$2s - 1 + t(1 - 2s) - s + 2st = 0$

$\therefore s + t = 1$ ……………………(答)

(3) $\overrightarrow{EG} = \overrightarrow{ED} + \overrightarrow{EF}$ …③

で定まる点 G が辺 BC を $u : 1-u$ に内分するものとすると

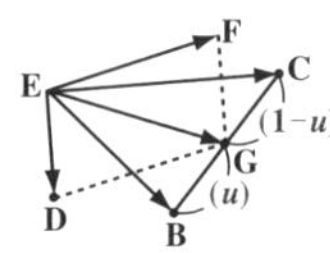

$\overrightarrow{EG} = (1-u)\overrightarrow{EB} + u\overrightarrow{EC}$

（$\overrightarrow{EB} = \overrightarrow{OB} - \overrightarrow{OE}$，$\overrightarrow{EC} = \overrightarrow{OC} - \overrightarrow{OE}$）

$= (1-u)\left(\vec{b} - \frac{1}{2}\vec{a}\right) + u\left(\vec{c} - \frac{1}{2}\vec{a}\right)$

$= -\frac{1}{2}\vec{a} + (1-u)\vec{b} + u\vec{c}$ …④

①，②，④を③に代入して，

$-\frac{1}{2}\vec{a} + (1-u)\vec{b} + u\vec{c}$

$= \left(\frac{1}{2} - s\right)\vec{a} + s\vec{b} - \frac{1}{2}\vec{a} + t\vec{c}$

$\vec{a}$，$\vec{b}$，$\vec{c}$ は同一平面上になく，かつ $\vec{0}$ でない。よって，両辺の係数を比較して，

$-\frac{1}{2} = -s$，$1 - u = s$，$u = t$

$\therefore s = \frac{1}{2}$，$t = \frac{1}{2}$　$\left(u = \frac{1}{2}\right)$ ……(答)

実力アップ問題 134　難易度 ★★★　CHECK 1　CHECK 2　CHECK 3

図のような平行六面体 **ABCD − EFGH** があり，$|\overrightarrow{AB}| = |\overrightarrow{AE}| = |\overrightarrow{AD}| = 1$，
$\angle BAE = 60°$，$\angle EAD = \angle BAD = 90°$ とする。また，線分 **BF** を $t : 1-t$ の比に内分する点を **I** とする。

(1) $|\overrightarrow{AI}|$ を t を用いて表せ。

(2) t が $0 < t < 1$ の範囲を動くとき，△**AGI** の面積を最小にする t の値を求めよ。

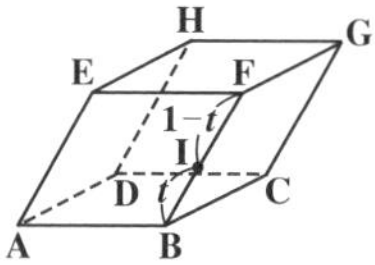

(山形大＊)

ヒント！ (1) $\overrightarrow{AI} = \overrightarrow{AB} + t\overrightarrow{AE}$ として，その大きさを求める。(2) △AGI の面積を面積公式により求めると，$\sqrt{\ }$ 内が t の 2 次関数となるんだよ。

$|\overrightarrow{AB}| = |\overrightarrow{AE}| = |\overrightarrow{AD}| = 1$

$$\begin{cases} \overrightarrow{AD}\cdot\overrightarrow{AE} = 0 \\ \overrightarrow{AB}\cdot\overrightarrow{AD} = 0 \\ \overrightarrow{AB}\cdot\overrightarrow{AE} = \dfrac{1}{2} \end{cases}$$

$\overrightarrow{AB}\cdot\overrightarrow{AE} = |\overrightarrow{AB}|\cdot|\overrightarrow{AE}|\cdot\cos 60° = 1\cdot 1\cdot\frac{1}{2}$

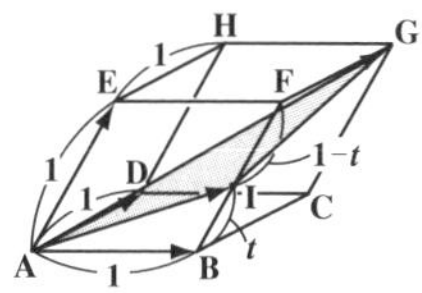

すべてのベクトルを $\overrightarrow{AB}$，$\overrightarrow{AD}$，$\overrightarrow{AE}$ の 1 次結合で表す。

(1) $\overrightarrow{AI} = \overrightarrow{AB} + \overrightarrow{BI}$　（$\overrightarrow{BI} = t\overrightarrow{BF} = t\overrightarrow{AE}$）

$\overrightarrow{AI} = \overrightarrow{AB} + t\overrightarrow{AE}$ ……①

①の両辺の大きさをとって 2 乗すると，

$$|\overrightarrow{AI}|^2 = |\overrightarrow{AB} + t\overrightarrow{AE}|^2 = \underbrace{|\overrightarrow{AB}|^2}_{1^2} + 2t\underbrace{\overrightarrow{AB}\cdot\overrightarrow{AE}}_{\frac{1}{2}} + t^2\underbrace{|\overrightarrow{AE}|^2}_{1^2}$$

$|\overrightarrow{AI}|^2 = t^2 + t + 1$　(>0) ……②

$\therefore |\overrightarrow{AI}| = \sqrt{t^2 + t + 1}$ ………………(答)

(2) △**AGI** の面積を S とおくと，

$$S = \frac{1}{2}\sqrt{|\overrightarrow{AI}|^2|\overrightarrow{AG}|^2 - (\overrightarrow{AI}\cdot\overrightarrow{AG})^2} \quad \cdots③$$

ここで，$\overrightarrow{AG} = \overrightarrow{AB} + \underbrace{\overrightarrow{AD}}_{\overrightarrow{BC}} + \underbrace{\overrightarrow{AE}}_{\overrightarrow{CG}}$

この両辺の大きさの 2 乗をとって，

・$|\overrightarrow{AG}|^2 = |\overrightarrow{AB} + \overrightarrow{AD} + \overrightarrow{AE}|^2$

$$= \underbrace{|\overrightarrow{AB}|^2}_{1^2} + \underbrace{|\overrightarrow{AD}|^2}_{1^2} + \underbrace{|\overrightarrow{AE}|^2}_{1^2} + 2\underbrace{\overrightarrow{AB}\cdot\overrightarrow{AD}}_{0} + 2\underbrace{\overrightarrow{AD}\cdot\overrightarrow{AE}}_{0} + 2\underbrace{\overrightarrow{AB}\cdot\overrightarrow{AE}}_{\frac{1}{2}}$$

$\therefore |\overrightarrow{AG}|^2 = \underline{\underline{4}}$ ……④

・$\overrightarrow{AI}\cdot\overrightarrow{AG} = (\overrightarrow{AB} + t\overrightarrow{AE})\cdot(\overrightarrow{AB} + \overrightarrow{AD} + \overrightarrow{AE})$

$$= \underbrace{|\overrightarrow{AB}|^2}_{1^2} + \underbrace{\overrightarrow{AB}\cdot\overrightarrow{AE}}_{\frac{1}{2}} + t\underbrace{\overrightarrow{AB}\cdot\overrightarrow{AE}}_{\frac{1}{2}} + t\underbrace{|\overrightarrow{AE}|^2}_{1^2}$$

$= \dfrac{3}{2}(t+1)$ …⑤　（$\overrightarrow{AB}\cdot\overrightarrow{AD} = \overrightarrow{AD}\cdot\overrightarrow{AE} = 0$）

②，④，⑤を③に代入して，

$$S = \frac{1}{2}\sqrt{(t^2 + t + 1)\cdot 4 - \frac{9}{4}(t+1)^2}$$

$$= \frac{1}{4}\sqrt{\underbrace{7t^2 - 2t + 7}_{g(t)}} \quad (0 < t < 1)$$

ここで，

$g(t) = 7t^2 - 2t + 7$

$= 7\left(t - \dfrac{1}{7}\right)^2 + \dfrac{48}{7}$

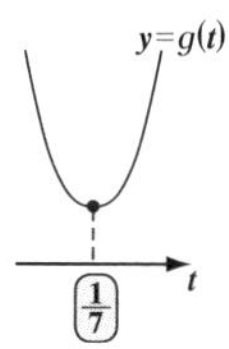

とおくと，$g(t)$，すなわち S を最小にする t は，

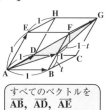

$t = \dfrac{1}{7}$ …………(答)

実力アップ問題 135　難易度 ★★★　CHECK 1　CHECK 2　CHECK 3

空間内に 3 点 $A(2,\ 3,\ \sqrt{5})$，$B(1,\ 0,\ 0)$，$C(0,\ 2,\ 0)$ がある。

(1) xy 平面上の点 D を $\overrightarrow{AD}$ が $\overrightarrow{AB}$，$\overrightarrow{AC}$ と垂直となるようにとる。
このとき，D の座標を求めよ。

(2) 四面体 ABCD の体積を求めよ。

(3) 三角形 ABC の面積を求めよ。　　　　(立教大)

ヒント! 空間座標と空間ベクトルの問題。(1) $D(x,\ y,\ 0)$ とおく。(2)(3) は，四面体の底面積と高さの取り方に注意して解いていこう。

基本事項

内積の成分表示

$\vec{a}=(x_1,\ y_1,\ z_1)$，$\vec{b}=(x_2,\ y_2,\ z_2)$ のとき，

$\vec{a}\cdot\vec{b}=x_1x_2+y_1y_2+z_1z_2$

(1) $A(2,\ 3,\ \sqrt{5})$，$B(1,\ 0,\ 0)$，$C(0,\ 2,\ 0)$

点 D は，xy 平面上の点より $D(x,\ y,\ 0)$ とおく。

- $\overrightarrow{AD}=\overrightarrow{OD}-\overrightarrow{OA}=(x,\ y,\ 0)-(2,\ 3,\ \sqrt{5})$
$=(x-2,\ y-3,\ -\sqrt{5})$
- $\overrightarrow{AB}=\overrightarrow{OB}-\overrightarrow{OA}=(-1,\ -3,\ -\sqrt{5})$
- $\overrightarrow{AC}=\overrightarrow{OC}-\overrightarrow{OA}=(-2,\ -1,\ -\sqrt{5})$

(i) $\overrightarrow{AD}\perp\overrightarrow{AB}$ より，$\overrightarrow{AD}\cdot\overrightarrow{AB}=0$

$(x-2)\cdot(-1)+(y-3)\cdot(-3)+(-\sqrt{5})^2=0$

$-x-3y+16=0$

$\therefore\ \underline{x+3y=16}$ ……①

(ii) $\overrightarrow{AD}\perp\overrightarrow{AC}$ より，$\overrightarrow{AD}\cdot\overrightarrow{AC}=0$

$(x-2)\cdot(-2)+(y-3)\cdot(-1)+(-\sqrt{5})^2=0$

$-2x-y+12=0$

$\therefore\ \underline{2x+y=12}$ ……②

②×3－①より，$5x=20$　$\therefore\ x=4$

①×2－②より，$5y=20$　$\therefore\ y=4$

∴点 $D(4,\ 4,\ 0)$ ……………………(答)

(2) $\overrightarrow{DB}=\overrightarrow{OB}-\overrightarrow{OD}=(\underset{x_1}{-3},\ \underset{y_1}{-4},\ 0)$

$\overrightarrow{DC}=\overrightarrow{OC}-\overrightarrow{OD}=(\underset{x_2}{-4},\ \underset{y_2}{-2},\ 0)$

3 点 D，B，C は xy 平面上の点より，三角形 DBC の面積を△DBC などと表すと，

$\triangle DBC=\dfrac{1}{2}\left|-3\times(-2)-(-4)^2\right|$

$=\dfrac{1}{2}\cdot|6-16|=5$

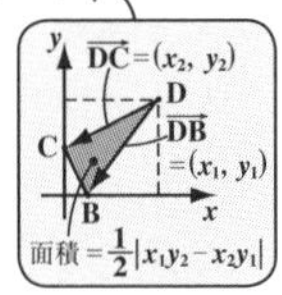

四面体 ABCD の体積を V とおくと，

$\begin{cases}\text{底面積}=\triangle DBC=\underline{\underline{5}}\\ \text{高さ}=\text{点 A の }z\text{ 座標}=\sqrt{5}\end{cases}$

とみて，

$V=\dfrac{1}{3}\cdot 5\cdot\sqrt{5}=\dfrac{5\sqrt{5}}{3}$

……③…(答)

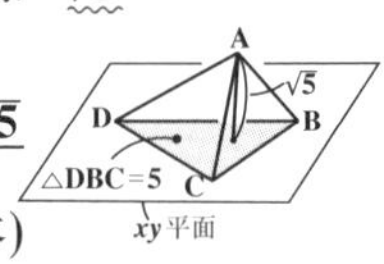

(3) $AD\perp AB$，$AD\perp AC$ より，

$\begin{cases}\text{底面積}=\triangle ABC\\ \text{高さ}=AD\end{cases}$

と見ると，

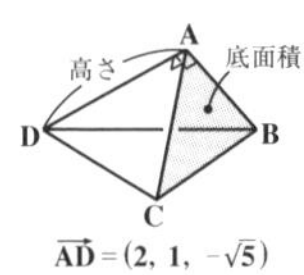

$\overrightarrow{AD}=(2,\ 1,\ -\sqrt{5})$ より，

$AD=|\overrightarrow{AD}|=\sqrt{2^2+1^2+(-\sqrt{5})^2}$

$=\sqrt{10}$

$\therefore\ V=\boxed{\dfrac{1}{3}\cdot\sqrt{10}\cdot\triangle ABC=\dfrac{5\sqrt{5}}{3}}$

(∵③)

$\therefore\ \triangle ABC=\dfrac{5\sqrt{5}}{\sqrt{10}}=\dfrac{5\sqrt{2}}{2}$ …………(答)

実力アップ問題 136　難易度 ★★　CHECK 1　CHECK 2　CHECK 3

2 直線 l : $\dfrac{x+1}{2}=-y+1=z+2$ …① と m : $-x+1=\dfrac{y+3}{2}=z+1$ …②
がある。l 上の動点を $\mathbf{P}$, m 上の動点を $\mathbf{Q}$ とおくとき，$\mathbf{P}$ と $\mathbf{Q}$ の距離 $\mathbf{PQ}$ の最小値を求めよ。

ヒント！ ①$=t$, ②$=s$ とおくと, $\mathrm{P}(2t-1,\ -t+1,\ t-2)$, $\mathrm{Q}(-s+1,\ 2s-3,\ s-1)$ となる。$\mathrm{PQ}=\sqrt{A^2+B^2+(\text{正の定数})}$ の形にもち込もう。

①$=t$ とおくと，直線 l 上の動点 P は
$\mathrm{P}(2t-1,\ -t+1,\ t-2)$
とおける。

（・$\dfrac{x+1}{2}=t$ より，$x=2t-1$
・y, z も同様）

同様に，②$=s$ とおくと，直線 m 上の動点 Q は
$\mathrm{Q}(-s+1,\ 2s-3,\ s-1)$

$\therefore\ \overrightarrow{\mathrm{PQ}}=\overrightarrow{\mathrm{OQ}}-\overrightarrow{\mathrm{OP}}$
$=(-s-2t+2,\ 2s+t-4,\ s-t+1)$

$$\begin{aligned}
\therefore\ |\overrightarrow{\mathrm{PQ}}|^2&=(-s-2t+2)^2+(2s+t-4)^2+(s-t+1)^2\\
&=\{s+2(t-1)\}^2+\{2s+(t-4)\}^2+\{s-(t-1)\}^2\\
&=s^2+4(t-1)s+4(t-1)^2\\
&\quad+4s^2+4(t-4)s+(t-4)^2\\
&\quad+s^2-2(t-1)s+(t-1)^2\\
&=6s^2+6(t-3)s+6t^2-18t+21\\
&=6\left\{s^2+(t-3)s+\frac{(t-3)^2}{4}\right\}\\
&\quad+6t^2-18t+21-\frac{3(t^2-6t+9)}{2}\\
&=6\left(s+\frac{t-3}{2}\right)^2+\frac{9t^2-18t+15}{2}
\end{aligned}$$

（さらにこれを平方完成する）

$$\begin{aligned}
|\overrightarrow{\mathrm{PQ}}|^2&=6\left(s+\frac{t-3}{2}\right)^2+\frac{9}{2}(t^2-2t+1)+\frac{6}{2}\\
&=6\left(s+\frac{t-3}{2}\right)^2+\frac{9}{2}(t-1)^2+3
\end{aligned}$$

（0 以上）（0 以上）

よって，$s+\dfrac{t-3}{2}=0$ かつ $t-1=0$,

すなわち，$t=1$, $s=-\dfrac{1-3}{2}=1$ のとき，

$|\overrightarrow{\mathrm{PQ}}|^2$ は最小値 **3** をとるので，

P, Q 間の距離 PQ の最小値は $\sqrt{3}$ となる。
………(答)

参考

$t=s=1$ のとき，
$\mathrm{P}(1,\ 0,\ -1)$,
$\mathrm{Q}(0,\ -1,\ 0)$
$\therefore\ \overrightarrow{\mathrm{PQ}}=(-1,\ -1,\ 1)$

PQ を最小にする P，Q

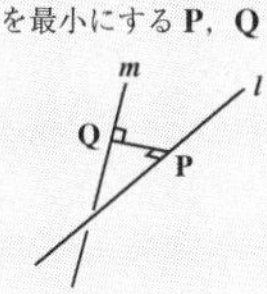

ここで, l, m の方向ベクトルをそれぞれ,
$\vec{d_1}=(2,\ -1,\ 1)$, $\vec{d_2}=(-1,\ 2,\ 1)$ とおくと,

$$\begin{cases}\overrightarrow{\mathrm{PQ}}\cdot\vec{d_1}=(-1)\cdot2+(-1)\cdot(-1)+1\cdot1=0\\ \overrightarrow{\mathrm{PQ}}\cdot\vec{d_2}=(-1)\cdot(-1)+(-1)\cdot2+1\cdot1=0\end{cases}$$

$\therefore\ \overrightarrow{\mathrm{PQ}}\perp\vec{d_1}$ かつ $\overrightarrow{\mathrm{PQ}}\perp\vec{d_2}$ より, $\overrightarrow{\mathrm{PQ}}$ は 2 直線 l, m の両方に垂直になる。

実力アップ問題 137	難易度 ★★★	CHECK 1	CHECK 2	CHECK 3

空間において，原点 **O** を中心とする半径 **1** の球面を **S**，点 **(0, 0, 1)** を **P**，ベクトル $\overrightarrow{\mathrm{OP}}$ を $\vec{p}$ とする。さらに xy 平面上を動く点を **Q** とし，ベクトル $\overrightarrow{\mathrm{OQ}}$ を $\vec{q}$ とする。ただし，$|\vec{q}| \geqq 1$ とする。

(1) 点 **P** と点 **Q** を通る直線と **S** の交点で **P** と異なる点を **R** とするとき，ベクトル $\vec{r} = \overrightarrow{\mathrm{OR}}$ を $\vec{q}$, $|\vec{q}|$, $\vec{p}$ を用いて表せ。

(2) $\vec{q}$ と $\vec{r}$ の内積が $\frac{3}{2}$ であるように **Q** を動かすとき，**Q** の描く xy 平面上の図形を表す方程式を求めよ。　(宇都宮大)

ヒント！ **(1)** $\mathrm{PR}:\mathrm{RQ} = t:1-t$ $(0 < t \leqq 1)$ とおいて，$\vec{r} = (1-t)\vec{p} + t\vec{q}$ として t の値を求める。**(2)** 条件から，$|\vec{q}|^2 = 3$ が導かれるんだよ。

(1) $\overrightarrow{\mathrm{OP}} = \vec{p}$, $\overrightarrow{\mathrm{OQ}} = \vec{q}$

$\overrightarrow{\mathrm{OR}} = \vec{r}$ とおくと，

$|\vec{p}| = |\vec{r}| = 1$ …①

$\vec{p} \perp \vec{q}$ より，

$\vec{p} \cdot \vec{q} = 0$ ……②

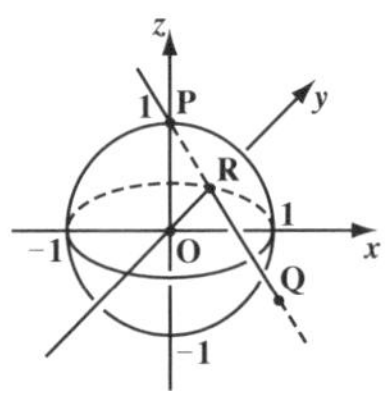

ここで，

$\mathrm{PR}:\mathrm{RQ} = t:1-t$

とおくと，内分点の公式より，

$\vec{r} = (1-t)\vec{p} + t\vec{q}$

$(0 < t \leqq 1)$ …③

このtを$|\vec{q}|$の式で表せればいい！

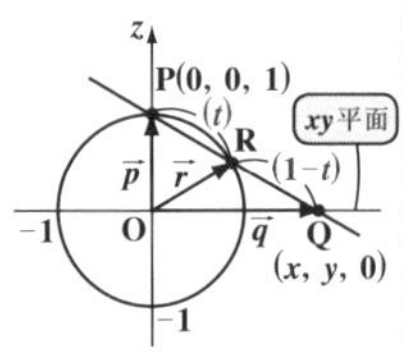

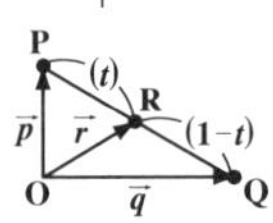

③の両辺の大きさをとって2乗すると，

$|\vec{r}|^2 = |(1-t)\vec{p} + t\vec{q}|^2$

$= (1-t)^2|\vec{p}|^2 + 2t(1-t)\vec{p}\cdot\vec{q} + t^2|\vec{q}|^2$

($|\vec{r}|^2$ は 1^2(①より)，$|\vec{p}|^2$ は 1^2(①より)，$\vec{p}\cdot\vec{q}$ は 0(②より))

$1 = (1-t)^2 + t^2|\vec{q}|^2$ $(\because ①, ②)$

$\cancel{1} = \cancel{1} - 2t + t^2 + t^2|\vec{q}|^2$

$t > 0$ より，両辺を t で割って，

$(|\vec{q}|^2 + 1)t = 2$

$\therefore t = \frac{2}{|\vec{q}|^2 + 1}$ ……④

④を③に代入して，

$\vec{r} = \left(1 - \frac{2}{|\vec{q}|^2+1}\right)\vec{p} + \frac{2}{|\vec{q}|^2+1}\vec{q}$

$\therefore \vec{r} = \frac{|\vec{q}|^2 - 1}{|\vec{q}|^2+1}\vec{p} + \frac{2}{|\vec{q}|^2+1}\vec{q}$ …⑤…(答)

(2) 条件より，$\vec{q}\cdot\vec{r} = \frac{3}{2}$ ……⑥

⑤を⑥に代入して，

$\vec{q}\cdot\left(\frac{|\vec{q}|^2-1}{|\vec{q}|^2+1}\vec{p} + \frac{2}{|\vec{q}|^2+1}\vec{q}\right) = \frac{3}{2}$

$\cancel{\frac{|\vec{q}|^2-1}{|\vec{q}|^2+1}\vec{p}\cdot\vec{q}} + \frac{2}{|\vec{q}|^2+1}|\vec{q}|^2 = \frac{3}{2}$

($\vec{p}\cdot\vec{q}$ は 0 (②より))

$4|\vec{q}|^2 = 3(|\vec{q}|^2 + 1)$ $(\because ②)$

$|\vec{q}|^2 = 3$ ……⑦

ここで，$\vec{q} = \overrightarrow{\mathrm{OQ}} = (x, y, 0)$ とおくと

点 Q は，xy 平面上の点

$|\vec{q}|^2 = x^2 + y^2 + 0^2 = x^2 + y^2$ …⑧

⑦，⑧より，点 **Q** が xy 平面上に描く図形の方程式は，

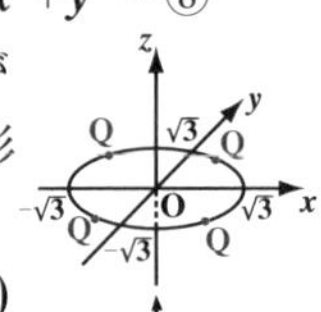

$x^2 + y^2 = 3$ …(答)

$(z = 0)$

原点を中心とする半径√3の円

実力アップ問題 138　難易度 ★★★　CHECK 1　CHECK 2　CHECK 3

原点を中心とする半径 **1** の球面上に点 $\mathbf{P}(l,\ m,\ n)$ $(l>0,\ m>0,\ n>0)$ がある。点 **P** を通り，$\overrightarrow{\mathrm{OP}}$ と垂直な平面と，x 軸，y 軸，z 軸との交点をそれぞれ **A, B, C** とおく。

(1) △**ABC** の面積 S を $l,\ m,\ n$ で表せ。

(2) $n=\dfrac{1}{2}$ のとき，面積 S の最小値を求めよ。　　(名古屋市立大＊)

ヒント！ **(1)** 点 $\mathbf{P}(l,\ m,\ n)$ を通り，法線ベクトル $\overrightarrow{\mathrm{OP}}=(l,\ m,\ n)$ をもつ平面の方程式を求める。**(2)** 相加・相乗平均の式から S の最小値が求まるよ。

(1) 点 $\mathbf{P}(l,\ m,\ n)$ は球面：$x^2+y^2+z^2=1$ 上の点より，

$l^2+m^2+n^2=1$ ……①

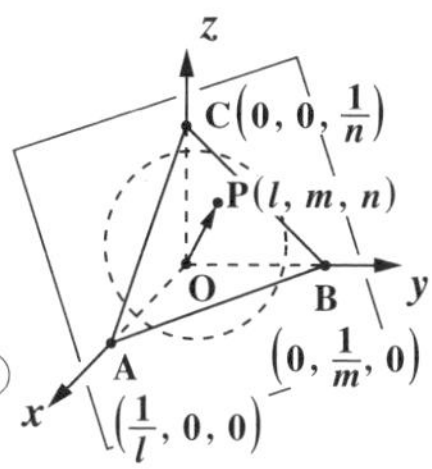

点 **P** を通り，$\overrightarrow{\mathrm{OP}}=(l,\ m,\ n)$ と垂直な平面の方程式は，

$l(x-l)+m(y-m)+n(z-n)=0$

点 $\mathrm{P}(x_1,y_1,z_1)$ を通り，法線ベクトル $\vec{n}=(a,b,c)$ をもつ平面の方程式の公式 $a(x-x_1)+b(y-y_1)+c(z-z_1)=0$ を使った！

$lx+my+nz=\underline{l^2+m^2+n^2}$ ($=1$)

$lx+my+nz=1$ ……② ($\because$ ①)

$y=z=0$ のとき，②より $x=\dfrac{1}{l}$

$\therefore\ \mathrm{A}\left(\dfrac{1}{l},\ 0,\ 0\right)$

同様に，$\mathrm{B}\left(0,\ \dfrac{1}{m},\ 0\right)$，$\mathrm{C}\left(0,\ 0,\ \dfrac{1}{n}\right)$

(ⅰ) △**ABC** の面積を S とおくと，四面体 **OABC** の体積 V は，$V=\dfrac{1}{3}\cdot S\cdot 1$ …③

（S：底面積，1：高さ）

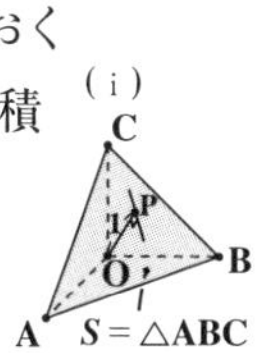

(ⅱ) △**OAB** を底面とみると，

体積 $V=\dfrac{1}{3}\cdot\dfrac{1}{2lm}\cdot\dfrac{1}{n}$ …④

（$\dfrac{1}{2lm}$：底面積，$\dfrac{1}{n}$：高さ）

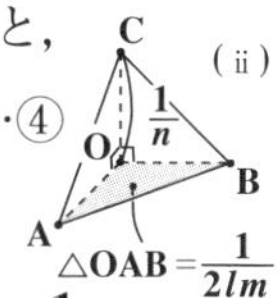

③，④より $\dfrac{1}{3}\cdot S=\dfrac{1}{3}\cdot\dfrac{1}{2lmn}$

$\therefore\ S=\dfrac{1}{2lmn}$ ……⑤ ………(答)

(2) $n=\dfrac{1}{2}$ のとき，

⑤より，$S=\dfrac{1}{lm}$ ……⑥

（lm が最大のとき，その逆数が S の最小値となる。）

①より，$l^2+m^2=1-\left(\dfrac{1}{2}\right)^2=\dfrac{3}{4}$

$l>0,\ m>0$ より，相加・相乗平均の不等式を用いて，

$\dfrac{3}{4}=l^2+m^2\geqq 2\sqrt{l^2m^2}=2lm$

$\left(\text{等号成立条件：}l^2=m^2=\dfrac{3}{8}\text{ より，}\ l=m=\dfrac{\sqrt{6}}{4}\right)$

$\therefore\ lm\leqq\dfrac{3}{8}$ より，lm が最大値 $\dfrac{3}{8}$ となるとき，⑥より S は最小となる。

$\therefore$ 最小値 $S=\dfrac{8}{3}$ ………………(答)

実力アップ問題 139　難易度 ★★　CHECK 1　CHECK 2　CHECK 3

点 $\mathbf{A}(1,\ 2,\ 4)$ を通り，ベクトル $\vec{n}=(3,\ -1,\ -2)$ に垂直な平面 α に関して，同じ側に点 $\mathbf{P}(-2,\ 1,\ 7)$，$\mathbf{Q}(1,\ 3,\ 7)$ がある。

(1) 平面 α に関して点 **P** と対称な点 **R** の座標を求めよ。

(2) 平面 α 上の点 **S** で，$\mathbf{PS}+\mathbf{SQ}$ を最小にする点 **S** の座標と $\mathbf{PS}+\mathbf{SQ}$ の最小値を求めよ。　(鳥取大 *)

ヒント！ **(1)** 直線 **PR** が平面 α と交わる点を **H** とおくと，**R** は線分 **PH** を **2**：**1** に外分する。**(2)** $\triangle\mathbf{PSH}\equiv\triangle\mathbf{RSH}$ だから，$\mathbf{PS}=\mathbf{RS}$　よって，$\mathbf{PS}+\mathbf{SQ}=\mathbf{RS}+\mathbf{SQ}\geqq\mathbf{QR}$ となるんだね。

基本事項

- 点 $\mathbf{A}(x_1,\ y_1,\ z_1)$ を通り，法線ベクトル $\vec{n}=(a,\ b,\ c)$ の平面の方程式は
$a(x-x_1)+b(y-y_1)+c(z-z_1)=0$
- 点 $\mathbf{B}(x_1,\ y_1,\ z_1)$ を通り，方向ベクトル $\vec{d}=(l,\ m,\ n)\ (lmn\neq 0)$ の直線の方程式は
$$\frac{x-x_1}{l}=\frac{y-y_1}{m}=\frac{z-z_1}{n}$$

平面 α は，点 $\mathbf{A}(1,\ 2,\ 4)$ を通り，$\vec{n}=(3,\ -1,\ -2)$ を法線ベクトルにもつから，その方程式は，

$3(x-1)-(y-2)-2(z-4)=0$

$3x-y-2z-3+2+8=0$

$\therefore\ \alpha：3x-y-2z+7=0$ ……①

(1) 点 $\mathbf{P}(-2,\ 1,\ 7)$ を通り，平面 α に直交する直線を l とおく。l の方向ベクトルは，α の法線ベクトル $\vec{n}=(3,\ -1,\ -2)$ より，l の方程式は

$$l：\frac{x+2}{3}=\frac{y-1}{-1}=\frac{z-7}{-2}\quad ……②$$

l と α との交点を **H** とおくと，②$=t$ とおいて，**H** の座標は，

$\mathbf{H}(3t-2,\ -t+1,\ -2t+7)$ ……③

H は α 上の点より，③を①に代入して，

$3(3t-2)-(-t+1)-2(-2t+7)+7=0$

$(9+1+4)t-6-1-14+7=0$

$14t=14\quad \therefore\ t=1$

これを③に代入して，**H** の座標は $\mathbf{H}(1,\ 0,\ 5)$ となる。

点 **P** と α に関して対称な点 **R** は線分 **PH** を **2**：**1** に外分するから，原点を **O** として，

$$\overrightarrow{\mathbf{OR}}=\frac{-1\cdot\overrightarrow{\mathbf{OP}}+2\cdot\overrightarrow{\mathbf{OH}}}{2-1}$$

$=(2,\ -1,\ -7)+(2,\ 0,\ 10)$

$=(4,\ -1,\ 3)$

$\therefore\ \mathbf{R}(4,\ -1,\ 3)$ …(答)

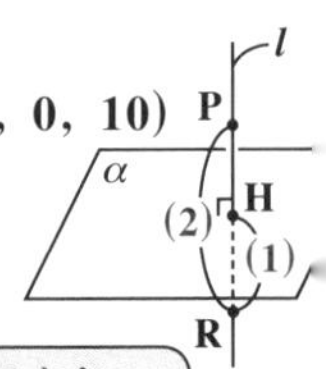

点 **R** が線分 **PH** を $m：n$ に外分するとき，
$$\overrightarrow{\mathbf{OR}}=\frac{-n\overrightarrow{\mathbf{OP}}+m\overrightarrow{\mathbf{OH}}}{m-n}$$ となる。
これは，平面ベクトルと同様，空間ベクトルでも成り立つんだね。

基本事項

xyz 座標空間における **2** 点
$\mathbf{Q}(x_1,\ y_1,\ z_1)$, $\mathbf{R}(x_2,\ y_2,\ z_2)$ 間の距離 **QR** は,

$$\mathrm{QR}=\sqrt{(x_1-x_2)^2+(y_1-y_2)^2+(z_1-z_2)^2}$$

(2) 平面 α 上の任意の点 **S** について,

$\triangle\mathrm{PSH}\equiv\triangle\mathrm{RSH}$

$\therefore$ **PS = RS** より,

$\mathrm{PS}+\mathrm{SQ}=\mathrm{RS}+\mathrm{SQ}$

$\geqq$ **QR** となる。

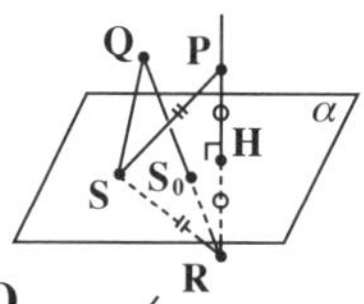

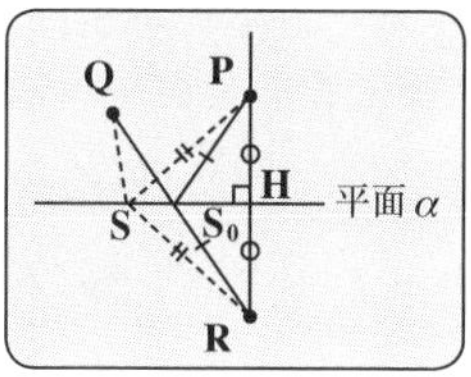

この等号が成り立つのは, **S** が直線 **QR** と平面 α との交点 $\mathbf{S_0}$ と一致するときである。よって, **PS + SQ** の最小値は,

$$\mathrm{QR}=\sqrt{(1-4)^2+\{3-(-1)\}^2+(7-3)^2}$$
$$=\sqrt{9+16+16}=\sqrt{41}\quad\cdots\cdots(答)$$

このとき, **S** は直線 **QR** と平面 α との交点より, まず直線 **QR** の方程式を求める。直線 **QR** の方向ベクトルは,

$$\overrightarrow{\mathrm{QR}}=\overrightarrow{\mathrm{OR}}-\overrightarrow{\mathrm{OQ}}$$
$$=(4,\ -1,\ 3)-(1,\ 3,\ 7)$$
$$=(3,\ -4,\ -4)$$

よって, 直線 **QR** は点 **Q(1, 3, 7)** を通り, 方向ベクトル $\overrightarrow{\mathrm{QR}}=(3,\ -4,\ -4)$ の直線だから, その方程式は,

$$\frac{x-1}{3}=\frac{y-3}{-4}=\frac{z-7}{-4}\quad\cdots\cdots④$$

S はこの直線上の点より, ④ = u とおいて, **S** の座標は,

$\mathrm{S}(3u+1,\ -4u+3,\ -4u+7)$ …⑤

これは平面 α : $3x-y-2z+7=0$ …①

上の点でもあるから, **S** の座標⑤を①に代入して,

$$3(3u+\cancel{1})-(-4u+\cancel{3})-2(-4u+7)+7=0$$
$$(9+4+8)u-14+7=0$$
$$21u=7\quad\therefore\ u=\frac{1}{3}\quad\cdots⑥$$

⑥を⑤に代入して, **PS + SQ** を最小にする **S** の座標は,

$\mathrm{S}\left(2,\ \dfrac{5}{3},\ \dfrac{17}{3}\right)$ である。 ………(答)

実力アップ問題 140	難易度 ★★	CHECK 1	CHECK 2	CHECK 3

直線 l：$\dfrac{x}{3}=y+2u=\dfrac{z-u}{-4}$ ……①は，任意の定数 u に対し同一平面に含まれることを示し，この平面の方程式を求めよ。

ヒント！ ①$=t$ とおくと，l 上の点 P は，$P(3t,\ t-2u,\ -4t+u)$ より，原点 O に対して，$\overrightarrow{OP}=u(0,\ -2,\ 1)+t(3,\ 1,\ -4)$ とおける。

参考

1 次独立な 2 つのベクトル $\vec{d_1}=(a,\ b,\ c)$，$\vec{d_2}=(p,\ q,\ r)$ の両方に直交するベクトル $\vec{n}$ は，次式で与えられる。

$\vec{n}=(br-cq,\ cp-ar,\ aq-bp)$ …ⓐ

これは，次の計算によって簡単に求まる。この方法を覚えておこう。

```
a   ③   b   ①   c   ②   a
p   ↓   q   ↓   r   ↓   p
,aq−bp)(br−cq, cp−ar
```

（$\vec{d_1}$ と $\vec{d_2}$ の各成分を左のように並べ①，②，③の順にたすきがけをする。）

（$aq-bp$：$\vec{n}$ の z 成分，$br-cq$：$\vec{n}$ の x 成分，$cp-ar$：$\vec{n}$ の y 成分）

ここで，$\vec{n}=(x,\ y,\ z)$ とおくと，$\vec{n}\perp\vec{d_1}$ かつ $\vec{n}\perp\vec{d_2}$ より，

$\vec{n}\cdot\vec{d_1}=ax+by+cz=0$ …ⓑ

$\vec{n}\cdot\vec{d_2}=px+qy+rz=0$ …ⓒ

ⓒ$\times c-$ⓑ$\times r$ より z を消去して，

$(cp-ar)x=(br-cq)y$

$\therefore\ \dfrac{x}{y}=\dfrac{br-cq}{cp-ar}$ …ⓓ

ⓒ$\times a-$ⓑ$\times p$ より x を消去して，

$(aq-bp)y=(cp-ar)z$

$\therefore\ \dfrac{y}{z}=\dfrac{cp-ar}{aq-bp}$ …ⓔ　ⓓ，ⓔより

$x:y:z=(br-cq):(cp-ar):(aq-bp)$

よって，$\vec{n}$ はⓐで表せるんだね。

原点を O，l 上の点を P とおく。

①$=t$ として，

$\overrightarrow{OP}=(3t,\ t-2u,\ -4t+u)$

$=u(0,\ -2,\ 1)+t(3,\ 1,\ -4)$

$=u(0,\ -2,\ 1)+t\vec{d_1}$（$u(0,\ -2,\ 1)$：$l$ が通る点）

$(\vec{d_1}=(3,\ 1,\ -4)$：l の方向ベクトル$)$

ここで，定数 u を変化させると，l が通る点 $u(0,\ -2,\ 1)$ は，原点 O を通り，（$u=0$ のとき）方向ベクトル $\vec{d_2}=(0,\ -2,\ 1)$ の直線 m を描く。

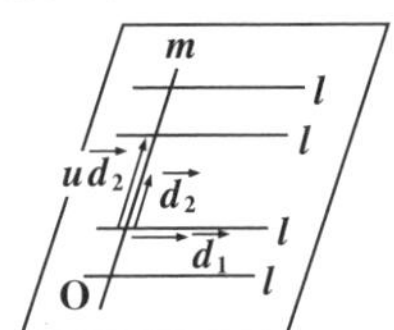

よって，l はこの直線 m と交わりながら，$\vec{d_2}$ の方向に平行移動するので，$\vec{d_1}$ と $\vec{d_2}$ が張る平面 π を描く。………(終)

π の法線ベクトルを $\vec{n}$ とおくと，$\vec{n}$ は $\vec{d_1}$ と $\vec{d_2}$ の両方と直交するから，

$\vec{n}=(7,\ 3,\ 6)$

とおける。そして，平面 π は原点 O を通るので，その方程式は，

$7x+3y+6z=0$

となる。…(答)

$\vec{n}$ の計算

```
3   ③   1   ①   −4   ②   3
0   ↓   −2  ↓   1    ↓   0
,−6)( −7,   −3
```

$\therefore\ \vec{n}/\!/(-7,\ -3,\ -6)$ より，$\vec{n}=(7,\ 3,\ 6)$ とおける。

$\vec{n}\cdot\vec{d_1}=21+3-24=0$

$\vec{n}\cdot\vec{d_2}=0-6+6=0$

$\therefore\ \vec{n}\perp\vec{d_1}$ かつ $\vec{n}\perp\vec{d_2}$ だね。

実力アップ問題 141　難易度 ★★　CHECK 1　CHECK 2　CHECK 3

2 直線 l_1 : $x = y - 2 = \frac{z+1}{3}$ …①, l_2 : $\frac{x+1}{2} = \frac{y-2}{3} = z + 4$ …②がある。

(1) l_1 を含み, l_2 に平行な平面 α_1 の方程式を求めよ。

(2) l_2 を含み, 平面 α_1 に垂直な平面 α_2 の方程式を求めよ。

(3) α_2 と l_1 との交点 P の座標を求めよ。

ヒント! (1) 平面 α_1 の法線ベクトル $\vec{n_1}$ は, l_1, l_2 の方向ベクトル $\vec{d_1}$, $\vec{d_2}$ の両方と直交する。(2) 平面 α_2 の法線ベクトル $\vec{n_2}$ は, $\vec{d_2}$ と $\vec{n_1}$ の両方と直交する。(3) ① $= t$ とおいて, P の座標を t で表そう。

(1) ①より, 直線 l_1 は点 $(0,\ 2,\ -1)$ を通り, 方向ベクトル $\vec{d_1} = (1,\ 1,\ 3)$ の直線であり, 直線 l_2 は, ②より点 $(-1,\ 2,\ -4)$ を通り, 方向ベクトル $\vec{d_2} = (2,\ 3,\ 1)$ の直線である。図1より, l_1 を含み, l_2 に平行な平面 α_1 の法線ベクトルを $\vec{n_1}$ とおくと,

$\vec{n_1} \perp \vec{d_1}$ かつ $\vec{n_1} \perp \vec{d_2}$

$\therefore \vec{n_1} = (8,\ -5,\ -1)$ とおける。

図1

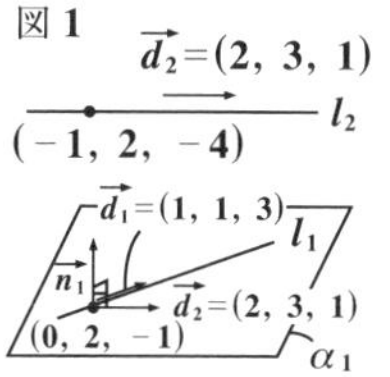

> 直線 $\frac{x-a}{l} = \frac{y-b}{m} = \frac{z-c}{n}$
> $(lmn \neq 0)$ は,
> 点 $(a,\ b,\ c)$ を通り,
> 方向ベクトル
> $\vec{d} = (l,\ m,\ n)$ の直線である。

> 1　1　3　1
> 2　3　1　2
> ③　①　②
> $,\ 1)\ (\ -8,\quad 5$
> $\therefore \vec{n} = (8,\ -5,\ -1)$
> とおける。

また, α_1 は l_1 を含むので, l_1 上の点 $(0,\ 2,\ -1)$ は α_1 上の点である。よって, α_1 の方程式は,

$8(x-0) - 5(y-2) - 1\{z-(-1)\} = 0$ より,

$8x - 5y - z + 9 = 0$ となる。 …(答)

(2) 平面 α_2 は l_2 を含み, α_1 と直交するので, α_2 の法線ベクトルを $\vec{n_2}$ とおくと, 図2より,

$\vec{n_2} \perp \vec{d_2}$ かつ

$\vec{n_2} \perp \vec{n_1}$ となる。

$\therefore \vec{n_2} = (1,\ 5,\ -17)$

とおける。

> 2　3　1　2
> 8　−5　−1　8
> ③　①　②
> $,\ -34)(\quad 2,\quad 10$
> $\therefore \vec{n_2} /\!/ (2,\ 10,\ -34)$
> より, $\vec{n_2} = (1,\ 5,\ -17)$
> とおける。

図2

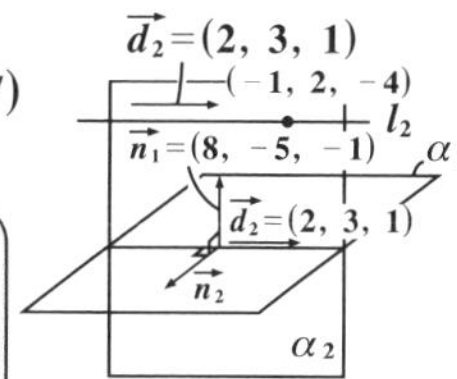

また, α_2 は l_2 上の点 $(-1,\ 2,\ -4)$ を含むので, α_2 の方程式は,

$1(x+1) + 5(y-2) - 17(z+4) = 0$ より,

$x + 5y - 17z - 77 = 0$ ……③……(答)

(3) α_2 と l_1 の交点 P は, ① $= t$ とおいて,

$\mathrm{P}(t,\ t+2,\ 3t-1)$ …④ ← P は l_1 上の点

これが α_2 上にもあるので, この座標を③に代入して,

$t + 5(t+2) - 17(3t-1) - 77 = 0$

$\therefore t = -\frac{10}{9}$ ← $45t = -50$ より

これを④に代入して,

$\mathrm{P}\left(-\frac{10}{9},\ \frac{8}{9},\ -\frac{13}{3}\right)$ となる。…(答)

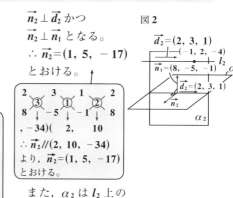

実力アップ問題 142　難易度 ★★★　CHECK 1　CHECK 2　CHECK 3

3 点 **A(1, 1, 3)**, **B(1, 2, 4)**, **C(3, 2, 4)** を含む平面を α とする。

(1) 点 **P(3, 3, 3)** を中心とし，平面 α に接する球面 S の方程式を求めよ。

(2) 球面 **S** に接し，直線 **AB** を含む，α と異なる平面を β とおく。
平面 β の方程式を求めよ。

ヒント！ **(1)** 平面 α は，**2** つの **1** 次独立なベクトル $\overrightarrow{AB}$, $\overrightarrow{AC}$ で張られる平面だから，α の法線ベクトル $\vec{n}$ は，$\overrightarrow{AB}$, $\overrightarrow{AC}$ の両方と直交する。**(2)** 直線 **AB** の方程式を求めることにより，直線 **AB** を交線にもつ **2** 平面の方程式が求まる。

基本事項

- 点 $P(x_1, y_1, z_1)$ から平面 $ax+by+cz+d=0$ までの距離 h
$$h=\frac{|ax_1+by_1+cz_1+d|}{\sqrt{a^2+b^2+c^2}}$$
- 中心 (a, b, c)，半径 r の球面の方程式
$$(x-a)^2+(y-b)^2+(z-c)^2=r^2$$

(1) 平面 α は，**3** 点 **A(1, 1, 3)**, **B(1, 2, 4)**, **C(3, 2, 4)** を含むので，平面 α は点 **A(1, 1, 3)** を通り，**1** 次独立な **2** つのベクトル

$\overrightarrow{AB}=(0, 1, 1)$

$\overrightarrow{AC}=(2, 1, 1)$

によって張られる平面である。

よって，α の法線ベクトルを $\vec{n}$ とおくと，

$\vec{n}\perp\overrightarrow{AB}$ かつ $\vec{n}\perp\overrightarrow{AC}$ より，

$\vec{n}=(0, 1, -1)$ とおける。

（0 1 1 0 / 2 1 1 2 → ③ ① ② → $(-2,\ 0,\ 2)$ 　$\therefore\ \vec{n}/\!/(0, 2, -2)$ より，$\vec{n}=(0, 1, -1)$ とおける。）

よって，α は点 **A(1, 1, 3)** を通るので，平面 α の方程式は，

$$0\cdot(x-1)+1\cdot(y-1)-1\cdot(z-3)=0$$

$\therefore\ y-z+2=0$ 　← $0\cdot x+1\cdot y-1\cdot z+2=0$ のことだね。

球面 **S** は，中心が **P(3, 3, 3)** で，平面 α と接するから，中心 **P** と α との間の距離 h は，**S** の半径 r となり，

$$h=\frac{|0\cdot3+1\cdot3-1\cdot3+2|}{\sqrt{0^2+1^2+(-1)^2}}$$

$$=\frac{2}{\sqrt{2}}=\sqrt{2}\ \ (=r)$$

よって，球面 S の方程式は，

$(x-3)^2+(y-3)^2+(z-3)^2=2$ …(答)

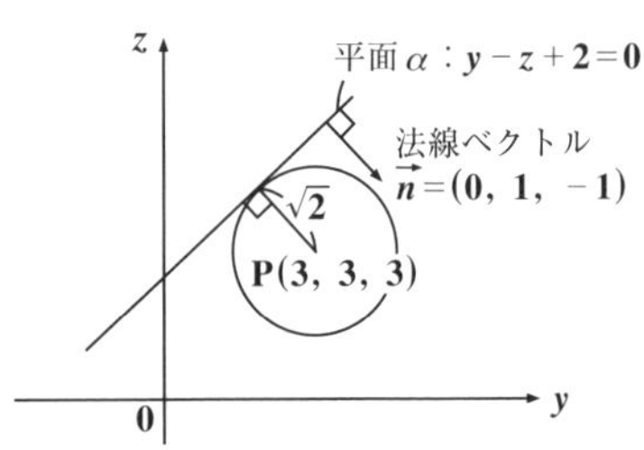

基本事項

2平面の交線を通る平面の方程式

2平面

$ax+by+cz+d=0$ ……㋐

$a'x+b'y+c'z+d'=0$ …㋑

が交線をもつとき，その交線を含む平面の方程式は

$ax+by+cz+d+$

$k(a'x+b'y+c'z+d')=0$ …㋒

（および，$\underline{a'x+b'y+c'z+d'=0}$…㋑）

㋒は㋑を表せないので，これを加えておく。

(2) 直線ABは，点A(1, 1, 3)を通り，方向ベクトル $\overrightarrow{AB}=(0, 1, 1)$ の直線より，その方程式は，

$x=1,\ \dfrac{y-1}{1}=\dfrac{z-3}{1}$

$\dfrac{x-1}{0}=\dfrac{y-1}{1}=\dfrac{z-3}{1}$ の第1式の分母 $=0$ より，分子 $=x-1=0$ $\therefore x=1$

$\therefore x-1=0,\ y-z+2=0$

これより，直線ABは2平面 $x-1=0$ と $y-z+2=0$ の交線だから，直線ABを含み，球面 S に接する α と異なる平面 β の方程式は，

$\underline{x-1+k(y-z+2)=0}$

と表せる。

これは，平面 α：$y-z+2=0$ だけは表せない。

これをまとめて，β の方程式は

$x+ky-kz+2k-1=0$ ……①

平面 β は球面 S と接するから，S の中心P(3, 3, 3)と β との間の距離は，S の半径 $\sqrt{2}$ より，

$$\frac{|3+\cancel{k\cdot 3}-\cancel{k\cdot 3}+2k-1|}{\sqrt{1^2+k^2+(-k)^2}}=\sqrt{2}$$

両辺を $\sqrt{2k^2+1}$ 倍して，

$|2k+2|=\sqrt{2(2k^2+1)}$

両辺を2乗して，

$\cancel{4k^2}+8k+4=\cancel{4k^2}+2$

$8k=-2$

$\therefore k=-\dfrac{1}{4}$ ……②

②を①に代入して，求める平面 β の方程式は，

$x-\dfrac{1}{4}y+\dfrac{1}{4}z-\dfrac{1}{2}-1=0$

$\therefore 4x-y+z-6=0$ ……………(答)

これは平面 α：$y-z+2=0$ と異なる。

実力アップ問題 143	難易度 ★★★	CHECK 1	CHECK 2	CHECK 3

平面 π_1：$x+y+3z=1$ による球面 S の切り口は中心 $(3,\ -2,\ 0)$ で半径 $\sqrt{14}$ の円になり，S の中心は平面 π_2：$2x+2y+z=9$ 上にある。球面 S の方程式を求めよ。

ヒント！ 球面 S の中心を通り，平面 π_1 に垂直な直線は，π_1 による S の切り口（円）の中心を通るんだね。まず，この直線の方程式を求めてから，球面 S の中心の座標を求めればいい。

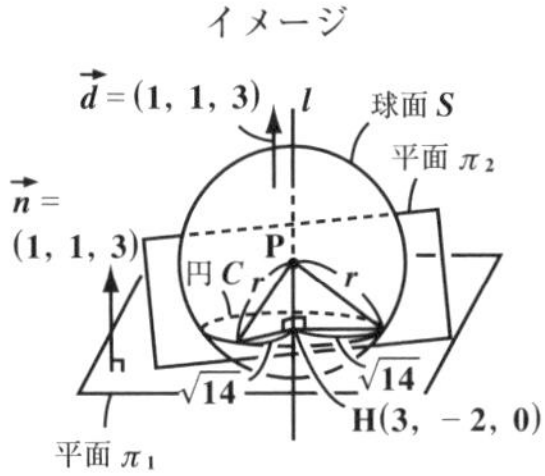

平面 π_1：$x+y+3z=1$ による球面 S の切り口の円を C とおく。S の中心を P とし，P を通り平面 π_1 に垂直な直線を l とおくと，l と π_1 の交点は，円 C の中心 $(3,\ -2,\ 0)$ と一致する。

この円 C の中心を H$(3,\ -2,\ 0)$ とおく。

l は，点 H$(3,\ -2,\ 0)$ を通り方向ベクトル $\vec{d}=(1,\ 1,\ 3)$ の直線より，l の方程式は，

（π_1 の法線ベクトル $\vec{n}$ のこと）

$$\frac{x-3}{1}=\frac{y+2}{1}=\frac{z}{3} \quad \cdots\cdots\cdots ①$$

球 S の中心 P は l 上の点より，① $=t$ とおいて，

$$\text{P}(t+3,\ t-2,\ 3t) \quad \cdots\cdots ②$$

とおける。

よって，P はもう 1 つの平面 π_2：

$2x+2y+z-9=0$ …③ 上にあるので，P の座標②を③に代入して，

$$2(t+3)+2(t-2)+3t-9=0$$

$$7t=7 \quad \therefore t=1 \quad \cdots\cdots ④$$

④を②に代入して，球面 S の中心 P の座標は，

P$(4,\ -1,\ 3)$ である。

また，点 P から平面 π_1：$x+y+3z-1=0$ までの距離 h は

$$h=\frac{|4-1+3\cdot3-1|}{\sqrt{1^2+1^2+3^2}}$$

$$=\frac{11}{\sqrt{11}}=\sqrt{11}$$

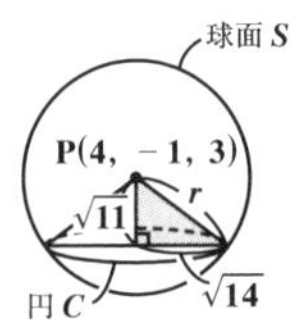

よって，球面 S の半径 r は，

$$r=\sqrt{(\sqrt{11})^2+(\sqrt{14})^2}$$

$$=\sqrt{25}=5$$

以上より，S は中心 P$(4,\ -1,\ 3)$，半径 $r=5$ の球面だから，その方程式は，

$$(x-4)^2+(y+1)^2+(z-3)^2=25 \quad \cdots(\text{答})$$

実力アップ問題 144　難易度 ★★★　CHECK 1　CHECK 2　CHECK 3

xyz 座標空間において，半径 $\sqrt{2}$ の円柱：$x^2+y^2 \leqq 2\ (0 \leqq z \leqq 7)$ を考える。この円柱を平面 π：$x+y+\sqrt{2}z-6=0$ …① で切った切り口の面積 S を求めよ。

ヒント！ 平面 π と xy 平面とのなす角は，この 2 平面の法線ベクトル $\overrightarrow{n_1}=(1,\ 1,\ \sqrt{2})$ と $\overrightarrow{n_2}=(0,\ 0,\ 1)$ のなす角 θ に等しいんだね。

参考

xy 平面において，$x^2+y^2 \leqq 2$ は，中心が原点 0，半径 $\sqrt{2}$ の円を表すけれど，xyz 座標空間においては，z は自由に動けるので，上・下∞の円柱を表すことになる。ここでは，$0 \leqq z \leqq 7$ の条件がついているので，上図のようなこの z の範囲における円柱を表すことになる。

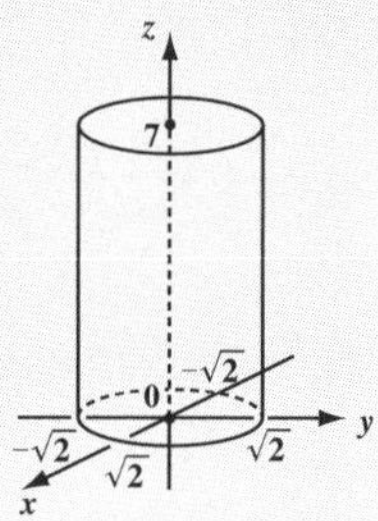

平面 π：$x+y+\sqrt{2}z-6=0$ …① と，

xy 平面：$z=0$…② $[0\cdot x+0\cdot y+1\cdot z=0]$

の法線ベクトルをそれぞれ

$\overrightarrow{n_1}=(1,\ 1,\ \sqrt{2})$，$\overrightarrow{n_2}=(0,\ 0,\ 1)$ とおくと，

2 平面①，②のなす角は，$\overrightarrow{n_1}$ と $\overrightarrow{n_2}$ のなす角 θ に等しい。

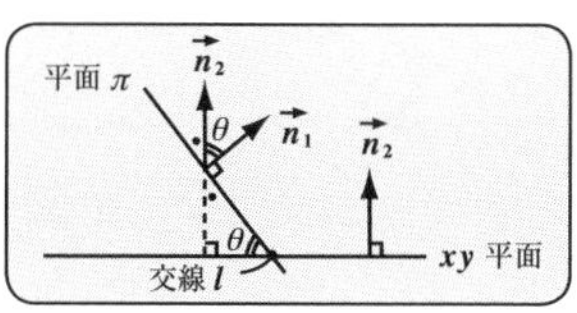

$|\overrightarrow{n_1}|=\sqrt{1^2+1^2+(\sqrt{2})^2}=\sqrt{4}=2$

$|\overrightarrow{n_2}|=\sqrt{0^2+0^2+1^2}=1$

$\overrightarrow{n_1}\cdot\overrightarrow{n_2}=1\cdot 0+1\cdot 0+\sqrt{2}\cdot 1=\sqrt{2}$

よって，

$$\cos\theta=\frac{\overrightarrow{n_1}\cdot\overrightarrow{n_2}}{|\overrightarrow{n_1}||\overrightarrow{n_2}|}=\frac{\sqrt{2}}{2\cdot 1}=\frac{1}{\sqrt{2}}$$

$\therefore\ \theta=45^\circ$

また，平面 π と xy 平面 $(z=0)$ との交線を l とおくと，①に $z=0$ を代入して，

l：$x+y-6=0\ \ (z=0)$

よって，原点と l との間の距離は，右図より

$$\frac{6}{\sqrt{2}}=3\sqrt{2}$$

となる。

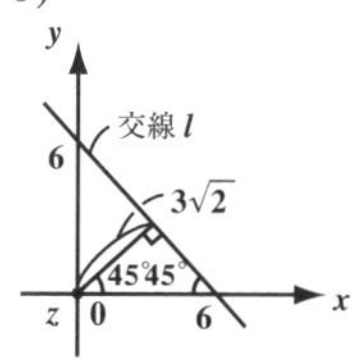

よって，右図より，平面 π による円柱：$x^2+y^2 \leqq 2$ $(0 \leqq z \leqq 7)$ の切り口を xy 平面に正射影した図形は半径 $\sqrt{2}$ の円より，この面積を $S'(=(\sqrt{2})^2\pi)$ とおくと，

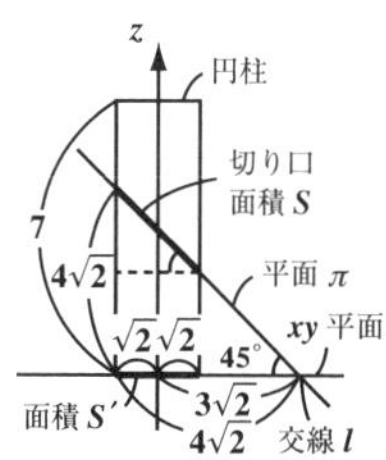

$S'=S\cos 45^\circ$

$$\therefore\ S=\frac{S'}{\cos 45^\circ}=\frac{2\pi}{\frac{1}{\sqrt{2}}}=2\sqrt{2}\pi \quad \cdots(\text{答})$$

実力アップ問題 145

難易度 ★★★　CHECK 1　CHECK 2　CHECK 3

2 つの平面 α : $x+y-z+1=0$ …①, β : $x-y+z+1=0$ …②との交線を l とおく。l を含む平面 γ で球面 S : $(x-2)^2+y^2+z^2=4$ を切った切り口が, 半径 $\sqrt{3}$ の円となるとき, γ の方程式を求めよ。

レクチャー

2 つの平面

$$\begin{cases} \alpha : a_1x+b_1y+c_1z+d_1=0 & \cdots\cdots ① \\ \beta : a_2x+b_2y+c_2z+d_2=0 & \cdots\cdots ② \end{cases}$$

が交わるとき, その交線を l とおく。

①と②の交線 l の方程式は,

$$(a_1x+b_1y+c_1z+d_1)+k(a_2x+b_2y+c_2z+d_2)=0$$

(および, $a_2x+b_2y+c_2z+d_2=0$)

と表せるけれど, 次のようにもっと簡単な形で表すことができる。

①と②の交線 l 上の点 (x, y, z) は,

①と②から z を消去して得られる

(x と y の 1 次式)$=0$ ……③ と, ← z 軸に平行な平面とみる

①, ②から x を消去して得られる

(y と z の 1 次式)$=0$ ……④ ← x 軸に平行な平面とみる

の両方をみたすから, 新たに③と④を平面とみると, l はこの 2 平面③, ④の交線でもあるんだね。よって, l を含む平面 γ の方程式は, ③と④を用いて,

(x と y の 1 次式)$+k$(y と z の 1 次式)$=0$ (および, (y と z の 1 次式)$=0$)

と表せる。

$$\begin{cases} \alpha : x+y-z+1=0 & \cdots\cdots ① \\ \beta : x-y+z+1=0 & \cdots\cdots ② \end{cases}$$

S : $(x-2)^2+y^2+z^2=4$ ……③ とおく。

①の法線ベクトル $\overrightarrow{n_1}=(1, 1, -1)$ と
②の法線ベクトル $\overrightarrow{n_2}=(1, -1, 1)$ は,
$\overrightarrow{n_1} \nparallel \overrightarrow{n_2}$ なので, α と β は交線 l をもつ。

①＋②より y, z を消去して,

$2x+2=0$

$\therefore x+1=0$ ……④ ← yz 平面に平行な平面とみる

①－②より x を消去して,

$2y-2z=0$

$\therefore y-z=0$ …⑤ ← x 軸に平行な平面とみる

①と②の交線 l 上の任意の点 (x, y, z) は, 平行でない 2 つの平面の方程式④, ⑤を共にみたすので, l はこの 2 平面の交線でもある。

④かつ⑤より, l の方程式は
$x=-1$ かつ $z=y$ だね。

よって，l を含む平面 γ の方程式は
$x+1+k(y-z)=0$
これをまとめて，
$x+ky-kz+1=0$ ……⑥ となる。
この平面 γ による球面 S の切り口が半径 $\sqrt{3}$ の円のとき，球面 S の中心を $P(2,\ 0,\ 0)$ とおく。
P から平面 γ に下した垂線の足を H，γ と S が交わってできる円周上の点を Q とおくと，△PHQ

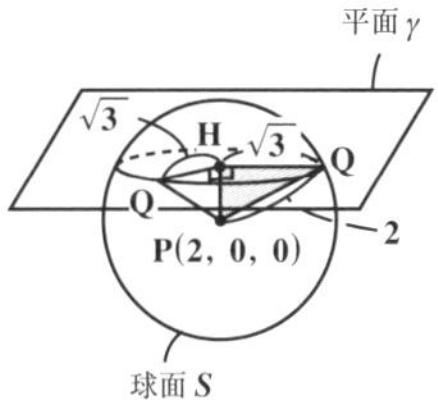

は，斜辺 PQ(=2)，$HQ=\sqrt{3}$，
（球面 S の半径）（交円の半径のこと）
$\angle PHQ=90°$ の直角三角形となる。
よって，三平方の定理より，
$PQ^2=PH^2+HQ^2$
（2^2）（$(\sqrt{3})^2$）
$\therefore\ PH=\sqrt{PQ^2-HQ^2}=\sqrt{4-3}=1$
よって，S の中心 $P(2,\ 0,\ 0)$ から平面 γ までの距離 $PH=1$ だから，⑥より

$$\frac{|2+k\cdot 0-k\cdot 0+1|}{\sqrt{1^2+k^2+(-k)^2}}=1$$

$3=\sqrt{2k^2+1}$ 両辺を 2 乗して，
$2k^2+1=9$ $2k^2=8$
$\therefore\ k=\pm 2$
(i) $k=2$ のとき，⑥に代入して，γ の方程式は，
$x+2y-2z+1=0$
(ii) $k=-2$ のとき，⑥に代入して，γ の方程式は，
$x-2y+2z+1=0$

以上 (i)(ii) より，求める γ の方程式は
$x\pm 2y\mp 2z+1=0$ (複号同順) ……(答)

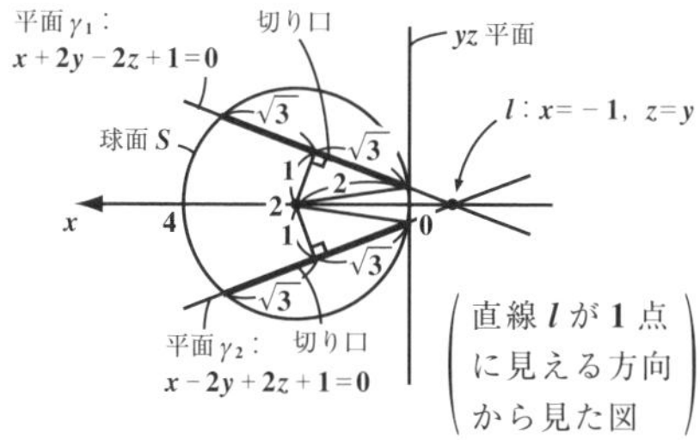

（直線 l が 1 点に見える方向から見た図）

参考

もちろん
$\begin{cases}\alpha : x+y-z+1=0 & \cdots ①\\ \beta : x-y+z+1=0 & \cdots ②\end{cases}$
を用いて，α と β の交線 l を含む平面 γ を
$x+y-z+1+k(x-y+z+1)=0$
$(1+k)x+(1-k)y+(-1+k)z+1+k=0$
とおいて，本解答と同様の流れで解くこともできる。このとき，S の中心 $P(2,\ 0,\ 0)$ から平面 γ までの距離 $PH=1$ より，

$$\frac{|(1+k)\cdot 2+(1-k)\cdot 0+(-1+k)\cdot 0+1+k|}{\sqrt{(1+k)^2+(1-k)^2+(-1+k)^2}}=1$$

$|3k+3|=\sqrt{3k^2-2k+3}$
$9k^2+18k+9=3k^2-2k+3$
$6k^2+20k+6=0$，$3k^2+10k+3=0$
$(3k+1)(k+3)=0\ \therefore\ k=-\dfrac{1}{3},\ -3$
(i) $k=-\dfrac{1}{3}$ のとき，γ は
$x+2y-2z+1=0$
(ii) $k=-3$ のとき，γ は，
$x-2y+2z+1=0$ となる。

★★★合格!数学Ⅱ・B実力UP★★★
補充問題(additional questions)

補充問題 1	難易度 ★★	CHECK 1	CHECK 2	CHECK 3

次の各問いに答えよ。

(1) ゲーム好きな **T** さんが，ゲームをした翌日にゲームをする確率は $\frac{1}{3}$ であり，ゲームをしなかった翌日にゲームをする確率は $\frac{2}{3}$ である。

第 **1** 日目に，**T** さんはゲームをした。このとき，第 n 日目に **T** さんがゲームをする確率 $p_n(n=1,2,3,\cdots)$ を求めよ。

(2) **S** 地方では，雨の降った翌日に雨が降る確率は $\frac{3}{7}$ であり，雨の降らなかった翌日に雨の降る確率は $\frac{2}{7}$ である。第 **1** 日目に，**S** 地方では雨が降った。このとき第 n 日目に，**S** 地方で雨の降る確率 $q_n(n=1,2,3,\cdots)$ を求めよ。

ヒント！ **(1)**，**(2)** 共に，第 n 日後に事象 **A** の起こる確率を求める問題なんだね。これは，模式図を使って考えると，うまくいくんだね。この確率と漸化式の融合問題は受験では頻出テーマの **1** つなので，ここでシッカリ練習しておこう！

基本事項

n 回目(または，n 日目，…など)に事象 **A** の起こる確率 p_n は，次のように求める。

・n 回目に **A** が起こったという条件の下で，$n+1$ 回目に **A** が起こる確率を a とおき，また，

・n 回目に，**A** が起こらなかったという条件の下で，$n+1$ 回目に **A** が起こる確率を b とおく。

すると，次の模式図を基に，p_n と p_{n+1} との間の関係式(漸化式)が求まるんだね。

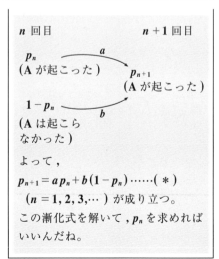

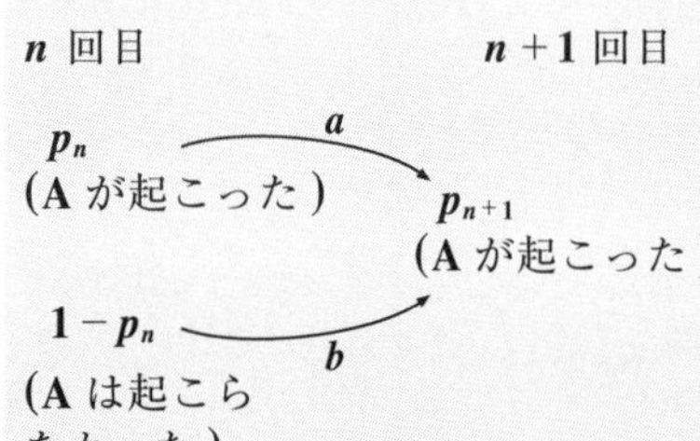

よって，

$p_{n+1}=ap_n+b(1-p_n)$ ……(＊)

$(n=1,2,3,\cdots)$ が成り立つ。

この漸化式を解いて，p_n を求めればいいんだね。

(1)「Tさんがゲームをする」ことを事象Aとおき，第 n 日目に事象Aの起こる確率を $p_n(n=1, 2, 3, \cdots)$ とおいて，これを求める。

・n 日目にAが起こったという条件の下で，$n+1$ 日目にAが起こる確率は $\frac{1}{3}$ であり，

・n 日目にAが起こらなかったという条件の下で，$n+1$ 日目にAが起こる確率は $\frac{2}{3}$ より，

次の模式図が成り立つ。

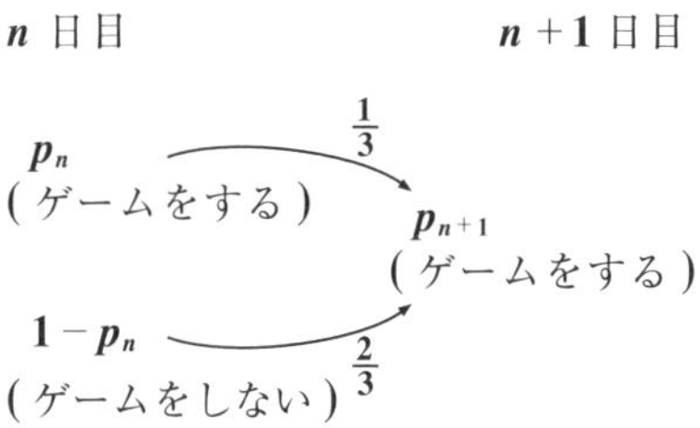

以上より

$$p_{n+1}=\frac{1}{3}p_n+\frac{2}{3}(1-p_n)$$

$\therefore\ p_{n+1}=-\frac{1}{3}p_n+\frac{2}{3}$ …① $(n=1,2,\cdots)$

特性方程式

$x=-\frac{1}{3}x+\frac{2}{3}$ $\frac{4}{3}x=\frac{2}{3}$ $\therefore\ x=\frac{1}{2}$

①を変形して

$$p_{n+1}-\frac{1}{2}=-\frac{1}{3}\left(p_n-\frac{1}{2}\right)$$

$$p_n-\frac{1}{2}=\left(p_1-\frac{1}{2}\right)\cdot\left(-\frac{1}{3}\right)^{n-1}$$

(p_1 = 1)　アッ！

ここで，第1日目にAは起こっているので，$p_1=1$

∴求める確率 p_n は，

$$p_n=\frac{1}{2}+\frac{1}{2}\cdot\left(-\frac{1}{3}\right)^{n-1}\ (n=1,2,\cdots)$$

…………(答)

(2)「S地方で雨が降る」ことを事象Bとおき，第 n 日目に事象Bの起こる確率を $q_n(n=1, 2, 3, \cdots)$ とおいて，これを求める。

・n 日目にBが起こったという条件の下で，$n+1$ 日目にBが起こる確率は $\frac{3}{7}$ であり，

・n 日目にBが起こらなかったという条件の下で，$n+1$ 日目にBが起こる確率は $\frac{2}{7}$ より，

次の模式図が成り立つ。

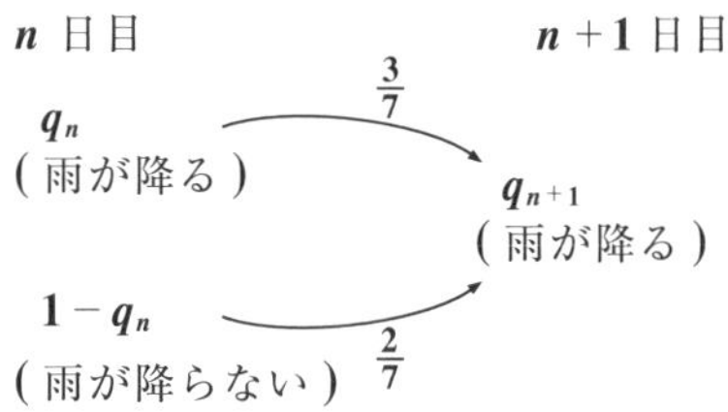

以上より

$$q_{n+1}=\frac{3}{7}q_n+\frac{2}{7}(1-q_n)$$

$\therefore\ q_{n+1}=\frac{1}{7}q_n+\frac{2}{7}$ …② $(n=1,2,\cdots)$

特性方程式

$x=\frac{1}{7}x+\frac{2}{7}$ $\frac{6}{7}x=\frac{2}{7}$ $\therefore\ x=\frac{1}{3}$

②を変形して

$$q_{n+1}-\frac{1}{3}=\frac{1}{7}\left(q_n-\frac{1}{3}\right)$$

$$q_n-\frac{1}{3}=\left(q_1-\frac{1}{3}\right)\cdot\left(\frac{1}{7}\right)^{n-1}$$

(q_1 = 1)　アッ！

ここで，第1日目にBは起こっているので，$q_1=1$

∴求める確率 q_n は，

$$q_n=\frac{1}{3}+\frac{2}{3}\left(\frac{1}{7}\right)^{n-1}\ (n=1,2,\cdots)$$

…………(答)

補充問題 2 難易度 ★★★ CHECK 1 CHECK 2 CHECK 3

図のような 4 個の点 A, B, C, D を結んだ図形を考える。動点 P は点 A を出発点として，A, B, C, D 上を移動する。P が A または C にいるときは，残りの 3 点にそれぞれ $\frac{1}{3}$ の確率で移動し，P が B または D にいるときは，A, C にそれぞれ $\frac{1}{2}$ の確率で移動する。n 回の移動後，P が A, B, C, D にいる確率をそれぞれ a_n, b_n, c_n, d_n とする。

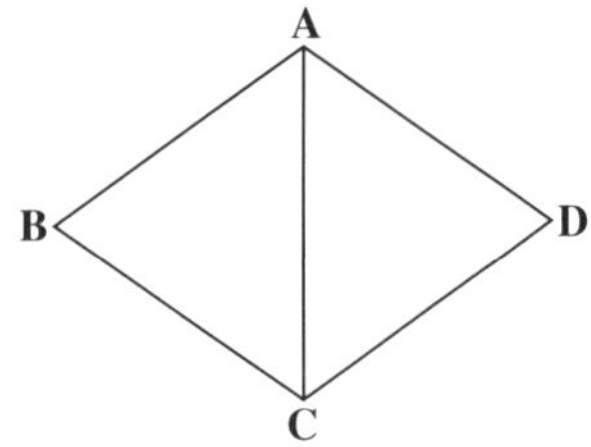

(1) a_{n+1}, c_{n+1} を，a_n, b_n, c_n, d_n を用いて表せ。

(2) 数列 $\{a_n + c_n\}$，$\{a_n - c_n\}$ のそれぞれの漸化式を導け。

(3) a_n，c_n を求めよ。 (東北大)

ヒント！ これは，確率と漸化式の応用問題だ。模式図を利用して，漸化式を立て，導入にしたがって解いていけばいいんだね。等比関数列型漸化式の問題に帰着するよ。

(1) n 回目の移動で，動点 P が A，B，C，D にいる確率が順に a_n, b_n, c_n, d_n $(n=1, 2, 3, \cdots)$ である。
次に，移動する確率は下図より
・A, C からは，B, C, D にそれぞれ $\frac{1}{3}$ であり，
・B, D からは A, C にそれぞれ $\frac{1}{2}$ である。

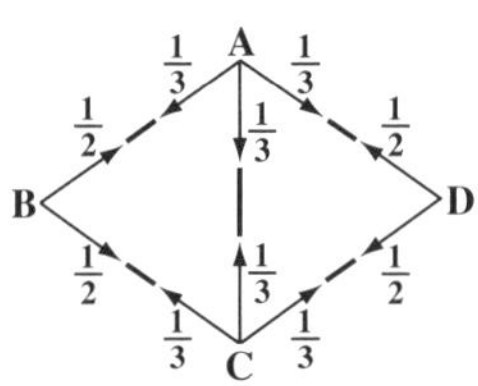

(i) よって，$n+1$ 回目の移動で，P が A にいる確率 a_{n+1} は，次の模式図を利用して，b_n，c_n，d_n で次のように表せる。

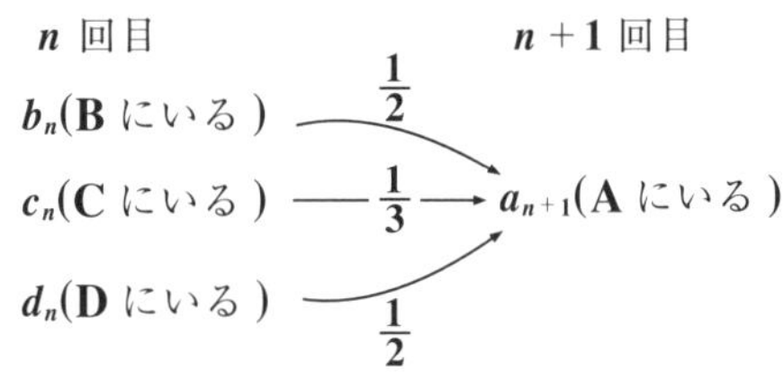

$$\therefore\ a_{n+1} = \frac{1}{2}b_n + \frac{1}{3}c_n + \frac{1}{2}d_n \quad \cdots\cdots ①(答)$$

(ii) 次に，$n+1$ 回目の移動で，P が C にいる確率 c_{n+1} も同様に

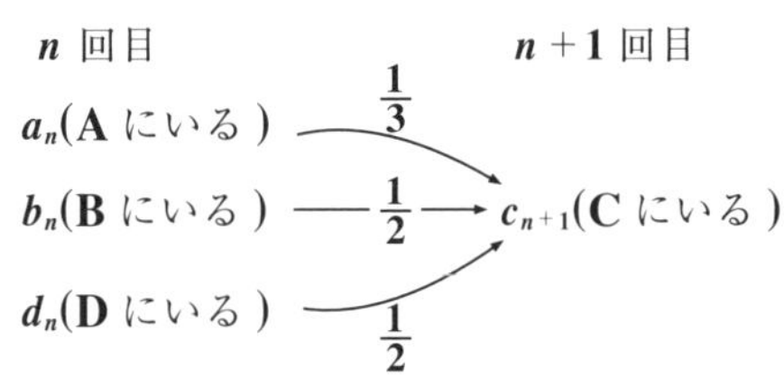

$$\therefore\ c_{n+1} = \frac{1}{3}a_n + \frac{1}{2}b_n + \frac{1}{2}d_n \quad \cdots\cdots ②(答)$$

(2) $\begin{cases} a_{n+1}=\frac{1}{3}c_n+\frac{1}{2}(b_n+d_n) & \cdots\cdots\cdots ① \\ c_{n+1}=\frac{1}{3}a_n+\frac{1}{2}(b_n+d_n) & \cdots\cdots\cdots ② \end{cases}$

$(n=0,\ 1,\ 2,\ \cdots)$

(ⅰ) 数列 $\{a_n+c_n\}$ の漸化式を導くために，①＋②を求めると

$$a_{n+1}+c_{n+1}=\frac{1}{3}(a_n+c_n)+\underbrace{b_n+d_n}_{1-(a_n+c_n)}\cdots ③$$

n 回目の移動後に，P は，A，B，C，D のいずれかにいるので

$a_n+b_n+c_n+d_n=1$(全確率)

よって，$b_n+d_n=1-(a_n+c_n)$ を③に代入して，数列 $\{a_n+c_n\}$ の漸化式が次のように導ける。

$$a_{n+1}+c_{n+1}=-\frac{2}{3}(a_n+c_n)+1\cdots\cdots ④$$

……(答)

(ⅱ) 同様に，数列 $\{a_n-c_n\}$ の漸化式を①－②より求めると，

$$a_{n+1}-c_{n+1}=-\frac{1}{3}(a_n-c_n)\cdots ⑤$$

……(答)

(3)(ⅰ) $\underbrace{a_{n+1}+c_{n+1}}_{x_{n+1}}=-\frac{2}{3}(\underbrace{a_n+c_n}_{x_n})+1$ ……④

$a_n+c_n=x_n$ と頭の中で考えよう。すると，$x_{n+1}=-\frac{2}{3}x_n+1$ となる。この特性方程式は，$\alpha=-\frac{2}{3}\alpha+1$，$\frac{5}{3}\alpha=1$　$\alpha=\frac{3}{5}$ だね。これから $F(n+1)=r\cdot F(n)$ の形にもち込もう。

$$a_{n+1}+c_{n+1}-\frac{3}{5}=-\frac{2}{3}\left(a_n+c_n-\frac{3}{5}\right)$$

$$\left[\ F(n+1)\quad=-\frac{2}{3}\cdot F(n)\ \right]$$

アッ!という間

$$a_n+c_n-\frac{3}{5}=\left(\underbrace{a_0}_{1}+\underbrace{c_0}_{0}-\frac{3}{5}\right)\left(-\frac{2}{3}\right)^n$$

$$\left[\ F(n)\quad=\ F(0)\ \cdot\ \left(-\frac{2}{3}\right)^n\right]$$

ここで，動点 P の出発点は A より

$a_0=1, b_0=c_0=d_0=0$ となる。よって

$$a_n+c_n=\frac{3}{5}+\frac{2}{5}\cdot\left(-\frac{2}{3}\right)^n\cdots\cdots ⑥$$

(ⅱ) $\underbrace{a_{n+1}-c_{n+1}}_{y_{n+1}}=-\frac{1}{3}(\underbrace{a_n-c_n}_{y_n})$

$$a_n-c_n=\left(-\frac{1}{3}\right)^n\cdots\cdots ⑦$$

これは $y_n=a_n-c_n$ と考えると，$\{y_n\}$ は初項 $y_0=a_0-c_0=1$ 公比 $-\frac{1}{3}$ の等比数列より，$y_n=y_0\cdot\left(-\frac{1}{3}\right)^n$

以上(ⅰ)(ⅱ)より

・$\frac{⑥+⑦}{2}$ から，

$$a_n=\frac{1}{2}\left\{\frac{3}{5}+\frac{2}{5}\left(-\frac{2}{3}\right)^n+\left(-\frac{1}{3}\right)^n\right\}$$

$$=\frac{1}{5}\left(-\frac{2}{3}\right)^n+\frac{1}{2}\left(-\frac{1}{3}\right)^n+\frac{3}{10}$$

……(答)

・$\frac{⑥-⑦}{2}$ から

$$c_n=\frac{1}{2}\left\{\frac{3}{5}+\frac{2}{5}\left(-\frac{2}{3}\right)^n-\left(-\frac{1}{3}\right)^n\right\}$$

$$=\frac{1}{5}\left(-\frac{2}{3}\right)^n-\frac{1}{2}\left(-\frac{1}{3}\right)^n+\frac{3}{10}$$

……(答)

$(n=0,\ 1,\ 2,\ \cdots)$

補充問題 3　　難易度 ★★★　　CHECK 1　CHECK 2　CHECK 3

1 枚の硬貨を何回か投げ，表が 2 回続けて出たら終了する試行を行う。ちょうど n 回で終了する確率を P_n とするとき，次の問いに答えよ。

(1) P_1，P_2，P_3，P_4，P_5 を求めよ。

(2) P_{n+2} を P_{n+1} および P_n を用いて表せ。ただし，$n=1, 2, 3, \cdots$ とする。

(3) P_n $(n=1, 2, 3, \cdots)$ を n を用いて表せ。　　(大阪市大＊)

ヒント！ (1)では，表を“○”，裏を“×”と表して具体的に $n=1, 2, 3, 4, 5$ のときの P_n を求めればよい。(2)では，1 回目が (i)○の場合と，(ii)×の場合に場合分けするとうまくいくよ。(3)では，数列 $\{P_n\}$ の 3 項間の漸化式の解法パターンに従って解いていけばいいんだね。頑張ろう！

(1) 1 回硬貨を投げて，表が出たら“○”，裏が出たら“×”で表すことにする。最後に表が 2 回 (○, ○) 出て，ちょうど n 回目に終了する確率が P_n より，

(i) $n=1$ のとき，
1 回で終了することはないので，
$P_1=0$ ………………………(答)

(ii) $n=2$ のとき，
○○の 1 通りより，
$P_2=\left(\frac{1}{2}\right)^2=\frac{1}{4}$ …………(答)

(iii) $n=3$ のとき，
×○○の 1 通りより，
$P_3=\left(\frac{1}{2}\right)^3=\frac{1}{8}$ …………(答)

(iv) $n=4$ のとき，
{ ○×○○
　××○○ の 2 通りより，
$P_4=2\times\left(\frac{1}{2}\right)^4=\frac{1}{8}$ ………(答)

(v) $n=5$ のとき，
{ ○××○○
　×××○○ の 3 通りより，
　×○×○○
$P_5=3\times\left(\frac{1}{2}\right)^5=\frac{3}{32}$ ………(答)

(2) 1 回目が (i) 表 (○) である場合と，(ii) 裏 (×) である場合に，場合分けして，$n+2$ 回目に終了する確率 P_{n+2} $(n=2,3,4,\cdots)$ について調べる。

(i) 1 回目が表 (○) の場合，
2 回目は必ず裏 (×) でなければならない。そして，3 回目以降 n 回の試行を行って，$n+2$ 回目に終了する様子を下に模式図で示す。

1回目　2回目　　n 回
○　　×　　△△……×○○
$\left[\frac{1}{2}\times\frac{1}{2}\times\quad P_n\quad\right]$

よって，この確率は $\frac{1}{4}P_n$ である。

(ⅱ) 1回目が裏(×)の場合，
2回目以降 $n+1$ 回の試行を行って，$n+2$ 回目に終了する様子を下に模式図で示す。

$$\underset{\left[\ \frac{1}{2}\ \times\right.}{\overset{1\text{回目}}{\times}}\quad\underset{\left.P_{n+1}\ \right]}{\overbrace{\triangle\triangle\cdots\cdots\times\bigcirc\bigcirc}^{n+1\text{回}}}$$

よって，この確率は $\frac{1}{2}P_{n+1}$ である。

最後に表が2回出て，ちょうど $n+2$ 回目に終了する確率 P_{n+2} は，(ⅰ)または(ⅱ)の2つの排反事象の確率の和となる。

$$\therefore P_{n+2}=\frac{1}{2}P_{n+1}+\frac{1}{4}P_n\ \cdots①\ \cdots(\text{答})$$
$$(n=1,\ 2,\ 3,\ \cdots)$$

①は，$n=1$ のとき，$\underset{\frac{1}{8}}{P_3}=\frac{1}{2}\underset{\frac{1}{4}}{P_2}+\frac{1}{4}\underset{0}{P_1}$
となって，みたす。

(3) $\begin{cases}P_1=0,\ \ P_2=\frac{1}{4}\\ P_{n+2}=\frac{1}{2}P_{n+1}+\frac{1}{4}P_n\ \cdots\cdots\cdots①\end{cases}$
$(n=1,\ 2,\ \cdots)$

から，一般項 P_n $(n=1,\ 2,\ \cdots)$ を求める。

これは，3項間の漸化式より，特性方程式
$x^2=\frac{1}{2}x+\frac{1}{4}$ を解いて，
$4x^2-2x-1=0\quad\therefore x=\frac{1\pm\sqrt{5}}{4}$ より，
$\frac{1+\sqrt{5}}{4}=\alpha,\ \ \frac{1-\sqrt{5}}{4}=\beta$ とおいて解く。

$\alpha=\frac{1+\sqrt{5}}{4},\ \beta=\frac{1-\sqrt{5}}{4}$ とおくと，①は，

$$\begin{cases}P_{n+2}-\alpha P_{n+1}=\beta(P_{n+1}-\alpha P_n)\\ [\ F(n+1)\ =\beta\cdot\ F(n)\ ]\\ P_{n+2}-\beta P_{n+1}=\alpha(P_{n+1}-\beta P_n)\\ [\ G(n+1)\ =\alpha\cdot\ G(n)\ ]\end{cases}$$

となる。これから，

$$\begin{cases}P_{n+1}-\alpha P_n=(\underset{\frac{1}{4}}{P_2}-\alpha\underset{0}{P_1})\beta^{n-1}\cdots②\\ [\ \ F(n)\ \ =\ \ F(1)\ \cdot\beta^{n-1}]\\ P_{n+1}-\beta P_n=(\underset{\frac{1}{4}}{P_2}-\beta\underset{0}{P_1})\alpha^{n-1}\cdots③\\ [\ \ G(n)\ \ =\ \ G(1)\ \cdot\alpha^{n-1}]\end{cases}$$

となる。よって，③－②より，

$$(\alpha-\beta)P_n=\frac{1}{4}(\alpha^{n-1}-\beta^{n-1})$$

$\frac{1+\sqrt{5}}{4}-\frac{1-\sqrt{5}}{4}=\frac{\sqrt{5}}{2}$

$$P_n=\frac{2}{\sqrt{5}}\cdot\frac{1}{4}(\alpha^{n-1}-\beta^{n-1})$$

$$\therefore P_n=\frac{\sqrt{5}}{10}\left\{\left(\frac{1+\sqrt{5}}{4}\right)^{n-1}-\left(\frac{1-\sqrt{5}}{4}\right)^{n-1}\right\}$$

$(n=1,\ 2,\ 3,\ \cdots)$ である。

………(答)

この答えは，無理数 $\sqrt{5}$ を含む複雑な式に見えるけれど，実際に計算すると，
$P_1=\frac{\sqrt{5}}{10}(1-1)=0$
$P_2=\frac{\sqrt{5}}{10}\left(\frac{1+\sqrt{5}}{4}-\frac{1-\sqrt{5}}{4}\right)=\frac{\sqrt{5}}{10}\times\frac{2\sqrt{5}}{4}=\frac{1}{4}$
など…となって，$\{P_n\}$ の一般項を表す式であることが分かるんだね。

補充問題 4　難易度 ★★★　CHECK 1　CHECK 2　CHECK 3

放物線L：$y=x^2$と円C：$x^2+(y-a)^2=\dfrac{1}{2}$（a：定数）が2点で接するとき，次の問いに答えよ。

(1) 定数aの値を求めよ。

(2) 放物線Lと円Cとで囲まれる図形の面積Sを求めよ。

ヒント！ (1) 放物線Lと円Cの方程式からxを消去して，yの2次方程式を作り，この判別式Dが$D=0$となることから，定数aの値を求めよう。(2) では，実際にグラフを描き，また面積公式も利用して解いていこう。

(1) $\begin{cases} 放物線L：y=x^2 & \cdots\cdots ① \\ 円C：x^2+(y-a)^2=\dfrac{1}{2} & \cdots ② \end{cases}$ とおく。

①，②より，yを消去すると，xの4次方程式となって，複雑になる。ここでは，xを消去して，yの2次方程式にもち込むのがポイントになる。

①，②より，xを消去して，

$$y+(y-a)^2=\frac{1}{2}$$

$$y+y^2-2ay+a^2=\frac{1}{2}$$

$$y^2-(2a-1)y+a^2-\frac{1}{2}=0 \quad \cdots\cdots ③$$

となる。③の判別式をDとおくと，$D=0$のとき，放物線Lと円Cとは2点で接する。よって，

$$D=(2a-1)^2-4\left(a^2-\frac{1}{2}\right)$$

$$=4a^2-4a+1-4a^2+2$$

$$=\boxed{-4a+3=0}$$

$$\therefore a=\frac{3}{4} \quad \cdots\cdots ④ \cdots\cdots\cdots\cdots\cdots\cdots（答）$$

参考

判別式Dの値（符号）と放物線Lと円Cの位置関係のイメージ

(i) $D<0$のとき，共有点なし

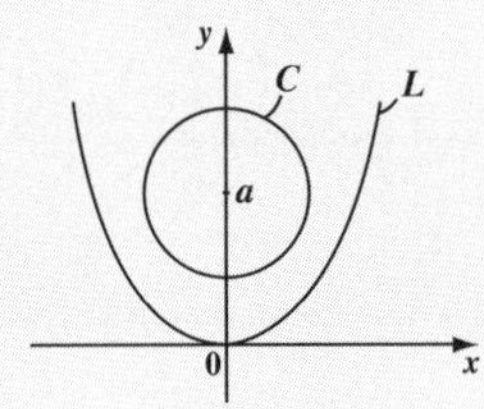

(ii) $D=0$のとき，2接点をもつ

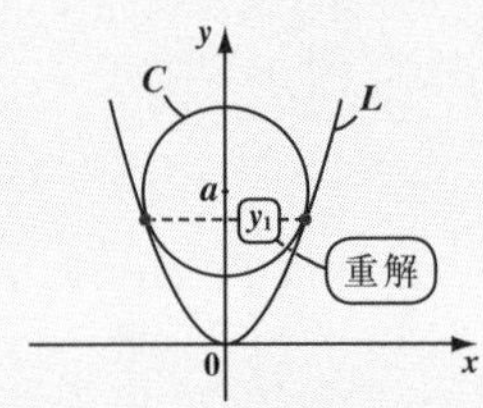

(iii) $D>0$のとき，4交点をもつ

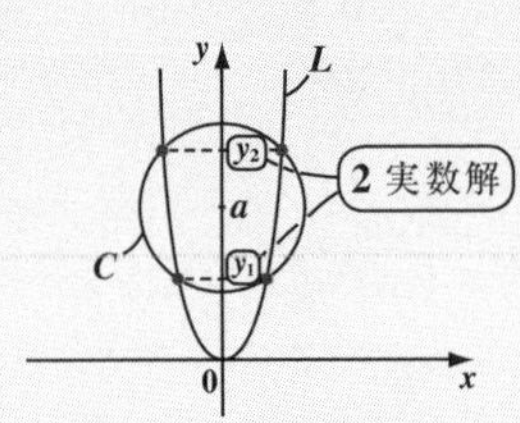

(2) $a=\frac{3}{4}$……④ を③に代入して

$$y^2-\left(\frac{3}{2}-1\right)y+\frac{9}{16}-\frac{1}{2}=0$$

$$y^2-\frac{1}{2}y+\frac{1}{16}=0$$

$$\left(y-\frac{1}{4}\right)^2=0$$

これが $y=y_1$(重解)のことだ

$\therefore y=\frac{1}{4}$ (重解)……⑤　となる。

⑤を①に代入して

$\frac{1}{4}=x^2$ より　$x=\pm\sqrt{\frac{1}{4}}=\pm\frac{1}{2}$

となる。以上より,

$\begin{cases} 放物線 L : y=x^2 & ……①と \\ 円 C : x^2+\left(y-\frac{3}{4}\right)^2=\frac{1}{2} & …②の \end{cases}$

位置関係を図示すると下図のようになる。

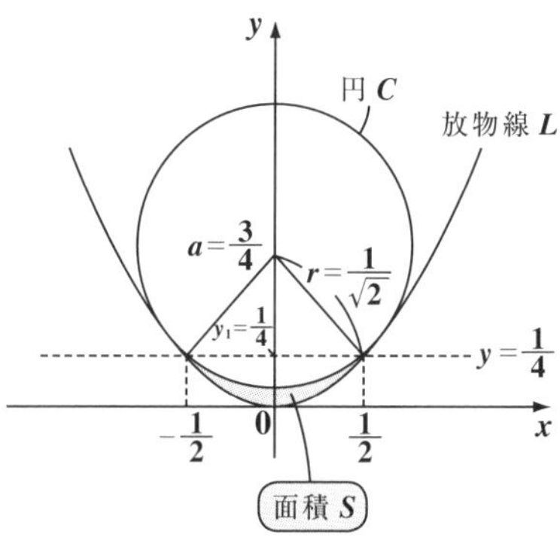

よって，放物線 L と円 C とで囲まれる図形の面積を S とおくと，S は

(i) 放物線 $y=1\cdot x^2$ と直線 $y=\frac{1}{4}$ とで囲まれる図形の面積

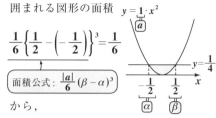

$$\frac{1}{6}\left\{\frac{1}{2}-\left(-\frac{1}{2}\right)\right\}^3=\frac{1}{6}$$

面積公式: $\frac{|a|}{6}(\beta-\alpha)^3$

から,

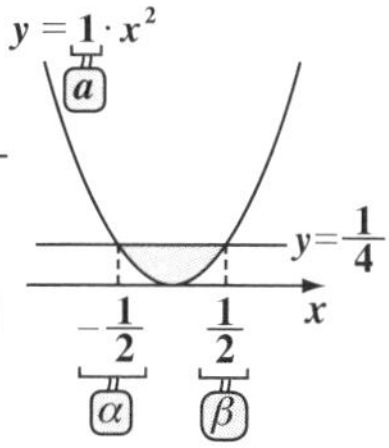

(ii) 円 C の $\frac{1}{4}$ 円の面積

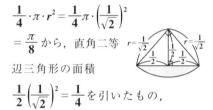

$$\frac{1}{4}\cdot\pi\cdot r^2=\frac{1}{4}\pi\cdot\left(\frac{1}{\sqrt{2}}\right)^2$$

$=\frac{\pi}{8}$ から，直角二等辺三角形の面積

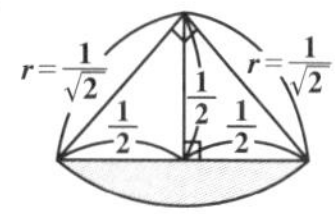

$\frac{1}{2}\left(\frac{1}{\sqrt{2}}\right)^2=\frac{1}{4}$ を引いたもの,

を引いて求められる。すなわち,

$$S=\frac{1}{6}-\left(\frac{\pi}{8}-\frac{1}{4}\right)$$

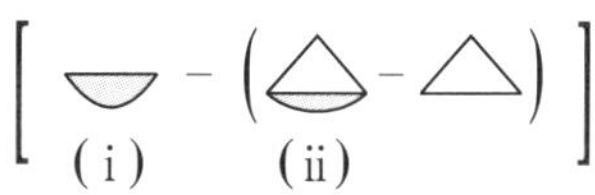

$$=\frac{1}{6}+\frac{1}{4}-\frac{\pi}{8}$$

$=\frac{5}{12}-\frac{\pi}{8}=\frac{10-3\pi}{24}$　である。

………(答)

補充問題 5　難易度 ★★★　CHECK 1　CHECK 2　CHECK 3

2 曲線 $C_1: y=4x^3+ax^2+bx+3$, $C_2: y=cx^2$ (a, b, c：定数)が，点 $\left(\frac{1}{2}, \frac{1}{4}\right)$ で接する，すなわち，この点において共通接線をもつものとする。このとき，次の問いに答えよ。

(1) 定数 a, b, c の値を求めよ。

(2) 2 曲線 C_1 と C_2 によって囲まれる図形の面積 S を求めよ。(芝浦工大＊)

ヒント！ (1) $C_1: y=f(x)$, $C_2: y=g(x)$ とおくと，2 曲線の共接条件から，(i) $f\left(\frac{1}{2}\right)=g\left(\frac{1}{2}\right)=\frac{1}{4}$，(ii) $f'\left(\frac{1}{2}\right)=g'\left(\frac{1}{2}\right)$ が成り立つんだね。(2) C_1 と C_2 によって囲まれる図形の面積 S は，$h(x)=f(x)-g(x)$ とおくと，3 次関数 $y=h(x)$ と x 軸(接線)とで囲まれる図形の面積と等しいので，面積公式が利用できるんだね。

(1)
$$\begin{cases} \text{曲線 } C_1: y=f(x) \\ \qquad =4x^3+ax^2+bx+3 \cdots\cdots① \\ \text{曲線 } C_2: y=g(x)=cx^2 \cdots\cdots② \end{cases}$$

とおく。①，②を x で微分すると，

$$\begin{cases} f'(x)=12x^2+2ax+b \cdots\cdots①' \\ g'(x)=2cx \cdots\cdots②' \end{cases}$$

となる。

ここで，$y=f(x)$ と $y=g(x)$ は，点 $\left(\frac{1}{2}, \frac{1}{4}\right)$ で接するので，2 曲線の共接条件より，

$$\begin{cases} \text{(i)}\ f\left(\frac{1}{2}\right)=g\left(\frac{1}{2}\right)=\frac{1}{4} \cdots\cdots③ \\ \text{かつ} \\ \text{(ii)}\ f'\left(\frac{1}{2}\right)=g'\left(\frac{1}{2}\right) \cdots\cdots④ \end{cases}$$

が成り立つ。

(i) ③より，

$$4\cdot\frac{1}{8}+a\cdot\frac{1}{4}+b\cdot\frac{1}{2}+3=c\cdot\frac{1}{4}=\frac{1}{4}$$

よって，$\frac{1}{2}+\frac{1}{4}a+\frac{1}{2}b+3=\frac{1}{4}$ より，

$$\begin{cases} a+2b=-13 \cdots\cdots⑤ \text{ と} \\ c=1 \cdots\cdots⑥ \text{ が導ける。} \end{cases}$$

(ii) ④より，

$$12\cdot\frac{1}{4}+2a\cdot\frac{1}{2}+b=2c\cdot\frac{1}{2} \text{ より，}$$

$a+b=c-3=-2 \cdots\cdots⑦$ となる。
（c は 1 (⑥より)）

⑤－⑦より，$b=-11$

これを⑦に代入して，$a-11=-2$

$\therefore a=9$

以上より，$a=9$, $b=-11$, $c=1$ である。……(答)

(2)(1) の結果より，

$$\begin{cases} C_1：y=f(x)=4x^3+9x^2-11x+3 & \cdots⑧ \\ C_2：y=g(x)=x^2 & \cdots\cdots⑨ \end{cases}$$

となる。⑧，⑨より，y を消去して，

$4x^3+9x^2-11x+3=x^2$

$4x^3+8x^2-11x+3=0$ ……⑩

2 曲線 C_1 と C_2 は，$x=\frac{1}{2}$ のとき接するので，⑩は $x=\frac{1}{2}$ を重解にもつはずである。よって，組立て除法を用いて⑩の左辺を因数分解すると，

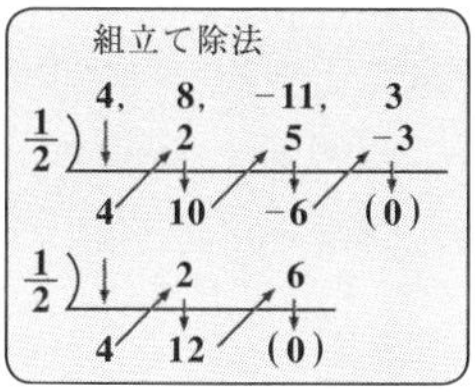

$\left(x-\frac{1}{2}\right)^2\cdot(4x+12)=0$

$(2x-1)^2(x+3)=0$ となる。

$\therefore x=-3,\ \frac{1}{2}$（重解）となる。

よって，$y=f(x)$ と $y=g(x)$ のグラフの概形は右図のようになる。

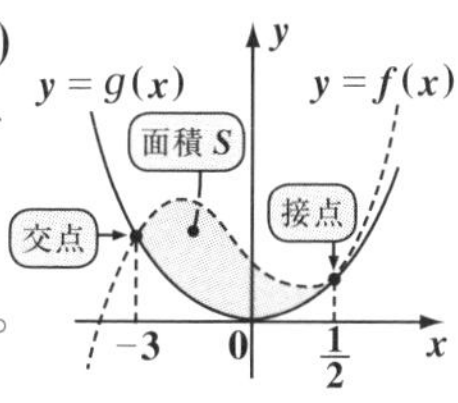

ここで，この 2 曲線によって囲まれる図形の面積 S は次式で求められる。

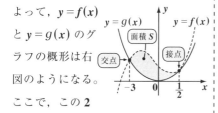

$S=\int_{-3}^{\frac{1}{2}}\{f(x)-g(x)\}dx$ ……⑪

これを，$h(x)$ とおく。

ここで，新たな関数として，

$y=h(x)=f(x)-g(x)$

$=4x^3+8x^2-11x+3$ ← この右辺は，⑩の左辺と同じ

$=(2x-1)^2(x+3)$

とおくと，$h(x)=0$ の解が，

$x=-3,\ \frac{1}{2}$（重解）となるので，

$y=h(x)$ は，x 軸と $x=-3$ で交わり，$x=\frac{1}{2}$ で接する 3 次関数である。よって，このグラフの概形は右図のようになる。

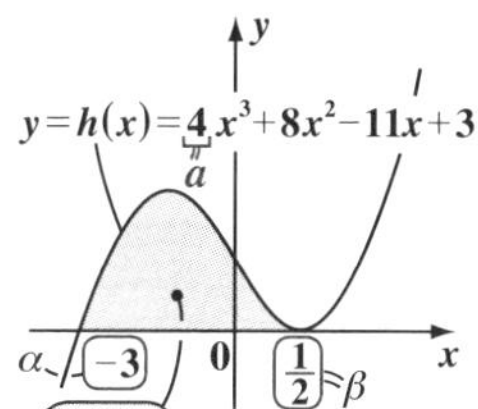

ゆえに，求める面積 S は，

面積公式 $S=\frac{|a|}{12}(\beta-\alpha)^4$

$S=\int_{-3}^{\frac{1}{2}}h(x)\,dx$

$=\int_{-3}^{\frac{1}{2}}(4x^3+8x^2-11x+3)\,dx$

$=\left[x^4+\frac{8}{3}x^3-\frac{11}{2}x^2+3x\right]_{-3}^{\frac{1}{2}}$

$=\frac{4}{12}\left\{\frac{1}{2}-(-3)\right\}^4$

$=\frac{1}{3}\cdot\left(\frac{7}{2}\right)^4=\frac{7^4}{3\cdot2^4}$

$=\frac{2401}{48}$ である。……………(答)

$7^4=49^2=(50-1)^2=2500-100+1$

補充問題 6	難易度 ★★★	CHECK 1	CHECK 2	CHECK 3

原点を **O** とする座標空間に **3** つの点 **A(3, 0, 0)**, **B(0, 2, 0)**, **C(0, 0, 1)** がある。

(1) **O** から **3** 点 **A**, **B**, **C** を含む平面に垂線を下し，この平面と垂線との交点を **H** とする。点 **H** の座標を求めよ。

(2) 四面体 **OABC** に内接する球の半径 r を求めよ。　(早稲田大＊)

ヒント！ **(1)** 3点A, B, Cを通る平面の方程式は $\frac{x}{3}+\frac{y}{2}+\frac{z}{1}=1$ となるんだね。**(2)** 内接球の内心を **I** とおいて，四面体 **OABC** の体積 V を **I** を頂点とする **4** つの四面体の体積の総和で表すことにより，内接球の半径 r を求めることができる。

基本事項

3点 $(a,\ 0,\ 0)$, $(0,\ b,\ 0)$, $(0,\ 0,\ c)$ を通る平面の方程式は，

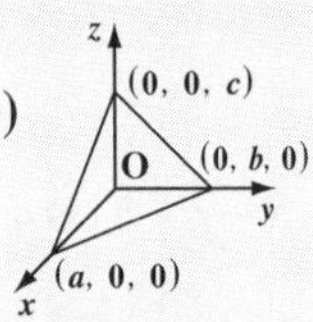

$$\frac{x}{a}+\frac{y}{b}+\frac{z}{c}=1 \quad \cdots ①$$

で表される。

この **3** 点の座標を①に代入して，成り立つことから確認できる。

(1) 3点 **A(3, 0, 0)**, **B(0, 2, 0)**, **C(0, 0, 1)** を通る平面を π とおくと，この方程式は，

平面 π : $\frac{x}{3}+\frac{y}{2}+\frac{z}{1}=1$ より，

$2x+3y+6z=6$ ……① となる。

よって，この法線ベクトルを $\vec{n}$ とおくと，$\vec{n}=(2, 3, 6)$ である。

原点 **O** から平面 π に下ろした垂線の足を $\mathrm{H}(x_1, y_1, z_1)$ とおくと，これは平面 π 上の点より，これらの座標を①に代入して，

$2x_1+3y_1+6z_1$
$=6$ ……②

となる。

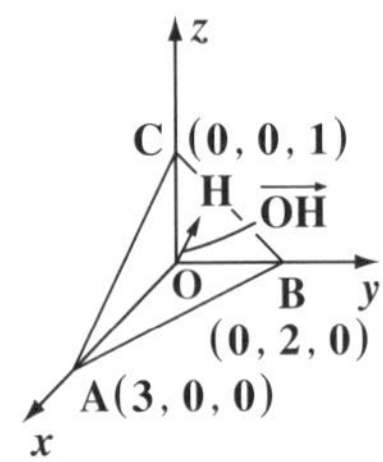

また，$\overrightarrow{\mathrm{OH}}$ と平面 π は直交するので，

$\overrightarrow{\mathrm{OH}} /\!/ \vec{n}$ より，定数 k を用いて，

$\overrightarrow{\mathrm{OH}}=(x_1, y_1, z_1)=k\vec{n}$
$=k(2, 3, 6)=(2k, 3k, 6k)$ ……③

となる。よって，

$x_1=2k$, $y_1=3k$, $z_1=6k$ であり，

これらを②に代入して，

$4k+9k+36k=6$

$49k=6$　∴ $k=\frac{6}{49}$ となる。

これを③に代入して，

$\overrightarrow{\mathrm{OH}}=\left(\frac{12}{49}, \frac{18}{49}, \frac{36}{49}\right)$

∴ **H** の座標は，$\mathrm{H}\left(\frac{12}{49}, \frac{18}{49}, \frac{36}{49}\right)$

である。……………………………(答)

(2) この四面体 OABC の体積を V とおくと，

$$V=\frac{1}{3}\times\underbrace{\triangle OAB}_{\text{底面積 }\frac{1}{2}\times3\times2}\times\underbrace{OC}_{\text{高さ }1}$$

$$=\frac{1}{3}\times\frac{1}{2}\times3\times2\times1$$

$\therefore\ V=1$ ……④ となる。

ここで，四面体 OABC の内接球の中心を I とおき，その半径を r とおくと，

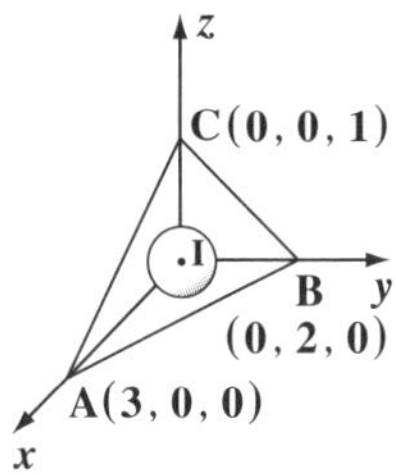

四面体 OABC の体積 V は，次の 4 つの四面体の体積の緩和となる。

(i) 四面体 IOAB の体積 V_1

$$V_1=\frac{1}{3}\times\underbrace{\triangle OAB}_{\text{底面積 }\frac{1}{2}\times3\times2=3}\times r=r\text{……⑤}$$

(ii) 四面体 IOBC の体積 V_2

$$V_2=\frac{1}{3}\times\underbrace{\triangle OBC}_{\text{底面積 }\frac{1}{2}\times2\times1=1}\times r=\frac{1}{3}r\ \text{…⑥}$$

(iii) 四面体 IOCA の体積 V_3

$$V_3=\frac{1}{3}\times\underbrace{\triangle OCA}_{\text{底面積 }\frac{1}{2}\times1\times3=\frac{3}{2}}\times r=\frac{1}{2}r\ \text{…⑦}$$

(iv) 四面体 IABC の体積 V_4 について，

底面の $\triangle ABC$ の面積は，

$$\overrightarrow{AB}=\overrightarrow{OB}-\overrightarrow{OA}=(0,2,0)-(3,0,0)$$
$$=(-3,2,0)$$
$$\overrightarrow{AC}=\overrightarrow{OC}-\overrightarrow{OA}=(0,0,1)-(3,0,0)$$
$$=(-3,0,1)$$
$$|\overrightarrow{AB}|^2=9+4=13,\ |\overrightarrow{AC}|^2=9+1=10$$

$\overrightarrow{AB}\cdot\overrightarrow{AC}=(-3)^2+0+0=9$ より，

$$\triangle ABC=\frac{1}{2}\sqrt{|\overrightarrow{AB}|^2|\overrightarrow{AC}|^2-(\overrightarrow{AB}\cdot\overrightarrow{AC})^2}$$
$$=\frac{1}{2}\sqrt{13\times10-9^2}$$
$$=\frac{1}{2}\sqrt{49}=\frac{7}{2}$$

よって，

$$V_4=\frac{1}{3}\times\underbrace{\triangle ABC}_{\text{底面積 }\frac{7}{2}}\times r=\frac{7}{6}r\text{…⑧}$$

以上 (i) ～ (iv) の⑤～⑧より，

$$\underbrace{V}_{1}=\underbrace{V_1}_{r}+\underbrace{V_2}_{\frac{1}{3}r}+\underbrace{V_3}_{\frac{1}{2}r}+\underbrace{V_4}_{\frac{7}{6}r}$$

$$\underbrace{\left(1+\frac{1}{3}+\frac{1}{2}+\frac{7}{6}\right)}_{\frac{6+2+3+7}{6}=\frac{18}{6}=3}r=1$$

$\therefore\ r=\dfrac{1}{3}$ である。 ……………(答)

参考

これは，$\triangle ABC$ の内接円の半径 r を求める公式：

$$S=\frac{1}{2}(a+b+c)\cdot r$$

(S：$\triangle ABC$ の面積)

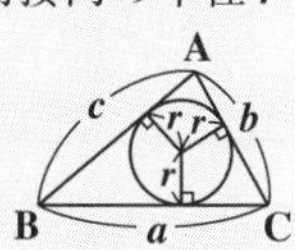

の立体ヴァージョンと考えることができるんだね。

補充問題 7

難易度 ★★★　CHECK 1　CHECK 2　CHECK 3

m, n を $0<m<n$ を満たす整数とする。α, β を $0<\alpha<\frac{\pi}{2}$, $0<\beta<\frac{\pi}{2}$, $m=\tan\alpha$, $n=\tan\beta$ を満たす実数とする。

(1) $\tan\frac{7\pi}{12}$ の値を求めよ。

(2) $\alpha+\beta>\frac{7\pi}{12}$ であることを示せ。

(3) $\tan(\alpha+\beta)$ が整数となるような組 (m, n) をすべて求めよ。　(神戸大)

ヒント！ (1) は，加法定理の公式：$\tan(\alpha+\beta)=\frac{\tan\alpha+\tan\beta}{1-\tan\alpha\tan\beta}$ を用いて計算すればいい。(2) は，正の整数 $m=\tan\alpha$, $n=\tan\beta$ が，$0<m<n$ をみたすことから $\tan\alpha\geqq1$, $\tan\beta>\sqrt{3}$ となる。(3) は，(1) と (2) の結果から，正の整数 m と n の関係式が導かれ，これから，$A\cdot B=n$ ($A\cdot B$：整数の式，n：整数) 型の整数問題の解法パターンにもち込める。

整数 m, n は，$0<m<n$ ……① をみたし，$m=\tan\alpha$ ……②，$n=\tan\beta$ ……③ $\left(0<\alpha<\frac{\pi}{2},\ 0<\beta<\frac{\pi}{2}\right)$ で表される。

(1) $\tan\frac{7}{12}\pi=\tan\left(\frac{\pi}{4}+\frac{\pi}{3}\right)$

$\left(\frac{3}{12}\pi+\frac{4}{12}\pi=\frac{\pi}{4}+\frac{\pi}{3}\right)$

$$=\frac{\tan\frac{\pi}{4}+\tan\frac{\pi}{3}}{1-\tan\frac{\pi}{4}\cdot\tan\frac{\pi}{3}}$$

公式
$\tan(\alpha+\beta)=\frac{\tan\alpha+\tan\beta}{1-\tan\alpha\tan\beta}$

$$=\frac{1+\sqrt{3}}{1-1\times\sqrt{3}}=\frac{(1+\sqrt{3})^2}{(1-\sqrt{3})(1+\sqrt{3})}$$

$$=\frac{4+2\sqrt{3}}{-2}=-2-\sqrt{3}\quad\cdots\cdots④$$

……(答)

(2) ① より，$m\geqq1$ かつ $n\geqq2$ となる。よって，②，③ より，$m=\tan\alpha\geqq1$ かつ $n=\tan\beta\geqq2$

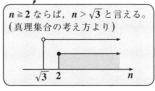

$n\geqq2$ ならば，$n>\sqrt{3}$ と言える。
(真理集合の考え方より)

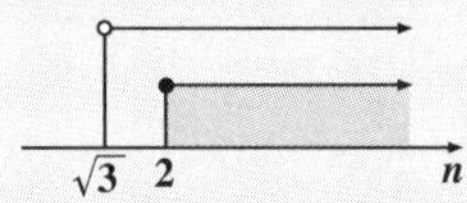

よって，$\tan\alpha\geqq1$ かつ $\tan\beta>\sqrt{3}$ より，

$$\begin{cases}\tan\alpha\geqq\tan\frac{\pi}{4}\ (=1),\ かつ\\ \tan\beta>\tan\frac{\pi}{3}\ (=\sqrt{3})\ となる。\end{cases}$$

ここで，$0<\alpha<\frac{\pi}{2}$, $0<\beta<\frac{\pi}{2}$ より，

$$\begin{cases}\frac{\pi}{4}\leqq\alpha<\frac{\pi}{2}\quad\cdots\cdots⑤\\ \frac{\pi}{3}<\beta<\frac{\pi}{2}\quad\cdots\cdots⑥\end{cases}$$

よって，⑤＋⑥より，

$\frac{\pi}{4}+\frac{\pi}{3}<\alpha+\beta<\pi$ ……⑦

$\therefore \alpha+\beta>\frac{7\pi}{12}$ である。…………(終)

(3) $\frac{7}{12}\pi<\alpha+\beta<\pi$ より，$\tan(\alpha+\beta)$ の取り得る値の範囲は⑦より，

$\underbrace{\tan\frac{7}{12}\pi}_{-2-\sqrt{3}\ (④より)}<\tan(\alpha+\beta)<\underbrace{\tan\pi}_{0}$ となる。

よって④より，

$\underbrace{-2-\sqrt{3}}_{-2-1.7=-3.7}<\tan(\alpha+\beta)<0$ から，

これをみたす整数 $\tan(\alpha+\beta)$ の値は，

$\tan(\alpha+\beta)=-3,\ -2,\ -1$ の3通りのみである。これから，$\tan(\alpha+\beta)$ が整数となるときの正の整数の組 $(m,\ n)$ を求める。

(i) $\tan(\alpha+\beta)=-3$ のとき，

$\frac{\tan\alpha+\tan\beta}{1-\tan\alpha\tan\beta}=\boxed{\frac{m+n}{1-mn}=-3}$

より，

$m+n=-3(1-mn)$

$3mn-m-n=3$ ← 両辺に3をかけて1をたした。

$(9mn-3m)-(3n-1)=9+1$

$3m(3n-1)-(3n-1)=10$

$(3m-1)(3n-1)=10$ …⑧ ← $A\cdot B=n$ 型

ここで，$2\leqq 3m-1<3n-1$ より，

⑧をみたすものは，

$(3m-1,\ 3n-1)=(2,\ 5)$ のみである。

$\therefore (m,\ n)=(1,\ 2)$ である。

(ii) $\tan(\alpha+\beta)=-2$ のとき，同様に，

$\frac{m+n}{1-mn}=-2$ より，

$m+n=-2(1-mn)$

$2mn-m-n=2$ ← 両辺に2をかけて1をたした。

$(4mn-2m)-(2n-1)=4+1$

$2m(2n-1)-(2n-1)=5$

$(2m-1)(2n-1)=5$ …⑨ ← $A\cdot B=n$ 型

ここで，$1\leqq 2m-1<2n-1$ より，

⑨をみたすものは，

$(2m-1,\ 2n-1)=(1,\ 5)$ のみである。

$\therefore (m,\ n)=(1,\ 3)$ である。

(iii) $\tan(\alpha+\beta)=-1$ のとき，同様に，

$\frac{m+n}{1-mn}=-1$ より，

$m+n=-1+mn$

$mn-m-n=1$

$m(n-1)-(n-1)=1+1$

$(m-1)(n-1)=2$ …⑩ ← $A\cdot B=n$ 型

ここで，$0\leqq m-1<n-1$ より，

⑩をみたすものは，

$(m-1,\ n-1)=(1,\ 2)$ のみである。

$\therefore (m,\ n)=(2,\ 3)$ である。

以上 (i)(ii)(iii) より，$\tan(\alpha+\beta)$ が整数となるような正の整数の組 $(m,\ n)$ は，全部で，

$(m,\ n)=(1,\ 2),\ (1,\ 3),\ (2,\ 3)$ の3通りである。……………………(答)

補充問題 8	難易度 ★★★	CHECK 1	CHECK 2	CHECK 3

$\tan\alpha = 2$，$\tan\beta = 5$，$\tan\gamma = 8$，$0 < \alpha$，β，$\gamma < \dfrac{\pi}{2}$ とする。

(1) $\sin\alpha$ を求めよ。

(2) $\tan(\alpha+\beta+\gamma)$，$\alpha+\beta+\gamma$ を求めよ。

(3) $\beta-\alpha > \gamma-\beta$ となることを示せ。

(4) $\beta > \dfrac{5\pi}{12}$ となることを示せ。 (お茶の水大)

ヒント！ (1) は易しい。(2) は，tan の加法定理：$\tan(\alpha+\beta) = \dfrac{\tan\alpha+\tan\beta}{1-\tan\alpha\tan\beta}$ を 2 回利用して，$\tan(\alpha+\beta+\gamma)$ の値を求め，それから $\alpha+\beta+\gamma$ を求める。その際 α，β，γ の取り得る値の範囲を押さえておくことがポイントになる。(3) も $\tan(\beta-\alpha)$ と $\tan(\gamma-\beta)$ の値を求めて，$\beta-\alpha > \gamma-\alpha$ が成り立つことを示す。(4) は (2) と (3) の結果を利用しよう。

(1) $\tan\alpha = 2 \quad \left(0 < \alpha < \dfrac{\pi}{2}\right)$

より，右図から，

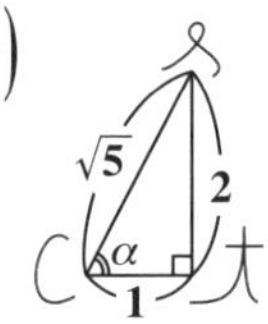

$$\sin\alpha = \frac{2}{\sqrt{5}} = \frac{2\sqrt{5}}{5}$$

……(答)

注意

答えは，明らかだから上記の解答でいいと思うが，数式でキチンと示すと，

$1+\tan^2\alpha = \dfrac{1}{\cos^2\alpha}$ より，

$$\cos^2\alpha = \frac{1}{1+\tan^2\alpha} = \frac{1}{1+2^2} = \frac{1}{5}$$

$0 < \alpha < \dfrac{\pi}{2}$ より，

$$\sin\alpha = \sqrt{1-\cos^2\alpha} = \sqrt{1-\frac{1}{5}} = \frac{2}{\sqrt{5}}$$

$= \dfrac{2\sqrt{5}}{5}$ となる。

(2) $\tan\alpha = 2$，$\tan\beta = 5$，$\tan\gamma = 8$

$\left(0<\alpha<\dfrac{\pi}{2}，0<\beta<\dfrac{\pi}{2}，0<\gamma<\dfrac{\pi}{2}\right)$

ここで，$\tan\dfrac{\pi}{3} = \sqrt{3}$ より，

$\dfrac{\pi}{3} < \alpha < \dfrac{\pi}{2}$，$\dfrac{\pi}{3} < \beta < \dfrac{\pi}{2}$，$\dfrac{\pi}{3} < \gamma < \dfrac{\pi}{2}$

となる。よって，

$3\times\dfrac{\pi}{3} < \alpha+\beta+\gamma < 3\times\dfrac{\pi}{2}$ より，

$\pi < \alpha+\beta+\gamma < \dfrac{3}{2}\pi$ ……① となる。

ここで，まず，$\tan(\beta+\gamma)$ を求めると，

$$\tan(\beta+\gamma) = \frac{\tan\beta+\tan\gamma}{1-\tan\beta\cdot\tan\gamma} = \frac{5+8}{1-5\times 8}$$

$$= -\frac{13}{39} = -\frac{1}{3} \quad ……②$$

次に，$\tan(\alpha+\beta+\gamma)$ を求めると，

$$\tan(\alpha+\beta+\gamma)=\tan\{\alpha+(\beta+\gamma)\}$$

$$=\frac{\underset{2}{\boxed{\tan\alpha}}+\underset{-\frac{1}{3}}{\boxed{\tan(\beta+\gamma)}}}{1-\underbrace{\tan\alpha}_{2}\cdot\underbrace{\tan(\beta+\gamma)}_{-\frac{1}{3}}}=\frac{2-\frac{1}{3}}{1-2\times\left(-\frac{1}{3}\right)}$$

(②より)

$$=\frac{6-1}{3+2}=\frac{5}{5}=1\cdots\cdots③$$ となる。

……(答)

ここで，$\pi<\alpha+\beta+\gamma<\frac{3}{2}\pi$ …①より，

$\alpha+\beta+\gamma$ は第 **3** 象限の角度である。

よって，求める

$\alpha+\beta+\gamma$ は，

③より，

$\alpha+\beta+\gamma=\frac{5}{4}\pi$ …④

である。……(答)

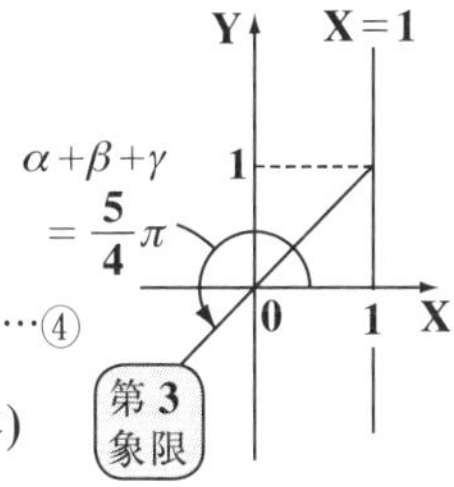

(3) $-\frac{\pi}{6}<\beta-\alpha<\frac{\pi}{6}$，$-\frac{\pi}{6}<\gamma-\beta<\frac{\pi}{6}$ であり，

> $\frac{\pi}{3}<\beta<\frac{\pi}{2}$，$\frac{\pi}{3}<\alpha<\frac{\pi}{2}$ より，
>
> $\underset{最小}{\frac{\pi}{3}}-\underset{最大}{\frac{\pi}{2}}<\beta-\alpha<\underset{最大}{\frac{\pi}{2}}-\underset{最小}{\frac{\pi}{3}}$ となる。
>
> $\gamma-\beta$ の範囲についても同様だね。

$$\begin{cases}\tan(\beta-\alpha)=\dfrac{\tan\beta-\tan\alpha}{1+\tan\beta\cdot\tan\alpha}=\dfrac{5-2}{1+5\times2}=\dfrac{3}{11}\\[2ex]\tan(\gamma-\beta)=\dfrac{\tan\gamma-\tan\beta}{1+\tan\gamma\cdot\tan\beta}=\dfrac{8-5}{1+8\times5}=\dfrac{3}{41}\end{cases}$$

よって，$\tan(\beta-\alpha)>\tan(\gamma-\beta)$ となる。

ここで，$y=\tan x$ $\left(-\frac{\pi}{6}<x<\frac{\pi}{6}\right)$

は単調増加関数より，

$\beta-\alpha>\gamma-\beta$ …⑤

が成り立つ。…(終)

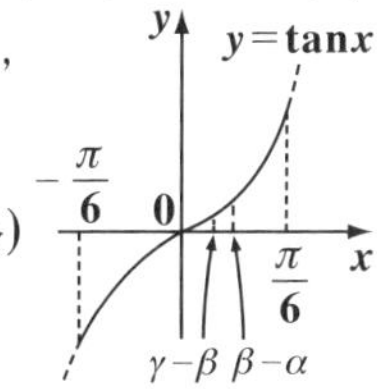

(4) ⑤より，$2\beta>\alpha+\gamma$……⑤′

⑤′の両辺に β をたすと，

$3\beta>\underbrace{\alpha+\beta+\gamma}_{\frac{5}{4}\pi\ (④より)}$

ここで，$\alpha+\beta+\gamma=\frac{5}{4}\pi$ …④より，

$3\beta>\frac{5}{4}\pi$

$\therefore\ \beta>\frac{5}{12}\pi$ となる。……………(終)

(4)の別解

$$\tan\frac{5\pi}{12}=\tan\left(\frac{\pi}{4}+\frac{\pi}{6}\right)=\frac{\tan\frac{\pi}{4}+\tan\frac{\pi}{6}}{1-\tan\frac{\pi}{4}\cdot\tan\frac{\pi}{6}}$$

$$=\frac{1+\frac{1}{\sqrt{3}}}{1-1\cdot\frac{1}{\sqrt{3}}}=\frac{\sqrt{3}+1}{\sqrt{3}-1}$$

$$=\frac{(\sqrt{3}+1)^2}{(\sqrt{3}-1)(\sqrt{3}+1)}=\frac{4+2\sqrt{3}}{2}$$

$=2+\underbrace{\sqrt{3}}_{1.732\cdots}$ となる。よって，

$\tan\beta=5>\tan\frac{5}{12}\pi$

$\left(\frac{\pi}{3}<\beta<\frac{\pi}{2}\right)$ より，

$\beta>\frac{5\pi}{12}$ となる。……………………(終)

スバラシクよく解けると評判の

合格! 数学Ⅱ・B 実力UP!問題集 改訂7

マセマ

著　者　馬場 敬之
発行者　馬場 敬之
発行所　マセマ出版社
〒 332-0023 埼玉県川口市飯塚 3-7-21-502
TEL 048-253-1734　FAX 048-253-1729
Email：info@mathema.jp
https://www.mathema.jp

校閲・校正　高杉 豊　秋野 麻里子　馬場 貴史
制作協力　久池井 茂　印藤 妙香　満岡 咲枝　久池井 努
　　　　　真下 久志　栄 瑠璃子　間宮 栄二　町田 朱美
カバー作品　馬場 冬之
ロゴデザイン　馬場 利貞
印刷所　中央精版印刷株式会社

ISBN978-4-86615-209-7 C7041
落丁・乱丁本はお取りかえいたします。